国家级职业教育教师教学创新团队成果
国家级课程思政教学名师和教学团队成果
重庆市级精品在线开放课程配套教材

机械制造技术基础

主　编　王德春
副主编　黄崇富　张　凌
主　审　刘　铭

科学出版社
北　京

内 容 简 介

本书是国家级职业教育教师教学创新团队成果、国家级课程思政教学名师和教学团队成果、重庆市级精品在线开放课程配套教材，基于“互联网+”教学和“理实一体化”教学的课程理念进行编写。

本书紧扣“机械制造基础”课程的性质、特点，确立了机械工程材料的合理分析与选用、机械工艺规程的编制和机械零件加工方法三大课程教学主线。主要内容包括课程准备、工程材料、金属热加工基础、机械零件毛坯的选择、公差与配合、机械零件切削加工与工艺装备、机械加工工艺规程和先进制造技术。本书配有重庆高等教育智慧教育平台（https://www.cqooc.com），书中穿插有丰富的微课视频资源。

本书可作为高职院校、职业本科院校相关课程的教学用书，也可作为机械、机电类技术人员的参考用书或机械制造企业的培训用书。

图书在版编目(CIP)数据

机械制造技术基础/王德春主编. —北京：科学出版社，2023.6

国家级职业教育教师教学创新团队成果 国家级课程思政教学名师和教学团队成果 重庆市级精品在线开放课程配套教材

ISBN 978-7-03-074871-3

Ⅰ. ①机… Ⅱ. ①王… Ⅲ. ①机械制造工艺-高等学校-教材 Ⅳ. ①TH16

中国国家版本馆 CIP 数据核字（2023）第 025994 号

责任编辑：张振华 刘建山 / 责任校对：马英菊
责任印制：吕春珉 / 封面设计：东方人华平面设计部

科 学 出 版 社 出版
北京东黄城根北街 16 号
邮政编码：100717
http://www.sciencep.com
北京中科印刷有限公司 印刷
科学出版社发行 各地新华书店经销
*
2023 年 6 月第 一 版 开本：787×1092 1/16
2023 年 6 月第一次印刷 印张：22
字数：518 000

定价：59.00 元

（如有印装质量问题，我社负责调换〈中科〉）
销售部电话 010-62136230 编辑部电话 010-62135120-2005

前　言

制造业是立国之本、兴国之器、强国之基，是一国国民经济的主体，也是提升综合国力、保障国家安全、建设世界强国的保障。当前，我国正处于从制造业价值链低端向中高端、从制造大国向制造强国、从“中国制造”向“中国创造”转变的关键历史时期。必须坚持科技是第一生产力、人才是第一资源、创新是第一动力，深入实施科教兴国战略、人才强国战略、创新驱动发展战略，开辟发展新领域新赛道，不断塑造发展新动能新优势。

教育是国之大计、党之大计。教育、科技、人才是全面建设社会主义现代化国家的基础性、战略性支撑。党的二十大报告指出：“加快建设国家战略人才力量，努力培养造就更多大师、战略科学家、一流科技领军人才和创新团队、青年科技人才、卓越工程师、大国工匠、高技能人才。”

为了深入贯彻落实二十大报告精神，编者根据二十大报告和《职业院校教材管理办法》《高等学校课程思政建设指导纲要》《“十四五”职业教育规划教材建设实施方案》等相关文件精神，在行业、企业专家和课程开发专家的精心指导下编写了本书。在编写过程中，编者紧紧围绕“培养什么人、怎样培养人、为谁培养人”这一教育的根本问题，以落实立德树人为根本任务，以学生综合职业能力培养为中心，以培养卓越工程师、大国工匠、高技能人才为目标。与同类图书相比，本书的体例更加合理和统一，概念阐述更加严谨和科学，内容重点更加突出，文字表达更加简明易懂，工程案例和思政元素更加丰富，配套资源更加完善。具体而言，主要具有以下几个方面的突出特点。

1．校企“双元”联合编写，行业特色鲜明

编者均来自教学或企业一线，具有多年的教学或实践经验。在编写过程中，编者能紧扣该专业的培养目标，遵循教育教学规律和技术技能人才培养规律，将新理论、新技术、新标准融入教材，符合当前企业对人才综合素质的要求。

2．与实际工作岗位对接，突出“工学结合”

本书基于“互联网+”教学和“理实一体化”教学的课程理念，以真实生产项目、典型工作任务、案例为载体，以岗位职业能力要求为核心，构建知识、能力与素养结构体系，并根据该体系确定教学内容，能够满足不同教学方式要求。

3．体现以人为本，注重动手能力和创新精神培养

本书切实从职业院校学生的实际出发，以浅显易懂的语言和丰富的图示来进行说明，符合职业院校学生的认知规律。在单元的编排上，进行了精心的模块设计。其中，“单元导读”“能力目标”“思政目标”模块，便于读者明确学习内容和学习目标；“工程案例”模块，便于读者了解真实生产项目和典型工作任务，理论联系实际；“思考与练习”模块，便于读

者自查自纠，拓展知识和技能。

4．对接职业标准和大赛标准，体现“岗课赛证”融通

本书采用最新的国家标准，注重对接 1+X 职业资格证书和国家职业技能标准以及技能大赛要求，体现“书证”融通、“岗课赛证”融通。

5．融入思政元素，落实课程思政

为落实立德树人根本任务，充分发挥教材承载的思政教育功能，本书凝练思政要素，融入精益化生产管理理念，将安全意识、质量意识、职业素养、工匠精神的培养与教学内容相结合，可潜移默化地提升学生的思想政治素养。

6．配套立体化教学资源，便于实施信息化教学

本书配套重庆市级精品在线开放课程“机械制造基础”，可进入重庆高等教育智慧教育平台（https://www.cqooc.com）进行学习；此外，本书配有课程标准、多媒体课件等立体化的教学资源，书中穿插有丰富的微课视频二维码资源。

本书由王德春（重庆工程职业技术学院）担任主编，黄崇富（重庆工程职业技术学院）、张凌（中煤科工集团重庆研究院有限公司）担任副主编，刘铭（重庆工程职业技术学院）担任主审。具体分工如下：王德春编写课程准备、单元 1、单元 2、单元 4、单元 5 和单元 7，张凌编写单元 3，黄崇富编写单元 6，刘铭对全书进行审核。

在编写本书过程中，编者参考了相关教材及专著，重庆华数机器人有限公司、中煤科工集团重庆研究院有限公司提供了工程案例和技术支持，在此一并表示衷心的感谢！

由于编者水平有限，书中难免存在不妥之处，恳请广大读者批评指正。

本书课程思政元素设计

为践行、弘扬“富强、民主、文明、和谐，自由、平等、公正、法治，爱国、敬业、诚信、友善”的社会主义核心价值观，落实“立德树人”的育人目标，本书以“习近平新时代中国特色社会主义思想”为指导，结合机电一体化技术专业群相关岗位的共性职业素养要求，从“家国情怀、民族自信、文化自信、社会责任、工匠精神、质量意识、规范意识、标准意识、安全意识、法治意识、创新思维、职业素养”等维度出发，紧密围绕“知识、技能、素养”三位一体的教学目标，确定思政目标、设计思政内容，在书中以工程案例、图表等为载体，将课程思政内容无缝融入，润物细无声地有效传递给读者。

页码	内容导引	课程思政目标	融入方式	课程思政元素
1-2	课程准备	树立民族自豪感和自信心，激发爱国情怀	列举我国在机械制造方面所取得的成就，总结机械制造业在国民经济中的地位，引导坚定技能报国的信念	爱国情怀 民族自信
38-39	热处理工艺	树立质量意识、规范意识、标准意识	引入热处理工艺的实施规范和国家标准，引导树立质量意识、规范意识、标准意识	质量意识 规范意识 标准意识
73-74	工程案例：轴承挂架的焊接	培养一丝不苟、精益求精的工匠精神，树立标准意识	引入轴承挂件焊接工艺的标准方法以及轴承挂件的工程图，引导树立标准意识，弘扬一丝不苟、精益求精的工匠精神	标准意识 工匠精神
117-119	铸造新工艺和新技术简介	树立质量意识、成本意识，培养创新思维	引入铸造新工艺和新技术，引导树立质量意识、成本意识，培养创新思维	质量意识 成本意识 创新思维
156-163	尺寸公差与配合	培养科学严谨、认真细致、求真务实的工作作风，树立成本意识、法治意识	引入尺寸公差与配合基本术语和国家标准规范，引导培养科学严谨、认真细致、求真务实的工作作风，树立标准意识、成本意识、法治意识	标准意识 成本意识 法治意识
211-217	CA6140 型卧式车床	激发爱国情怀，坚定“中国制造”自信，培养创新思维	引入国产 CA6140 型卧式车床，激发爱国情怀，引导树立“中国制造”自信，培养创新思维，增强责任感、使命感、紧迫感	爱国情怀 中国制造 创新思维 社会责任
257-259	螺纹加工	培养严谨细致、认真负责的工作态度以及全局思维	引入螺纹加工的方案选择原则和相关加工方法，引导培养严谨细致、认真负责的工作态度以及全局思维	职业素养 全局思维
275-276	机械加工工艺规程制订	树立安全意识、规范意识，践行行业道德规范	引入机械加工工艺规程制订的原则、依据和步骤，引导树立安全意识、规范意识，自觉践行行业道德规范	安全意识 规范意识 职业素养
292	工程案例：型腔零件的加工	树立质量意识、成本意识，弘扬工匠精神	引入型腔零件的加工案例，引导树立质量意识、成本意识，发扬专注执着、认真细致的工匠精神	质量意识 成本意识 工匠精神
312-319	增材制造技术	激发爱国情怀，坚定“中国制造”自信，培养创新思维，增强责任感、使命感、紧迫感	引入增材制造前沿技术与成果，并介绍我国在相关技术领域取得的成就，激发爱国情怀，引导树立“中国制造”自信，培养创新思维，增强责任感、使命感、紧迫感	爱国情怀 中国制造 创新思维 社会责任

续表

页码	内容导引	课程思政目标	融入方式	课程思政元素
328-332	工业机器人技术	坚定“中国制造”自信，培养民族自信、文化自信，强化创新思维与责任感	引入我国工业机器人先进技术，引导培养民族自信、文化自信，强化创新思维与责任感	民族自信 文化自信 创新思维 社会责任
332-338	绿色制造	树立节约意识、环保意识，自觉践行高质量发展和绿色发展理念	引入绿色制造相关知识，强调节约、环保的重要性，引导树立节约意识、环保意识，自觉践行高质量发展和绿色发展理念	节约意识 环保意识

目　录

课程介绍

课 程 准 备

1．机械制造概述

机械制造是从事各种机械设备生产的工业部门的总称，它包括起重运输机械、农业机械、冶金矿山机械、化工机械、纺织机械、机床、工具、仪器、仪表及其他机械设备等生产部门。这些部门将原材料经过存储、运输、加工、检验等环节，最后变成符合要求的零件或产品。因此，机械制造业为整个国民经济提供技术装备，其发展水平是国家工业化程度的重要标志之一。

机械制造过程主要包括技术准备阶段、毛坯制造阶段、零件机械加工阶段和装配检验阶段四个阶段。

（1）技术准备阶段

技术准备阶段的工作主要有零件图与装配图的绘制，工艺规程的制订及原材料的准备，刀具、夹具和量具的配备，热处理和检测仪器的准备等。在零件或产品投产前，必须做好上述各项技术准备工作。

（2）毛坯制造阶段

毛坯制造阶段的工作主要是通过铸造、锻压、焊接或轧材下料等方法把原材料加工成毛坯。具体是根据零件的批量、尺寸、形状、性能要求等因素选用不同的毛坯成形方法，合理选择毛坯可提高生产率、降低成本。

（3）零件机械加工阶段

零件机械加工阶段的主要任务是把毛坯进行切削加工，逐步改变毛坯的形状和尺寸，得到所需要的零件。有时为了改善零件的性能，在零件的制造过程中，需要对零件进行一些热处理。金属切削加工是目前各种零件的主要加工方法，通用的加工设备有车床、铣床、钻床、刨床、镗床、磨床等，还有专用机床、特种加工机床、数控机床等。采用哪种加工方法，选用哪种加工设备，要根据零件批量、精度等诸多因素综合考虑，以达到既保证零件质量要求，又保证生产效率高、成本低的目的。

（4）装配检验阶段

装配检验阶段的工作主要是将制成的各种合格的零件按要求、顺序加以装配，并检验其性能是否达到要求。通过调试合格后的产品，经包装后即可出厂。

装配过程中必须严格遵守技术条件的规定，如零件装配顺序、工具的使用、润滑剂的施加等，只有这样才能生产出符合要求的合格产品。

2．机械制造的作用

机械制造业是所有与机械制造有关的各种工业部门的总称。机械制造业是国民经济的基础，机械制造业不仅对提高人民生活水平起着重要的保障作用，而且对科学技术的发展起着积极的推动作用。如果机械制造业受到影响而无法提供质量优良、技术先进的技术设备，那么将直接影响工业、农业、交通、科研和国防各部门的生产技术水平，进而影响一个国家的综合生产实力。因此，一个国家的机械制造业的发展水平决定了这个国家在世界中的竞争力，是这个国家经济实力和科技水平的重要标志之一。

3．本课程的内容

“机械制造基础”是为了适应我国高等教育飞速发展和高职高专教学改革的需要而开设的一门专业核心课程，它是将之前开设的工程材料、热加工基础、冷加工基础、互换与测量技术和机械加工工艺基础等传统内容，经过分析取舍、结构优化，再吸收了先进制造技术等相关内容整合而成的一门机电类基础课程。

通过本课程的学习，学生不仅要在常用工程材料、毛坯与零件成形方法、公差与配合、切削加工和质量检测等方面获得必备的基础知识，还要能编制简单零件的工艺规程，同时还应熟悉常用金属切削机床的操作、维修，更重要的是培养在工程材料和工艺设计方面解决实际问题的能力，为之后的就业打下坚实的基础。

1 单元 工程材料

>>>>

◎ 单元导读

工程材料是机械制造业中所用材料的总称。各种机械零件和产品大多是由不同的工程材料通过加工制成的。机械制造业中所用的工程材料分为金属材料和非金属材料，其中，金属材料是应用最广泛的。本单元主要介绍金属材料的力学性能、热处理工艺及常用的碳素钢、合金钢和有色金属等材料应用的基础知识。

通过对本单元的学习，掌握常用金属材料的力学性能和工艺性能及常用金属的热处理工艺，具备在机械设计和制造过程中合理选材的能力，了解与本课程有关的新材料、新工艺、新技术及其发展趋势，建立现代制造工程概念。

◎ 能力目标

1. 了解金属材料的选择及其力学性能。
2. 熟悉金属材料的力学性能试验。
3. 熟悉金属材料硬度的概念、分类，掌握常用硬度的测量方法。
4. 了解金属结晶理论、过程，掌握常用金属晶粒细化的方法。
5. 掌握铁碳合金相图的含义、应用，了解含碳量对金属性能的影响。
6. 掌握常用热处理的作用、分类、特点及应用。
7. 了解不同金属材料的热处理方式、热处理在图样中的标注。
8. 掌握常用整体热处理和表面热处理的原理、特点及应用。
9. 掌握常用金属材料中的碳素钢、合金钢、有色金属等的牌号、特点和应用。
10. 掌握常用非金属材料的分类、特点及应用。

◎ 思政目标

1. 通过了解我国在制造工艺方面所取得的举世瞩目的成绩，树立民族自豪感、自信心，增强爱国情怀。
2. 牢固树立质量第一、效益第一的思想意识，发扬一丝不苟、精益求精的工匠精神。
3. 遵规守纪、严谨求实、开拓进取，不断提高工程实践的能力。

工程案例：套类零件的选材

1．工作任务

套类零件是机械中常见的一种零件，它的应用很广泛，如支承在旋转轴上的各种形式的轴承、夹具上引导刀具的导向套、模具的导套、内燃机的气缸套及液压缸等。虽然套类零件的结构和尺寸有很大的差异，但在结构上有共同特点，即套类零件的主要表面为同轴度精度要求较高的内外旋转表面，内孔表面质量要求高，零件较薄且容易变形，零件的长度一般大于直径且内孔贯通，在工作时应有轴与内孔配合。

本任务要完成常用减速器支承套的选材。减速器支承套是常见的定位、支承或导向零件，如图 1-1 所示。通过学习套类零件的选材，应了解工程材料力学性能和分析选材、铁碳合金的成分和组织结构、热处理的原理和应用、常用碳素钢、合金钢、铸铁和有色金属的性能和用途。

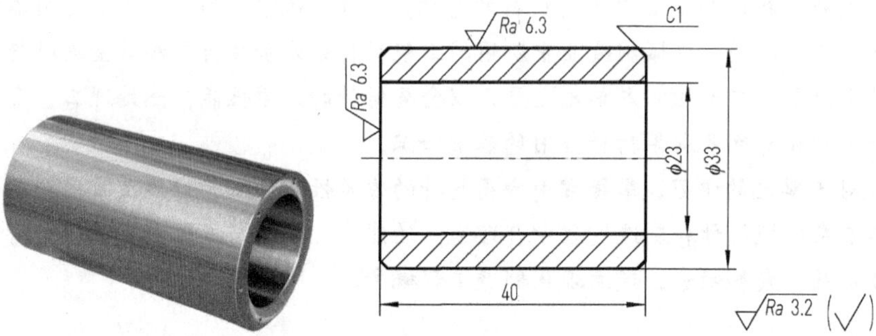

图 1-1　减速器支承套

2．任务分析

该套筒零件的结构简单，由端面和内、外圆面组成，零件的壁厚较小，两端面与孔轴线垂直，孔与外圆轴线有同轴度要求。本任务要求完成零件的选材、零件的加工技术要求等。该零件材料选为 40Cr——一种合金钢，因此毛坯种类选择合金钢，合金钢的抗拉强度、塑性和韧性远高于碳素钢、灰铸铁，抗压强度与灰铸铁相近。

1.1 金属材料的力学性能

金属材料的性能包括使用性能和工艺性能。使用性能是指金属材料在使用过程中具备的性能，它包括力学性能（强度、塑性、硬度、冲击韧性、疲劳强度等）、物理性能（密度、熔点、导电性、导热性等）和化学性能（耐蚀性、氧化性等）。工艺性能是金属材料从冶炼到成品的生产过程中，适应各种加工工艺（冷热加工性、铸造、锻压、焊接、切削加工等）应具备的性能。

金属材料的力学性能是指金属材料在载荷作用时所表现的性能，这些性能是机械设计、材料选择、工艺评定及材料检验的主要依据。

金属材料的力学性能通常是在实验室内模拟生产条件来确定的，利用不同的试验方法来确定材料的力学行为特征及评定材料力学性能的指标。

1.1.1 强度

强度是指金属材料在外力作用下抵抗塑性变形（永久变形）和断裂的能力。抵抗塑性变形和断裂的能力越大，强度越高。金属材料的强度、塑性一般可以通过金属拉伸试验来测定。

1. 拉伸试验

拉伸试验用来测试金属材料在静止状态承受载荷或受到缓慢增加载荷时的抵抗能力。试验时，在拉伸试验机上夹紧试样的两端，缓慢对试样施加轴向拉伸力，使试样被逐渐拉长，最后被拉断，试验结束。

（1）拉伸试样

为了能合理比较不同金属材料之间力学性能的好与差，将所有金属材料的拉伸试样都做成标准形状，有圆柱形和板状两类，其中以圆柱形试样应用较多，如图 1-2 所示。

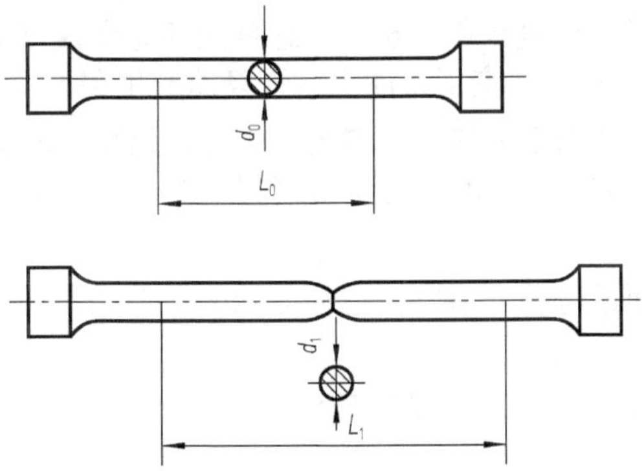

图 1-2 拉伸试样

在圆柱形拉伸试样中，d_0 为试样直径，L_0 为试样的标距长度，而 d_1 和 L_1 分别为试样被拉断后的直径和长度。根据标距长度和直径之间的关系，试样可分为长试样（$L_0 = 10d_0$）和短试样（$L_0 = 5d_0$）两种。

（2）应力-应变曲线

做拉伸试验时，根据拉伸力 F 与试样伸长量 Δl 之间的对应关系，可以绘制出应力-应变曲线图，如图 1-3 所示。在应力-应变曲线图中，纵坐标表示力拉伸力 F，单位为 N；横坐标表示绝对伸长量 Δl，单位为 mm。应力-应变曲线一般由拉伸试验机自动绘出。

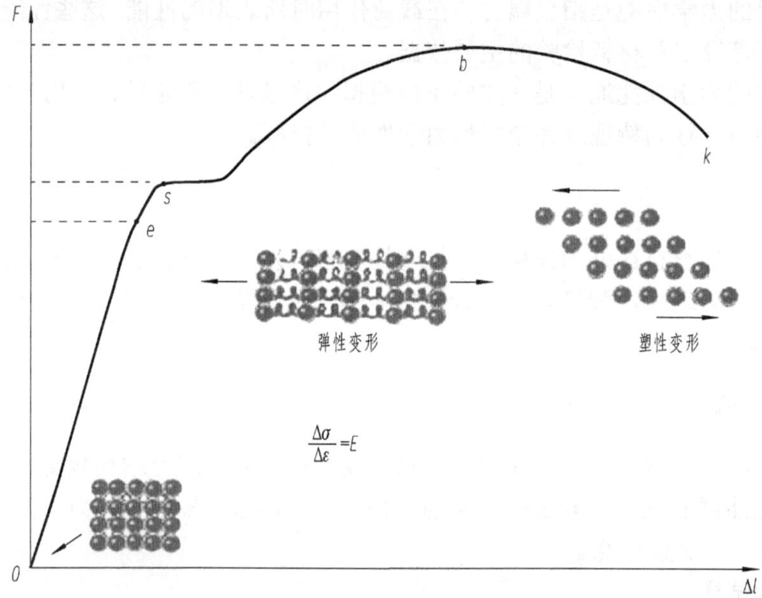

图 1-3 应力-应变曲线

在应力-应变曲线中，*Oe* 段为直线，即在拉力不超过 F_e 时，拉力与抻长量成正比，这时，将外力去除后，试样将恢复到原来长度，这种能够完全恢复的变形称为弹性变形。当拉力超过 F_e 而没到 F_s 时，试样的变形不能完全恢复而产生塑性变形。所谓塑性变形，就是当外力去除后，试样有些变形不能恢复，将永久保留。此时，*es* 段仍为直线，即变形与外力仍成正比。当拉力超过 F_s 时，曲线呈近似水平状，即拉力不增大而试样长度却在增加，试样变形继续增加，这种现象称为屈服。屈服后，试样将产生明显的塑性变形。当拉力增大到 *b* 点后，试样在截面最薄弱处将发生直径变细的“缩颈”现象，至 *k* 点时，试样将在缩颈处被拉断。

根据应力-应变曲线，可计算得出强度指标和塑性指标，这些指标是评定材料质量的主要依据。

2. 强度及分类

强度是指金属材料在外力作用下抵抗塑性变形（永久变形）和断裂的能力，用字母 *R* 表示。

$$R = F/S_0 \tag{1-1}$$

式中：R ——金属材料的强度，MPa；

F ——金属材料所受的外力，N；

S_0 ——金属材料原始截面面积，mm^2。

衡量金属材料受载荷作用时所产生的变形情况时，有两个重要的强度参数，分别是屈服强度和抗拉强度。

（1）屈服强度

屈服强度是指材料在外力达到 F_e 时，呈现屈服现象时，达到塑性变形时的应力点，用 R_e 表示。

$$R_e = F_e / S_0 \tag{1-2}$$

式中：R_e——金属材料的屈服强度，MPa；

F_e——金属材料产生塑性变形时所能承受的最小外力，N；

S_0——金属材料原始截面面积，mm^2。

当生产中使用的某些金属材料无明显的屈服现象时，国家标准中规定，以材料变形为试样标距长度的0.2%时，材料所能承受的应力作为屈服强度，用符号 $R_{0.2}$ 表示。

（2）抗拉强度

金属材料在断裂前所能承受的最大应力称为抗拉强度，即在应力-应变曲线上，拉力达到 F_b 时的应力点，用符号 R_b 表示。

$$R_b = F_b / S_0 \tag{1-3}$$

式中：R_b——金属材料的抗拉强度，MPa；

F_b——金属材料在拉伸试验时所能承受的最大外力，N；

S_0——金属材料原始截面面积，mm^2。

1.1.2 塑性

塑性是指金属材料在外力作用下产生塑性变形而不破坏的能力，常用的塑性指标有伸长率和断面收缩率。

1．伸长率

材料被拉断后，标距长度的增加量与标距原长度之比的百分率称为伸长率，用字母 A 表示。

$$A = (L_1 - L_0) / L_0 \tag{1-4}$$

式中：A——金属材料的伸长率；

L_1——金属材料拉断后的标距长度，mm；

L_0——金属材料原始标距长度，mm。

2．断面收缩率

材料被拉断后，标距横截面面积的缩减量与原横截面面积的百分比称为断面收缩率，用字母 Z 表示。

$$Z = (S_0 - S_1) / S_0 \tag{1-5}$$

式中：Z——金属材料的断面收缩率；

S_1——金属材料拉断处的最小横截面面积，mm^2；

S_0——金属材料原始横截面面积，mm^2。

伸长率 A 和断面收缩率 Z 是衡量金属材料塑性变形能力的指标，A 和 Z 越大，表示材料的塑性越好，既能保证压力加工的顺利进行，又能保证机件工作时的安全可靠。

1.1.3 硬度

硬度是金属材料表面抵抗局部塑性变形或破坏的能力，是衡量金属材料软硬程度的指标，它表征材料抵抗表面局部弹性变形、塑性变形或抵抗破坏的能力。材料的硬度越高，其耐磨性越好。

目前，机械制造生产上常用的硬度试验方法有动态试验法和静态试验法两种，其中，应用最多的是静态试验法。动态试验法中试验力的施加是动态的、带有冲击性的，常用的有肖氏和里氏两种试验法，动态试验法主要用于大型的、不可移动的零件或产品的检验。而静态试验法中试验力的施加是缓慢而无冲击的，常用的试验方法有布氏硬度、洛氏硬度和维氏硬度三种方法，静态试验法被广泛应用于机械零件或产品的检验中。

1．布氏硬度

布氏硬度的试验原理如图 1-4 所示。

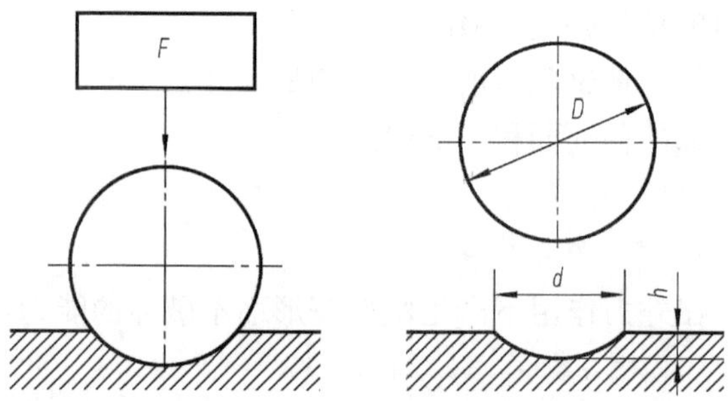

图 1-4　布氏硬度的试验原理

用直径为D的钢球或硬质合金球，以相应的试验力F压入试样表面，经规定的保持时间后，卸除试验力，用读数显微镜测量试样表面的压痕直径d，并以此计算出试样的压痕表面积S。用试验力F除以压痕表面积S所得到的值，就是布氏硬度值，用字母 HB 表示，即

$$\mathrm{HB}=F/S \tag{1-6}$$

式中：HB——布氏硬度，$\mathrm{N/mm^2}$；

F——试验力，N；

S——压痕表面积，$\mathrm{mm^2}$。

由于钢球压头有两种，为了便于理解，国家标准规定，当压头为淬火钢球时，用字母 HBS 表示，它适用于硬度值在 450 以下的材料；当压头为硬质合金时，用字母 HBW 表示，它适用于硬度值在 650 以下的材料。

由于金属材料有硬有软，被测工件有厚有薄、有大有小，如果只采用一种标准的试验力F和压头直径D，就会出现对某些工件和材料不适应的现象。因此，在生产中进行布氏硬度试验时，要求能使用不同大小的试验力和压头直径，对于同一种材料采用不同的F和D进行试验时，能否得到相同的布氏硬度值，关键在于压痕几何形状的相似度，即可建立F和D的某种选配关系，以保证布氏硬度的不变性。国家标准规定，进行布氏硬度试验时，常用的 0.102 F/D 的比例为 30、10、2.5 三种，根据金属材料的种类、试样硬度范围和厚度，选择合适的试验压头的直径D、试验力F及保持时间。

布氏硬度值一般不标单位，在硬度符号之前写出硬度值，符号后面用数字依次表示压头直径、试验力及试验力保持时间（若保持时间为 10～15s，可不标出）等试验条件。例如，

120HBS10/1000/30 表示直径为 10mm 的淬火钢球在 1000kgf(9.807kN)载荷作用下保持 30s 测得的布氏硬度值为 120；500HBW5/750 表示压头直径为 5mm 的硬质合金球，加压 750kgf（7.35kN），保持 10～15s，测得布氏硬度值为 500。

布氏硬度的优点是测定数据准确、稳定；其缺点是对不同材料需要更换压头和改变载荷，且压痕较大，压痕直径的测量也较困难，易损坏成品的表面，故不宜在太薄的成品上进行试验。

布氏硬度试验常用来测定原材料、半成品及性能不均匀的材料，如退火、正火、调质钢、铸铁及有色金属等材料的硬度。

2. *洛氏硬度*

洛氏硬度的试验是在初始试验力 F_0（$10\text{kgf} \approx 98\text{N}$）及主试验力 F（主试验力的大小视材料的软硬而定）先后作用下，将顶角为 120° 的金刚石圆锥体或一定直径的钢球（ϕ1.588mm）压入被测金属的表面，保持一定时间后，卸除主试验力 F，根据反弹后剩余压痕深度 h_1 来确定金属的硬度值，如图 1-5 所示。

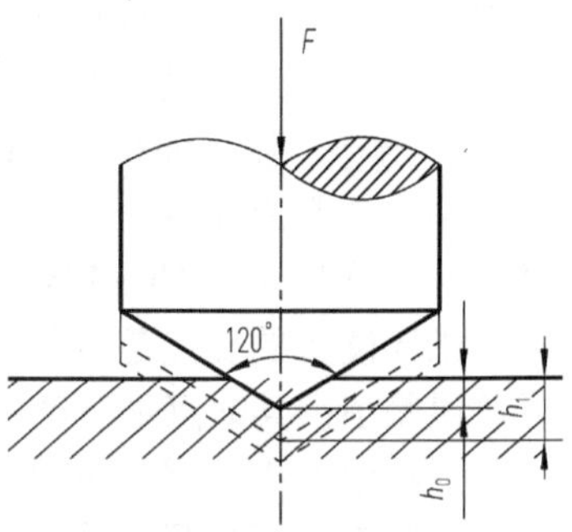

图 1-5 洛氏硬度试验原理图

根据所测材料和所加载荷、压头的不同，洛氏硬度有三种标尺，分别用字母 HRA、HRB 和 HRC 表示，其中，HRA 主要用于高硬度表面、硬质合金的硬度测试，HRB 主要用于退火钢、铸铁、非铁金属的硬度测试，HRC 主要用于淬火钢的硬度测试。

由于洛氏硬度的测定是在卸除主载荷以后，表面变形中的弹性部分将回复，压头将回升一段距离，因此实际的压痕深度应为 h_1；此时 h_1 越大，材料越软。为符合人的习惯性思维，即 h_1 数值越大材料越硬，用一个常数 K（对 HRC 和 HRA，K 为 0.2；对 HRB，K 为 0.26）减去 h_1，并规定每 0.002mm 深为一个硬度单位，因此洛氏硬度计算公式应为

$$\text{HRC(HRA)} = (0.2 - h_1)/0.002 = 100 - h_1/0.002 \tag{1-7}$$

$$\text{HRB} = (0.26 - h_1)/0.002 = 130 - h_1/0.002 \tag{1-8}$$

式中：h_1——卸除主试验力后，在初始试验力下的压痕深度，mm。

洛氏硬度无单位，须标明硬度标尺符号，在符号前面写出硬度值，如 58HRC、76HRA。

在实际生产中，洛氏硬度是在洛氏硬度试验机上进行的，其硬度值可直接从表盘上读出。

（1）洛氏硬度的优点

1）硬度值可从硬度机的表盘上直接读出，故测定洛氏硬度更为简便迅速，效率高。

2）对试件表面造成的损伤较小，可用于成品零件的检验。

3）因加有预载荷，故可以消除表面轻微的平面度对试验结果的影响，测量结果比较准确。

（2）洛氏硬度的缺点

1）不同标尺的洛氏硬度值，即 HRA、HRB 和 HRC 之间无法相互比较。

2）由于压痕小，洛氏硬度对材料组织不均匀性很敏感，测试结果比较分散，可重复性差。

洛氏硬度是目前生产中应用最广泛的硬度试验方法，可用于成品检验和薄件表面硬度

检验；不适用于测量组织不均匀的材料。

3．维氏硬度

维氏硬度试验原理与布氏硬度相同，同样是根据压痕单位面积上所受的平均载荷计量硬度值，不同的是维氏硬度的压头采用金刚石制成的锥面夹角α为136°的正四棱锥体，如图1-6所示，维氏硬度用字母HV表示。

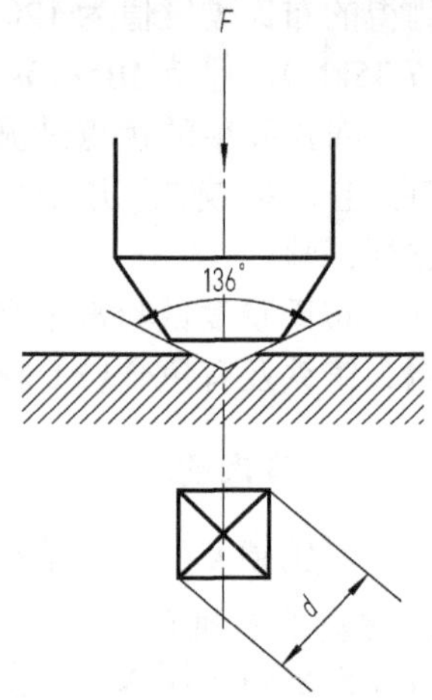

图1-6 维氏硬度试验原理图

维氏硬度试验通常是在维氏硬度试验机上进行的，试验时，根据试样的大小、厚薄选用不同的载荷压入试样表面，保持一定时间后去除载荷，用附在试验机上的测微计测量压痕对角线长度d，然后通过查表或公式计算维氏硬度值，即

$$HV = F / A \quad (1\text{-}9)$$

式中：HV——维氏硬度，N/mm^2；

F——试验力，N；

A——压痕面积，mm^2。

维氏硬度的标注是在符号HV前标出硬度值，在HV后面按试验力大小和试验力保持时间（保持时间为10～15s，可不标注）的顺序用数字表示试验条件，如640HV300。

维氏硬度的优点是试验时荷载小，压痕浅，可测量零件表面淬火硬层，测量对角线长度d误差小；其缺点是生产率比洛氏硬度试验低，不宜成批生产检验。

各种硬度由于试验条件的不同，相互之间无理论上的换算关系，但可通过试验得到的硬度换算表进行换算，以方便应用。

1.1.4 冲击韧度

很多零件是在冲击载荷（载荷有一定的速度）作用下工作的，这时零件的力学性能就不能用静载荷下的性能来衡量，而必须用冲击载荷下的性能（冲击韧度）来衡量。冲击载荷的瞬时冲击作用所引起的变形和应力比静载荷大得多，因此在设计承受冲击载荷的零件和工具时，不仅要满足强度、塑性、硬度等性能要求，还必须要有足够的韧性，即冲击韧度。

所谓冲击韧度，是指金属材料抵抗冲击载荷而不破坏的能力，用字母a_k表示。目前，测量金属材料的冲击韧度，应用最广的是一次摆锤弯曲冲击试验，原理如图1-7所示。

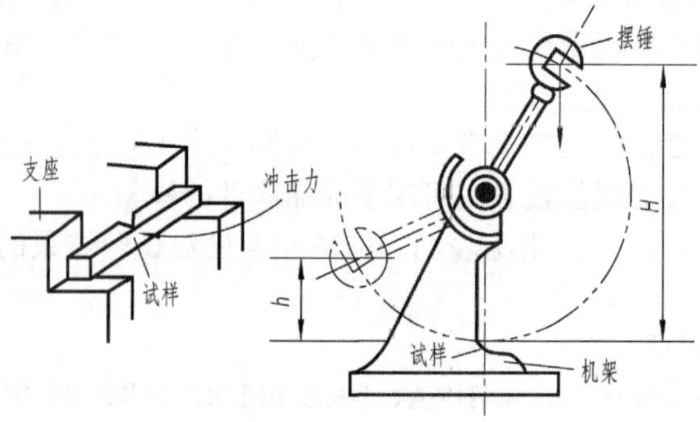

图1-7 冲击试验原理图

将被测的金属材料按国家标准做成标准试样，放在冲击试验机的支座上，使试样缺口

背向摆锤冲击方向，然后把重力为G的摆锤提到高度H上，此时摆锤的势能为GH，然后释放摆锤，冲断试样后摆锤回升到高度h上，摆锤对试样所做的功$A_k = G(H-h)$，冲击韧度就是试样断口处单位面积所消耗的功，即

$$a_k = A_k / S_0 \tag{1-10}$$

式中：a_k——试样的冲击韧度，J/cm^2；

A_k——冲断试样所消耗的功，J；

S_o——试样缺口处原始截面面积，cm^2。

试验时，冲击吸收能量A_k的值可从实验机的刻盘直接读出，A_k值的大小代表了材料冲击韧度的高低。

1.1.5 疲劳强度

许多机械零件是在交变应力（循环应力）作用下工作的，此时，虽然零件所承受的应力数值小于材料的屈服强度，但在长时间运转后也会发生断裂，这种现象称为疲劳断裂。

交变应力的大小和断裂循环次数之间的关系通常用疲劳曲线来描述，如图1-8所示。

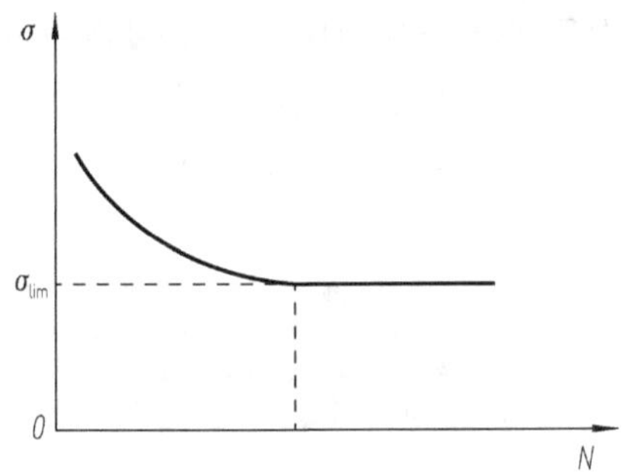

图1-8 常用钢材的疲劳曲线

疲劳曲线表明，当应力低于某一值时，即使循环次数无穷多也不发生断裂，此应力值称为疲劳强度或疲劳极限，用符号σ_{lim}表示。在疲劳强度测定中，不可能把循环次数做到无穷大，而是规定一定的循环次数作为基数。

常用钢材的循环基数一般取$N = 10^7$，有色金属的循环次数一般取$N = 10^8$。

1.2 金属结晶理论

钢铁是现代工业中应用最广泛的材料，其基本组成元素是铁和碳，故称为铁碳合金。普通碳钢和铸铁均属于铁碳合金，而合金钢则是冶炼时加入一些其他合金元素的铁碳合金。铁碳合金由于资源广泛、冶炼方便、价格低廉、性能优越，因此在工业生产中得到了广泛的应用。

微课：金属结晶理论

1.2.1 金属的晶体结构

化学成分不同的金属材料具有不同的性能，但是，即使是成分相同的金属，采用不同的加工工艺或在不同的状态下，它们的性能也可能有很大的差别。产生性能差异的原因，从根本上讲，是由于金属材料内部的组织结构不同。

1．晶体

自然界中的固态物质都是由原子或分子堆积而成的，根据内部原子堆积的情况，通常可分为晶体和非晶体两大类。原子或分子在空间中按照一定的几何规则呈周期性的重复排列，就是晶体。原子或分子在空间杂乱无章地堆积在一起，没有一定规律，就是非晶体。

晶体的特点是有固定的熔点而且性能呈各向异性（不同方向的性能不同）；非晶体则与此相反。自然界中包括金属和合金在内的绝大多数固体都是晶体，只有普通玻璃、松香和石蜡等少数物质是非晶体。

（1）晶体的结构

为了方便，通常把晶体中原子看成几何质点，用假想的直线连接后得到的三维空间几何点阵称为晶格；晶格中能全面反映原子排列规律的最小几何单元称为晶胞；用来描述晶胞大小与形状的几何参数称为晶格常数。晶格常数包括三个棱边和三个棱边夹角。晶体结构示意图如图 1-9 所示。

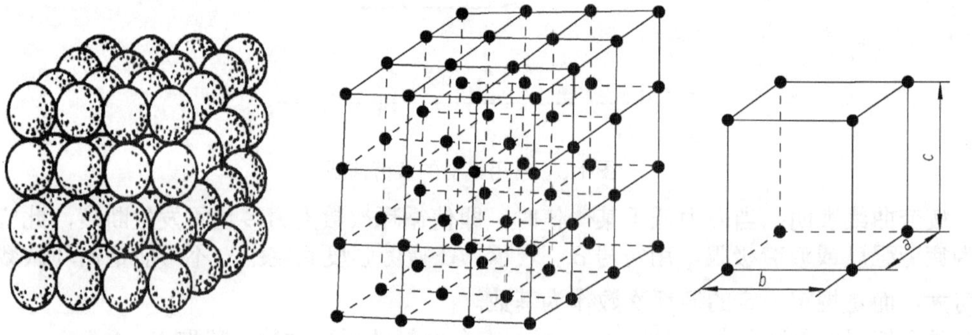

（a）晶体中的原子　　（b）晶格　　（c）晶胞

图 1-9　晶体结构示意图

（2）常见的金属晶体类型

根据晶格结构的不同，常见金属的晶体结构有体心立方晶格、面心立方晶格和密排立方晶格三种，如图 1-10 所示。

1）体心立方晶格。晶胞是一个立方体，立方体的八个顶角和立方体中心各有一个原子。

2）面心立方晶格。晶胞是一个立方体，立方体的八个顶角和六个面中心各有一个原子。

3）密排立方晶格。晶胞是一个正六棱柱体，在柱体的各个角和上下底面中央各有一个原子，在顶面与底面的中间还有三个原子。

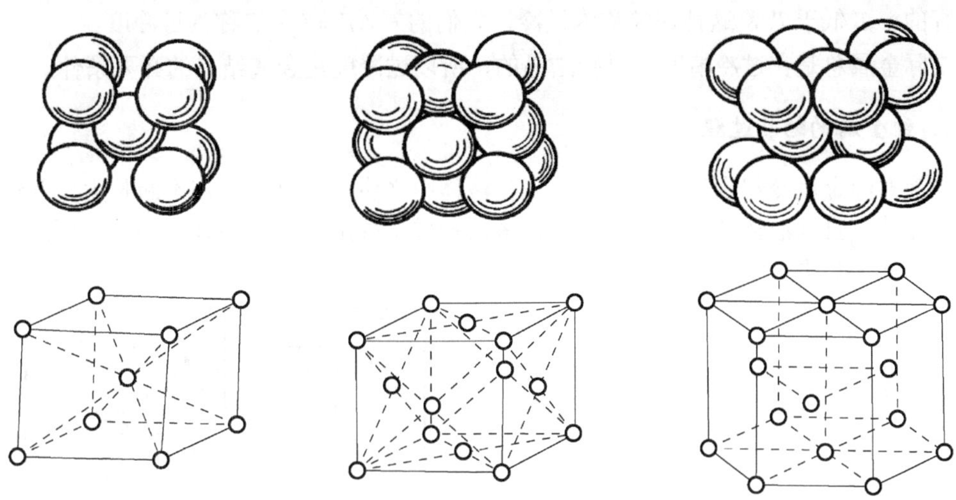

（a）体心立方晶格　　（b）面心立方晶格　　（c）密排立方晶格

图 1-10　常见晶格类型

2. 金属的实际晶体结构

（1）单晶体和多晶体

把晶体看成由原子按一定的几何规律呈周期性排列，即晶体内部的晶格位向是完全一致的，称为单晶体。在工业生产中，只有经过特殊制作才能得到，实际上，金属是由多晶体构成的。

多晶体就是由多晶粒组成的晶体结构；外形不规则的颗粒状小晶体通常称为晶粒，晶粒之间的界面称为晶界。

（2）晶体中的缺陷

晶体中的原子完全为规则排列时，为理想晶体。实际上，由于金属受多种因素的影响，内部存在大量的缺陷，这些缺陷按其几何特征可分为点缺陷、线缺陷和面缺陷三种。

晶体缺陷对金属的性能影响很大，因为缺陷会引起金属的晶格畸变，造成金属强化，使金属的性能得到改变。例如，通过得到不同的缺陷，可以改变金属的强度、硬度和塑性变形等性能。

1.2.2 金属的结晶

结晶是金属由液态金属转变为固态晶体的过程。下面以纯金属为例，来研究金属的结晶过程。

1. 纯金属的冷却曲线和冷却现象

纯金属由液态向固态的冷却过程，可用热分析法表示。热分析法就是冷却过程中所测得的温度与时间的关系曲线——冷却曲线，如图 1-11 所示。

在图 1-11 纯金属的冷却曲线中所测得的结晶温度 T_0 称为理论结晶温度，即结晶是在无限缓慢的冷却条件下测得的温度，这种情况只能在试验中得到。而实际结晶过程是在温度 T_1

下进行的，T_1 低于 T_0，这种现象称为过冷，它们的差 $\Delta T = T_0 - T_1$ 称为过冷度。

实际金属总是在过冷情况下进行结晶的，所以过冷度是金属结晶的必要条件。

2．纯金属的结晶过程

当液态纯金属冷却到结晶温度时，先在液体中产生一晶核，晶核不断长大，并继续产生新的晶核，直到液体全部转变成固体，最后形成由外形不规则的许多小晶体所组成的多晶体，如图 1-12 所示。

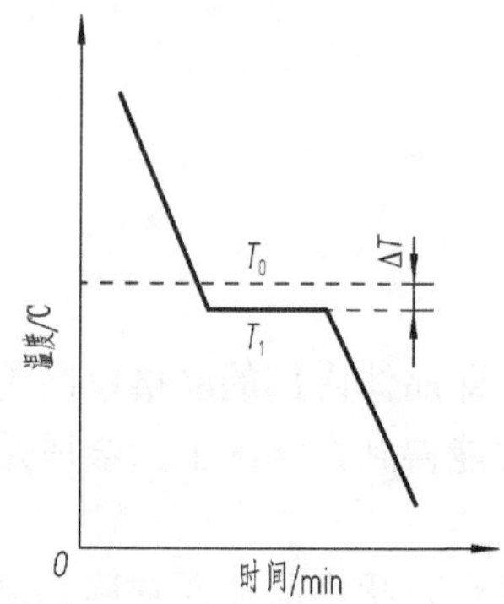

图 1-11　纯金属的冷却曲线

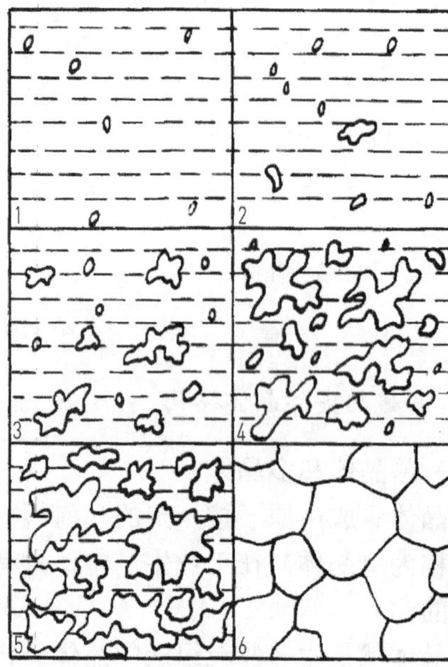

图 1-12　纯金属结晶过程示意图

纯金属的结晶过程就是一个不断形成晶核和晶核不断长大的过程。晶核开始长大的初期，生长方式呈树枝状，此时得到的晶体称为树枝状晶体，简称枝晶。

3．金属的晶粒

在常温下，细晶粒金属比粗晶粒金属具有更大的强度、硬度、塑性和韧性，所以金属结晶时得到的晶粒越细越好。

在生产中，金属结晶时，细化晶粒的方法有以下几种。

（1）增加过冷度

增加冷却速度会使结晶后的晶粒变细，此方法只适用于简单件和小型的铸件。对于大型铸件或厚薄差别大的铸件，若冷却速度过快，则会增加铸件的变形与开裂倾向。

（2）变质处理

结晶时加入一些细小的难熔物质，增加外来晶核，使结晶时晶核形核率增加，晶粒显著细化，此方法常用于大铸件。

（3）附加振动

金属结晶时，采用机械振动、超声波振动和电磁搅拌等方法，使枝晶熔断成碎晶而细化，同时，细化的枝晶可以增大形核率。

1.2.3 合金的晶体结构

合金是由两种或两种以上的金属元素或金属与非金属元素组成的、通过熔炼后所获得的新的、仍然具有金属特性的物质。

组成合金的基本、独立的元素称为组元；由两个组元组成的合金称为二元合金。此外，还有三元合金和多元合金。

相是指合金中成分相同、结构相同并与其他部分有明显界面的均匀组成部分。单相合金是指固态下由一个固相组成的合金；多相合金是指固态下由两个以上固相组成的合金。

通常把合金中相的晶体结构称为相结构，而把在金相显微镜下看到的某种形态或形貌特征的组成部分称为组织。合金中各种相是组成合金的基本单元，而合金组织是各种相的综合体。

合金的力学性能不仅取决于它的化学成分，而且取决于它的显微组织。通过对金属的热处理可以在不改变其化学成分的前提下改变其显微组织，从而达到调整金属材料力学性能的目的。

1．固态合金的相结构分类

根据构成合金的各组元之间相互作用的不同，固态合金的相结构可分为固溶体和金属化合物两大类。

（1）固溶体

在合金中，一种元素的原子溶入另一种元素的原子中形成的均匀相，称为固溶体。形成固溶体后，晶格保持不变的组元，称为溶剂；晶格消失的组元称为溶质；固溶体的晶格类型与溶剂组元相同。

根据溶质原子在溶剂晶格中占据位置的不同，固溶体可分为置换固溶体和间隙固溶体两种。

1）置换固溶体。溶质原子占据了部分溶剂晶格结点位置而形成的固溶体称为置换固溶体，如图 1-13（a）所示。根据固溶体中溶质原子的溶解情况，置换固溶体又可分为无限固溶体和有限固溶体。组元可以任何比例溶解的，称为无限固溶体，反之则称为有限固溶体。

2）间隙固溶体。溶质原子分布在溶剂晶格的间隙中形成的固溶体，称为间隙固溶体，如图 1-13（b）所示。只有溶质原子与溶剂原子半径之比较小时才能形成间隙固溶体。一般组成间隙固溶体的溶质元素都是一些原子半径很小的非金属元素，间隙固溶体都是有限固溶体。

由于溶质原子的溶入，引起溶剂晶格的畸变，使塑性变形的抗力增大，使合金的强度、硬度升高，这种现象称为固溶强化。固溶强化是提高金属材料力学性能的重要途径之一。

（2）金属化合物

在合金相中，各组元的原子按一定的比例相互作用生成的晶格类型和性能完全不同于任一组元，并且具有一定金属特性的新相，称为金属化合物。金属化合物可用分子式表示其组成，如钢中的渗碳体（Fe_3C）是铁原子和碳原子所组成的金属化合物。一般金属化合物的熔点较高，性能硬而脆。当合金中出现金属化合物时，通常会提高合金的强度、硬度和耐磨性，但会降低合金的塑性和韧性。金属化合物是各类合金钢、硬质合金和许多有色金属的重要组成相，常作为强化相来发挥作用。

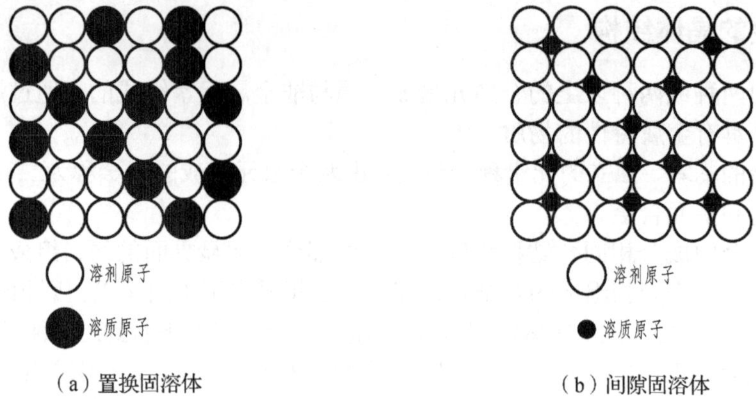

（a）置换固溶体　　（b）间隙固溶体

图 1-13　固溶体的两种类型

2．合金的结晶

合金的结晶与纯金属相似，都是形核与核长大的规律，结晶过程都有潜热放出。不同的是纯金属结晶是在某一恒温下进行的，而合金通常是在某一温度范围内进行的；此外，在合金结晶过程中各组成相成分将发生变化，所以合金的结晶过程比纯金属的复杂。

1.2.4　铁碳合金相图

为了研究铁碳合金的组织和性能，以及它们与成分、温度之间的关系，就必须了解铁碳合金相图。同时，在研究和使用钢铁材料、制订其热加工和热处理工艺及分析工艺废品的原因时，也要用到铁碳合金相图。

1．纯铁

纯铁就是含碳量 $\omega_C < 0.0218\%$ 的铁碳合金，纯铁的熔点是 1538℃，当温度降到 1538℃以下时，纯铁开始结晶。纯铁的冷却曲线如图 1-14 所示。

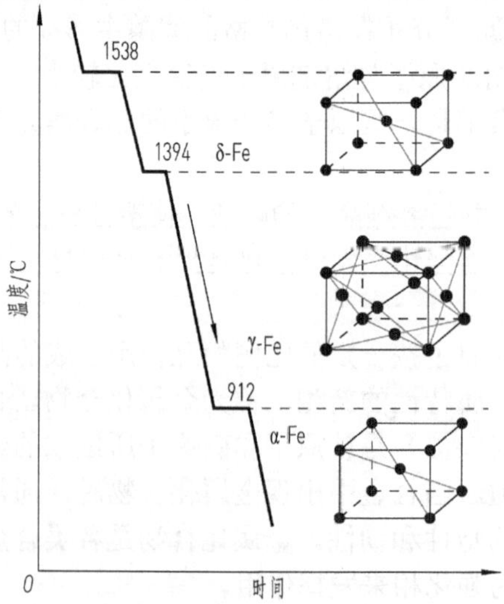

图 1-14　纯铁的冷却曲线

由纯铁的冷却曲线可以看出，在不同的温度范围中，纯铁的晶格类型是不同的，因此，纯铁在结晶过程中具有同素异构转变现象。金属在固态下由于温度的改变而发生晶格类型转变的现象称为同素异构转变。同素异构转变时有热效应产生，故在冷却曲线上有“平台”。

纯铁虽然塑性好，但强度低，所以很少用它来制造机械零件，在工业上应用最广的是铁碳合金。

2．铁碳合金基本组织

铁碳合金在液态时，铁和碳可以无限互溶；在固态时，根据碳的质量分数不同，可以形成铁素体、奥氏体、渗碳体、珠光体和莱氏体等基本相，如表 1-1 所示。

表 1-1 铁碳合金基本相

名称	符号	性能	说明
铁素体	F 或 α	抗拉强度：180～280MPa 布氏硬度：50～80 断后伸长率：30%～50% 冲击吸收能量：128～160J	铁素体是碳溶入α-Fe 中的间隙固溶体，体心立方晶格，碳在α-Fe 中溶解度很小，在 727℃时溶解度最大，为 0.0218%，室温时为 0.0008%，几乎为零。铁素体的力学性能与工业纯铁接近，其强度和硬度较低，塑性、韧性良好。其显微组织呈明亮白色等轴多边形晶粒
奥氏体	A 或 γ	抗拉强度：400MPa 布氏硬度：160～220 断后伸长率：40%～50%	奥氏体是碳溶入γ-Fe 中的间隙固溶体，面心立方晶格。碳在γ-Fe 中的溶解度相对较高，在 1148℃时其溶解度最大，达 2.11%，在 727℃时为 0.77%。奥氏体的强度和硬度比铁素体高，具有良好的塑性和低的变形能力，生产中常将钢材加热到奥氏体状态进行压力加工。其显微组织为明亮的多边形晶粒，晶界较铁素体平直
渗碳体	Fe_3C	硬度高（约 800HBW），塑性、韧性差，断后伸长率接近于零，脆性很大	渗碳体是钢与碳组成的金属化合物，含碳量 ω_C 为 6.69%，熔点为 1227℃，具有复杂的晶体结构，是铁碳合金的重要强化相。渗碳体在铁碳合金中的形态可呈片状、粒状、网状、板条状。它的数量和形态对铁碳合金的力学性能有很大影响。渗碳体越细小，并均匀地分布在固溶体基体中，合金的力学性能越好；反之，渗碳体越粗大或越呈网状分布则脆性越大
珠光体	P	抗拉强度：750～900MPa 布氏硬度：180～280 断后伸长率：20%～25%	珠光体是由铁素体和渗碳体组成的机械混合物。它是奥氏体冷却时，在 727℃恒温下发生共析转变的产物，平均含碳量 ω_C 为 0.77%，性能介于铁素体和渗碳体之间，强度较高，硬度适中，具有一定的塑性。显微组织为铁素体和渗碳体片层状交替排列
莱氏体	Ld (Ld′)	硬度高（约 700HBW）、塑性很差	莱氏体是由奥氏体和渗碳体组成的机械混合物，是铁碳合金在 1148℃时发生共晶转变的产物。存于 727～1148℃的莱氏体称为高温莱氏体（Ld），存于 727℃以下的莱氏体称为低温莱氏体（Ld′）。其硬度很高，塑性很差

3．铁碳合金相图分析

碳的质量分数大于 6.69%的铁碳合金脆性极大，没有使用价值；另外，Fe_3C 中的碳的质量分数为 6.69%，是一个稳定的金属化合物，可以作为一个组元，实际使用的铁碳合金的含碳量多在 6.69%以下，因此铁碳合金相图实际上就是 Fe-Fe_3C 相图，如图 1-15 所示，横轴表示含碳量，质量分数为 0～6.69%，纵轴表示温度。

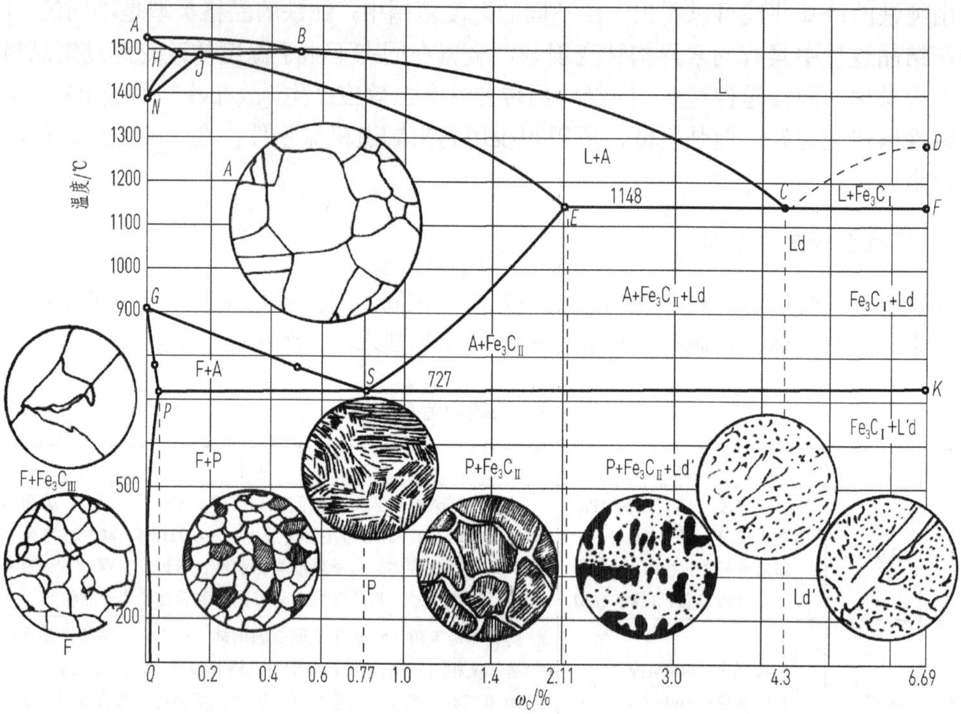

图 1-15 铁碳合金相图

（1）铁碳合金相图分析

铁碳合金相图中的 *AC* 和 *CD* 线为液相线，*AE* 和 *ECF* 线为固相线。相图中有四个单相区：液相区（L）、奥氏体区（A）、铁素体区（F）和渗碳体区（Fe_3C）。

1）铁碳合金相图特性线。铁碳合金相图中重要的特征线如下。

ACD——液相线，在 *AC* 线以下结晶出奥氏体，在 *CD* 线以下结晶出一次渗碳体。

AECF——固相线，合金溶液冷却到此线时凝固完毕。在此线以下均为固态。

GS——又称 A_3 线，奥氏体转变成铁素体的开始线，或铁素体转变成奥氏体的终止线。

ES——又称 A_{cm} 线，碳在奥氏体中的溶解度线，奥氏体冷却到此线时，将开始从奥氏体中析出二次渗碳体。

PSK——又称 A_1 线或共析反应线。共析反应温度为 727℃，各种成分的铁碳合金冷却到此线时，其中奥氏体的含碳量均变为 0.77%而发生共析反应生成珠光体，珠光体是铁素体和渗碳体的机械混合物。

ECF——共晶反应线，共晶反应温度为 1148℃，当含碳量为 4.3%的液态合金冷却到此线时，将发生共晶反应而形成莱氏体，它是奥氏体和渗碳体的机械混合物。

PQ——碳在铁素体中的溶解度线，铁素体冷却到此线时，将析出三次渗碳体。

① 共析反应：一定成分的固相在一定的温度下同时析出两种成分和结构均不相同的新的固相过程称为共析反应。转变产物是铁素体和渗碳体的机械混合物，称为珠光体，用字母 P 表示。

② 共晶反应：通常把在一定温度下，由一定成分的液相同时结晶出两个固相的过程称

为共晶转变。转变的产物是奥氏体和渗碳体的机械混合物，称为莱氏体。

2）铁碳合金相图特征点。铁碳合金相图中主要特征点如表 1-2 所示。

表 1-2　铁碳合金相图中的特征点

符号	温度/℃	碳的含量	说明
A	1538	0	纯铁的熔点
C	1148	4.3	共晶点
D	1227	6.69	渗碳体的熔点
E	1148	2.11	碳在γ-Fe 中的最大溶解度
F	1148	6.69	渗碳体的成分
G	912	0	α-Fe、γ-Fe 同素异构转变点
K	727	6.69	渗碳体的成分
P	727	0.0218	碳在α-Fe 中的最大溶解度
S	727	0.77	共析点
Q	室温	0.0008	碳在α-Fe 中的最小溶解度

$Fe\text{-}Fe_3C$ 相图表示了铁碳合金系中不同含碳量的合金在冷却过程中所发生的相变，各温度时合金的相组成物和组织组成物，可以由合金的室温组织了解它们的力学性能，确定其应用范围，这对零件的选材、加工工艺的制订具有重要的指导意义。

（2）铁碳合金分类

根据铁碳合金的含碳量及显微组织的不同，铁碳合金可以分为纯铁、钢和白口铸铁三大类。

1）工业纯铁：$\omega_C < 0.0218\%$。

2）钢：$0.0218\% < \omega_C < 2.11\%$。钢又分为以下三种。

① 亚共析钢：$0.0218\% < \omega_C < 0.77\%$。

② 共析钢：$\omega_C = 0.77\%$。

③ 过共析钢：$0.77\% < \omega_C < 2.11\%$。

3）白口铸铁：$2.11\% < \omega_C < 6.69\%$。白口铸铁又分为以下三种。

① 亚共晶白口铸铁：$2.11\% < \omega_C < 4.3\%$。

② 共晶白口铸铁：$\omega_C = 4.3\%$。

③ 过共晶白口铸铁：$4.3\% < \omega_C < 6.69\%$。

4．碳的含量对铁碳合金组织、性能的影响

一般来说，铁碳合金的成分决定其组织，而组织（包括数量、形态和分布等）又决定了铁碳合金的性能。

（1）碳的含量对平衡组织的影响

所有 $Fe\text{-}Fe_3C$ 合金的室温组织都是由铁素体 F 和渗碳体 Fe_3C 两相组成的，因此，把铁素体和渗碳体称为 $Fe\text{-}Fe_3C$ 合金的相组成物。含碳量越高，合金中 Fe_3C 的相对量越多，铁素体 F 的相对量越少。

当含碳量增高时，组织中不仅渗碳体 Fe_3C 的数量增加，而且渗碳体 Fe_3C 的存在形式

也在变化，由分布在铁素体 F 晶界上，变为分布在铁素体 F 的基体内，进而变为分布在奥氏体 A 的晶界，最后当形成莱氏体 Ld′时，渗碳体 Fe_3C 已作为基体出现。可见，不同含碳量的铁碳合金具有不同的组织，而这也正是它们具有不同性能的原因。

（2）碳的含量对力学性能的影响

碳的质量分数对钢的力学性能影响如图 1-16 所示。

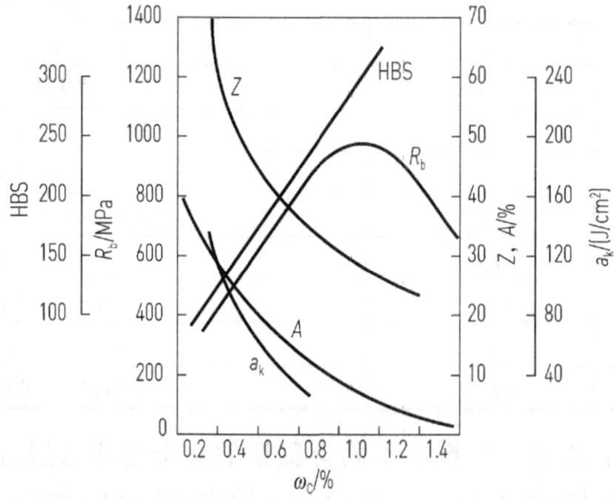

图 1-16 碳的质量分数对钢的力学性能的影响

由前面的分析可知，铁碳合金室温平衡组织均由铁素体 F 和渗碳体 Fe_3C 两相组成，其中铁素体 F 是软韧的相，而渗碳体 Fe_3C 是硬脆相。由于硬度对组织形态不敏感，所以钢中随着碳的质量分数增加，高硬度的渗碳体 Fe_3C 增加，低硬度的铁素体 F 减少，故钢的硬度呈直线增加，而塑性、韧性不断下降。又由于强度对组织形态很敏感，在亚共析钢中，随着碳的质量分数的增加，强度高的珠光体 P 增加，强度低的铁素体 F 减少，因此强度随碳的质量分数的增加而升高。当碳的质量分数为 0.77%时，钢的组织全部为珠光体 P，珠光体 P 的组织越细密，则强度越高。但当碳的质量分数为 $0.77\% < \omega_C < 0.9\%$ 时，由于强度很低的、少量的、一般未连成网状的 FeC_{II} 沿晶界出现，所以合金的强度增加速度变慢，当 $\omega_C > 0.9\%$ 时，FeC_{II} 数量增加且呈网状分布在晶界处，导致钢的强度明显下降。

（3）碳的含量对工艺性能的影响

1）对切削加工性能的影响。切削加工性能是指切削加工工件的难易程度。低碳钢中铁素体 F 较多，塑性好，切削加工时产生切削热大，易粘刀，不易断屑，表面粗糙度差，故切削加工性差。高碳钢的渗碳体 Fe_3C 多，刀具磨损严重，故切削加工性也差。中碳钢中铁素体 F 和渗碳体 Fe_3C 的比例适当，切削加工性较好。当高碳钢的渗碳体 Fe_3C 呈球状时，可改善切削加工性。

2）对可锻性能的影响。可锻性是指金属在压力加工时能改变形状而不产生裂纹的性能，可以确定钢材在锻造时必须选择在奥氏体区（A）的适当温度范围内进行，因为奥氏体 A 单相变形均匀，强度较低，塑性较好，便于塑性变形。低碳钢中的铁素体 F 多，可锻性好，随着碳的质量分数的增加金属可锻性下降。白口铸铁无论在高温还是低温，因为组织是以硬而脆的 Fe_3C 为基体的，所以不能锻造。

3）对铸造性能的影响。根据铁碳合金相图确定浇注温度，一般应在液相线以上 150℃左右。并且还可选择流动性好的合金，而接近共晶成分的合金应用较广泛。这是因为其熔点低，结晶温度的间隔小，流动性好，组织致密。

4）对焊接性能的影响。焊接时从焊缝到母材各区域的加热温度是不同的，可根据铁碳合金相图分析低碳钢焊接接头的组织变化情况。低碳钢（碳的质量分数小于 0.25%的亚共析钢）焊接性好。随着钢中碳的质量分数增加，钢的塑性、焊接性下降。为了保证获得优质的焊接性能，应优先选用低碳钢。

5）在热处理方面的影响。根据铁碳合金相图拟订淬火、退火、正火等各种热处理加热规范，有着十分重要的意义，这将在后续章节中详细介绍。

1.3 钢的热处理

在机械制造过程中，为使工件获得良好的力学性能，或改善材料的工艺性能，常采用热处理的方法。热处理可以显著提高钢的力学性能，发挥钢材的潜力，提高工件的使用性能和寿命；另外还可以消除毛坯（如铸件、锻件）中的缺陷，改善其工艺性能，为后续工序做好组织准备。总之，热处理是强化金属材料、提高产品质量和延长产品寿命主要途径之一。通常，重要的机器零件大多数要进行热处理。

微课：材料的切削加工性及切削条件的选择

热处理就是将固态金属或合金，采用适当方式进行加热、保温和冷却，改变其内部组织，从而获得所需组织结构与性能的一种工艺方法。

通过改变加热温度、保温时间和冷却速度等参数，在一定程度上使组织发生相应的转变，进而影响材料的性能。

热处理的工艺过程包括加热、保温和冷却三个阶段，它可用温度-时间坐标曲线来表示，称为热处理工艺曲线，如图 1-17 所示。

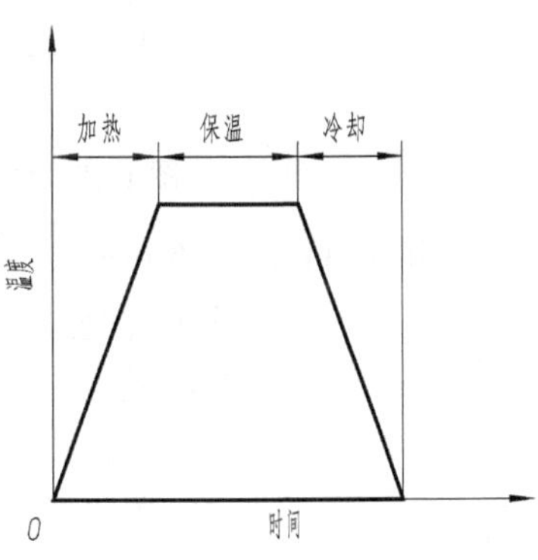

图 1-17　热处理工艺曲线

热处理工艺的特点是不改变金属零件的外形尺寸，只改变材料内部的组织与零件的性能。根据热处理加热和冷却方式的不同，热处理可分为普通热处理和表面热处理两大类，其中普通热处理包括退火、正火、淬火和回火；表面热处理包括表面淬火和化学热处理。

1.3.1 钢在热处理时组织的变化

1．钢在加热时组织的变化

在 $Fe\text{-}Fe_3C$ 相图中，共析钢加热超过 *PSK* 线（A_1）时，其组织完全转变为奥氏体。而亚共析钢和过共析钢必须加热到 *GS* 线（A_3）和 *ES* 线（A_{cm}）以上才能全部转变为奥氏体。

由于相图中的平衡线 A_1、A_3 和 A_{cm} 是反映不同含碳量的钢在缓慢加热和冷却时的相变温度，是理想相变，而在实际生产中，是不可能在理想状态下来完成，即加热和冷却速度不可能很缓慢，总有过冷和过热的现象。加热和冷却速度越大，相变温度偏离平衡临界点的程度也越大，即过冷度和过热度越大。因此，加热时的实际相变温度总要比平衡临界温度高一些，一般把加热时的临界点加注脚“c”；冷却时的实际转变温度总要比平衡临界点低，一般把奥氏体冷却时的实际转变温度加注脚“r”。因此通常用 Ac_1、Ac_3 和 Ac_{cm} 表示加热时偏离后的相变温度，用 Ar_1、Ar_3 和 Ar_{cm} 表示冷却时偏离后的相变温度，如图 1-18 所示。

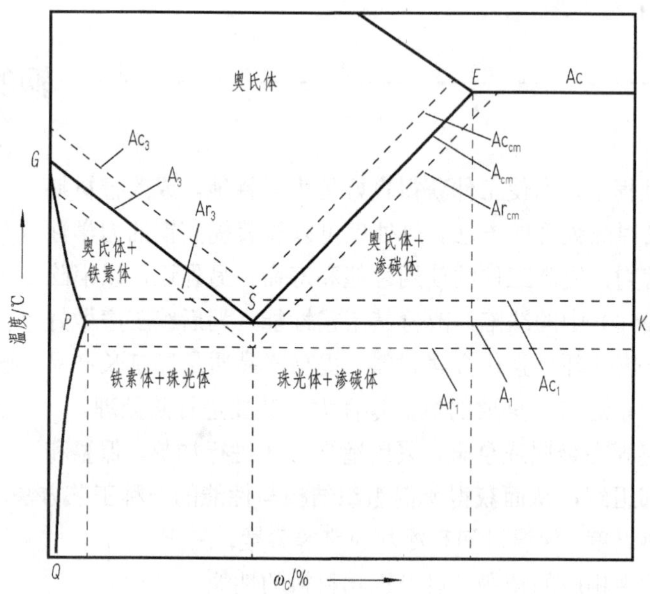

图 1-18 钢在加热和冷却时 $Fe\text{-}Fe_3C$ 相图上各临界点的位置

由 $Fe\text{-}Fe_3C$ 相图可知，任何成分的碳钢加热到相变线 Ac_1 以上都会发生珠光体向奥氏体的转变，通常这种转变过程称为奥氏体化。

（1）奥氏体的形成

以共析钢为例说明钢在加热时的组织转变。共析钢在室温时具有珠光体组织，将其加热到 Ac_1 以上时，珠光体将全部转变为奥氏体，这一转变可表示为

$$P(F + Fe_3C) \rightarrow A$$

奥氏体的形成是通过形核与长大过程来实现的，其转变过程主要有三个阶段，如图 1-19 所示。

图 1-19 珠光体向奥氏体黑亮过程示意图

1）奥氏体晶核的形成和长大。晶核易于在铁素体 F 和渗碳体 Fe_3C 相界面形成，晶核形成后会逐渐长大。

2）残余渗碳体的溶解。渗碳体 Fe_3C 比铁素体 F 溶解得慢，因此铁素体 F 先溶解完，随着保温时间的延长，渗碳体 Fe_3C 才完全溶解。

3）奥氏体成分均匀化。因为渗碳体 Fe_3C 的碳浓度高于铁素体 F 的碳浓度，随着保温时间的进一步延长，碳原子充分扩散，使奥氏体 A 中的碳原子成分趋于均匀。

共析钢的奥氏体化就是晶核不断形成和长大的过程。

亚共析钢和过共析钢的奥氏体形成过程与共析钢的基本相同，不同之处在亚共析钢、过共析钢加热温度在 Ac_1 以上时，只有珠光体向奥氏体转变，而铁素体、二次渗碳体还不能转变，所以它们的完全奥氏体化温度应分别为 Ac_3、Ac_{cm} 以上。

（2）奥氏体晶粒

钢在加热时，奥氏体的晶粒大小直接影响热处理后钢的性能。加热时奥氏体晶粒细小，冷却后组织也细小；反之，组织则粗大。

钢材晶粒细化既能有效提高强度，又能明显提高塑性和韧性，这是其他强化方法所不及的。因此，在选用材料和热处理工艺上，如何获得细小奥氏体晶粒，对工件使用性能和质量都具有重要的意义。

钢加热后，珠光体向奥氏体的转变刚刚结束时，奥氏体的晶粒是比较细小的，如果继续加热或保温，奥氏体晶粒就会变粗大，加热温度越高，保温时间越长，则奥氏体晶粒越粗大。

为控制奥氏体晶粒长大，必须制订合理的热处理工艺，即合理选择加热温度、保温时间和加热速度等。当加热温度相同时，加热速度越快，保温时间越短，则晶粒越细小，所以生产中常采用快速加热、短时保温的方法来细化晶粒。此外，有些合金元素也可以阻碍奥氏体晶粒长大，如钨、钛、钒、铌等；而锰和磷是促进奥氏体晶粒长大的元素，必须严格控制热处理时锰和磷的含量，以免奥氏体晶粒长大而导致工件的性能下降。

2．钢在冷却时组织的变化

冷却过程是热处理的关键工序，它决定着钢热处理后的组织与性能。钢经加热变成奥氏体以后，可以采用不同的方式冷却，以获得所需要的组织和性能。

在实际生产中，奥氏体冷却速度较快，必须过冷到 A_1 温度以下才开始转变。在相变温度 A_1 以下还没有发生转变而处于不稳定状态的奥氏体称为过冷奥氏体。

过冷奥氏体的冷却方式通常有两种，一种是等温冷却，另一种是连续冷却，如图 1-20 所示。

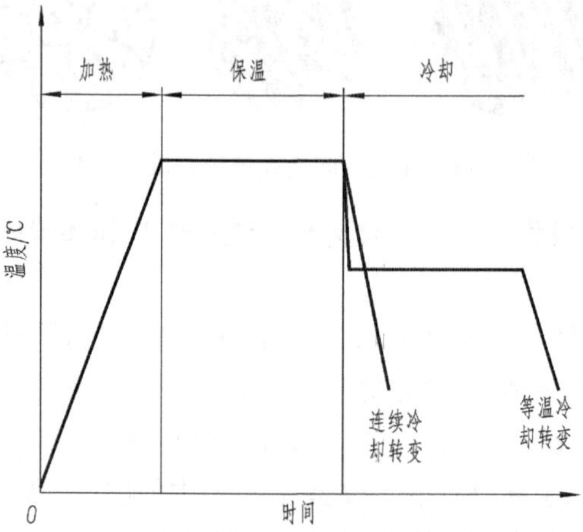

图 1-20　等温冷却与连续冷却示意图

（1）等温冷却

等温冷却就是将加热后组织全部为奥氏体的钢，先以较快的冷却速度冷却到 Ar_1 线以下某一温度，这时奥氏体尚未来得及转变，但已成为过冷奥氏体。然后进行保温，使过冷奥氏体在等温下发生组织转变，再继续冷却到室温。

1）过冷奥氏体的等温转变曲线。以共析钢为例，介绍等温转变曲线及转变产物。由过冷奥氏体开始转变点连接起来的曲线称为等温转变开始线，由转变终了点连接起来的曲线称为等温转变终了线。过冷奥氏体等温转变曲线如图 1-21 所示。

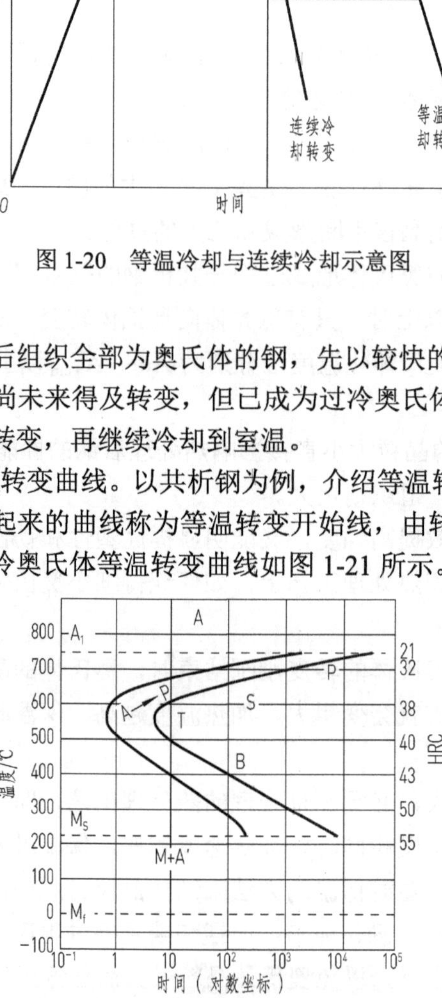

图 1-21　过冷奥氏体等温转变曲线

在过冷奥氏体等温转变曲线上，左边曲线为过冷奥氏体转变开始线，右边曲线为过冷奥氏体等温转变终了线。

A_1 线以上是奥氏体稳定区；A_1 线以下，转变开始线的左边为过冷奥氏体区，转变终了线的右边是转变产物区，转变开始线和终了线之间为过冷奥氏体和转变产物共存区。

转变开始线与纵坐标轴之间的时间为孕育期。在等温转变曲线拐弯的“鼻尖处”（约

550℃），孕育期最短，过冷奥氏体最不稳定。

水平线M_S为马氏体转变开始线（约230℃），水平线M_f为马氏体转变终了线（约-50℃）。A′为残留奥氏体，即淬火冷却到室温后残留的奥氏体。

2）过冷奥氏体等温转变产物的组织与性能。共析钢的奥氏体在A_1温度以下不同温度范围内会发生三种不同类型的转变，即珠光体转变、贝氏体转变和马氏体转变。

① 珠光体转变：又称高温转变，过冷奥氏体在A_1～550℃的转变。由于在该范围内转变温度比较高，奥氏体能全部分解，最后得到铁素体F和渗碳体Fe_3C所组成的机械混合物。这种机械混合物又分以下三种。

a．珠光体：过冷奥氏体在A_1～650℃的等温转变，用符号P表示。

b．索氏体：过冷奥氏体在650～600℃的等温转变，用符号S表示。

c．托氏体（屈氏体）：过冷奥氏体在600～550℃的等温转变，用符号T表示。

② 贝氏体转变：又称中温转变，过冷奥氏体在550℃～M_S的转变，用符号B表示。由于在该范围内转变温度比较低，过冷度比较大，因而形成过饱和碳的铁素体与碳化物组成的两相机械混合物，即贝氏体。根据等温转变温度和产物的组织形态的不同，它分为以下两种。

a．上贝氏体：过冷奥氏体在550～350℃的转变产物，用符号$B_{上}$表示。

b．下贝氏体：过冷奥氏体在350℃～M_S的转变产物，用符号$B_{下}$表示。M_S和M_f线是马氏体转变开始线和终了线。

③ 马氏体转变：又称低温转变，奥氏体被迅速冷却到M_S温度以下便发生马氏体转变，用符号M表示。马氏体不产生于等温转变，而是在极快的连续冷却过程中形成。马氏体是碳在α-Fe中的过饱和固溶体，有很高的强度与耐磨性，它属于连续冷却转变的产物。

3）亚共析钢和过共析钢的过冷奥氏体等温转变。因亚共析钢和过共析钢的含碳量低于或高于共析钢成分，亚共析钢在过冷奥氏体转变为珠光体之前，多一条先共析相铁素体析出线，所以在等温转变曲线上还有一条铁素体析出线；而过共析钢在过冷奥氏体转变为珠光体之前，多一条二次渗碳体析出线，所以在等温转变曲线上还有一条二次渗碳体析出线。

（2）连续冷却

将加热后组织全部为奥氏体的钢以某一速度冷却，使奥氏体在温度连续下降的过程中发生组织转变。

在实际热处理生产中，奥氏体的转变大多是在连续冷却过程中进行的，常在炉内、空气中、油中或水中冷却。与等温转变一样也能发生珠光体、贝氏体、马氏体等转变，但不同的是，冷却过程要经过各个转变温度区，会发生几种转变，得到几种转变产物的复合组织，因此其冷却转变曲线的测定较困难。但它与等温转变曲线相近似，可用等温转变曲线来近似地分析同一种钢的过冷奥氏体连续冷却转变过程。

1）等温转变曲线在连续冷却转变中的应用。下面以共析钢为例，介绍连续冷却转变曲线及转变产物，如图1-22所示。

共析钢连续冷却时，根据冷却速度曲线V_1、V_2、V_3、V_4与等温转变曲线相交的位置，可估计连续冷却转变的产物。

马氏体临界冷却速度V_k：与冷却曲线相切，称临界冷却速度，是获得全部马氏体转变的最小冷却速度。

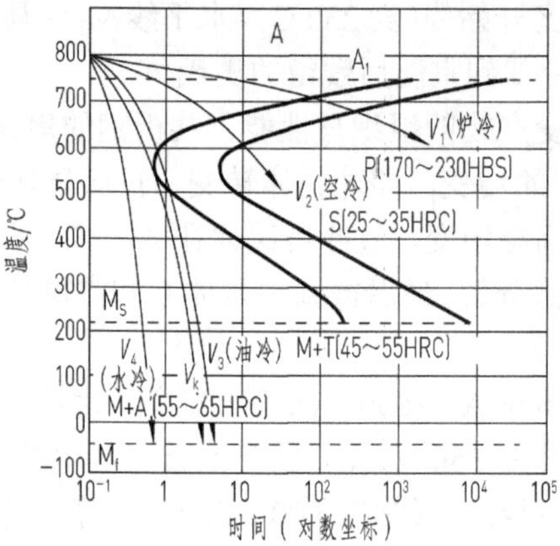

图 1-22　在共析钢等温转变曲线上分析奥氏体连续冷却转变产物示意图

2）马氏体转变（M_S～M_f）。马氏体的组织形态有板条状和片状两种类型。

① 当 $\omega_C < 0.20\%$ 时，形成板条状低碳马氏体，有较好的强韧性。

② 当 $\omega_C > 1.0\%$ 时，形成片状（针状）高碳马氏体，性能硬而脆。

③ 当 在 0.20%～1.0%时，形成片状和板条状马氏体的混合组织。

强度、硬度随含碳量增加而增大，当含碳量超过 0.6%后，强度和硬度增大不明显，马氏体转变不能进行到底。

残留奥氏体的存在会降低淬火钢的硬度和耐磨性，并且在长期使用工件过程中残留奥氏体会逐步转变为马氏体，使工件变形而引起尺寸的不稳定。可以用冷处理来减少残留奥氏体。冷处理就是把淬火后的工件继续冷却到-80～-50℃，以减少残留奥氏体的含量。

1.3.2　普通热处理

根据热处理在零件加工中的顺序，热处理工艺可分为两类：预备热处理和最终热处理。预备热处理一般是安排在零件切削加工之前，作用是消除坯料、半成品中的某些缺陷，为后续的冷加工和最终热处理做准备。最终热处理一般安排在零件切削加工之后，作用是使零件加工完成后获得所要求的性能。

由于加热温度、保温时间和冷却速度不同，因此产生了不同的热处理工艺方法。通常钢的热处理分为普通（整体）热处理和表面热处理两大类。

普通热处理是对工件整体进行加热，然后以适当的速度冷却，以改变其整体力学性能的金属热处理工艺。普通热处理常用的有退火、正火、淬火和回火。

表面热处理是只对工件表层进行热处理以改变其组织和性能的热处理工艺，表面热处理常用的是表面淬火化学热处理等。

1．退火与正火

退火与正火主要用于钢的预备热处理，目的是消除和改善前一道工序（铸、锻、焊）所造成的某些组织缺陷及内应力，也为随后的切削加工及热处理做好组织和性能上的准备。退火与正火除经常进行预备热处理工序外，对一般铸件、焊接件及一些性能要求不高的工件，也可进行最终热处理。

（1）退火

退火是将工件加热到适当温度，保持一定的时间，然后缓慢冷却的热处理工艺。退火工艺保温时间长、冷却缓慢，可获得平衡状态的组织。

退火的主要目的是细化组织、提高性能、降低硬度，以便切削加工。退火可消除内应力，提高韧性，稳定尺寸，使钢的组织与成分均匀化，也可为以后的热处理工艺做组织准备。退火常用于零件制造过程中的铸件、锻件、焊接件，以便此后进行切削加工或为淬火做组织准备。

根据钢的成分、退火工艺与目的不同，退火有完全退火、球化退火、等温退火、均匀化退火和去应力退火等。各种退火工艺曲线示意图如图 1-23 所示。

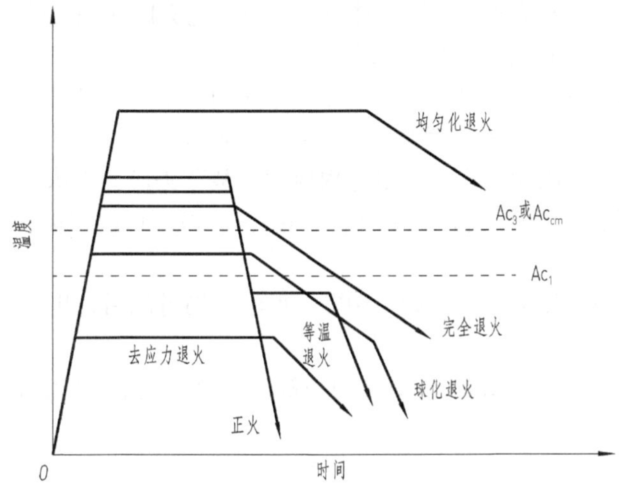

图 1-23 各种退火工艺曲线示意图

1）完全退火。完全退火是将亚共析钢加热到 Ac_3 以上 30～50℃，将钢完全转变为奥氏体后，随炉缓慢冷却，获得接近平衡组织的退火工艺。这种退火工艺由于将钢完全奥氏体化后，进行了全部的重结晶，故称完全退火。

完全退火目的是降低硬度，使钢软化以便随后的切削加工；消除应力，稳定工件的尺寸，防止变形和开裂；细化晶粒，改善组织，为最终热处理做好组织准备。

完全退火主要用于亚共析碳钢和合金钢的铸件、锻件等。

2）球化退火。球化退火是将共析钢或过共析钢加热到 Ac_1 以上 10～20℃，保温一定时间后，缓慢冷却到 600℃以下再出炉，在空气中冷却的一种热处理工艺。这种退火工艺由于可使钢中的碳化物球化，故称球化退火。

球化退火目的是消除钢中网状二次渗碳体或片状二次渗碳体，降低硬度，并为淬火做好组织准备。当钢原始组织中存在严重渗碳体网时，应采用正火将其消除后再进行球化退火。

球化退火适用于共析钢、过共析钢和合金工具钢、轴承钢等。

3）等温退火。等温退火是将钢加热到 Ac_3 或 Ac_1 以上 20～40℃，保温适当时间后，以较快的速度冷却到稍低于 Ar_1 的珠光体温度区间的某一温度，保温一段时间后，使奥氏体转变为珠光体组织，然后空冷至室温的退火工艺。

完全退火对于奥氏体比较稳定的钢所需的时间较长，有时长达数十小时，为缩短时间，可采用等温退火。

等温退火的目的与完全退火相同，但等温退火能得到更均匀的组织与硬度，而且可显著缩短生产周期，比完全退火缩短约 1/3。

等温退火主要用于高碳钢、合金工具钢和高合金钢。

4）均匀化退火。均匀化退火是将工件加热到高温（一般为 Ac_3 以上 150～200℃），并长时间保温（一般为 10～15h），然后缓慢冷却的热处理工艺。均匀化退火又称扩散退火。

均匀化退火的目的是消除铸造结晶过程中产生的枝晶偏析，使其成分均匀化、改善性能。

均匀化退火主要用于质量要求高的合金钢铸锭或铸件等。

由于均匀化退火加热温度高、保温时间长，会引起奥氏体晶粒的严重粗化，因此均匀化退火后一般还需要进行一次完全退火或正火。

5）去应力退火。去应力退火是将工件随炉缓慢加热到 Ac_1 以下 100～200℃（一般为 500～650℃），保温一定时间后，随炉缓慢冷却到 200℃，再出炉冷却。这种退火方法因加热温度低于 A_1，不发生组织转变，只消除内应力，故称去应力退火（又称低温退火）。

去应力退火主要用于消除铸件、锻件、焊接件、冲压件及机加工件中的残余应力。

（2）正火

将钢件加热到 Ac_3 或 A_{cm} 以上 30～50℃，保温适当时间后，出炉在空气中冷却的热处理工艺称为正火。

正火与退火的应用基本相同，一般作为预备热处理，安排在毛坯生产之后、粗加工（或半精加工）之前。

正火与退火工艺不同之处在于：正火是将加热后的工件从炉中取出置于空气中冷却，退火是将加热后的工件随炉缓慢冷却。二者主要区别是正火的冷却速度稍快，正火热处理的生产周期短，同时操作简单，生产效率高，成本也较低。因此当退火与正火同样能达到零件性能要求时，应尽可能选用正火。

正火在生产中的应用如下。

1）对于要求不高的结构零件，可进行最终热处理。正火可细化晶粒，正火后组织的力学性能较高，而大型或复杂零件淬火时，可能有开裂危险，此时正火可作为普通结构零件或大型、复杂零件的最终热处理。

2）改善低碳钢的切削加工性。由于正火能减少低碳钢中先共析相铁素体，提高珠光体的含量和细化晶粒，所以能提高低碳钢的硬度，改善其切削加工性。

3）作为中碳结构钢的较重要工件的预备热处理。对于性能要求较高的中碳结构钢，正火可消除热加工造成的组织缺陷，使其具有良好的切削加工性，并能减少工件在淬火时的变形与开裂，提高工件质量。因此，正火常作为较重要工件的预备热处理。

4）消除过共析钢中二次渗碳体网。正火可消除过共析钢中二次渗碳体网，为球化退火做组织准备。

退火与正火热处理工艺曲线示意图如图 1-24 所示。

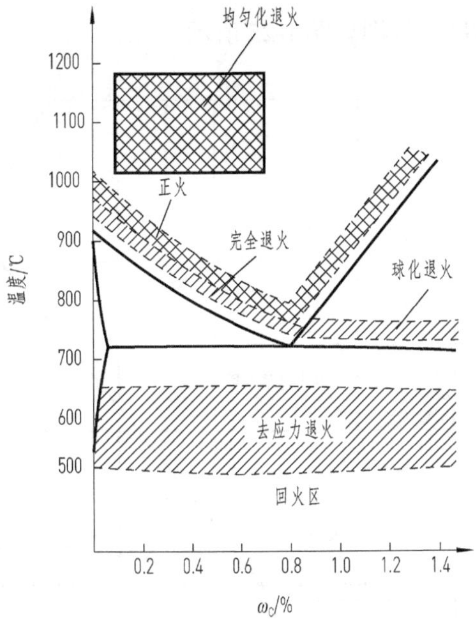

图 1-24　退火与正火热处理工艺曲线示意图

正火的目的虽然与退火目的基本相同，但由于冷却速度不同，正火的冷却速度要快些，因而过冷度较大，正火得到的晶粒较细，其强度、硬度比退火高一些，同一种材料经正火和退火热处理后得到的强度、硬度和塑性稍有不同。

2．淬火与回火

淬火与回火常是紧密相连的两个工艺过程，由于淬火后的钢件一般不能直接使用，必须进行回火处理后才能使用，因此淬火与回火只有相互配合才能获得良好的热处理效果。回火是紧接淬火之后的热处理工序，淬火与回火常作为零件的最终热处理。

（1）淬火

淬火是将钢件加热至 Ac_3 或 Ac_1 以上 30～50℃，保温一定时间，然后以大于临界冷却速度冷却，以获得马氏体或贝氏体组织的热处理工艺。

淬火与退火、正火在工艺上的主要区别是冷却速度快，目的是获得马氏体（或贝氏体）组织，提高钢的硬度、强度和耐磨性，并与适当的回火工艺相配合，使工件获得良好的使用性能，以充分发挥材料的潜力。

但是要获得马氏体组织，钢的冷却速度必须大于钢的临界速度。所谓临界速度就是获得马氏体组织的最小冷却速度，因此淬火冷却速度较快。

1）钢的淬火工艺。

① 加热温度：钢的含碳量是决定其淬火加热温度的主要因素。碳素钢的淬火加热温度由 $Fe\text{-}Fe_3C$ 相图来确定。亚共析钢淬火加热温度为 Ac_3 以上 30～50℃。共析钢和过共析钢的淬火加热温度为 Ac_1 以上 30～50℃。对于低合金钢，淬火加热温度也根据临界点 Ac_1 或 Ac_3 来确定，一般为 Ac_1 或 Ac_3 以上 50～100℃。高合金工具钢中含有较多的强碳化物形成元素，奥氏体晶粒粗化温度高，故淬火温度也高。

碳素钢的淬火加热温度示意图如图 1-25 所示。

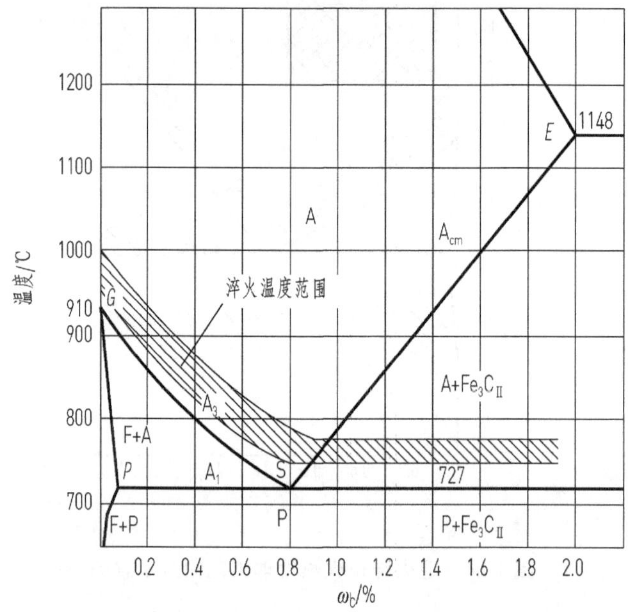

图 1-25　碳素钢的淬火加热温度示意图

钢的淬火加热时间包括升温时间和保温时间两部分。加热时间的长短与加热介质、加热速度、钢的种类、工件形状和尺寸、装炉方式及装炉量有关。具体加热时间可通过经验公式计算，再用实际经验修正后确定。

② 淬火冷却介质：为了保证良好的淬火效果，针对不同钢种，淬火冷却介质有空气、油、盐水和水，其冷却能力按上述顺序递增，上述介质中最常用的是水和油。

a．水：最常用的淬火冷却介质，具有冷却速度快、使用方便、价格低廉等特点。由于水在 200～300℃时冷却速度仍然很快，易造成工件变形和开裂，因此仅适用于形状简单的碳钢工件，常用的水温一般低于 40℃。

b．油：常用的淬火冷却介质，生产中多用矿物油。油在 200～℃的冷却能力比水小，对减少工件的变形和开裂很有利，但油在 550～650℃的冷却能力也比水小，故油只能用于淬透性较好的低合金钢和合金钢。

碳钢一般在水或盐水中淬火，合金钢导热性能比碳钢差，一般在油中淬火。

有时为了减小工件在淬火时的变形，在水中加入少量（5%～10%）的盐或碱，即可得到所需盐水或碱水。盐水或碱水主要用于形状简单的中、低碳钢零件。

③ 淬火方法：目前常用的淬火方法有单介质淬火、双介质淬火、马氏体分级淬火、贝氏体等温淬火和局部淬火。各种淬火方法工艺曲线如图 1-26 所示。

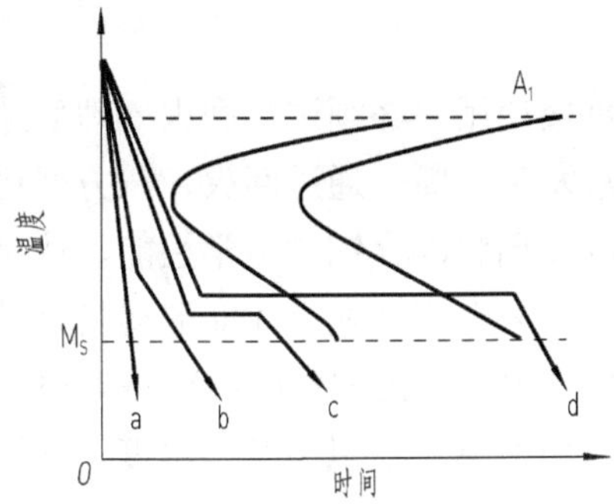

a—单介质淬火；b—双介质淬火；c—马氏体分级淬火；d—贝氏体等温淬火。

图 1-26 各种淬火方法工艺曲线示意图

a. 单介质淬火：将工件加热奥氏体化后放入一种介质中进行冷却的淬火方法。此方法是最常用、最简便的淬火方法。其优点是操作简单，易实现机械化、自动化；缺点是在水中淬火易产生变形和裂纹，在油中淬火易产生硬度不足或硬度不均匀等现象。

单介质淬火主要适用条件：形状简单的碳钢件在水中淬火，合金钢件及尺寸较小的碳钢件用油淬。

b. 双介质淬火：是将工件加热后，先浸入一种冷却能力较强的介质，在组织即将发生马氏体转变时立即转入另一种冷却能力较弱的介质中，缓慢冷却的淬火方法，如碳钢先水冷后油冷。这种方法可减小淬火应力，减小工件变形和开裂，但对操作技术要求较高，不易掌握。

双介质淬火主要适用于形状复杂的高碳钢工件、尺寸较大的合金钢工件。

c. 马氏体分级淬火：是将工件加热奥氏体化后，先在温度为 M_S 点附近（150～260℃）时盐浴或碱浴，保温一定时间，待工件整体温度趋于一致后，再取出空冷，以获得马氏体组织的淬火方法。

此方法比双介质淬火容易操作，可显著地减小工件淬火的内应力，并减小工件变形和开裂的程度，主要适用于尺寸较小的工件。

d. 贝氏体等温淬火：是将工件加热后，快速冷却到贝氏体转变温度区间（240～260℃）等温保持，使奥氏体转变为下贝氏体的淬火方法。

此方法可显著地减小淬火应力和减少变形，但生产率较低。工件经贝氏体等温淬火后，其强度、韧性和耐磨性较好。此淬火方法适用于形状复杂、尺寸精度要求较高，并且硬度和韧性都要求较高的工件。

2）钢的淬透性和淬硬性。

① 钢的淬透性：在规定条件下钢试样淬硬深度和硬度分布的特性。

淬硬深度是从淬硬的工件表面到规定硬度值（一般为 550HV）处的垂直距离。淬硬深度越大，淬透性越好。

② 钢的淬硬性：钢试样在规定条件下淬火硬化所能达到的最高硬度的能力，其含义是钢试样在规定条件下淬火时马氏体组织所能达到的硬度。钢的淬硬性主要取决于钢中含碳量，钢中含碳量越高，淬硬性越好。

（2）回火

淬火后的钢件一般不能直接使用，必须进行回火处理后才能使用，这是因为淬火钢的硬度高、脆性大，直接使用常发生脆断。通过回火，一方面可以消除或减小内应力、降低脆性，提高韧性；另一方面可以调整淬火钢的力学性能，达到钢的使用性能。淬火与回火常是紧密相连的两个工艺过程，只有相互配合才能取得良好的热处理效果。回火是紧接淬火之后的热处理工序，淬火与回火常作为零件的最终热处理。

回火是将淬硬后的工件加热到 Ac_1 点以下某一温度，保温一定时间，然后冷却到室温的热处理工艺。钢经淬火后，获得马氏体与残留奥氏体是亚稳定相，在回火的加热、保温中会向稳定的组织转变。

1）回火的目的。

① 获得工件所要求的力学性能。工件淬火后得到的马氏体组织硬度和脆性大，为了满足各种工件的性能要求，可以通过回火调整其硬度、强度、塑性和韧性。

② 稳定工件组织和尺寸，保证精度。淬火马氏体和残留奥氏体都是不稳定组织，它们具有自发地向稳定组织转变的趋势，因而将引起工件形状与尺寸的改变。通过回火，使淬火组织转变为稳定组织，从而保证在使用过程中不再产生形状与尺寸的改变。

③ 消除或减小内应力，降低脆性。工件在淬火后存在很大应力，如不及时通过回火消除，会引起工件进一步的变形与开裂。

2）回火的种类。按回火温度范围的不同，回火可分为低温回火、中温回火和高温回火。

① 低温回火：加热温度在 250℃以下进行的回火。其目的是在保持淬火工件高硬度和高耐磨性的情况下，减小淬火残余应力和脆性。

回火后的组织为回火马氏体，硬度为 58～64HRC，主要适用于各种刃具、模具、滚动轴承，以及渗碳及表面淬火等要求硬而耐磨的零件。

② 中温回火：加热温度在 350～500℃进行的回火。其目的是使工件获得较高的弹性和强度，适当的韧性和硬度。

回火后的组织为回火托氏体，硬度为 35～50HRC，主要适用于各种弹簧及热锻模等。

③ 高温回火：加热温度在 500℃以上进行的回火。其目的是使工件获得强度、塑性和韧性都较好的综合力学性能。

回火后的组织为回火索氏体，硬度为 200～350HBS，主要适用于各种较重要的受力结构件，如连杆、螺栓、齿轮及轴类零件等。

工件淬火后高温回火的复合热处理工艺称为调质处理。调质处理不仅可作为某些重要零件（如轴、齿轮、连杆、螺栓等）的最终热处理，而且也可作为一些精密零件（如丝杠、量具、模具等）的预备热处理，使其获得均匀细小的组织，以减小最终热处理过程中的变形。

在抗拉强度、硬度大致相同的情况下，调质后的塑性、韧性均显著高于正火，这是因为钢件经调质处理后的组织为回火索氏体，其渗碳体呈粒状，而正火得到的组织为层片状索氏体。

除以上三种常用回火方法外，某些精密的工件，为了保持淬火后的硬度及尺寸的稳定性，常进行低温（100～150℃）、长时间（10～50h）保温的回火，称为时效处理。

3）回火脆性。淬火钢在某些温度区间或回火后缓冷通过该温度区间时，出现脆化的现象称为回火脆性。回火脆性有以下两种。

① 第一类回火脆性。在 250～350℃出现的回火脆性称为第一类回火脆性，又称不可逆回火脆性，无论是碳素钢还是合金钢，都应避免这种回火脆性。

② 第二类回火脆性。含铬、镍、锰等元素的合金钢淬火后，在 450～650℃回火，缓冷时出现的脆性称为第二类回火脆性，又称可逆回火脆性。为防止第二类回火脆性的出现，小零件可采用回火时快冷，大零件可选用含钨或钼的合金钢。

1.3.3 表面热处理

在实际生产中，有很多零件是在摩擦、冲击和交变载荷作用下工作的，要求表面和心部具有不同的性能。一般情况下，表面要求硬度高，具有较高的耐磨性和疲劳强度，心部要求有较好的塑性和韧性。

例如，齿轮工作时表面接触应力大，摩擦严重，要求表面具有高硬度，而齿轮心部通过轴传递动力、冲击力，即心部要求具有较高的塑性和韧性。低碳钢可满足心部要求，表面要求不能满足；高碳钢可满足表面要求，心部要求不能满足。在这种情况下，单从材料选择入手或采用普通热处理方法，都不能满足其要求。解决这一问题的根本方法就是进行钢的表面热处理。表面热处理是只对工件表层进行热处理以改变其组织和性能的热处理工艺。其中最常用的表面热处理为表面淬火和表面化学热处理。

1. 表面淬火

表面淬火是仅对工件表层进行淬火的热处理工艺。表面淬火不改变零件表层的化学成分，只改变表层的组织，并且心部仍保留原来退火、正火或调质状态的组织。

表面淬火目的是使工件表层具有高硬度、耐磨性，而心部具有足够的强度和韧性。表面淬火后，一般需进行低温回火，以减小淬火应力和降低脆性。

生产上常用的表面淬火方法有感应淬火、火焰淬火、接触电阻加热淬火和激光淬火。

（1）感应淬火

感应淬火是指利用感应电流通过工件所产生的热效应，使工件表层、局部或整体加热，并快速冷却的淬火工艺，如图 1-27 所示。

当感应线圈中通以交流电时，产生交变磁场，在工件中便产生与交变磁场频率相同的感应电流，由于工件本身具有电阻，因此集中于工件表面的电流可将工件的表面迅速加热到淬火温度，而工件的心部温度仍接近室温。

感应加热后，采用水、乳化液或聚乙烯醇水溶液喷射淬火（合金钢浸油），淬火后进行 180～200℃低温回火，以降低淬火应力，并保持高硬度和高耐磨性。

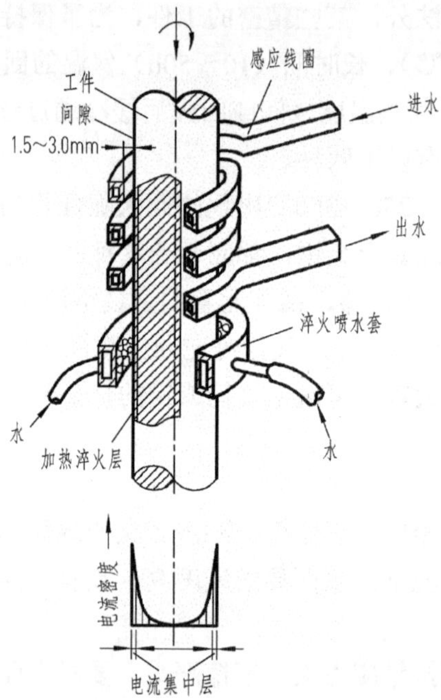

图 1-27　感应淬火示意图

感应电流透入工件表层的深度大小主要取决于交流电频率的高低，交流电频率越高，淬硬层深度越小。

根据电源频率不同，感应淬火分为高频淬火、中频淬火和工频淬火。此外，还有 20 世纪 60 年代后发展起来的超音频感应加热，它的频率为 30～40kHz，适用于硬化层略深于高频且要求硬化层沿表面均匀分布的零件，如中小模数齿轮、链轮、轴、机床导轨等。

生产中常用的电流频率与淬硬层深度的关系如表 1-3 所示。

表 1-3　电流频率与淬硬层深度的关系

名称	频率	淬硬层深度/mm	适用零件
高频淬火	200～300kHz	0.5～2.5	淬硬层较薄的中小型零件，如小模数齿轮、小尺寸轴
中频淬火	2500～3000Hz	2～10	承受较大载荷和摩擦力零件，如大模数齿轮、较大凸轮等
工频淬火	50Hz	10～20	要求硬层深的大型零件和钢材，如轧辊、火车车轮等

由于感应加热速度极快，时间很短，仅为几秒，所以感应淬火有如下特点：

① 表面性能好，硬度比普通淬火高 2～3HRC；疲劳强度较大，一般工件可提高 20%～30%。

② 工件表面质量高，不易氧化脱碳，淬火变形小。

③ 淬硬层深度易于控制，操作易于实现机械化、自动化，生产效率高。

感应淬火主要用于中碳钢或中碳低合金钢，也可用于工具钢，不宜用于形状复杂的零件及单件生产。

（2）火焰淬火

火焰淬火是应用可燃气体氧-乙炔（或其他可燃气体）产生的火焰，对零件表面进行加热，然后快速冷却的淬火方法，如图1-28所示。

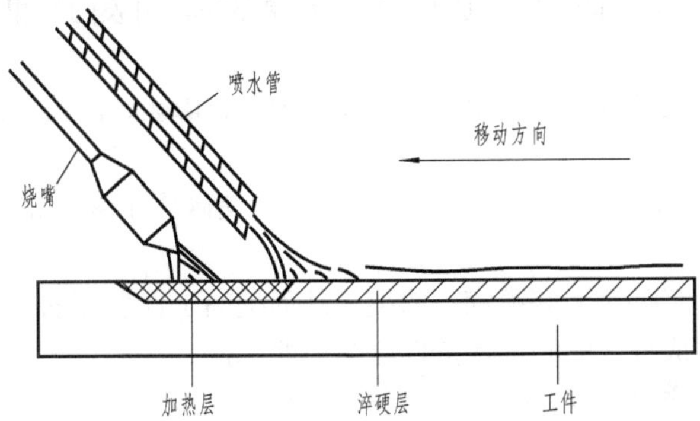

图1-28 火焰淬火示意图

火焰淬火的淬硬层深度一般为2～6mm。火焰淬火设备简单，成本低，操作方便灵活；但生产效率低，淬火质量较难控制。

火焰淬火适用于单件、小批量生产或用于中碳钢、中碳低合金钢制造的大型工件，如大齿轮、轴等零件的表面淬火。

（3）接触电阻加热淬火

接触电阻加热淬火可显著提高工件表面的耐磨性和抗擦伤能力。这种淬火方法设备及工艺简单易行，硬化层薄，一般为0.15～0.35mm，适用于表面形状简单的零件。接触电阻加热淬火目前广泛用于机床导轨、气缸套等表面淬火。

（4）激光淬火

激光淬火用激光束扫描工件表面，使工件表面迅速加热到钢的临界点以上，而当激光束离开工件表面时，基体金属大量吸热，使表面获得急速冷却而自淬火，故无须冷却介质。

激光淬火的特点如下。

1）激光淬火硬化层深度与宽度：深度小于0.75mm，宽度小于1.2mm。

2）激光淬火后，工件表层可获得极细马氏体组织，硬度高且耐磨性好。

激光淬火适用于形状复杂，特别是某些部位（如拐角、沟槽、盲孔底部或深孔）用其他表面淬火方法极难处理的工件。

2. 表面化学热处理

表面化学热处理是将工件放入一定温度的活性介质中加热并保温，使一种或几种元素渗入它的表层，以改变其化学成分、组织和性能的热处理工艺。其特点是既改变工件表面层的组织，又改变其化学成分。相比表面淬火这种热处理方法获得更高的硬度、耐磨性和疲劳强度，并可提高工件表层的耐蚀性和高温抗氧化性。

（1）化学热处理基本过程

各种化学热处理都是由以下三个基本过程组成的。

1）分解。由介质中分解出渗入元素的活性原子。

2）吸收。工件表面对活性原子进行吸收。吸收的方式有两种，即活性原子由工件表面进入工件的晶格形成固溶体或与工件中的某种元素形成化合物。

3）扩散。已被工件表面吸收的原子，在一定温度下，由表面往里迁移，形成一定厚度的扩散层。

化学热处理的种类有很多，常用的是渗碳、渗氮、渗硼、渗铬、渗铝等。

（2）渗碳

渗碳是将工件放入含碳的介质中加热到高温，使碳原子渗入工件表层的化学热处理工艺。

渗碳的目的是使工件表面获得高碳浓度，从而提高工件表面的硬度和耐磨性，而心部仍保持原有的低碳钢成分，即心部保持良好的韧性。

渗碳一般采用含碳量 ω_C 为 0.15%～0.20%的低碳钢或低碳合金钢。渗碳后要进行淬火和低温回火，在工件的表面和心部分别得到高碳组织和低碳组织。

根据渗碳介质的不同，渗碳法可分为气体渗碳、固体渗碳和液体渗碳三种，其中气体渗碳应用最广泛。

气体渗碳是在专用的井式渗碳炉中进行的，如图 1-29 所示。

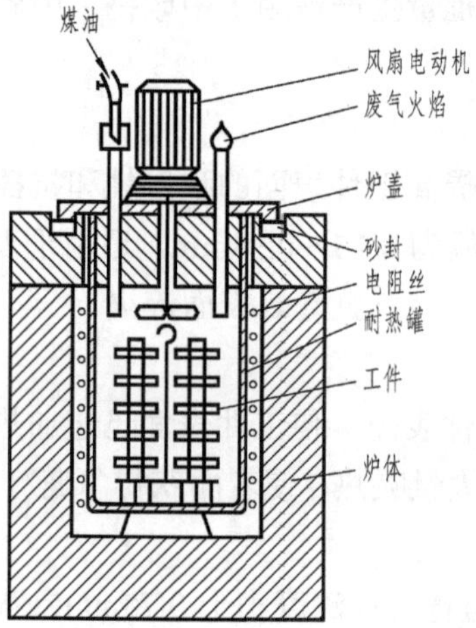

图 1-29　气体渗碳示意图

气体渗碳时，将工件装挂在密闭的渗碳炉中，加热到 900～950℃，通入渗碳气体（如煤气、石油液化气、丙烷等）或易分解的有机液体（如煤油、丙酮等），保温一段时间，渗碳气体或有机液体在高温下分解产生活泼碳原子，活泼碳原子逐渐渗入工件表面，并向心部扩散，形成一定深度的渗碳层。渗碳层深度可通过调整保温时间来控制，一般为 0.5～2.5mm。

工件渗碳后必须进行淬火和低温回火，最终表层为细小片状的回火高碳马氏体及少量的渗碳体，这样表面可获得较大的硬度（60～64HRC）、耐磨性及疲劳强度。心部组织取决于钢的淬透性，一般低碳钢心部组织为铁素体和珠光体，硬度为 110～150HBS，低合金钢（20CrMnTi 钢）通常心部组织为回火低碳马氏体和少量铁素体，硬度为 35～45HRC，具有较强的韧性和塑性。

气体渗碳的渗碳层质量高，渗碳过程易于控制，生产效率高，劳动条件好，易于实现机械化和自动化，适宜成批或大量生产。气体渗碳主要用于摩擦力和冲击载荷较大的零件，如齿轮、活塞销、凸轮、轴类等。

（3）渗氮

渗氮是在一定温度下使活性氮原子渗入工件表面的化学热处理工艺。渗氮能使工件获得比渗碳更高的表面硬度、耐磨性，以及提高其耐蚀性和疲劳强度。常用的渗氮有气体渗氮、离子渗氮、碳氮共渗和氮碳共渗等。

1）气体渗氮。钢的渗氮应用最广的是气体渗氮，它是将工件置于通有氨气（NH_3）的密闭炉内，加热到500～560℃，氨分解产生的活性氮离子被工件表面吸收，并逐渐向心部扩散，从而形成渗氮层。渗氮层的深度一般为0.1～0.6mm。

渗氮最常用的钢是38CrMoAl，渗氮前应进行调质处理。渗氮的优点有：渗氮后表面形成一层坚硬的氮化物，渗氮层硬度高达1000～1200HV，耐磨性好；渗氮温度低，工件变形小；渗氮层存在压应力，疲劳强度大；渗氮层致密，耐蚀性较强。渗氮主要用于耐磨性和精度要求高的精密零件、承受交变载荷的重要零件及较高温度下工作的耐磨零件，如精密丝杠、镗床主轴、汽轮机阀门、高精度传动齿轮、高速柴油机曲轴等。但渗氮生产周期长、成本高，渗氮层薄而脆，因而不宜承受集中重载荷。

为克服渗氮工艺时间长、成本高等缺点，出现了离子渗氮、碳氮共渗等新方法。

2）离子渗氮。离子渗氮是将工件放在低于一个大气压的真空容器内，通入氨气或氮、氢混合气体，以真空容器为阳极，工件为阴极，在两极间加直流高压，迫使电离后的氮正离子高速冲击工件（阴极）使其渗入工件表面，并向内扩散形成氮化层。

离子渗氮的优点是渗氮时间短，仅为气体渗氮的1/3～1/2，易于控制操作，氮化层质量好，脆性低，并且省电、省气、无公害；其缺点是工件形状复杂或截面相差悬殊时，由于温度均匀性不够，很难达到同一硬度深度和渗层深度。

3）碳氮共渗与氮碳共渗。

① 气体碳氮共渗：在一定温度下同时将碳、氮渗入工件表层奥氏体中，并以渗碳为主的化学热处理工艺。

由于共渗温度（850～880℃）较高，它是以渗碳为主的碳氮共渗过程，因此处理后要进行淬火和低温回火。共渗深度一般为0.3～0.8mm。

与渗碳相比，气体碳氮共渗处理温度低且便于直接淬火，变形小、共渗速度快、时间短、生产效率高、耐磨性高。

气体碳氮共渗所适用的钢大多为低碳钢、中碳钢和合金钢。

② 气体氮碳共渗：工件表面渗入氮和碳，并以渗氮为主的化学热处理。常用的共渗温度为560～570℃，由于共渗温度较低，且共渗1～3h，渗层可达0.02～0.03mm，所以又称低温氮碳共渗。与气体渗氮相比，氮碳共渗产生的渗层硬度较小，故又称软氮化。

氮碳共渗具有处理温度低、时间短、工件变形小的特点，而且不受钢种限制，碳钢、合金钢及粉末冶金材料均可进行氮碳共渗，达到提高耐磨性、疲劳强度和耐蚀性的目的。由于氮碳共渗层很薄，所以不宜在重载下工作。氮碳共渗目前广泛应用于模具、量具、刃具及耐磨、承受弯曲荷载的结构件。

1.3.4 热处理工艺

在机械零件制造过程中，确定零件热处理方法和合理安排零件加工工艺路线中的热处理工序，直接关系产品质量和经济效益。因此，掌握热处理技术条件的相关内容、正确制订和实施热处理工艺规范是非常重要的。

1. 热处理技术条件的标注

设计者根据零件的性能要求，提出热处理技术条件，并标注在零件图上。其内容包括最终热处理方法及热处理后应达到的力学性能，供热处理生产及检验使用。

热处理技术条件可用国家标准规定的热处理代号来标注，也可用简单的文字和数字来说明。一般零件只标注硬度值。对于化学热处理零件，还应标注渗层部位和渗层深度。标定的硬度值允许有一定的波动范围，布氏硬度值一般为 30～40 个单位，洛氏硬度值为 5 个单位左右，如“调质 230～250HBS”“表面淬火、回火 42～47HRC”等。热处理技术条件一般标注在零件图标题栏上方的技术要求中。

热处理技术条件所标的内容应合理，不需规定具体的热处理工艺，热处理工作者可根据材料成分及技术要求，结合实际情况和操作水平等因素确定热处理工艺。

2. 热处理的工艺位置

根据热处理的目的和工序不同，热处理可分为预备热处理和最终热处理两大类。

热处理工序安排：锻造→退火（正火）→粗加工→调质处理→半精加工→淬火、回火→精加工→检验。

（1）预备热处理

预备热处理包括退火、正火和调质等。退火、正火工序一般安排在毛坯生产之后，切削加工之前。

调质工序一般安排在粗加工之后，半精加工或精加工之前。

（2）最终热处理

最终热处理包括各种淬火、回火及化学热处理。因为零件经最终热处理后硬度较高或处理层较浅，除磨削外，一般不再进行其他切削加工，所以该工序一般安排在半精加工之后，磨削之前。

3. 热处理零件的结构工艺性

热处理零件的结构工艺性是指在设计需要进行热处理的零件，特别是需淬火的零件时，既要考虑零件的使用性能要求，又要考虑热处理工艺对零件结构的要求。如果零件结构工艺性不合理，则可能造成淬火变形、开裂等热处理缺陷，从而使零件报废，造成不必要的损失。一般应注意以下几点。

（1）避免尖角与棱角

零件的尖角与棱角是淬火应力集中的地方，容易成为淬火裂纹源，一般尽量将其设计成圆角、倒角，如图 1-30 所示。

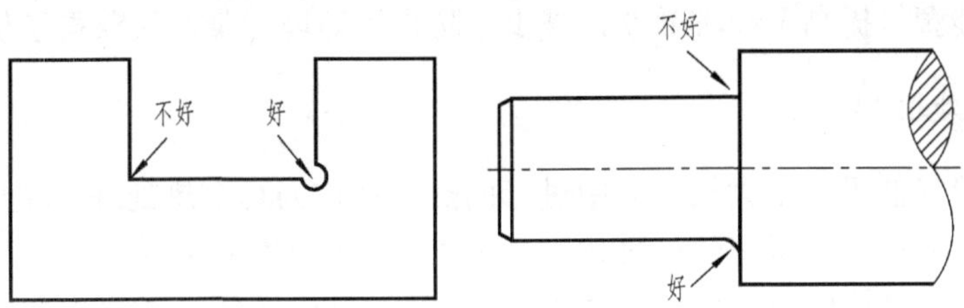

图 1-30 避免尖角与棱角的设计

（2）避免截面厚薄悬殊，合理安排空洞和键槽

对截面厚薄悬殊的零件，淬火冷却时，冷却不均匀易造成零件变形和开裂。一般采用将零件薄处加厚，或开工艺孔、变盲孔为通孔等方法来改善，如图 1-31 和图 1-32 所示。

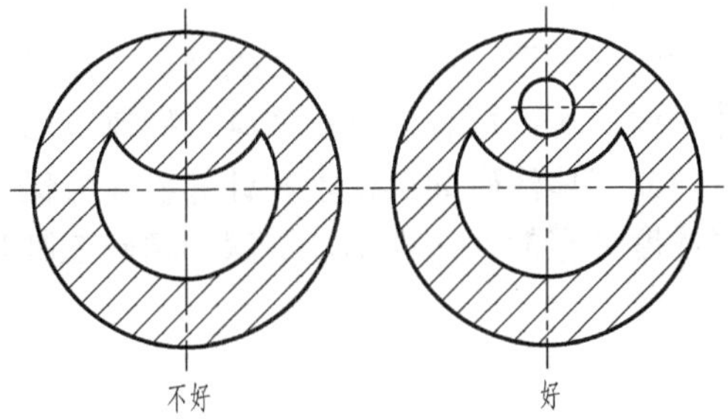

图 1-31 开工艺孔示意图

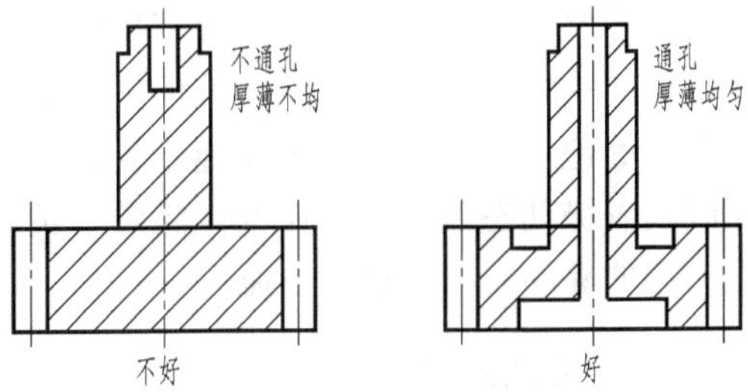

图 1-32 变盲孔为通孔示意图

（3）采用封闭、对称结构

由于开口或不对称结构零件淬火时应力分布不均匀，容易引起变形，故应改为封闭或对称结构，如图 1-33 所示。

（4）采用组合结构或镶拼结构

对某些有淬裂倾向而各部分工作条件要求不同或形状复杂的零件，尽可能采用组合结构或镶拼结构，如图 1-34 所示。

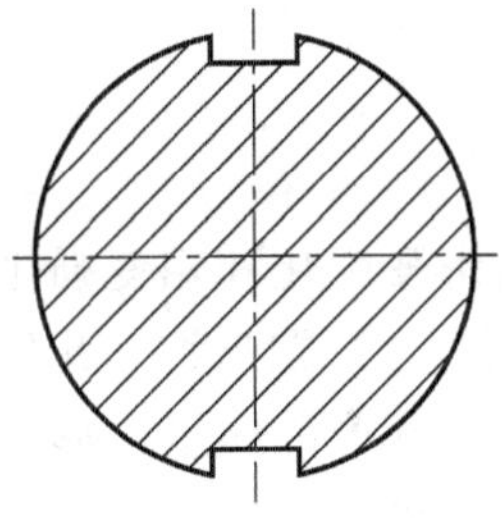

图 1-33 采用封闭、对称设计的结构

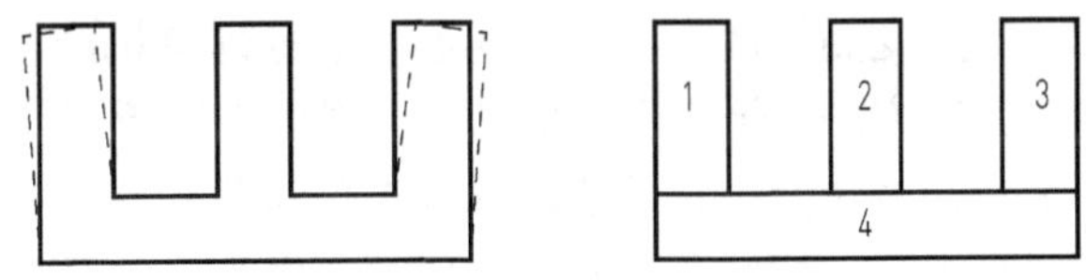

图 1-34 采用组合设计

1.3.5 热处理新技术简介

近年来，随着热处理新工艺、新设备、新技术的不断创新及计算机的应用，热处理生产的机械化、自动化水平不断提高，其产品的质量和性能不断改进。目前，热处理技术一方面是对常规热处理方法进行了工艺改进，另一方面是在新能源、新工艺方面有所突破，

从而既节约了能源，提高了经济效益，减少或防止了环境污染，又获得了优异性能。

1．真空热处理

在真空环境（低于一个大气压）中进行的热处理称为真空热处理，主要有真空淬火、真空退火、真空回火等。真空热处理优点：可大大减少工件的氧化和脱碳；升温速度慢，工件截面温差小，热处理变形小；表面氧化物、油污可在真空加热时分解，被真空泵排出，从而使工件表面光洁美观，提高工件的疲劳强度、耐磨性和韧性；工艺操作条件好，易实现机械化和自动化，节约能源，减少污染。由于用于真空热处理的设备较复杂，价格昂贵，该技术目前主要用于工模具和精密零件的热处理。

2．可控气氛热处理

可控气氛热处理是指在成分可控的炉气中进行的热处理。可控气氛热处理优点：可防止工件加热时产生氧化、脱碳等现象，提高工件表面质量；可有效进行渗碳、碳氮共渗等化学热处理；可对脱碳的工件施行复碳等。通过建立气体渗碳数学模型和计算机碳势优化控制及碳势动态控制，可在气体渗碳中实现渗层浓度分布的优化控制、层深的精确控制和生产率的提高，取得重大效益。

3．激光热处理

激光热处理是利用专门的激光器发射能量密度极高的激光，以极快速度加热工件表面，自冷淬火后使工件强化的热处理。目前生产中大都使用 CO_2 气体激光器，其功率可达 10～15kW，效率高，并能长时间连续工作。通过控制激光入射功率密度、照射时间及照射方式，可得到不同的淬硬层深度、硬度、组织及其他性能要求。激光热处理的优点：加热速度快，加热到相变温度以上仅需百分之几秒；淬火不用冷却介质，而是靠工件自身的热传导自冷淬火；光斑小，能量集中，可控性好，可对复杂的零件进行选择性加热淬火；能细化晶粒，显著提高表面硬度和耐磨性；淬火后，几乎无变形，且表面质量好。激光热处理主要用于精密零件的局部表面淬火，也可对微孔、沟槽、盲孔等部位进行淬火。

4．形变热处理

形变热处理是将塑性变形和热处理有机结合起来，获得形变强化和相变强化综合效果的工艺方法。此工艺能获得单一强化方法所不能得到的优异性能（强韧性），此外还能简化工艺，节约能源、设备，减少工件氧化和脱碳，提高经济效益和产品质量。形变热处理方式有很多，如低温形变热处理、高温形变热处理、等温形变热处理、形变化学热处理等。以低温形变热处理为例，它是将工件加热至奥氏体状态，保温一定时间后，迅速冷却至 Ar_1～M_S 点之间的某一温度进行形变，然后立即淬火、回火。与普通热处理相比，形变热处理可以显著提高钢的强度和疲劳强度，并提高钢的抗磨损和抗回火的能力。它主要用于强度要求极高的工件，如高速钢刀具、模具、轴承、飞机起落架及重要弹簧等。

5．计算机在热处理中的应用

计算机最初用于热处理工艺基本参数（如炉温、时间和真空度等）及设备动作的程序控制，而后扩展到整条生产线（包括渗碳、淬火、清洗及回火的整条生产线）的控制，进而发展到计算机辅助热处理工艺最优化设计和在线控制，以及建立热处理数据库，为热处理计算机辅助设计（computer aided design，CAD）及性能预测提供重要支持。

1.4 常用金属材料

机械制造业中所用的工程材料分为金属材料和非金属材料，其中，金属材料是应用最广泛的。金属材料通常又分黑色金属材料和有色金属材料两种，而黑色金属材料按化学成分又分为碳素钢和合金钢两大类。其中，碳素钢冶炼方便，价格低廉，且具有优良的可锻性、焊接性和切削加工性能，能满足很多机械加工用钢的要求，故在工业生产中应用非常广泛。

微课：常用金属材料

1.4.1 碳素钢

碳素钢实际上是含碳量为0.02%～2.11%的铁碳合金，又称碳钢或非合金钢。碳素钢的性能与含碳量有关：含碳量越高的碳素钢，其强度、硬度越大；含碳量越低的碳素钢，其韧性越好。

1. 碳素钢的分类

生产上常根据含碳量对碳素钢进行分类，一般把含碳量低于 0.25%的钢称为低碳钢，含碳量为0.25%～0.6%的钢称为中碳钢，含量在0.6%以上的钢称为高碳钢。低碳钢和中碳钢用来制造机器零件、管子等；高碳钢用来制造刀具、量具和冲压模具等。

按钢的冶金质量和钢中有害杂质元素硫、磷的含量的多少，碳素钢又可分为普通质量碳钢、优质碳钢和高级优质碳钢。

按用途不同，碳素钢又可分为碳素结构钢和碳素工具钢。其中，碳素结构钢又分普通碳素结构钢和优质碳素结构钢。

碳素钢在冶炼过程中，不可避免地会残存一些杂质元素，如硅、锰、硫、磷等。其中，有些杂质元素是有益的，如硅和锰；也有一些是有害的，如硫和磷。

2. 碳素钢的牌号和用途

碳素钢种类有很多，为了便于生产、选用和管理，不致造成混乱，需要对各种碳素钢进行合理的命名和编号。

（1）碳素结构钢

根据国家标准，碳素结构钢的牌号由“字母 Q+屈服强度数值+质量等级符号+脱氧方法符号”四部分组成，其含义如下。

1）字母 Q 为钢的屈服强度中“屈”字的汉语拼音大写首字母。

2）屈服强度数值，用阿拉伯数字表示，单位为 MPa。

3）质量等级符号分 A、B、C、D 四级，从 A 到 D 质量依次提高。它反映了碳素钢结构中有害杂质（硫、磷）质量分数的多少。C 级和 D 级硫、磷质量分数最低，质量比较好，可制作重要的焊接构件。

4）脱氧方法符号：F 代表沸腾钢，b 值代表半镇静钢，Z 代表镇静钢，TZ 代表特殊镇静钢。若为 Z 和 TZ，则可以省略不标。

例如，牌号 Q235AF，表示屈服强度为 235MPa 的 A 级沸腾钢。

碳素结构钢的硫、磷含量较多，但由于冶炼容易，工艺性好，价格便宜，在力学性能上一般能满足普通机械零件及工程结构件的要求，因此用量很大，占钢材总量的 70%～80%。碳素结构钢广泛地应用于工程建筑、车辆、船舶及一般的桥梁、容器等金属结构。碳素结构钢属于工程结构钢，由于其价格低廉，所以也常用于制造要求不高的机器零件，如螺钉、螺栓、螺母、垫圈及手柄、小轴等。

目前机械制造中常用的碳素结构钢的牌号有 Q195、Q215、Q235、Q255 和 Q275。

（2）优质碳素结构钢

优质碳素结构钢的牌号用两位数字表示，该数字表示平均碳质量分数的万倍，如 45 钢表示碳含量 ω_C 为 0.45%的优质碳素结构钢，08 表示碳含量 ω_C 为 0.08%的优质碳素结构钢。

优质碳素结构钢根据含锰量的不同，将含锰量为 0.25%～0.80%的优质碳素结构钢称为普通锰钢，将含锰量为 0.70%～1.20%的优质碳素结构钢称为较高含锰钢。在锰含量较高的优质碳素结构钢牌号数字后面加“Mn”，如 45Mn。

优质碳素结构钢中硫、磷的含量较低，非金属夹杂物的含量也较少，因此其力学性能比碳素结构钢优良，被广泛用于制造机械产品中较重要的结构钢零件，为了充分发挥其性能潜力，一般是在热处理后使用。

目前，机械制造中常用的碳素结构钢的牌号有 10 钢、20 钢、40 钢、45 钢、55 钢、60 钢、65 钢等，其中牌号为 30 钢、35 钢、40 钢、45 钢、50 钢的碳素结构钢属于调质钢，经热处理（淬火+高温回火）后具有良好的综合力学性能，即具有较高的强度和较高的塑性、韧性，用于制作轴类零件，这类钢在机械制造中应用较广，尤以 45 钢应用最广。

（3）碳素工具钢

碳素工具钢的牌号用“碳”字汉语拼音的大写首字母“T”+数字表示，数字表示平均含碳量的千分数，若为高级优质碳素工具钢，则在其牌号后加符号“A”。对锰含量较高的碳素工具钢，则在数字后加“Mn”， 如 T12A 表示平均含碳量为 1.2%的高级优质碳素工具钢。

碳素工具钢主要用于制造刃具、量具和模具。它具有较高的硬度和耐磨性，其平均含碳量为 0.7%～1.3%，属于高碳钢。这类钢的质量要求较高，要求硫、磷等杂质的含量特别低，是经过精炼的优质钢。所有碳素工具钢只有经过热处理，才能进一步提高其硬度和耐磨性。

碳素工具钢在机械加工前一般进行球化退火，同时作为刃具钢，还要经过最终热处理（淬火+低温回火），其硬度可达 60～65HRC，其耐磨性、切削加工性能都较好，价格低廉，因此在生产上得到广泛应用。

碳素工具钢的缺点是硬性差，当刃部温度高于 250℃时，其硬度和耐磨性会显著降低，此外，钢的淬透性也低，且容易产生淬火变形和开裂。

（4）铸造碳钢

铸造碳钢简称铸钢，牌号由“ZG”+两组数字组成。其中，“ZG”是“铸、钢”两字的汉语拼音大写首字母；在两组数字中，前一组数字表示为铸件的屈服强度的最低值，后一组数字表示抗拉强度的最低值。例如，ZG200～400表示屈服强度不小于200MPa、抗拉强度不小于400MPa的铸钢。

铸钢主要用于受冲击载荷作用的形状复杂件，如轧钢机机架、重载大型齿轮、飞轮等。这是因为，对于许多形状复杂件，很难用锻压等方法成形，用铸铁又难以满足性能要求，这时就需选用铸钢件，铸钢中碳含量ω_C为0.15%～0.6%，若碳的质量分数过高，则塑性差，易产生裂纹。

目前，常用铸钢的牌号有ZG230～500、ZG270～500和ZG310～570，其中，ZG270～500是生产中常用的材料，多用于大箱体的制造。为了消除铸造内应力，铸完后要进行清沙和热处理，同时为了防止生锈，还要涂上防锈漆。

1.4.2 合金钢

随着现代工业和科学技术的不断发展，对设备零件的强度、硬度、韧性、塑性、耐磨性及物理性能、化学性能的要求也越来越高，碳钢已不能完全满足需要。

尽管碳钢冶炼、加工简单，价格低廉，并且可以通过改变碳的含量和采用相应的热处理，改善其性能而满足很多生产上的要求，但随着现代工业和科学技术的发展，对钢的要求越来越高，而碳钢在许多方面已不能满足使用要求。

合金钢正是为了弥补碳钢的缺点而发展起来的。所谓合金钢，就是为得到或改善某些性能，在碳钢的基础上，有意加入一种或多种合金元素所制成的钢，常加入的元素有锰（Mn）、硅（Si）、铬（Cr）、镍（Ni）等。根据添加元素的不同，可采取适当的加工工艺，以获得高强度、高韧、耐磨、耐腐蚀、耐低温、耐高温、无磁等特殊性能。目前，世界上的合金钢种类已有数千种。

1. 合金钢的分类

合金钢种类繁多，分类方法也较多，常用的有两种：一是按合金钢中合金元素总含量分为低合金钢（合金元素总含量小于5%）、中合金钢（合金元素总含量为5%～10%）、高合金钢（合金元素总含量大于10%）；二是按合金钢的用途分为合金结构钢、合金工具钢和特殊性能钢，合金结构钢又分为建筑工程用合金结构钢和机械制造用合金结构钢两类。

合金钢优点虽多，但也存在不足之处，如钢中加入合金元素往往使其冶炼、铸造、锻造、焊接及热处理等工艺比碳钢更复杂，成本也更高。因此，当碳钢能满足要求时，应优先选用碳钢，以符合节约原则。

2. 合金钢的牌号和用途

（1）合金结构钢的牌号和用途

1）建筑工程用合金结构钢的牌号和用途。建筑工程用合金结构钢的牌号表示方法与碳素结构钢相同，用“字母Q+数字+质量等级符号（A、B、C、D，从A到D质量依次提高）”表示。例如，Q390A表示屈服强度不小于390MPa、质量等级为A的低合金高强度结构钢。

建筑工程用合金结构钢是结合我国资源条件发展起来的钢种，它是低碳结构钢，合金元素总含量小于 3%。与碳素结构钢相比，其具有较高强度，足够的塑性、韧性，良好的焊接工艺性能和较好的耐蚀性。在钢中加入的主要元素有锰、硅、铬、镍、钒、铌等。

建筑工程用合金结构钢大多数是在热轧、正火状态下使用的，以便获得良好的力学性能。常用建筑工程用合金结构钢牌号有 Q295、Q345、Q390、Q420 和 Q460 等。

2）机器制造用合金结构钢的牌号和用途。机器制造用合金结构钢常用的有合金渗碳钢、合金调质钢、合金弹簧钢和滚动轴承钢。

① 合金渗碳钢的牌号和用途。合金渗碳钢的牌号用“两位数字+元素符号+数字”表示。前面两位数字表示钢中碳含量的万倍。其后的元素符号表示钢中所含的合金元素。最后的数字表示该合金元素含量的百分数：若合金元素含量小于 1.5%，其后不标数字；若合金元素含量大于等于 1.5%且小于 2.5%，其后标注 2；若合金元素含量大于等于 2.5%且小于 3.5%，其后标注 3……如果硫、磷含量少，钢的质量好，则属于高级优质钢，在牌号的末尾加“A”。

例如，18Cr2Ni4WA 表示 $\omega_C = 0.18\%$、$1.5\% \leqslant \omega_{Cr} < 2.5\%$、$3.5\% \leqslant \omega_{Ni} < 4.5\%$、$\omega_W < 1.5\%$ 的合金渗碳钢。

合金渗碳钢含碳量一般很低，为 0.1%～0.25%，经渗碳、淬火和低温回火后，表面具有高硬度、高耐磨性，而心部具有足够的塑性和韧性。钢中加入的主要元素有铬、镍、锰、硼、钛、钒等。

合金渗碳钢主要用于制造受冲击载荷和在强烈的摩擦、磨损的条件下工作的零件，如汽车、拖拉机的变速齿轮，内燃机上的凸轮轴、活塞销等。

常用的合金渗碳钢有 20Cr、20MnV、20CrMnTi、18Cr2Ni4WA 等。

② 合金调质钢的牌号和用途。合金调质钢的牌号与合金渗碳钢的牌号含义相似，也是用“两位数字+元素符号+数字”表示。为首的两位数字表示含碳量的万倍。其后的元素符号表示钢中所含的合金元素。最后的数字表示该合金元素含量的百分数：若合金元素含量小于 1.5%，其后不标数字；若合金元素含量大于等于 1.5%且小于 2.5%，其后标注 2；若合金元素含量大于等于 2.5%且小于 3.5%，其后标注 3……如果硫、磷含量少，钢的质量好，则属于高级优质钢，在牌号的末尾加“A”。

例如，40Cr 表示 $\omega_C = 0.4\%$、$\omega_{Cr} < 1.5\%$ 的合金调质钢。

合金调质钢指调质处理后使用的合金结构钢，也就是在中碳钢的基础上加入合金元素，经调质处理后获得良好的综合力学性能的钢。

调质钢的含碳量一般为 0.25%～0.5%。若含碳量太低，调质处理后强度不足；若含碳量过高，则塑性和韧性较差，所以调质钢都是典型的中碳钢。在钢中加入的主要元素有铬、镍、锰、硼、硅、钒、钛等。

调质钢广泛用于制造各种载荷较大的、受冲击的重要机器零件，如齿轮、轴类零件、连杆、高强度螺栓等。

常用的合金调质钢有 40Cr、35CrMo、38CrMoAl、40CrNiMo、40CrMnMo 等。

③ 合金弹簧钢的牌号和用途。合金弹簧钢的牌号同上述两种合金钢的牌号含义相似，也是用“两位数字+元素符号+数字”表示。为首的两位数字表示碳含量的万倍。其后的元素符号表示钢中所含的合金元素。最后的数字表示该合金元素含量的百分数：若合金元素

含量小于1.5%，其后不标数字；若合金元素含量大于等于1.5%且小于2.5%，其后标注2；若合金元素含量小于等于2.5%且小于3.5%，其后标注3……如果硫、磷含量少，钢的质量高，则属于高级优质钢，则在牌号的末尾加“A”。

例如，60Si2Mn表示$\omega_C = 0.6\%$、$1.5\% \leqslant \omega_{Si} < 2.5\%$、$\omega_{Mn} < 1.5\%$的合金弹簧钢。

合金弹簧钢含碳量一般为0.45%～0.7%，钢中加入的主要元素有硅、锰等。根据弹簧尺寸的不同，弹簧的成形与热处理方法也有所不同。

a．热成形弹簧。大型弹簧，也就是弹簧直径或弹簧钢板厚度大于8mm的螺旋弹簧或板弹簧，要经热成形后进行淬火和中温回火，以提高其弹性极限和屈服强度，如汽车板弹簧、火车缓冲弹簧等。

b．冷成形弹簧。小型弹簧，即钢丝直径小于8mm的弹簧，经冷拔弹簧钢丝冷卷成形，成形后不再淬火，只在200～300℃进行一次去应力退火，以消除在冷拉、冷卷过程中产生的内应力，稳定尺寸。

合金弹簧钢主要用于制造各种重要的弹性元件，特别是制造各种机器、仪表中的弹簧。它主要是利用弹性变形来储存弹性势能的零件，可以缓和振动和冲击。这类零件要求弹簧钢应具有高的弹性极限和屈强比、较高的疲劳强度、足够的塑性和韧性。

常用的合金弹簧钢有50CrVA、60Si2Mn和60Si2CrVA等。

④ 滚动轴承钢的牌号和用途。滚动轴承钢的牌号用“G+Cr+数字+其他”表示，其中“G”是“滚”字的汉语拼音大写首字母，“Cr”后面的数字表示平均含铬量的千分数，其碳的质量分数不标出。

例如，GCr15表示$\omega_{Cr} = 1.5\%$的轴承钢，若还含有其他元素，其表示方法与合金结构钢相同。例如，GCr15SiMn表示$\omega_{Cr} = 1.5\%$、$\omega_{Si} < 1.5\%$、$\omega_{Mn} < 1.5\%$的轴承钢，滚动轴承钢都是高级优质钢，但其牌号后面不加“A”。

滚动轴承钢的$\omega_C = 0.95\% \sim 1.15\%$，属高碳钢，含碳量高是保证淬火后具有高硬度、高耐磨性必不可少的条件。在钢中加入的合金元素主要有铬、硅、锰、钼、钒等，以提高钢的淬透性、耐磨性和接触疲劳强度。

滚动轴承钢主要用来制造各种滚动轴承的元件，如滚珠、滚柱和内外套圈等。滚动轴承是在高速转动和强烈摩擦的情况下工作的，同时承受很大的局部交变应力，因此要求轴承钢具有很高的强度、硬度、耐磨性，很高的接触疲劳强度，一定的韧性和耐润滑剂腐蚀的能力。滚动轴承钢现已不限于用作滚动轴承，在量具、模具、刀具等方面也被广泛应用。

常用的滚动轴承钢有GCr9、GCr15和GCr15SiMn等。

（2）合金工具钢的牌号和用途

合金工具钢的牌号表示方法与合金结构钢类似，差别在于：若钢中$\omega_C < 1\%$，牌号前的数字表示平均含碳量的千分数；若钢中$\omega_C \geqslant 1\%$，牌号前不标出含碳量。

例如，Cr12MoV表示$\omega_C \geqslant 1\%$、$\omega_{Cr} = 12\%$、ω_{Mo}和ω_V均小于1.5%的合金工具钢；又如，9SiCr表示$\omega_C = 0.9\%$、ω_{Si}和ω_{Cr}均小于1.5%的合金工具钢。

对于合金工具钢中的高速工具钢，无论其碳的质量分数是多少均不标出。因合金工具钢和高速工具钢都是高级优质钢，故其牌号后面不必再加“A”。

合金工具钢比碳素工具钢具有更高硬度、耐磨性，特别是具有更好的淬透性、热硬性和回火稳定性等，因而可以制作形状复杂、性能要求高的刃具、模具、量具和其他工具。

合金工具钢按用途分为合金刃具钢、合金模具钢、合金量具钢。

1）合金刃具钢。合金刃具钢用于制造各种刀具，主要指车刀、铣刀、钻头、丝锥、扳手等切削刀具的钢种。刀具的工作任务就是将钢材或坯料通过切削加工成工件。在切削时，刀具受到工件的压力，刃部与切屑之间产生摩擦热与磨损，切削速度越大，温度越高，有时可达500～600℃，此外，还承受一定的冲击和振动。因此，要求刃具钢具有高硬度、高耐磨性和高的热硬性。热硬性指刃部受热升温时，仍能维持高硬度的一种特性，又称红硬性。

合金刃具钢又分为低合金工具钢和高速钢两种。

① 低合金工具钢。低合金工具钢是在碳素工具钢的基础上，加入合金元素铬、锰、硅、钨等，以提高钢的淬透性和回火稳定性，提高钢的强度、耐磨性和热硬性，使其在230～260℃回火后硬度仍保持在60HRC以上，从而保证一定的热硬性。

常用低合金工具钢的牌号有Cr06、Cr2、9SiCr、8MnSi、9Cr2等。

② 高速钢。高速钢是一种高碳合金工具钢，用高速钢制的刀具，可以进行高速切削，其主要特性是具有良好的热硬性。当切削温度高达600℃时其硬度仍无明显下降，因而得名高速钢。在钢中加入的合金元素主要有钨、钼、钒等。

高速钢分钨系、钨钼系和超硬系三种。常用的高速钢牌号有W18Cr4V、CW6Mo5Cr4V2、W6Mo5Cr4V2、CW6Mo5Cr4V3、W18Cr4V2Co8、W6Mo5Cr4V2Al等。

2）合金模具钢。根据工作条件的不同，模具钢又可分为冷作模具钢和热作模具钢两种。

① 冷作模具钢。冷作模具钢用于制造在室温下使金属变形的模具，如冲压模、冷镦模、拉丝模等，属于接近室温状态下对金属进行变形加工的一种模具。要求有高的硬度和良好的耐磨性，以及足够的强度和韧性，热处理变形要小，在钢中加入的合金元素主要有钨、锰、铬、钼、钒等。

常用的冷作模具钢牌号有CrWMn、9CrWMn、9Mn2、V9SiCr和9Cr2等。

② 热作模具钢。热作模具钢常用来制作加热的固态金属或液态金属在压力成形的模具，前者称为热锻模具钢，后者称为压铸模具钢。

由于模具要承受很大的载荷，要求具有高强度，模具在工作时往往还承受很大冲击，所以要求韧性好，即要求综合力学性能好，同时要求具有良好的淬透性和抗热疲劳性。在钢中加入的合金元素主要有锰、铬、钨、钼、钒等。

热作模具钢常用的牌号有5CrMnMo、5CrNiMo、3Cr2W8V、4CrMnSiMoV、4Cr5MoSiV等。

3）合金量具钢。合金量具钢用于制造各种测量工具，如卡尺、千分尺、量规、块规测量工件尺寸的工具用钢。

量具在使用过程中与工件接触，受到磨损与碰撞，因此要求工作部分应具有高的硬度（58～64HRC）、耐磨性、尺寸稳定性和足够的韧性。

为了保证量具的精确度，制造量具的钢应具有良好的尺寸稳定性、较高的硬度及耐磨性。在钢中加入的合金元素主要有锰、钨、铬、钒等。

（3）特殊性能钢牌号和用途

特殊性能钢是指具有特殊的物理性能和化学性能的钢，简称特殊钢。特殊性能钢种类较多，但常用的有不锈钢、耐热钢和耐磨钢三种。

1）不锈钢的牌号和用途。不锈钢牌号前面的数字表示碳质量分数的千倍，例如，3Cr13 表示 $\omega_C = 0.3\%$、$\omega_{Cr} = 13\%$ 的不锈钢。当 $\omega_C \leqslant 0.03\%$ 或 $\omega_C \leqslant 0.08\%$ 时，其牌号前的数字分别用“00”或“0”代替。例如，00Cr17Ni14Mo2 表示 $\bar{\omega}_C \leqslant 0.03\%$、$\omega_{Cr} = 17\%$、$\omega_{Ni} = 14\%$、$\omega_{Mo} = 2\%$ 的不锈钢。

不锈钢是指在大气和一般介质中具有高耐蚀性的钢。在生产实践和科学试验中发现，当 Cr 的含量大于 12%时，就会使钢表面形成致密的氧化膜（Cr_2O_3），防止继续氧化。铬含量越高，钢的耐蚀性越好。

钢中的含碳量越多，铬和碳形成的碳化物就越多，这样会减少固溶体中的含铬量，降低钢的耐蚀性。因此，一般不锈钢中的含碳量较低，只有要求高硬度和耐磨性的不锈钢才能适当地提高含碳量。在钢中加入的合金元素主要有锰、铬、铌、硅等。

不锈钢按组织状态分为铁素体不锈钢、马氏体不锈钢和奥氏体不锈钢。

2）耐热钢的牌号和用途。耐热钢牌号与不锈钢牌号相似，前面的数字表示碳质量分数的千倍，例如，1Cr13 表示 $\omega_C = 0.1\%$、$\omega_{Cr} = 13\%$ 的耐热钢。当 $\omega_C \leqslant 0.03\%$ 或 $\omega_C \leqslant 0.08\%$ 时，其牌号前的数字分别用“00”或“0”代替，如 0Cr19Ni9。

耐热钢是抗氧化钢和热强钢的总称。金属材料的耐热性包含高温抗氧化性和高温强度两方面性能。在钢中加入的合金元素主要有铬、钼、锰、铌、钛、钨、铝、硼等。

① 抗氧化钢。在高温下有较好的抗氧化性又有一定强度的钢称为抗氧化钢，又称不起皮钢。

② 热强钢。在高温下有一定抗氧化能力和较高强度及良好组织稳定性的钢称为热强钢。

耐热钢主要用于制作高压锅炉、汽轮机、内燃机、热处理炉等设备。

耐热钢常用的牌号有 15CrMo、12CrMoV、1Cr13、1Cr11MoV、1Cr13Mo、1Cr12WMoV、4Cr9Si2、0Cr18Ni11Ti、0Cr19Ni9 等。

3）耐磨钢的牌号和用途。耐磨钢通常是指在冲击和磨损条件下使用的高锰钢，它的牌号是用符号“ZG”+元素符号 Mn+两组数字表示。其中，“ZG”代表“铸、钢”二字汉语拼音的大写首字母，Mn 后第一组数字表示所加入锰元素含量的百分数，最后一组数字 1、2、3、4 表示顺序号，如“1”表示 1 号铸造高锰钢，“4”表示 4 号铸造高锰钢等。例如，ZGMn13-1 表示锰元素含量 $\omega_{Mn} = 13\%$ 的 1 号铸造高锰耐磨钢。

高锰耐磨钢是指在巨大压力作用下和强烈冲击下才发生硬化的钢，主要用于制造受强烈冲击和巨大压力，并要求耐磨的零件，而在一般机器工作条件下，高锰钢并不耐磨，在钢中加入的合金元素主要有锰、硅等。

高锰钢常用来制造破碎机齿板、大型球磨机衬板、挖掘机铲齿、坦克和拖拉机履带、破碎机颚板及铁轨道岔等。又由于它在受力变形时，吸收大量能量，不易被击穿，因此可用于制造防弹装甲车板、保险箱等。

高锰耐磨钢常用的牌号有 ZGMn13-1、ZGMn13-2、ZGMn13-3 和 ZGMn13-4。

1.4.3 铸铁

铸铁是含碳量为 2.1%～6.69%的铁碳合金。铸铁具有优良的铸造性、减振性、耐磨性，铸铁生产工艺简单、成本低，应用广泛。特别是随着具有良好力学性能球墨铸铁和合金铸铁的广泛应用，形成了以铁代钢的趋势。目前在汽车生产上，50%～70%的金属材料为铸铁，如气缸体、气缸盖、活塞环、变速器外壳、后桥壳等。

铸铁含有较多的硅、锰等元素，使碳在铸铁中大多数以石墨形式存在。根据铸铁中石墨的形态，铸铁可分为灰铸铁（石墨以片状的形式存在）、球墨铸铁（石墨以球状的形式存在）、可锻铸铁（石墨以团絮状的形式存在）、蠕墨铸铁（石墨以蠕虫状的形式存在）。

1．灰铸铁

灰铸铁用符号“HT+数字”表示。其中，“HT”是“灰、铁”二字的汉语拼音大写首字母，后面数字表示最小抗拉强度值。例如，HT200 是最小抗拉强度为 200MPa 的灰铸铁。

灰铸铁中的碳大部或全部以自由状态片状石墨存在，断口呈灰色。它具有良好铸造性、切削加工性，减磨性、耐磨性好，熔化配料简单，成本低，广泛用于制造结构复杂的铸件和耐磨件。

灰铸铁按基体组织不同，分为铁素体基灰铸铁、珠光体-铁素体基灰铸铁和珠光体基灰铸铁三类。

灰铸铁内存在片状石墨，而石墨是一种密度小、强度低、硬度低、塑性和韧性趋于零的组分。它的存在如同在钢的基体上存在大量小缺口，既减少承载面积，又增加裂纹源，因此灰铸铁强度低、韧性差，不能进行压力加工。为改善其性能，在浇注前在铁液中加入一定量的硅铁、硅钙等孕育剂，使珠光体基体细化，石墨变细小而均匀分布，经过这种孕育处理的铸铁称为孕育铸铁。

常用灰铸铁的牌号有 HT150、HT200、HT250、HT300 等。

2．球墨铸铁

球墨铸铁的牌号由“符号 QT+两组数字”组成。其中，“QT”是“球、铁”二字汉语拼音的大写首字母，第一组数字代表最低抗拉强度值，第二组数字代表最低伸长率。例如，QT500-07 表示最小抗拉强度为 500MPa、最低伸长率为 7%的球墨铸铁。

在球墨生铁冶炼时，通常要加一定量的球化剂，常用的球化剂有硅、铁、镁等，目的是使铸铁中的石墨球化。碳（石墨）以球状存在于铸铁基体中，改善了其对基体的割裂作用，使球墨铸铁的抗拉强度、屈服强度、塑性、冲击韧性大大提高。球墨铸铁具有耐磨、减振、工艺性能好、成本低等优点，现已广泛替代可锻铸铁及部分铸钢、锻钢件，如曲轴、连杆、轧辊、汽车后桥等零件常用球墨铸铁制造。

常用的球墨铸铁的牌号有 QT400-15、QT500-07、QT500-03、QT700-02 等。

3．可锻铸铁

可锻铸铁又称马铁，它具有一定的塑性和韧性，但它是不能锻造的。可锻铸铁按热处理后显微组织的不同分为两类：一类是黑心可锻铸铁（铁素体可锻铸铁），一类是珠光可锻铸铁。

可锻铸铁的牌号由符号“KTH 或 KTZ+两组数字”表示。其中，“KT”是“可、铁”二字的汉语拼音大写首字母，“H”和“Z”分别表示“黑”和“珠”的汉语拼音大写首字母，牌号后边第一组数字表示最小抗拉强度值，第二组数字表示最小伸长率。例如，KTH300-06 表示最小抗拉强度值为 300MPa、最低伸长率为 6%的黑心可锻铸铁。

可锻铸铁是用碳、硅含量较低的铁碳合金铸成白口铸铁坯件，再经过长时间高温退火处理，使渗碳体分解出团絮状石墨。

常用的可锻铸铁的牌号有 KTH300-06、KTH350-10、KTZ450-06、KTZ550-04 等。

4．蠕墨铸铁

蠕墨铸铁的牌号由“RuT+一组数字”表示。其中，“RuT”是“蠕、铁”二字的汉语拼音字母，后面一组数字表示其最小抗拉强度值。例如，RuT-300 表示最小抗拉强度值为 300MPa 的蠕墨铸铁。

蠕墨铸铁是 20 世纪 70 年代发展起来的一种新型铸铁，因其石墨很像蠕虫而得名。蠕墨铸铁的力学性能介于相同基体组织的灰铸铁和球墨铸铁之间，同时兼有球墨铸铁和灰铸铁的性能，因此，它具有独特的用途，在钢锭模、汽车发动机、排气管、玻璃模具、柴油机缸盖、制动零件等方面的应用均取得了良好的效果。特别是我国第二汽车制造厂蠕墨铸铁排气管流水线的投产，标志着我国蠕墨铸铁生产已达到高水平。

常用的蠕墨铸铁的牌号有 RuT260、RuT300、RuT340、RuT380、RuT420 等。

我国在蠕墨铸铁形成机制的研究方面处于领先地位。另外在蠕墨铸铁的处理工艺、铁液熔炼及炉前质量控制、蠕墨铸铁常温和高温性能方面均进行了广泛、深入的研究。特别要指出的是，在我国冲天炉条件下，不少工厂能稳定地生产蠕墨铸铁，取得了显著的经济效益。可见，蠕墨铸铁具有良好的综合性能、力学性能，在高温下有较高的强度，具有氧化生长较小、组织致密、热导率高及断面敏感性小等特点，可取代一部分高牌号灰铸铁、球墨铸铁和可锻铸铁，从而取得良好的技术经济效果。

1.4.4 有色金属

金属通常分为两大类：一类是黑色金属，一类是有色金属。但习惯上，人们常常把钢铁通称为黑色金属，除钢铁以外，如铝、铜、镁、锌等金属及其合金称为有色金属。与黑色金属相比，有色金属的产量和使用量都很低，价格也昂贵。但由于相比黑色金属，它们具有某些独特的性能，因而成为现代工艺技术中不可缺少的重要材料。

有色金属具有许多优良的性能，如密度小、耐热、耐腐蚀及良好的导电性和导热性。同时许多有色金属又是制造各种优质合金钢和耐热钢所必需的合金元素，因此有色金属在金属材料中占有重要的地位，是现代航天、航空、原子能、计算机、电子、汽车、船舶、石油化工等工业必不可少的材料。例如，铝、镁、钛等金属及其合金在运载火箭、卫星、飞机、汽车、船舶上获得广泛应用，是其中许多结构件和零部件的主要制造材料；再如，银、铜、铝等有色金属，其导电性和导热性优良，是电力、电器工业和仪表工业不可缺少的材料；又如，铜和钛具有良好的耐蚀性，是石油化工和航海工业所必需的优良耐蚀材料。

目前，工程上应用广泛的有色金属有铝、镁、铜、钛及其合金和轴承合金等。

1．铝及铝合金

铝及其合金是航空工业中的主要结构材料，是有色金属中应用较广泛的材料之一。

（1）工业纯铝

工业纯铝是指铝元素含量不低于 99%的纯材，钝铝是面心立方晶格，无同素异构转变，纯铝的特点是密度小，仅为铁或铜密度的 1/3 左右。纯铝的导电性、导热性能好，仅次于银和铜。铝的化学性质很活泼，在空气中，铝表面能与氧结合而形成一层致密保护膜，阻止铝被进一步氧化。因此，纯铝在空气和水中有较好的耐蚀性，但纯铝不能耐酸、碱、盐的腐蚀。

工业纯铝分为未加压力加工产品（铝锭）和压力加工产品（铝材）两种。国家标准规定，铝锭的牌号有 A199.7、A199.6、A199.5、A199 和 A198 五种。铝材的牌号有 1070A、1060、1050A、1035、1200 等，牌号中数字越大，表示杂质的含量越高。

工业纯铝一般不能作为结构材料使用，可通过冷或热的压力加工制成线、板、带、管等型材，但强度不高；纯铝也可用来制作散热器等要求不锈、耐蚀但强度要求不高的日用品或配制合金。

（2）铝合金

纯铝的强度很低，不宜作受力的结构零件和结构材料，为提高其强度，通常在钝铝中加入一些合金元素，制成铝合金。常加的元素有硅、铜、镁、锌、锰等。

铝合金虽然强度较高，但仍具有密度小，特别是很高的比强度（强度极限与密度的比值），以及很好的导热性及耐蚀性等特点，并且还可用变形或热处理的方法进一步提高其强度。

铝合金热处理的主要方法是固溶热处理。固溶热处理是将能热处理强化的铝合金加热至高温单相区，经保温溶解，形成单相固溶体后，迅速水冷至室温的热处理工艺。

经固溶热处理后的铝合金，在室温或加热到一定的温度时，其性能随时间发生变化，即强度和硬度显著升高，塑性下降，这一现象称为时效。时效有时又称为“时效强化”或“时效硬化”。在室温下所进行的时效称为自然时效，在加热的条件下所进行的时效称为人工时效。时效温度过高，合金会出现软化现象，称为过时效处理。

根据铝合金的成分及工艺特点，通常把铝合金分为变形铝合金和铸造铝合金两种。铝合金分类如图 1-35 所示，根据相图上合金元素的最大溶解度 D 点，在 D 点以左的合金，塑性好，宜于进行压力加工，称为变形（形变）铝合金。在 D 点以右的合金，由于有共晶组织存在，流动性好，适于铸造，称为铸造铝合金。

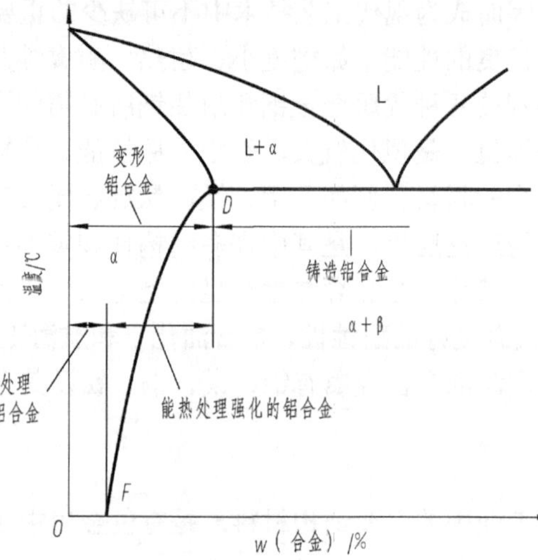

图 1-35　铝合金分类

在变形铝合金中，成分在F点左边的铝合金，其α固溶体的成分不随温度变化而变化，不能进行热处理强化，称为不能热处理强化的铝合金；成分在F点右边的铝合金，其α固溶体成分随温度变化而变化，能进行热处理强化，称为能热处理强化的铝合金。

1）变形铝合金。变形铝合金牌号用 2××××～8××××系列表示。牌号第一位数字表示组别，按铜、锰、硅、镁和锌等元素的顺序来确定合金组别；牌号第二位的字母表示原始合金的改型情况，若字母为A，则表示为原始合金，若字母为B～Y，则表示为原始合金改型合金；牌号最后两位数字无特殊意义，仅用来区分同一组中不同的铝合金。

变形铝合金按照其主要的性能特点分为防锈铝合金、硬铝合金、超硬铝合金及锻铝合金四种。

① 防锈铝合金：主要合金元素是镁或锰，其作用是提高抗蚀能力、固溶强化，镁还可降低合金含量比例。这类合金不能进行热处理强化，可通过冷变形处理强化，主要用于制作焊接容器、铆钉、导管或需用深延伸、弯曲等方法制造的低载荷零件等。

防锈铝合金的典型牌号有5A05和3A21。

② 硬铝合金：主要合金元素是铜和镁，其主要作用是形成强化相，提高热处理强化效果。这类合金既能通过热处理强化，也能通过冷变形强化，主要用于制作中高强度结构件，如大型铆钉、螺旋桨叶片、骨架、梁等。

硬铝合金的不足之处是耐蚀性较差、固溶热处理的加热温度范围很窄，在使用或加工时必须予以注意。

硬铝合金的典型牌号有2A11和2A12。

③ 超硬铝合金：主要合金元素是铜、镁、锌，其主要作用是形成多种复杂的强化相，经固溶热处理和人工时效后，可获得很高的强度和硬度，主要用于制作飞机的大梁、桁架、起落架等高强度零件。

超硬铝合金的耐蚀性差、高温下软化快，使用时应注意。

超硬铝合金的典型牌号有7A04。

④ 锻铝合金：主要合金元素有铜、硅、镁，每种元素含量少。这类合金的力学性能与硬铝合金相近，还具有较好的耐蚀性和良好的热塑性，适于锻造成形，主要用于制作承受较重载荷的锻件和模锻件，如内燃机活塞、风扇轮等。锻铝合金通常都要进行固溶热处理和人工时效。

锻铝合金的典型牌号有2A50和2A70。

2）铸造铝合金。铸造铝合金中有一定数量的共晶组织，故具有良好的铸造性能，但塑性差，常用变质处理和热处理的方法提高其力学性能，常加入的元素有硅、铜、镁、锌、钛等。

铸造铝合金按主加元素不同，分为铝-硅（Al-Si）系铸造铝合金、铝-铜（Al-Cu）系铸造铝合金、铝-镁（Al-Mg）系铸造铝合金及铝-锌（Al-Zn）系铸造铝合金四种，其中以铝-硅系的应用最广泛，仅含硅元素的铝-硅合金通常又称硅铝明。

铸造铝合金的牌号用“ZL+三组数字”表示。其中，“ZL”是“铸、铝”二字汉语拼音的大写首字母，第一组数表示合金类别（1为铝-硅系，2为铝-铜系，3为铝-镁系，4为铝-锌系），第二组、第三组数字为顺序号，顺序号不同，则化学成分不同。例如，ZL102表示顺序为2号的铝-硅系铸造铝合金。

2．铜及铜合金

（1）工业纯钢

铜是人类最早开发利用、在地壳中储量较少的金属元素。纯铜是玫瑰红色的金属，表面形成氧化铜膜后，外观呈紫红色。

工业纯铜按含杂质的量可分为四种：T1、T2、T3、T4。其中，T 是“铜”字的汉语拼音大写首字母，数字为编号，数字越大则纯度越低。

纯铜在固态时具有面心立方晶格，无同素异构转变，具有许多优良的性能。纯铜的突出优点是导电性及导热性好，故广泛应用在电气工业方面，如用来制作电线、电缆、电刷、散热器、冷却器等。铜的导电性在各种元素中仅次于银而居第二位，故纯铜的主要用途就是制作电工导体。此外，它还具有较高的耐蚀性和抗磁性。

在力学和工艺性能方面，纯铜的特点是具有极好的塑性，可以承受各种形式的冷热压力加工，可碾压成极薄的板，拉成极细的铜线，压力加工成线材、管材、棒材及板材。铜的抗拉强度较低，不宜作结构材料，铸造性能差，熔化时易吸收一氧化碳和二氧化硫等气体，形成气孔。

（2）铜合金

在纯铜中加入合金元素制成的铜称为铜合金。按照化学成分的不同，铜合金分为黄铜、白铜和青铜。

1）黄铜。以锌为主加合金元素的铜合金称为黄铜，普通黄铜是铜锌二元合金。按照化学成分的不同，黄铜又分普通黄铜和特殊黄铜。

黄铜的牌号用“H+数字”表示。其中，字母“H”是“黄”字的汉语拼音大写首字母，数字代表铜的百分含量，如 H68 表示 $\omega_{Cu}=68\%$ 的普通黄铜。

黄铜色泽美观，对海水和大气的腐蚀有很好的抗力，常用来制造装饰品、弹壳、散热器、垫片及热压零件、热轧零件等。

黄铜常用的牌号有 H80、H6、H59 等。

为改善黄铜的性能，在普通黄铜中加入其他合金元素，可形成特殊黄铜。加入的合金元素可以改善铜的切削加工性，提高其耐蚀性、铸造性能和力学性能等。

特殊黄铜的牌号用“H+主加合金元素符号+铜的百分含量+合金元素的百分含量”表示。例如，HPb59-1 表示平均 $\omega_{Cu}=59\%$、$\omega_{Pb}=1\%$、其余为锌的铅黄铜。

2）白铜。以镍为主加合金元素的铜合金称为白铜。白铜主要用来制作精密机械和仪表中的耐蚀零件、热电偶等，由于其价格昂贵，很少用于制作一般机械零件。

3）青铜。除黄铜和白铜以外的其他铜合金称为青铜。青铜加入的主要元素有锡、铝、铍等。

青铜的牌号用“Q+主加元素符号及其平均含量的百分数+其他元素平均含量的百分数”表示，字母“Q”是“青”字的汉语拼音大写首字母。例如，QSn4-3 表示 $\omega_{Sn}=4\%$、其他元素 $\omega=3\%$、其余为铜的锡青铜。铸造青铜的牌号表示方法是在其牌号前加“ZCu”。

青铜按化学成分不同可分为锡青铜和无锡青铜。无锡青铜主要有铝青铜、铍青铜等。

① 锡青铜：以锡元素为主加元素的铜合金。我国古代遗留下来的钟、鼎、剑等都是这

种合金制成的，至今已有几千年的历史，仍完好无损。

锡青铜的耐蚀性比纯铜和黄铜都高，特别是在大气、海水等环境中，耐磨性也较高，常用来制造轴瓦、轴套等耐磨零件。

锡青铜常用的牌号有 QSn4-3、QSn6.5-0.1、ZCuSn10P1 等。

② 铝青铜：以铝为主加元素的铜合金，它不仅价格低廉，而且强度、耐磨性、耐蚀性及耐热性比黄铜和锡青铜都高，还可进行热处理强化。

铝青铜在大气、海水、碳酸及大多数有机酸中具有比黄铜和锡青铜更高的耐蚀性，因此，铝青铜是无锡青铜中应用最广泛的一种，也是锡青铜的重要替代品，其缺点是焊接性较差。铝青铜常用来制造强度及耐磨性要求较高的摩擦零件，如齿轮、轴套和蜗轮等。

铝青铜常用的牌号有 QA17 等。

③ 铍青铜：铍青铜的含铍量其实很低，但它具有较高的耐蚀性和导电性、导热性、无磁性，此外，还有良好的工艺性，可进行冷、热加工及铸造成形，通常用来制作弹性元件、钟表、仪表、罗盘仪器中的零件及电焊机中的电极等。

3．钛及钛合金

钛及其合金具有质量小、强度高及良好的耐蚀性等优点。钛及其合金还具有很高的耐热性，工作温度可达 400～500℃，因而，钛及其合金已成为航天、航空、机械工程、化工、冶金工业中不可缺少的材料。但由于钛在高温中异常活泼，熔点高，熔炼、浇注工艺复杂且价格昂贵，成本较高，因此使用受到一定限制。

（1）纯钛

纯钛按其杂质含量不同，分为 TA0、TA1、TA2、TA3 四个牌号。随着牌号后数字增大，其杂质含量也随之增加，其中 TA0 为高纯钛，仅在科学研究中应用，其余三种均含有一定量的杂质，又称工业纯钛。

纯钛是灰白色轻金属，具有焊接性能好、低温韧性好、强度低、塑性好、易于冷压力加工等特点。

（2）钛合金

钛合金按其退火组织可分为α、β和$\alpha+\beta$三大类，分别称为α钛合金、β钛合金和$\alpha+\beta$钛合金。牌号分别以“钛”字的汉语拼音大写首字母“T”后跟 A、B、C 和顺序数字表示。例如，TA4～TA8 表示α钛合金，TB1～TB2 表示β钛合金，TC1～TC10 表示$\alpha+\beta$钛合金。

1）α钛合金。由于α钛合金的组织全部为α固溶体，该合金组织稳定，抗氧化性和抗蠕变性好，焊接性也很好，因此α钛合金具有较高的室温强度、高温强度和优良的抗氧化性及耐蚀性，并具有很好的低温性能，适宜制作使用温度不超过 500℃的零件，如导弹的燃料罐、超音速飞机的涡轮机匣等。

α钛合金常用的牌号有 TA4、TA5、TA6、TA7 等。

2）β钛合金。β钛合金具有较高的强度、优良的冲压性，但耐热性差，抗氧化性能低。当温度超过 700℃时，该合金很容易受到大气中的杂质污染。其具有生产工艺复杂且性能不太稳定的缺点，这限制了其应用。

β钛合金可进行热处理强化，一般可进行淬火和时效强化。β钛合金多用于制造飞机上的结构件和紧固件等。

β 钛合金常用的牌号有 TB1、TB2 等。

3）α+β 钛合金。α+β 钛合金室温组织为 α+β，它兼有 α 钛合金和 β 钛合金两者的优点，强度高，塑性好，耐热性高，耐蚀性和冷热加工性及低温性能都好，并可通过淬火和时效进行强化，是钛合金中应用最广泛的合金。

α+β 钛合金常用于制造工作在 400℃以下的零件，如飞机发动机压气机盘和叶片、压力容器等。

α+β 钛合金常用的牌号有 TC1、TC2、TC3、TC4、TC6、TC9 等。

4．滑动轴承合金

目前的机械制造业中，在相对运动的机械构件中常使用轴承来减小摩擦。轴承分为滚动轴承和滑动轴承两类，虽然滚动轴承有很多优点，但滑动轴承具有承压面积大，承载能力强，工作平稳，无噪声及检修方便等优点，所以滑动轴承仍占有相当重要的地位。

（1）对轴承合金的性能要求

在滑动轴承中，制造轴瓦及内衬的合金称为轴承合金。通常，滑动轴承与轴直接配合使用，当轴承支撑着轴进行工作时，由于轴的旋转，轴和轴瓦之间产生强烈的摩擦，因轴价格较贵，且更换困难，为了减少轴承对轴颈的磨损，确保机器的正常运转，对轴承合金应有一定的要求，具体如下：

1）具有足够的强度和硬度，以承受较高的周期性载荷。

2）塑性和韧性好，以保证轴承的配合良好，并耐冲击和振动。

3）与轴之间有良好的磨合能力及较小的摩擦系数，并能保留润滑油，减少磨损。

4）有良好的导热性和耐蚀性。

5）有良好的工艺性，容易制造且价格低廉。

根据上述要求，轴承合金既要求有较高的强度，又要求有较好的减摩性，针对这两个对立的性能要求，合金组织应同时存在两类不同的组织组成物，轴承合金组织最好是在软基体上分布着硬质点。这样，轴承跑合后，软的基体被磨损而压凹，可以储存润滑油，以便能形成连续的油膜，同时，软的基体还能承受冲击和振动，并使轴和轴承能很好地磨合。软的基体还能起嵌藏外来硬质点的作用，以保证轴颈不被擦伤。轴承合金组织承受高载荷能力差，属于这类组织的有锡基轴承合金和铅基轴承合金（又称巴氏合金）。

采用硬基体上分布软质点的组织形式也可以达到同样的目的。这类组织有较大的承载能力，但磨合能力较差，属于这类组织的有铝基轴承合金和铜基轴承合金。

（2）轴承合金分类

常用轴承合金有锡基轴承合金、铅基轴承合金、铜基轴承合金和铝基轴承合金。

1）锡基轴承合金（锡基巴氏合金）。锡基轴承合金是以锡为基础，加入锑、铜等其他元素组成的合金。锡基轴承合金牌号为“Z”（“铸”字的汉语拼音大写首字母）加基体元素与主加元素的化学符号并标明主加元素与辅加元素的百分含量表示。

例如，ZSnSb11Cu6 表示锡基轴承合金，基体元素为 Sn，主加元素为 Sb，其含量为 11%，辅加元素为 Cu，含量为 6%，余为 Sn。

锡基轴承组织特点是软基体分布有硬质点，这类合金具有较好的塑性和韧性、适中的硬度，具有膨胀系数小和优良的导热性和耐蚀性，但疲劳强度低，工作温度小于 150℃。锡基轴承合金主要用于重要的轴承，如汽车、汽轮机等的高速轴承。

锡基轴承合金常用的牌号有 ZSnSb12Pb10Cu4、ZSnSb11Cu6、ZSnSb8Cu4、ZSnSb4Cu4 等。

2）铅基轴承合金（巴氏合金）。铅基轴承合金是以铅为基础，加入锑、锡、铜等元素组成的合金。其显微组织是硬基体上大量均匀分布软的质点。

铅基轴承合金的强度、硬度、韧性、导热性、耐蚀性均低于锡基轴承合金，但价格低廉。铅基轴承合金主要用于中低载荷的中速滑动轴承，如汽车、拖拉机的曲轴、连杆轴承及电动机轴承。

铅基轴承合金常用的牌号有 ZPbSb16Sn16Cu2、ZPbSb15Sn5Cu3Cd2、ZPbSb15Sn10、ZPbSb15Sn5、ZPbSb15Sn6 等。

3）铜基轴承合金。铜基轴承合金有锡青铜、铅青铜等，尤以铅青铜最适于制作轴承。其显微组织是硬基体（铜）上大量均匀分布软的质点（铅）。与铅基轴承合金相比，铅青铜基轴承合金具有较高的疲劳强度、承载能力，同时还具有高的热导性和低的摩擦系数，能在低于 250℃的环境下工作。铜基轴承合金主要用于高速、高压下工作的轴承，如高速柴油机、航空发动机的主轴承。

铜基轴承合金常用的牌号有 ZCuPb30、ZCuSn10Pb1 等。

4）铝基轴承合金。铝基轴承合金是以铝为基本元素，加入锡、铜、镁等合金元素制成的合金，其组织特点是硬基体（铝）上均匀分布软质点（球状锡晶粒）。

铝基轴承合金的优点是原料丰富、价格低、导热性好、疲劳强度及高温硬度高，能承受较大压力和速度；其缺点是线膨胀系数大，抗咬合性不如铅基轴承合金。

常用的铝基轴承合金有铝锑镁轴承合金和铝锡轴承合金两类。

① 铝锑镁轴承合金：该合金与 08 钢板一起热轧成双金属轴承，生产工艺简单，价格低廉，且具有良好的疲劳强度和耐磨性，但承载能力不大。

② 铝锡轴承合金：这类合金与以 08 钢为衬背又轧制成合金带，它具有较高的疲劳强度和较好的耐热性、耐磨性及耐蚀性，生产工艺简单，成本低。目前用它代替其他轴承合金，广泛应用于汽车、拖拉机和内燃机车等。

1.5 其他材料

1.5.1 粉末冶金材料

粉末冶金是以金属粉末或掺入少量非金属粉末为原料，经混合后压制成形，并在低于金属熔点的温度下进行烧结，利用粉末间原子扩散使其结合，制成金属材料和零件的方法。

粉末冶金与一般的熔炼铸造相比，在技术上和经济上具有以下特点：一是粉末冶金能生产具有特殊性能的材料和制品；二是粉末冶金是无切屑或少切屑的精密加工。

粉末冶金生产工艺由于在技术和经济上的优势，近30年得到迅速发展，在机械、电子、化工、航天等领域得到越来越广泛的应用。但是，粉末成本高，模具费用高，制品的大小、形状受到一定限制，制品的强度和韧性较差。

粉末冶金材料应用较多的是硬质合金、烧结减摩材料和烧结铁基结构材料。

1．硬质合金

硬质合金就是采用高硬度、高熔点的难熔碳化物粉末（如碳化钨、碳化钛等）与黏结剂混合、加压成形、烧结而成的一种粉末冶金材料。

硬质合金具有硬度高、耐磨性好、热硬性好、抗压强度高等优点，此外，硬质合金还具有良好的耐蚀性和抗氧化性。但其抗拉强度低，难以切削加工制成形状复杂的整体刀具，通常制成不同形状的刀片，采用焊接、黏结、机械夹持等方法安装在刀体上或模具体上使用。硬质合金是重要的工具材料，通常可按成分特点分为以下三类。

（1）钨钴类硬质合金

钨钴类硬质合金的主要成分是碳化钨和黏结剂钴，其牌号用“YG+数字”表示。其中，“YG”是“硬、钴”两字的汉语拼音大写首字母，数字表示钴的平均百分含量。例如，YG15表示钴的含量$\omega_{Co}=15\%$、其余为碳化钨的钨钴类硬质合金。这类合金也可以用代号“K”表示，并采用红色标记。

在钨钴类硬质合金中，由于钴含量越多，合金的强度、韧性越好，钴含量越低，合金的硬度越高、耐热性越好，因此钨钴类硬质合金适合加工塑性材料。当钴的含量较高时，适宜加工制造用于粗加工的刃具，反之则适宜制造用于精加工的刃具。

钨钴类硬质合金常用的牌号有YG3X、YG6、YG8、YG15、YG4C、YG11C、YG6A等。

（2）钨钛钴类硬质合金

钨钛钴类硬质合金的主要成分是碳化钨、碳化钛和黏结剂钴，其牌号用“YT+数字”表示，其中，“YT”是“硬、钛”两字的汉语拼音大写首字母，数字表示碳化钛的平均百分含量。例如，YT15表示$\omega_{TiC}=15\%$、其余为碳化钨和钴的钨钛钴类硬质合金。这类合金也可用代号“P”表示，并采用蓝色标记。

钨钛钴类硬质合金由于加入了碳化钨，因此具有较高的硬度与耐磨性，同时，由于这类合金表面会形成一层氧化钛薄膜，切削时不易粘刀，故有较高的淬硬性，但强度和韧性比钨钴类硬质合金低，适合加工脆性材料，如铸铁等。

钨钛钴类硬质合金常用的牌号有YT5、YT15、YT30等。

（3）通用硬质合金

通用硬质合金是以碳化钽或碳化铌取代钨钛钴类硬质合金的一部分制成的合金。通用硬质合金兼有上述两类合金的优点，应用广泛，因此，又称为万能硬质合金。其牌号用“YW+数字”表示，“YW”是“硬、万”两字的汉语拼音大写首字母，数字是顺序号，无特殊意义，仅表示该合金的序号，如YW1。它也可以用代号“M”表示，并采用黄色标记。

通用硬质合金常用的牌号有YW1和YW2。

2. 烧结减摩材料

（1）多孔轴承

机械行业广泛使用的多孔轴承有铁基和铜基两种，前者可取代部分铜合金、价格低廉，后者减摩性好。

多孔轴承具有较高的减摩性，将这种材料压制成轴承后再浸入润滑油中，因成分中含有石墨，其本身具有一定的孔隙度，在毛细现象作用下可吸附大量润滑油，故称多孔轴承。多孔轴承具有自润滑功能，可用于制造中速、轻载的轴承，特别是不能经常加油的轴承，如纺织机械、电影机械、食品机械、家用电器等的轴承。此外，使用多孔轴承还能消除润滑油漏落造成的产品污染。

（2）金属塑料减摩材料

用烧结好的多孔铜合金制作骨架，在真空下浸渍聚四氟乙烯乳液，使聚四氟乙烯乳液浸入其孔隙中，获得金属与塑料结合为一体的金属塑料减摩材料。

由于聚四氟乙烯具有一定的减摩性、耐蚀性及较宽的工作温度范围（−26～+250℃），而铜合金骨架具有较高的强度和较好的导热性，因此金属塑料减摩材料的性能特点是耐磨性高、摩擦系数大、导热性好、抗咬合性好、强度合适。金属塑料减摩材料主要用于制作制动装置，如飞机、汽车的制动衬片，船舶、机床的离合器摩擦片等。

3. 烧结铁基结构材料

烧结铁基结构材料又称烧结钢。用粉末冶金方法生产结构零件的最大特点是可以发挥冶金工艺无屑或少屑加工的优点，使零件精度及表面光洁，还可通过热处理强化提高零件的耐磨性。

用碳钢粉末烧制的合金的含碳量较低时，可制造承受小载荷的零件、渗碳件及焊接件；当其碳含量较高时，淬火后可制造要求具有一定强度或耐磨性的零件。用合金钢粉末烧制的合金，其中常有铜、镍、钼、硼等合金元素，它们可强化基体，提高淬透性，加入铜元素还可提高其耐蚀性，合金粉末冶金淬火后抗拉强度可达 500～800MPa，硬度为 40～45HRC，可制造承受较大载荷的烧结结构件，如油泵、汽车差速齿轮等。

1.5.2 陶瓷材料

1. 概述

陶瓷是陶器与瓷器的总称。它是一种既古老又现代的工程材料，又称无机非金属材料，具有耐高温、耐腐蚀、硬度高、绝缘等优点。

现代陶瓷充分利用了各不同组成物质的特点，以及组成物质特定的力学性能和物理化学性能。从性能上看，现代陶瓷不仅能够充分利用无机非金属物质的高熔点、高硬度、高化学稳定性，得到一系列耐高温、耐磨和耐腐蚀的新型陶瓷，而且能够充分利用无机非金属材料优异的物理性能，制得大量不同功能的特种陶瓷，适应航天、能源、电子等新技术发展的需求。现成陶瓷是目前材料开发的热点之一。

2．陶瓷材料的分类

陶瓷材料及产品种类繁多，并且还在不断扩大和增多。按其原料的来源不同可分为普通陶瓷（传统陶瓷）和特种陶瓷（先进陶瓷）两类。

普通陶瓷是以天然硅酸盐矿物（黏土、长石、石英）为原料，经过原料加工、成型、烧结而成，又称传统陶瓷或硅酸盐陶瓷。这类陶瓷质地坚硬，不会氧化生锈、不导电，能耐 1200℃高温，加工成形性好，成本低廉；其缺点是强度较低。这类材料可用于制作工作温度低于 200℃的耐腐蚀器皿和容器、管道、供电系统的绝缘子等。

特种陶瓷又称近代陶瓷，是采用纯度较高的人工合成化合物，经配料、成型、烧结而制得的。这种陶瓷优点很多，以氧化铝（Al_2O_3）陶瓷为例，其强度比普通陶瓷高 2～3 倍，有的甚至高 5～6 倍；硬度高，具有很好的耐磨性、耐高温性、耐腐蚀性及绝缘性好等优点。但其也有缺点，如氧化铝陶瓷脆性大，抗热振性差，不能承受环境温度的突然变化。特种陶瓷主要用于生产内燃机的火花塞、火箭和导弹流罩、轴承、切削刀具，以及密封环等。

陶瓷的分类及常用陶瓷的性能与应用如表 1-4 和表 1-5 所示。

表 1-4　陶瓷的分类

普通陶瓷	特种陶瓷					
	按性能分类	按化学组成分类				
		氧化物陶瓷	氮化物陶瓷	碳化物陶瓷	复合瓷	金属陶瓷
日用陶瓷	高强度陶瓷	氧化铝陶瓷	氮化硅陶瓷	碳化硅陶瓷	氧氮化硅铝陶瓷	
建筑陶瓷	高温陶瓷	氧化锆陶瓷	氮化铝陶瓷	碳化硼陶瓷	镁铝尖晶石陶瓷	
绝缘陶瓷	耐磨陶瓷	氧化镁陶瓷	氮化硼陶瓷		锆钛酸铅镧陶瓷	
化工陶瓷	耐酸陶瓷	氧化铍陶瓷				
多孔陶瓷（过滤陶瓷）	压电陶瓷					
	电介质陶瓷					
	光学陶瓷					
	半导体陶瓷					
	磁性陶瓷					
	生物陶瓷					

表 1-5　常用陶瓷的性能与应用

名称	性能特点	用途举例
普通陶瓷	硬度高、耐腐蚀、绝缘性好，有一定的耐高温能力，成本低、加工成型性好	可用于制作受力不大、工作温度一般在 200℃以下的酸碱介质中工作的容器、反应塔管道及供电系统中的绝缘子等绝缘材料
氧化铝陶瓷	强度高于普通陶瓷，具有很好的耐高温性能，优良的电绝缘性能、耐蚀能力，但脆性大、抗热振性差	制作高温试验的容器、热电偶套管、内燃机火花塞、刀具、火箭导流罩等
氮化硅陶瓷	有自润滑性、摩擦系数小、强度高、硬度高、耐磨性好、抗热振性好、耐腐蚀性好	用于制作耐腐蚀水泵密封件、高温轴承、电磁泵的管道、阀门、刀具、燃气轮机叶片等

续表

名称	性能特点	用途举例
碳化硅陶瓷	高温强度高、导热性好、热稳定性好、耐腐蚀性好、耐磨性好、硬度高	可用于制作工作在 1500℃以上的结构件，如火箭尾喷嘴、浇注金属用的喉嘴、热电偶套管、燃气轮机的叶片、耐磨密封圈等
氮化硼陶瓷	高温绝缘性好、化学性能稳定、有自润滑性、耐热性好、硬度低、可进行切削加工	用于制作热电偶套管、高温容器、半导体散热绝缘零件、高温轴承等

陶瓷的品种有很多，其所具有的性能也是十分丰富的，在所有的工业领域都有这一类材料的应用天地，随着科学技术的发展，其应用必将越来越广泛。

1.5.3 塑料

塑料是以树脂为主要组分，加入一些能改善其使用性能和工艺性能的添加剂而制成的一种高分子材料。其通常在加热、加压条件下塑制成型，故称为塑料。

1. 塑料的组成及性能特点

工程上所用的塑料，都是以有机合成树脂为主要成分，加入其他添加剂制成的。

（1）合成树脂

树脂是塑料的主要组分，工程上所用塑料的合成树脂胶粘着塑料中的其他一切组成部分，并使其具有成型性能。绝大多数塑料就是以所用树脂命名的。

（2）添加剂

为改善塑料某些性能而必须加入的物质称为添加剂。添加剂的作用和类型如下。

1）改善塑料的工艺性能。能改善塑料的工艺性能的添加剂有增塑剂、固化剂、发泡剂和催化剂等。其中增塑剂可提高树脂的可塑性与柔顺性。

2）改善塑料的使用性能。能改善塑料的使用性能的添加剂有稳定剂、填料、润滑剂、着色剂、阻燃剂、静电剂等。如稳定剂可以提高树脂在受热和受光作用时的稳定性，防止树脂过早老化，延长其使用寿命；润滑剂是为防止塑料在成型过程中粘在模具或其他设备上而加入的，同时可使制品表面光亮美观；着色剂可使塑料制品具有美观的颜色。

（3）塑料的性能特点

与金属相比，塑料具有以下优点。

1）质轻、比强度高。一般塑料的密度为 $1.0\sim2.0g/cm^3$，只有钢的 1/8～1/4，比强度比金属高。这对于汽车、船舶、飞机、航天飞行器的制造有十分重要的意义。

2）化学稳定性好。塑料对一般的酸、碱、油、海水等具有良好的耐腐蚀能力，特别是“塑料王”（聚四氟乙烯）能耐“王水”（硝基盐酸）的腐蚀。塑料的这种性能特别适用于制作在腐蚀性介质中工作的零件、管道。

3）良好的电绝缘性能。塑料的电绝缘性能与陶瓷、橡胶相近，这对于有绝缘性能要求的机械零件和电气开关十分重要。

4）优良的减摩性、耐磨性和自润滑性。基于减摩性、耐磨性和自润滑性等优良性能，工程塑料可制作在无润滑条件下工作的零件。

5）消声、减振性好。工程塑料的消声、减振性可以降低机械振动，减少噪声。

6）成型加工性好、方法简单、成本低、生产效率高。塑料的成型加工性好等优点是塑料工业在近50年来得以迅速发展的重要原因。

但塑料也存在缺点，这大大限制了它的使用范围。例如，塑料的强度、硬度不及金属材料的高，耐热性和导热性差、膨胀变形大、蠕变大、易老化等。

2．塑料的分类

（1）按树脂在加热和冷却时所表现的性能分

按树脂在加热和冷却时所表现的性能，塑料分为热塑性塑料和热固性塑料。

1）热塑性塑料是指能重复加热成型的塑料。其特点是成型加工简单，但是刚度和耐热性差。

2）热固性塑料是指不能重复加热成型的塑料。其特点是耐热性高、受压不易变形，但强度不高、韧性差、成型加工复杂、生产率低。

（2）按使用性能分

按使用性能，塑料分为通用塑料、工程塑料和特种塑料三大类。

1）通用塑料大多用于生活制品。其产量大、成本低、用途广，占塑料总产量的3/4以上。

2）工程塑料是作为结构材料在机械设备和工程结构中使用的塑料。其力学性能优良，耐热性、耐腐蚀性也较好，是当前大力发展的塑料。常用的工程塑料有聚乙烯（polyethylene，PE）、聚氯乙烯（polyvinyl chloride，PVC）、聚苯乙烯（polystyrene，PS）、聚丙烯（polypropylene，PP）、ABS（acrylonitrile butadiene styrene）塑料等。

3）特种塑料是指具有某些特殊性能（如耐高温、耐腐蚀、耐光化学反应等）的塑料。

常用塑料的性能与应用如表1-6所示。

表1-6　常用塑料的性能与应用

类别	名称	性能特点	用途举例
热塑性塑料	聚乙烯 （PE）	高压聚乙烯：化学稳定性好，抗拉强度较低，塑性和韧性较好，质地柔软，最高使用温度80℃。 低压聚乙烯：质地坚硬，耐磨性、耐腐蚀性和绝缘性好，最高使用温度100℃	高压聚乙烯：可制作塑料薄膜、软管、电线包皮、日用品、玩具等。 低压聚乙烯：可制作承载较小的齿轮、轴承等结构件、耐腐蚀管道等
	聚氯乙烯 （PVC）	硬质聚氯乙烯：强度较高，刚性好，塑性低，耐腐蚀性和绝缘性好，耐热性差，使用温度-15～55℃。 软质聚氯乙烯：质地柔软，高弹性，耐蚀性和绝缘性好、耐热性差。 泡沫聚氯乙烯：隔热、隔音性能好	硬质聚氯乙烯：可制作各种上下水管、接头和化工耐腐蚀结构件，如输油管、容器、阀门等，用途广泛。 软质聚氯乙烯：可制作农用薄膜、人造革、电线包皮等。因有毒，不能用于食品包装。 泡沫聚氯乙烯：可用于隔热、隔音和包装
	聚酰胺 （尼龙） （polyamide，PA）	耐冲击、耐磨、耐腐蚀，自润滑性能较好，摩擦系数小，但热稳定性和导热性差，使用温度低于100℃；吸水性大，成型收缩率大，影响零件的尺寸精度	多用于小型零件的制造，如齿轮、螺母、轴承、密封圈等，不适于制作精密零件

续表

类别	名称	性能特点	用途举例
热塑性塑料	聚甲基丙烯酸甲酯（有机玻璃）（polymethyl methacrylate，PMMA）	透光性好，耐紫外线和耐大气老化，耐腐蚀性和绝缘性好，但硬度低、不耐磨、脆性大，使用温度为-60～100℃	可制作仪器和设备的防护罩、光学镜片，飞机的座舱、风挡、舷窗等
	苯乙烯-丁二烯-丙烯腈共聚物（ABS塑料）	综合力学性能好，尺寸稳定、绝缘性好、耐腐蚀，易于成型、能机械加工，表面还可进行电镀，但耐热性差、耐候性差	可制作齿轮、轴承、叶轮、仪表盘及仪表、家用电器的外壳等
	聚四氟乙烯（塑料王）（F-4）	具有优越的化学稳定性和热稳定性，绝缘性和自润滑性好，但强度低，刚性和加工成型性差，可在-195～250℃使用	可制作减摩密封零件，化工机械中的耐腐蚀零件、管道，可作为高频或潮湿条件下的绝缘材料
热固性塑料	酚醛塑料（电木）（phenolic PF）	较高的抗拉强度，硬度高，耐磨，耐腐蚀，耐热性好；但脆性大，可加工性差，不耐碱，着色性差	广泛用于电气开关、插座、灯头，也可制作制动衬片、风扇带轮、耐酸泵、整流罩等
	脲醛塑料（电玉）（urea-formaldehyde，UF）	力学性能、耐热性和绝缘性和电木相近，颜色鲜艳、半透明、耐水性差，长期使用温度低于80℃	电气开关、装饰件、钟表外壳等
	环氧树脂塑料（phenolic epoxy resin，EP）	强度高，耐热性、耐腐蚀性、绝缘性好，易于成型，化学稳定性好，可在-80～155℃长期使用，但有一定毒性	可制成玻璃纤维增强塑料，用于制作塑料模具、量具、灌封电子元件等

3．塑料的成型与加工

（1）塑料的成型

塑料的成型工艺形式多样，主要有注射成型、压制成型、浇注成型、抗压成型、吹塑成型、真空成型等。

（2）塑料的加工

塑料加工即塑料成型后的再加工，又称二次加工。塑料加工常用的有机械加工（切削加工）、塑料的连接（热熔接、溶剂黏结、黏黏剂粘结等）和塑料制品的表面处理（涂漆、镀金）等。

1.5.4 橡胶

橡胶是一种具有高弹性的高分子材料，橡胶最显著的性能特点是具有高弹性。此外，橡胶还具有优良的伸缩性和独特的积储能量的能力，良好的耐磨性、绝缘性、隔音性和阻尼性，是常用的弹性材料、密封材料、减振防振材料和传动材料。

1．橡胶的组成

工业用橡胶是以生胶为原料加入适量的配合剂而形成的高分子弹性体。

（1）生胶

生胶（或纯橡胶）是橡胶制品的主要成分，也是形成橡胶特性的主要因素，其来源可以是天然的，也可以是合成的。生胶性能随温度和环境变化很大，且容易被溶剂溶解，因此必须加入各种不同的橡胶配合剂，以提高橡胶制品的使用性能和加工工艺性能。

（2）配合剂

配合剂是用来提高和改善橡胶制品的各种性能而加入的物质，主要有硫化剂、防老剂、着色剂等。其中硫化剂的作用是提高橡胶的弹性、强度、耐磨性和抗老化能力。

2．橡胶的分类

按生胶来源不同，橡胶可分天然橡胶和合成橡胶两类，合成橡胶按用途又分通用橡胶和特种橡胶。

（1）天然橡胶

天然橡胶是橡胶树的乳胶，经过凝固、干燥、加压等工序制成的片状生胶，具有良好的综合性能和较好的弹性，适用于制造轮胎、胶带、胶管、胶鞋等。

（2）合成橡胶

为了弥补天然橡胶的产量和性能的不足，人们发明了合成橡胶。合成橡胶是用石油、天然气、煤和农副产品为原料，提炼制得的类似天然橡胶的高分子材料。

常用的合成橡胶包括用于制造轮胎、胶布、胶鞋和胶管的丁苯橡胶，用于制造三角胶带的顺丁橡胶和用于制造密封件的氟橡胶等。

常用橡胶的性能与应用如表 1-7 所示。

表 1-7　常用橡胶的性能与应用

类别	名称	R_b /MPa	A /%	使用温度 t /℃	性能特点	用途举例
通用橡胶	天然橡胶（natural rubber，NR）	17～35	650～900	-70～110	高强度、绝缘、防振	轮胎、胶带、胶管及不要求耐热、耐油的垫圈、衬垫等
	丁苯橡胶（rolymerized styrene butadiene rubber，SBR）	15～25	500～600	-50～140	与天然橡胶相比，有较好的耐磨性、耐热性、耐油性及耐老化性，但弹性和强度差	轮胎、胶带、胶布、胶管及各种工业用橡胶密封件等
	顺丁橡胶（cis-polybutadiene，BR）	18～25	450～800	-70～120	耐磨性和弹性优于天然橡胶，耐寒，但可加工性能、抗撕裂性差	轮胎、胶管、胶辊、制动皮碗、橡胶弹簧、鞋底等
	氯丁橡胶（chloroprene rubber，CR）	25～27	800～1000	-35～130	耐油性、耐磨性、耐热性、耐燃性、耐蚀性和气密性均优于天然橡胶，特别是耐老化性	海底电线、电缆的包皮、化工防腐蚀材料、地下采矿用的耐燃安全橡胶制品及垫圈、油罐衬里、运输带等
	丁腈橡胶（nitvile butadiene rubber，NBR）	15～30	300～800	-35～175	耐油性、耐磨性和耐热性优于天然橡胶，但耐低温性差、弹性低、绝缘性差	耐油密封圈、输油管、油槽衬里、耐油运输带及各种耐油减振制品
特种橡胶	聚氨酯橡胶（polyurethane rubber，UR）	20～35	300～800	-30～80	强度、耐磨性优于其他橡胶，耐油性好，但耐腐蚀性差，最高使用温度为 80℃	胶辊、实心轮胎、耐磨制品及特种垫圈等

续表

类别	名称	R_b /MPa	A /%	使用温度 t /℃	性能特点	用途举例
特种橡胶	氟橡胶（fluororubber，FPM）	20～22	100～500	-50～300	耐腐蚀性优于其他橡胶，但耐热性差、耐寒性差	高耐腐蚀密封件、高真空橡胶件及特种电线电缆的护套等
	硅橡胶	4～10	50～500	-100～300	绝缘性好、耐热、耐寒、抗老化、无毒	耐高温、耐低温的橡胶制品，绝缘件等

1.5.5 复合材料

复合材料是指用人工合成的方法将一种或几种材料均匀地与另一种材料结合而成的多相材料。在其组成相中，一类为基体材料，起黏结作用；另一类为增强材料，起提高强度或韧性的作用。

复合材料最大的特点是能根据人们的要求设计材料，以改善材料的使用性能，克服单一材料的某些缺点，充分发挥各组成材料的最佳特性，达到取长补短、有效利用材料的目的。

现代复合材料则是在充分利用材料科学理论和材料制作工艺的基础上发展起来的一类新型材料，在不同的材料之间，如金属之间、非金属之间、金属与非金属之间进行复合，既保持了各组成部分的性能又有组合的新功能，充分发挥了材料的性能潜力。

1. 复合材料的分类

（1）按材料的用途（复合效果）分

按材料的用途，复合材料可分为结构复合材料和功能复合材料，后者还处于研制阶段，已经过大量研究和应用的主要是结构复合材料。

结构复合材料能显著改善材料的力学性能，主要用于工程结构，以承受各种载荷。功能复合材料能显著改善材料的物理性能和化学性能，具有优异的功能特性，如吸波、超导、屏蔽等。

（2）按基体材料类型分

按基体的不同，复合材料可分为金属基和非金属基两类。金属基复合材料主要为纤维增强金属，非金属复合材料又可分为树脂基复合材料（玻璃钢）、橡胶基复合材料（轮胎）、陶瓷基复合材料（钢筋混凝土、纤维增强陶瓷）等。

（3）按增强相特性分

复合材料的结构是基体+增强相。按增强相的种类和形状，复合材料可分为纤维增强复合材料、颗粒增强复合材料、层状增强复合材料和填充骨架型复合材料。其中，发展最快、应用最广的是各种纤维（玻璃纤维、碳纤维、硼纤维、碳化硅纤维等）增强的复合材料。

2. 常用复合材料

（1）纤维增强复合材料

纤维增强复合材料的基体材料是树脂，增强体是纤维。按增强纤维的不同，纤维主要有玻璃纤维、碳纤维、硼纤维、碳化硅纤维、有机物纤维等。

（2）颗粒增强复合材料

颗粒增强复合材料是由一种或多种颗粒均匀地分布在基体中所组成的材料。一般情况下，颗粒的尺寸越小，增强效果越明显。颗粒直径小于 0.01～0.1μm 的称为弥散强化材料。

常见的颗粒增强复合材料有金属颗粒与塑料复合、陶瓷颗粒与金属复合两类。

（3）叠层或夹层复合材料

叠层或夹层复合材料是由两层或两层以上的不同材料经热压胶合而成，其目的是充分利用各组成部分的最佳性能，这样不但可减小结构的质量，提高其强度和刚度，还可获得各种各样的特殊性能，如耐磨、耐腐蚀、绝热隔音等。

常用复合材料的性能与应用如表 1-8 所示。

表 1-8　常用复合材料的性能与应用

<table>
<tr><th>种类</th><th>名称</th><th>性能特点</th><th>用途举例</th></tr>
<tr><td rowspan="3">纤维增强复合材料</td><td rowspan="2">玻璃纤维增强材料（玻璃钢）</td><td>热塑性玻璃钢：与未增强的塑料相比，具有更高的强度和韧性及抗蠕变的能力，其中，以尼龙的增强效果最好，聚碳酸酯、聚乙烯、聚丙烯的增强效果较好</td><td>轴承、轴承座、齿轮、仪表盘、电器的外壳等</td></tr>
<tr><td>热固性玻璃钢：强度高、比强度高、耐腐蚀性好、绝缘性能好、成形性好、价格低廉，但弹性模量低、刚度差、耐热性差、易老化和蠕变</td><td>主要用于制作要求自重小的受力构件，如直升机的旋翼、汽车车身、氧气瓶。也可用于制作耐腐蚀的结构件，如轻型船体、耐海水腐蚀的结构件、耐腐蚀容器、管道、阀门等</td></tr>
<tr><td>碳纤维增强材料</td><td>保持了玻璃钢的许多优点，强度和刚度超过玻璃钢，碳纤维-环氧复合材料的强度和刚度接近于高强度钢。此外，还具有耐腐蚀性、耐热性、减摩性和抗疲劳性</td><td>飞机机身、螺旋桨、涡轮叶片、连杆、齿轮、活塞、密封环、轴承、容器、管道等</td></tr>
<tr><td rowspan="2">层叠或夹层复合材料</td><td>夹层结构复合材料</td><td>由两层薄而强的面板、中间夹一层轻而弱的型芯组成，相对密度小，刚度好、绝热、隔音、绝缘</td><td>飞机上的天线罩隔板、机翼、火车车厢、运输容器等</td></tr>
<tr><td>塑料-金属多层复合材料</td><td>如SF型三层复合材料，表面层是塑料（自润滑材料）、中间层是多孔性的青铜、基体是钢，自润滑性好、耐磨性好，相比单一塑料，承载能力和导热性大幅提高，热膨胀系数降低 75%</td><td>无润滑条件下的各种轴承</td></tr>
<tr><td>颗粒增强复合材料</td><td>金属陶瓷</td><td>陶瓷微粒分散于金属基体中，硬度高、耐磨性高、耐高温、耐腐蚀、膨胀系数小</td><td>常用于制作工具材料</td></tr>
</table>

1.6 零件材料的选用

在机械制造中，由于材料种类繁多，合理选择每个零件的材料，正确拟定热处理工艺及加工工艺路线，对产品质量特别是使用寿命、生产成本影响重大。

1.6.1 零件的失效分析

零件不能正常和安全地工作，或零件在使用过程中丧失或达不到原来设计的效能，即零件失效。一般来说，零件失效有三种：一是零件虽然能工作，但无法满足预期的作用；二是零件严重受损，继续工作不安全；三是零件完全破坏，不能继续工作。这三种情况均可以认为零件已失效。

零件失效，特别是无明显预兆的失效，往往会带来很大的危害，甚至会影响人身安全，造成重大事故。通过失效分析可以为正确选材、改进结构设计、修订加工工艺提供依据。

1. 零件的失效形式

机械零件和工具、模具的失效形式主要有以下三种类型。

（1）断裂失效

断裂失效是指零件完全断裂而无法工作。常见的断裂失效形式主要有塑性断裂、疲劳断裂、应力腐蚀性断裂、低应力脆性断裂和蠕变断裂等。

（2）过量变形失效

过量变形失效是指零件的变形量超过了允许的范围。常见的过量变形失效主要有过量弹性变形、过量塑性变形和高温蠕变等。

（3）表面损伤失效

表面损伤失效是指零件在工作中，机械和化学作用导致其表面损伤而造成的失效。表面损伤失效主要有表面磨损失效、表面腐蚀失效和表面疲劳失效等。

应当指出，一个零件的失效可能有几种形式，也可能是相互组合而成的联合失效形式，但只有一种失效形式起决定性作用。

2. 零件的失效原因

零件的失效原因有很多，主要有以下几个方面。

（1）设计原因

对零件工作条件（受力性质、受力大小、温度、湿度、环境等）估计错误，安全系数过小、计算错误等，容易使零件的性能无法满足要求而失效；零件的结构形状、尺寸等设计不合理，容易造成应力集中，局部超载而失效。

（2）造材原因

选择材料错误，容易造成所选材料的性能不能满足使用要求，所选材料质量不合格等引起零件的失效。

（3）加工工艺不当

零件在加工过程中，如果采用的工艺方法、工艺参数、技术措施不正确，则可能产生铸造缺陷、焊接缺陷、切削加工缺陷和热处理缺陷，造成零件的失效。

（4）安装使用不正确

零件在安装过程中不按技术要求处理，在使用过程中不按规程操作、保养、维修，超载使用等均可能造成零件的失效。

总之，分析失效原因是一项复杂、细致的工作，必须从多方面综合分析来确定失效原因，为正确设计、合理选材、改进工艺提供可行的依据。

1.6.2 选材的原则、方法和步骤

1. 选材的基本原则

选材必须使选用的材料保证零件在使用过程中具有良好的工作能力，保证零件便于加工制造，同时保证零件的总成本尽可能低。

优异的使用性能、良好的加工工艺性能和低成本是机械零件选材的基本原则，即选材的基本原则为：满足使用性能要求，同时考虑材料的工艺性能和经济性。

（1）使用性能

材料的使用性能通常包括力学性能、物理性能和化学性能，对于一般的机械零件主要是力学性能。材料的力学性能决定了材料的使用价值和工作寿命，是选材的主要依据。

1）按力学性能选材的基本原则。选材时，首先要分析零件的工作条件及常见的失效形式，并通过力学计算确定零件应具有的主要力学性能，并将其作为选材的依据。

表 1-9 列出了一些零件和工具的工作条件、常见的失效形式及要求的力学性能。

表 1-9 一些零件和工具的工作条件、常见的失效形式及要求的力学性能

零件和工具名称	工作条件			常见失效形式	要求的主要力学性能
	应力状态	载荷性质	其他		
普通紧固螺栓	拉应力、剪应力	静载	—	过量变形、断裂	强度、塑性
传动轴	弯曲应力、扭转应力	交变及冲击载荷	轴颈处摩擦	疲劳断裂、过量变形、轴颈处磨损	综合力学性能，轴颈处硬耐磨
传动齿轮	接触压应力、弯曲应力	交变及冲击载荷	振动、齿部摩擦	齿折断、过量磨损、疲劳麻点	表面硬耐磨、接触疲劳强度，心部强而韧
弹簧	扭应力（螺旋弹簧）、弯应力（板簧）	交变及冲击载荷	振动	疲劳断裂、弹性丧失	弹性极限、屈强比、疲劳强度
滚动轴承	压应力、滚动摩擦	交变载荷	润滑剂的腐蚀	过量磨损、疲劳破裂	高硬度、高耐磨性，抗压强度、接触疲劳强度、一定的韧性
冷作模具	复杂应力	交变及冲击载荷	强烈摩擦	过量磨损、脆性断裂	高硬度、高耐磨性，足够的强度和冲击韧性
压铸型模具	复杂应力	交变及冲击载荷	热循环、摩擦	热疲劳断裂、磨损、脆性断裂	较高的强度和韧性，高的耐热疲劳性、高温耐磨性、热硬性和高温强度

2）按力学性能选材时应注意的问题。

① 综合考虑材料强度、塑性、韧性的合理配合。

② 合理地选定硬度值。

③ 选用材料的力学性能判据数值时应注意的几个问题。

a．注意手册中各性能数据的测试条件与零件实际情况的差异。

b．与标准试样相比，实际零件材料的成分、热处理工艺参数等可能存在一定的偏差，从而导致零件的力学性能波动。

c．同种材料采用的工艺不同，其性能数据也会不同。

总之，应根据所选材料的具体情况对手册中的数据进行一定的修正，必要时可进行零件的强度和寿命模拟试验，确保提供的数据可靠。

（2）工艺性能

材料的工艺性能表示材料加工的难易程度。在选材中，同使用性能相比，工艺性能常处于次要地位。在某些特殊情况下，工艺性能也可成为选材考虑的主要依据。

工艺性能是指零件在各种加工过程中所表现出来的性能，它决定了所选材料能否顺利加工制造成所需的零件。

材料的工艺性能主要包括以下几个方面。

1）铸造性能。材料的铸造性能一般用流动性、收缩性和偏析来综合评定，通常铸造铝合金、铸造铜合金、铸铁的铸造性能优于铸钢。铸铁中，灰铸铁的铸造性能最好。

2）锻压性能。材料的锻压性能一般用塑性和变形抗力来评定，通常，碳钢的锻压性能优于合金钢，低碳钢的锻压性能优于高碳钢。

3）焊接性能。材料的焊接性能一般用焊缝处出现裂纹、气孔的倾向和焊缝强度来衡量。低碳钢和低合金高强度结构钢的焊接性良好，含碳量和合金元素含量越高，焊接性越差。铜合金和铝合金的焊接性较差，灰铸铁基本不能焊接。

4）切削加工性。材料的切削加工性常用切削抗力、最高切削速度、切削时切屑排除的难易程度、刀具磨损量、切削后零件表面粗糙度等来衡量。一般情况下，材料的硬度为170～230HBS时，其切削加工性良好。

5）热处理工艺性。材料的热处理工艺性常用淬透性、淬硬性、淬火变形与开裂倾向、氧化、脱碳、耐回火性和回火脆性等来衡量。

（3）经济性

经济性是指所选材料加工成零件后的成本高低，主要包括材料费用、加工费用、管理费用、运输费、安装费、维修保养费等。对一些重要、精密、加工复杂的零件和使用周期长的工模具，还应考虑其使用寿命。

总之，零件总成本的高低须考虑多项因素，进行综合分析比较，切不可只单纯考虑材料的价格。

2．选材的方法和步骤

（1）按力学性能选材的基本方法

1）以综合力学性能为主时的选材。机器中大多数轴、杆、套类零件承受静载荷、动载荷的作用，主要失效形式是过量变形，要求材料具有较好的综合力学性能，一般可选用中碳钢或中碳合金钢，采用调质处理或正火处理。

2）以疲劳强度为主时的选材。发动机的曲轴、齿轮、弹簧、滚动轴承等零件承受交变载荷作用，主要失效形式是疲劳破坏。这类零件的选材及热处理应充分考虑其疲劳性能。对承载较大的零件可选用淬透性较高的材料。对调质钢进行表面淬火、对渗碳钢进行渗碳淬火、对氮化钢进行渗氮及喷丸、滚压等处理均有利于提高零件的疲劳强度。

3）以磨损为主时的选材。

① 承载不大，摩擦较大。这类零件有量规、钻套、顶尖、冲压模、刀具等，主要失效

形式是磨损，要求材料具有高硬度和高耐磨性，可选用高碳钢和高碳合金钢，进行淬火和低温回火，获得高硬度的回火马氏体和碳化物，满足高耐磨性的要求。

② 承受交变载荷、冲击载荷，且摩擦较大。这类零件有汽车变速器的齿轮、重要的轴等，主要失效形式是磨损、过量变形和疲劳破坏，要求材料表面硬且耐磨、心部强而韧（或综合性能好），应根据零件的具体承受冲击载荷和摩擦情况选择适于表面淬火、渗碳的材料（中碳或中碳合金钢、低碳或低碳合金钢）或渗氮用钢，进行适当的热处理。

此外，在高应力和很大冲击载荷作用下的零件，如坦克履带、铁路道岔等，既要求材料具有高硬度，又要求材料具有很好的韧性，可选用高锰耐磨钢。

（2）选材的基本步骤

1）分析零件的工作条件、失效形式，确定零件的使用性能和工艺性能等相关性能。

2）从使用性能、加工工艺、原材料工艺等各方面，对同类产品进行调研，分析选材的合理性。

3）找出关键的性能要求，通过力学计算或试验，确定零件应具有的力学性能判据或理化性能指标。

4）结合材料的工艺性和经济性，根据力学性能判据，选择合适的材料，确定热处理方法或其他强化方法。

5）对重要零件或大批量生产的零件，应进行试验，以检验所选材料及热处理方法能否达到各项性能的要求。试验结果符合要求后，方可批量生产。

上述步骤仅供练习选材时参考，并非一成不变，实际选材时应结合零件的具体情况而有所侧重。

1.6.3 典型零件的选材

1．轴类零件

（1）轴类零件的作用

轴类零件的主要作用是支承传动零件、传递运动和动力。

（2）工作条件

轴类零件的主要工作条件如下。

1）承受较大的交变弯曲应力、扭转应力。

2）轴颈和花键部位承受较大的摩擦。

3）承受一定的冲击载荷。

（3）失效形式

轴类零件常见的失效形式有疲劳断裂、过量的弯曲变形和扭转变形、过量磨损等。

（4）力学性能要求

1）良好的综合力学性能。

2）轴颈等部位应具有高的硬度和良好的耐磨性。

3）高的疲劳强度。

（5）轴类零件常用材料及热处理

1）考虑到轴类零件的综合力学性能要求，主要选用经过轧制或锻造的 35 钢、40 钢、45 钢、50 钢、40Cr 钢、40CrNi 钢、40MnB 钢等，一般应进行正火或调质；若轴颈处耐磨性要求高，可对轴颈处进行表面淬火。具体的钢种应根据载荷的类型、零件的尺寸和淬透性的大小来选定。承受弯曲载荷和扭转载荷的轴类，应力的分布是由表面向中心递减的，对淬透性要求不高；承受拉、压载荷的轴类，应力沿轴的截面均匀分布，应选用淬透性较高的钢。

2）对承受冲击载荷较大，对强韧性要求高时或要求进一步提高轴颈的耐磨性时，可选用 20Cr、20CrMnTi 等合金渗碳钢并进行渗碳、淬火、低温回火处理。

3）对于受力较小、不太重要的轴可选用 Q235～Q275 等普通质量碳钢。

4）球墨铸铁和高强度灰铸铁可用来制作形状复杂、难以锻造成形的轴类零件，如曲轴等。

2．齿轮

（1）齿轮的作用

齿轮的主要作用是传递扭矩、调节速度、改变运动方向。

（2）工作条件

1）一对相互啮合的齿轮，是通过齿面的接触、滑动传递动力的，因此齿根受很大交变弯曲应力作用，齿面受较大接触应力并有强烈的摩擦和磨损。

2）在换挡、启动、啮合不良时，承受一定的冲击载荷。

（3）失效形式

齿轮常见的失效形式有轮齿折断、齿面磨损、齿面剥落、齿面点蚀、过载断裂等。

（4）力学性能要求

1）高的弯曲疲劳强度。

2）齿面应具有高的接触疲劳强度、高的硬度和耐磨性。

3）齿轮心部应具有良好的综合力学性能或较好的强韧性。

（5）齿轮零件常用材料及热处理

1）中碳钢和中碳合金钢：一般承载不大的低、中速传动齿轮，常选用 40 钢、45 钢、40Cr 钢、40MnB 钢等，经调质处理或正火（要求不高时）达到性能要求（较好的综合力学性能）。经表面淬火、低温回火，表面硬度可达 52～58HRC，具有较高的耐磨性。这类齿轮不能承受较大的冲击载荷。

2)低碳钢和低碳合金钢：承受较大冲击载荷，重载高速齿轮一般选用 20Cr 钢、20CrMnTi 钢、20MnVB 钢、18Cr2Ni4WA 钢等，要求不高的齿轮也可选用 20 钢。经渗碳、淬火、低温回火，齿面可获得很高的硬度（58～62HRC）和耐磨性，心部可获得较高的强度和韧性。

3）对直径较大（$\phi>400$～600mm)、形状复杂的齿轮毛坯，难以锻造成形时，可采用铸钢，如 ZG270～500、ZG310～570 等。

4）对一些轻载、低速、不受冲击、精度要求不高的不太重要的齿轮，可采用灰铸铁，如 HT200、HT250、HT300 等。灰铸铁多用于开式传动；在闭式传动中，可用球墨铸铁代替铸钢制造齿轮，如 QT600-3、QT500-7 等。

5）对仪表中某些在腐蚀介质中工作的轻载齿轮，可采用黄铜、铝青铜、锡青铜、硅青铜等有色金属；对受力不大的仪器、仪表齿轮，在无润滑条件下工作的小齿轮，可采用尼龙、ABS、聚甲醛等工程塑料制造。

3. 丝锥和板牙

（1）丝锥和板牙的作用

丝锥的作用是加工内螺纹，板牙的作用是加工外螺纹。

（2）工作条件

柄部和心部承受较大的扭转应力，齿刃部承受较大的摩擦和磨损，高速切削时齿刃部还要承受较高的工作温度。

（3）失效形式

主要失效形式是磨损和扭断。

（4）力学性能要求

齿刃部应具有高硬度（59～64HRC）和高耐磨性，一定的热硬性（视切削速度而定）；柄部和心部应具有足够的强度和韧性，硬度为35～45HRC。

（5）丝锥和板牙的常用材料及热处理

1）手用丝锥和板牙，切削速度低，对热硬性不作要求，可选用T10A钢和T12A钢制造，并进行淬火和低温回火处理。

2）机用丝锥和板牙，因切削速度较高，对热硬性有要求。较高的切削速度（8～10m/min），要求有较高的热硬性，可选用9SiCr钢、9Mn2V钢、CrWMn钢制造。切削速度为25～55m/min时，要求有高的热硬性，可选用W18Cr4V钢制造，并经适当的热处理。

思考与练习

1-1 有一低碳钢试样，原标距长度为100mm，原直径为ϕ10mm，在屈服期间最低试验力为21000N，试样断裂前的最大试验力为30000N，拉断后的长度为133mm，断裂处最小直径为ϕ6mm。试计算试样的屈服强度、抗拉强度、断后伸长率和断面收缩率。

1-2 液态金属发生结晶的必要条件是什么？可采用哪些方法获得细晶粒组织？

1-3 说明下列现象的原因。

1）$\omega_c=1.0\%$的钢比$\omega_C=0.5\%$的钢硬度高。

2）钢适用于压力加工成形，而铸铁适用于铸造成形。

3）钢铆钉一般用低碳钢制成。

4）在退火状态下，$\omega_C=0.77\%$的钢比$\omega_C=1.2\%$的钢强度高。

5）在相同条件下，$\omega_C=1.0\%$的钢切削后，其表面粗糙度的值不如$\omega_C=0.45\%$的钢低。

1-4 什么是钢的热处理？热处理的目的是什么？热处理有哪些基本类型？

1-5 正火与退火的主要区别是什么？生产中如何选择正火与退火？

1-6 淬火的目的是什么？回火有哪几种类型？

1-7 有低碳钢齿轮和中碳钢齿轮各一只，为了使齿面具有高的硬度和耐磨性，则分别应采取怎样的热处理？试比较热处理后它们在组织与性能上的差别。

1-8 一碳钢支架刚性不足，采用以下哪种方法比较合理？试说明原因。

1）改用合金钢。

2）进行热处理强化。

3）改变支架的截面形状或结构尺寸。

1-9 根据碳在铸铁中存在的形态不同，铸铁可分为几种？

1-10 为什么调质钢的含碳量均为中碳？合金调质钢中常含哪些元素？它们在调质钢中起什么作用？

1-11 为什么常用弹簧钢在淬火后一定要中温回火？回火后的硬度大致是多少？

1-12 常用的铜合金分为哪几类？各有什么特点？

1-13 硬质合金的主要组成是什么？常用的硬质合金分为几类？它们各有什么主要作用？

1-14 塑料有什么特点？塑料按使用性能分为哪几类？

1-15 什么是复合材料？纤维增强复合材料有哪几种类型？各有什么特点？

1-16 什么是零件的失效？常见的失效形式有哪些？其失效原因是什么？

1-17 机械工程材料选用的一般原则是什么？

2

单 元

金属热加工基础

◎ 单元导读

金属热加工是金属零件毛坯成形的主要加工方法，包括焊接、铸造和锻压等，通过完成轴承挂架的加工制作，应掌握焊接的基础理论知识及基本技能，为后续专业课程的学习打下基础。

◎ 能力目标

1. 掌握焊条电弧焊的基本知识，了解其他焊接方式及焊接方法。
2. 了解常用金属材料的焊接方法。
3. 了解其他焊接方法和常见的焊接缺陷及其产生原因、预防和补救措施。
4. 掌握焊接质量的检测方法。
5. 熟悉铸造生产的特点、分类及应用。
6. 熟悉砂型铸造及各种手工造型方法的特点、铸造工艺图和绘制方法。
7. 熟悉铸件的结构工艺性，了解金属的铸造性能和特种铸造。
8. 掌握锻压生产的特点、分类及应用。
9. 掌握自由锻的特点、基本工序及应用。
10. 掌握自由锻件的结构工艺性，了解模锻及胎模锻。
11. 掌握板料冲压的特点、基本工序及应用。

◎ 思政目标

1. 树立正确的人生观、价值观、学习观，崇尚科学，求实创新。
2. 培养吃苦耐劳的优良品质和良好的人际交流能力。
3. 树立环保意识和安全生产意识，培养安全生产组织能力。

工程案例：轴承挂架的焊接

1. 工作任务

焊接工艺是一种以加热方式接合金属或其他热塑性材料（如塑料）的制造工艺及技术，不同的焊接方法有不同的焊接工艺。焊接工艺主要根据被焊工件的材质、牌号、化学成分、结构类型、焊接性能要求来确定。焊接之前要先确定焊接方法，如焊条电弧焊、埋弧焊、钨极氩弧焊、熔化极气体保护焊、压焊等。

轴承挂架是企业生产装配时使用的一种附件，如图 2-1 所示。本任务要焊接制作轴承挂架。通过本任务的学习，应掌握常用焊接加工的基本方法、焊条电弧焊的操作方法、常用材料的焊接性能，以及焊接质量的检测方法，能按照加工工艺规程完成轴承挂架的焊接制作。

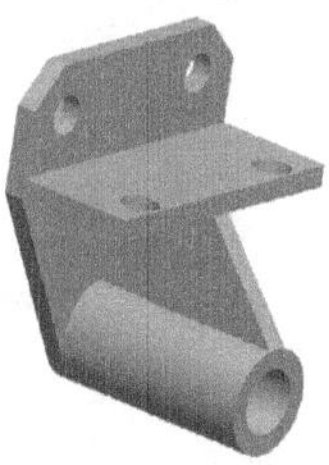

（a）实物图

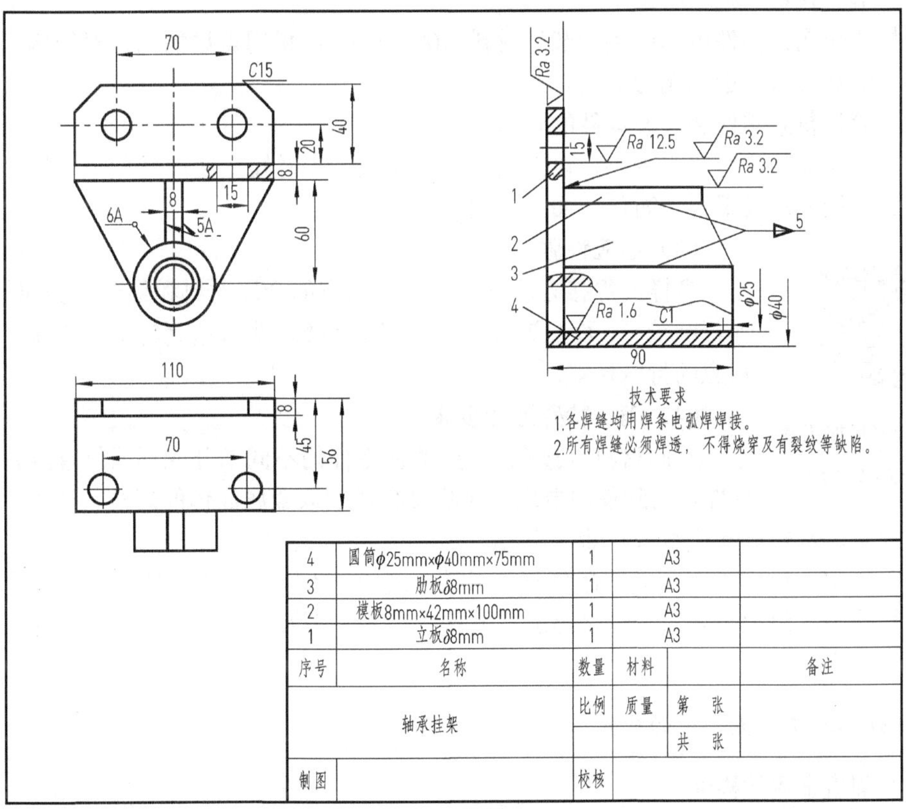

（b）工程图

图 2-1　轴承挂架

2．任务分析

轴承挂架的材料为 Q235 碳素结构钢。Q235 碳素结构钢属于低碳结构钢，含碳量低，锰、硅含量也少，通常情况下不会因焊接而产生严重硬化组织或淬火组织。低碳钢焊接后的接头塑性和冲击韧性良好，焊接时，一般无须预热、控制层间温度和后热，焊接后也不必采用热处理改善组织，整个焊接过程不必采取特殊的工艺措施，焊接性能优良。

2.1 焊　接

2.1.1 焊接概述

1．焊接的主要特点

（1）节省材料，减小质量

焊接的金属结构件可比铆接件节省材料 10%～25%；采用点焊的飞行器结构，质量明显减小，油耗降低，运载能力提高。

（2）简化复杂零件和大型零件的制造过程

焊接方法灵活，可化大为小，以简驭繁，加工快，工时短，生产周期短。许多结构都以铸焊、锻接的形式组合，简化了加工工艺。

（3）适应性强

多样的焊接方法几乎可焊接所有的金属材料和部分非金属材料，可焊范围较广，而且连接性能较好。焊接接头可达到与工件金属等强度或相应的特殊性能。

微课：金属热加工基础——焊接（1）

（4）满足特殊连接要求

不同材料焊接在一起，能使零件的不同部分或不同位置具备不同的性能，达到使用要求，如防腐容器的双金属筒体的焊接、钻头工作部分与柄的焊接、水轮机叶片耐磨表面堆焊等。

尽管如此，焊接在应用中仍存在一些不足。例如，不同焊接方法的焊接性能有较大差别，焊接接头的组织不均匀，焊接会造成结构应力与变形及各种裂纹问题等，这些都有待于进一步研究和完善。

2．焊接在工业生产中的应用

（1）制造金属结构件

焊接方法广泛应用于各种金属结构件的制造，如桥梁、船舶、压力容器、化工设备、机动车辆、矿山机械、发电设备及飞行器等。

（2）制造机器零件和工具

焊接件具有刚性好、改型快、周期短、成本低的优点，适合于单件小批量生产加工各种机器零件和工具，如机床机架和床身、大型齿轮和飞轮、各种切削工具。

（3）修复缺陷

采用焊接方法修复某些有缺陷、失去精度或有特殊要求的工件，可延长使用寿命，提高使用性能。

近年来，焊接技术迅速发展，新的焊接方法不断出现，在应用计算机技术后，焊接功能更加强大，逐步实现焊接的精密化和智能化。

3．焊接的分类

焊接的种类有很多，按焊接过程的特点，可归纳为三大类，即熔焊、压焊和钎焊。

（1）熔焊

熔焊是将两个焊件局部加热到熔化状态，并加入填充金属，冷却凝固后形成牢固的接头，常用的熔焊有电弧焊、气焊、电渣焊、电子束焊、激光焊和等离子弧焊等。

（2）压焊

压焊是在焊接时，不论焊件是否加热，必须对焊件施加一定的压力，使两者结合面紧密接触并产生一定的塑性变形，从而将两焊件连接在一起。常用的压焊有电阻焊、摩擦焊、扩散焊、爆炸焊、冷压焊和超声波焊等。

（3）钎焊

钎焊是指采用比焊件熔点低的钎料和焊件一起加热，使钎料熔化，焊件不熔化，熔化的钎料填充到与焊件连接处的间隙，待钎料凝固后，两焊件被连接在一起的方法。常用的钎焊有锡焊、铜焊等。

2.1.2 焊接接头的组织与性能

1．焊缝的组织与性能

用焊接方法连接的接头称为焊接接头，简称接头。焊接时，电弧沿着工件逐渐移动并对工件进行局部加热。因此，在焊接过程中，焊缝及其附近的母材经历了一个加热和冷却的过程。由于温度的不均匀，焊缝附近区域受到一次不同规范的热处理，会引起组织和性能的变化，直接影响焊接质量。

焊接接头由焊缝区、熔合区、热影响区三部分组成。焊缝两侧因热作用而导致母材的组织和性能发生变化的区域称为焊接热影响区。焊缝和母材的交界线称为熔合线，该线两侧有一个比较窄小的焊缝与热影响区的过渡区，称为熔合区。

焊缝组织是由熔池金属结晶得到的柱状铸态组织，由铁素体和少量珠光体组成。铸态组织晶粒粗大，组织不致密。但由于焊接熔池体积小，冷却速度快，同时焊条药皮、焊剂或焊丝在焊接过程中的合金作用使焊缝金属中锰、硅等合金元素含量高于母材，因此焊缝金属的力学性能不低于母材，特别是强度容易达到要求。

2．热影响区及熔合区的组织与性能

图 2-2 所示为低碳钢焊接接头的组织变化示意图。图 2-2（a）为被焊工件焊接接头各

点在焊接过程中被加热的最高温度曲线，图 2-2（b）为铁碳合金状态图的一部分，用来对照分析。

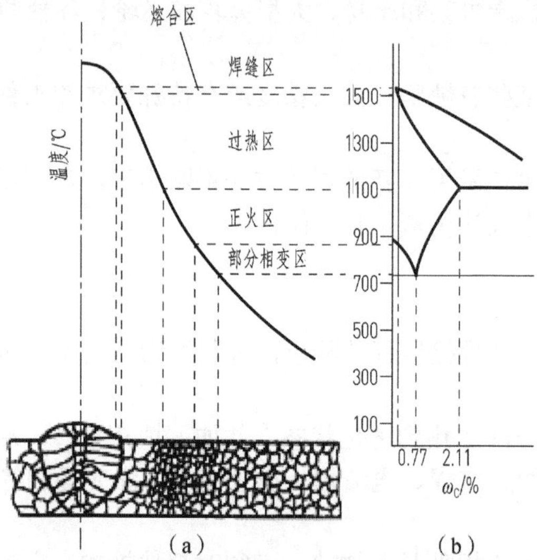

图 2-2　低碳钢焊接接头的组织变化示意图

（1）熔合区

熔合区也称半熔化区，其化学成分不均匀，金属组织晶粒粗大，力学性能最差。

（2）热影响区

热影响区各点温度不同，可分为过热区、正火区和部分相变区。

1）过热区是焊接时被加热到 Ac_3 以上 100～200℃至固相线温度区间，奥氏体晶粒急剧长大，冷却后产生晶粒粗大的过热组织。其塑性及韧性很低，容易产生焊接裂纹。

2）正火区是被加热到 Ac_3 至 Ac_3 以上 100～200℃，金属发生重结晶，冷却后得到均匀而细小的铁素体和珠光体组织。其力学性能优于母材。

3）部分相变区是被加热到 Ac_1～Ac_3 温度区间，珠光体和部分铁素体发生重结晶，晶粒细化；部分铁素体来不及转变，冷却后晶粒大小不均匀。其力学性能较差。

综上所述，熔合区和过热区是焊接接头中比较薄弱的部分，对焊接质量影响最大，因此在焊接过程中应尽可能减小其宽度。

焊接接头组织和性能的好与差主要与焊接材料、焊接方法和焊接工艺有关，其中，焊接工艺是影响焊接接头组织和性能的主要因素。

2.1.3　焊条电弧焊

焊条电弧焊是利用电弧产生的热量来熔化焊条和部分工件，从而使两块金属连成一体的焊接方法。由于它使用的设备简单，操作灵活方便，能够适应各种条件下的焊接，因此成为熔焊中应用最广泛的一种焊接方法。但焊条电弧焊要求操作者具有较高的技术水平，生产率较低，劳动条件较差。

1. 焊接过程

焊条电弧焊的焊接过程示意图如图 2-3 所示。焊接时首先将焊条夹在焊钳上，把工件同电焊机相连接。引燃电弧时，焊条与工件相互接触发生短路，随即提起焊条 2～4mm，在焊条端部和工件之间产生电弧，电弧产生大量的热量将焊条、工件局部加热到熔化状态，焊条端部熔化后形成的熔滴和熔化的母材一起形成熔池，随着电弧向前移动，新的熔池开始形成，旧的熔池随着温度的降低开始凝固，从而形成连续的焊缝。

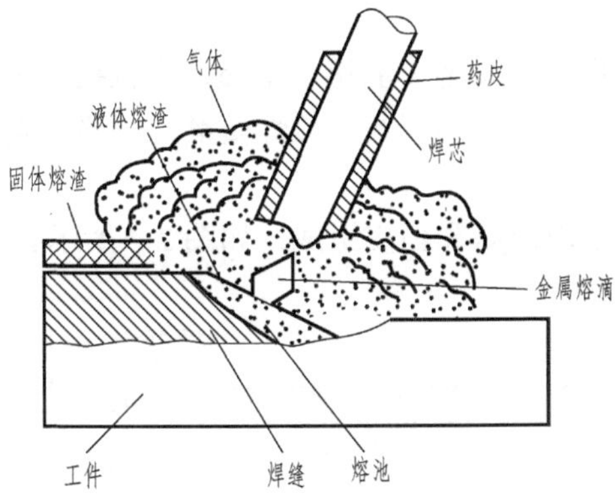

图 2-3　焊条电弧焊焊接过程示意图

焊接电弧由阴极区、阳极区和弧柱区三部分组成。弧柱区温度最高，其中心温度可达 5700℃及以上。使用直流电源焊接时，阴极区放出的热量约占电弧总热量的 38%，阳极区放出的热量约占电弧总热量的 42%，弧柱区放出的热量约占电弧总热量的 20%。

2．焊条电弧焊设备

焊条电弧焊的主要设备是电焊机，它实际上是一种弧焊电源。根据产生的电流种类不同，焊条电弧焊设备分为直流弧焊机和交流弧焊机。

（1）直流弧焊机

直流弧焊机分为焊接发电机和弧焊整流器两种。

1）焊接发电机由交流电动机和直流电焊发电机组成。采用焊接发电机焊接时电弧稳定，能适应各种焊条，但结构较复杂，噪声大，成本高。主要适用于小电流焊接，在用低氢型焊条焊接合金结构钢和有色金属时，需选用直流电焊机。

2）弧焊整流器是一种将交流电通过整流转换为直流电的直流弧焊机。与焊接发电机相比，弧焊整流器没有旋转部分，结构简单，维修容易，噪声小，其使用已趋普遍。

用直流电焊机焊接时，由于正极和负极上的热量不同，因此有正接和反接两种接线方法。若把阳极接在工件上，阴极接在焊条上，则电弧热量大部分集中在工件上，使工件熔化，适于厚板焊接，称为正接法；反之，称为反接法，反接法适于薄板和有色金属的焊接。但在使用碱性焊条时，均采用直流反接。在用交流电源焊接时，不存在正反接问题。

（2）交流弧焊机

交流弧焊机又称弧焊变压器，它实际上是一种特殊的降压变压器。它将 220V 或 380V 的电压降到 60～80V（即焊机的空载电压），以满足引弧的需要。焊接时，电压会自动下降到电弧正常工作时所需的工作电压 20～30V。交流弧焊机结构简单，制造方便，价格低廉，节省电能，使用可靠，维修方便，但电弧不太稳定。交流弧焊机是常用的焊条电弧焊设备。

（3）焊钳和面罩

焊钳是用来夹持焊条和传递电流的。面罩是用来保护操作者的面部的，以避免弧光伤害。

3．焊条

焊条是用于焊条电弧焊的涂有药皮的熔化电极，它直接影响焊接电弧的稳定性及焊缝金属的化学成分和力学性能，是影响焊条电弧焊质量的主要因素之一。

（1）焊条的组成

焊条电弧焊使用的焊条由焊芯和药皮组成，如图 2-4 所示。

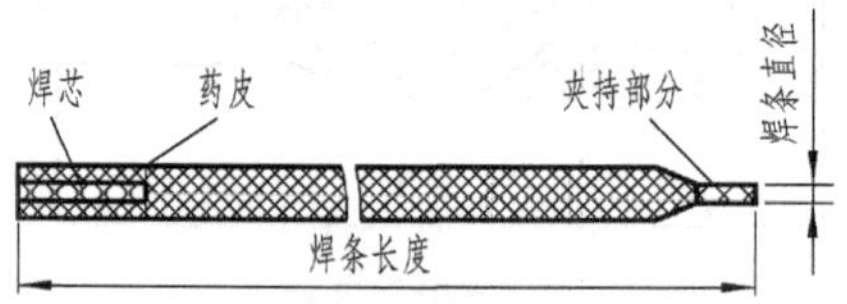

图 2-4　焊条的组成

1）焊芯是焊条中被药皮包覆的金属芯，主要作用是导电，产生电弧，提供焊接电源；作为焊缝的填充金属，与熔化的母材共同形成焊缝。焊芯在焊缝中占 50%～70%，焊芯的化学成分和杂质直接影响焊缝的质量。因此，焊芯都是专门冶炼的，焊芯中的碳含量、硅含量较低，硫含量、磷含量极少。焊芯用的钢丝通常采用专用钢丝。焊条的直径是用焊芯的直径来表示的。常用的焊芯直径有 2.0mm、2.5mm、3.2mm、5.0mm、6.0mm 等，长度为 350～450mm。直径为 3.2～5.0mm 的焊芯应用最广。

2）药皮是压涂在焊芯表面的涂料层，由矿石粉和铁合金粉等原料按一定比例配制而成。它的作用是利用渣、气对焊接熔池进行机械保护；进行物理和化学反应去除杂质，补充有益元素，保证焊缝的成分和力学性能。药皮具有良好的工艺性能，能稳定燃烧，飞溅少，焊缝成形好，易脱渣。

根据药皮组成物在焊接中的作用，将药皮分为若干类型，如钛钙型、低氢钠型、低氢钾型等。

（2）焊条的分类、型号和牌号

1）焊条的分类。焊条按用途不同共分九类，如表 2-1 所示；按焊条药皮熔化后的特性（溶渣特性）分为两类，如表 2-2 所示。

表 2-1　焊条按用途分类

分类	特性或用途	型号举例
碳钢焊条	熔敷金属，在自然气候下具有一定力学性能	E4301
低合金钢焊条	熔敷金属，在自然气候环境中具有较强的力学性能	E501-A
不锈钢焊条	熔敷金属，具有不同程度的抗腐蚀能力和一定力学性能	E308-15
堆焊焊条	熔敷金属，具有一定程度的耐不同类型磨损或腐蚀等性能	EDRCrW-15
铸铁焊条	专门用作焊补或焊接铸铁	EZCQ
镍及镍合金焊条	用作镍及镍合金的焊补、焊接、堆焊；焊补铸铁等	ENiCrFe-1-15

续表

分类	特性或用途	型号举例
铜及铜合金焊条	用作铜及铜合金的焊补、焊接、堆焊；焊补铸铁等	ECuSi-A
铝及铝合金焊条	用作铝及铝合金的焊接、焊补或堆焊	TA2Mn
特殊用途焊条	用于水下焊接、切割及管状焊条和铁锰铝焊条等	

表 2-2　焊条按熔渣特性分类

分类	熔渣主要成分	焊接特性	型号举例	应用
酸性焊条	SiO_2 等酸性氧化物及在焊接时易放出氧的物质，药皮中的造气剂为有机物，焊接时产生保护气体	焊缝冲击韧度差，合金元素烧损多，电弧稳定，易脱渣，金属飞溅少	E4303	适于焊接低碳钢和不重要的结构件
碱性焊条	$CaCO_3$ 等碱性氧化物，并含有较多的铁合金作为脱氧剂和合金剂	合金化效果好，抗裂性能好，直流反接，电弧稳定性差，飞溅大，脱渣性差	E5015	主要用于焊接重要的结构件，如压力容器等

2）焊条的型号和牌号。

GB/T 5117—2012《非合金钢及细晶粒钢焊条》、GB/T 5118—2012《热强钢焊条》规定了碳钢焊条和低合金钢焊条型号的编制方法。用 E 加四位数字表示：E 表示焊条，前两位数字表示熔敷金属抗拉强度的最小值，第三位数字表示焊接位置，“0”“1”表示全位置焊接（平、立、仰、横），“2”表示平焊及平角焊，“4”表示向下立焊，第三位和第四位数字组合表示焊接电流种类及药皮类型。举例如下：

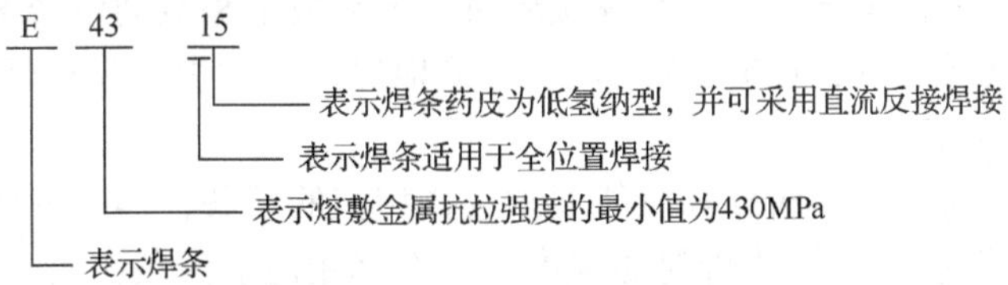

焊条牌号是焊条行业统一的焊条代号。一般用相应的拼音大写首字母（或汉字）和三位数字表示，如结 422、结 507 等。大写拼音字母（或汉字）表示焊条类别，如“结”表示结构钢焊条；前两位数字表示焊缝金属抗拉强度的最小值，单位为 MPa，第三位数字表示药皮类型和电源种类。举例如下：

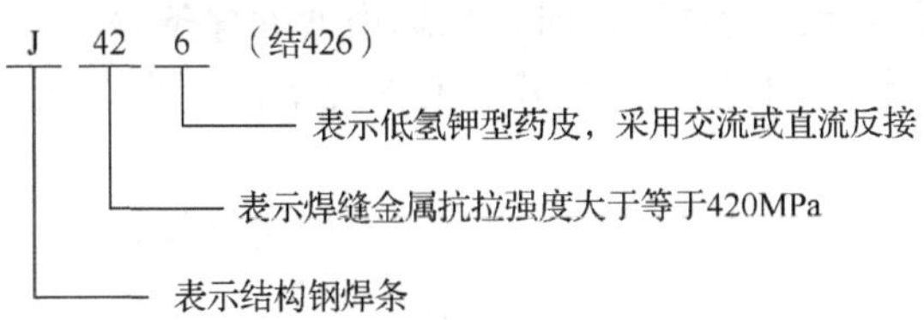

结构钢焊条牌号中数字的含义如表 2-3 所示。

表 2-3　结构钢焊条牌号中数字的含义

牌号中第一、第二位数字	焊缝金属抗拉强度等级/MPa	牌号中第三位数字	药皮类型	焊接电源种类
42	420	0	不属已规定类型	不规定

续表

牌号中第一、第二位数字	焊缝金属抗拉强度等级/MPa	牌号中第三位数字	药皮类型	焊接电源种类
50	490	1	氧化钛型	交流或直流反接
55	540	2	氧化钛钙型	交流或直流反接
60	590	3	钛铁矿型	交流或直流反接
70	690	4	氧化铁型	交流或直流反接
75	740	6	低氢钾型	交流或直流反接
80	780	7	低氢钠型	直流反接

常用的焊条型号和牌号对照如表 2-4 所示。

表 2-4　常用的焊条型号和牌号对照表

型号	牌号	型号	牌号
E4303	结 422	E6016	结 606
E4316	结 426	E6015	结 607
E4315	结 427	E7015	结 707
E5003	结 502	E308	奥 102
E5016	结 506	E308L	奥 002
E5015	结 507	E347	奥 132
E515	结 557	E316L	奥 022

3）焊条的选择。合理选用焊条对焊接质量、产品成本和劳动生产率都有很大的影响。焊条的选择应在保证焊接质量的前提下，尽可能地提高劳动生产率和降低产品成本。一般应从以下几个方面考虑。

① 根据被焊结构的化学成分和性能要求选择相应的焊条种类。如对于低碳钢、中碳钢和普通低合金钢的焊接，一般按母材的强度等级选择相应的焊条；对于耐热钢和不锈钢的焊接，选用与工件化学成分相同或相近的焊条等。

② 对承受动载荷、冲击载荷或形状复杂、厚度、刚度大的焊件，应选用碱性焊条；若被焊件在腐蚀性介质中工作，应选用不锈钢焊条。

③ 根据焊件的工作条件和结构特点选用焊条。例如，对于立焊、仰焊，可选用全位置焊接的焊条；当焊接部位无法清理干净时，应选用酸性焊条等。

④ 在酸性焊条和碱性焊条都能满足要求的情况下，应尽量选用酸性焊条；若需提高焊缝质量，应选用碱性焊条。

此外，应考虑焊接工人的劳动条件、生产率及经济性等，在满足使用性能的前提下，尽量选用无毒（或少毒）、生产率高、价格便宜的焊条。

4．焊条电弧焊工艺

（1）接头形式

GB/T 3375—1994《焊接术语》规定，焊接碳钢和低合金钢的基本接头形式有对接接头、角接接头、T 形接头和搭接接头等，如图 2-5 所示。

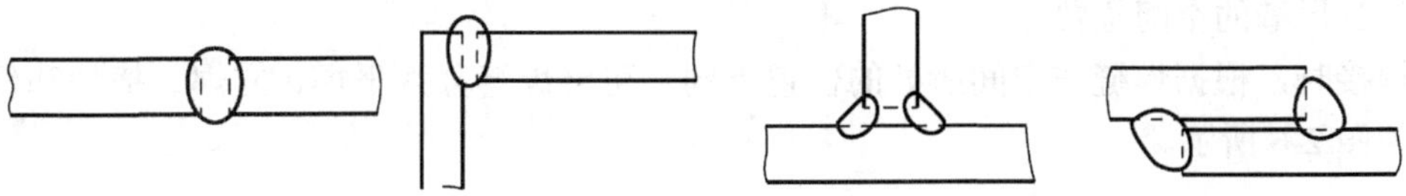

（a）对接接头　（b）角接接头　（c）T形接头　（d）搭接接头

图 2-5　常用焊接接头形式

一般根据结构的形状和强度要求、工件厚度、焊接材料消耗量、焊接工艺等选择接头形式。

（2）坡口形式

焊条电弧焊对接板材厚度在 6mm 以下时一般不开坡口，只需在接口处留有一定间隙，以保证焊透。对于较厚的工件，为了使焊条能深入接头底部引弧，保证焊透，焊前应把接头处加工成所需要的几何形状，成为坡口。为了防止烧穿坡口的根部，一般要留 2～3mm 的直边，称为钝边。

焊条电弧焊常用的坡口形式、尺寸及焊缝在图样上的标注方法如表 2-5 所示。

表 2-5　焊条电弧焊常用的坡口形式、尺寸及焊缝在图样上的标注方法

<table>
<tr><th>δ / mm</th><th>名称</th><th>符号</th><th>坡口形式，坡口尺寸/mm</th><th>焊缝形式</th><th>标注方法</th></tr>
<tr><td>1～3</td><td rowspan="2">I 形坡口</td><td rowspan="2"></td><td rowspan="2">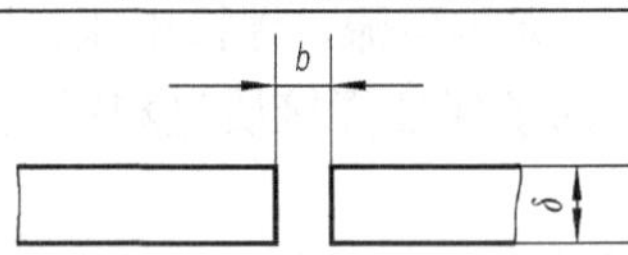
b=0～2.5</td><td>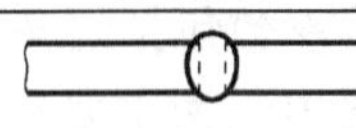
b=0～1.5</td><td>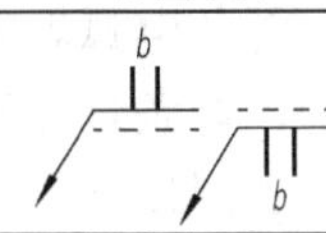</td></tr>
<tr><td>3～6</td><td>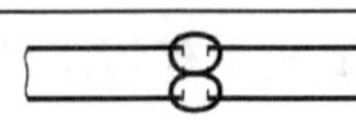
b=0～2.5</td><td>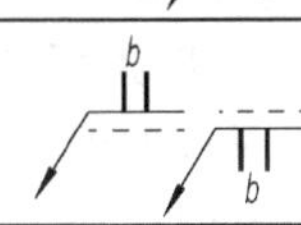</td></tr>
<tr><td rowspan="2">2～8</td><td rowspan="2">I 形坡口</td><td>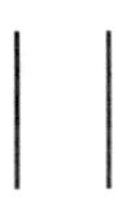</td><td rowspan="2">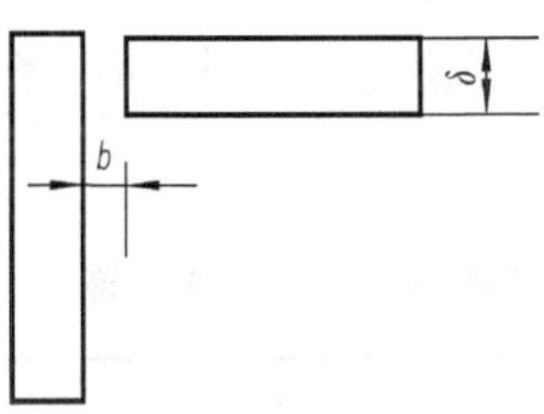
b=0～2</td><td>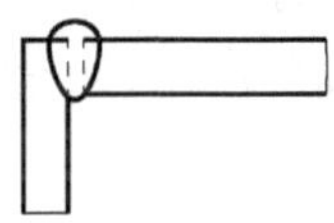</td><td>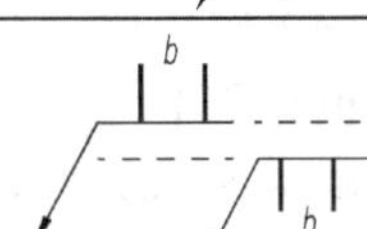</td></tr>
<tr><td></td><td>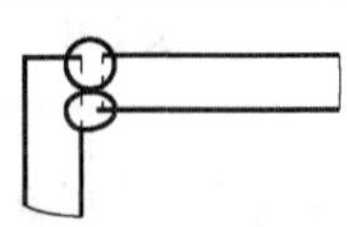</td><td>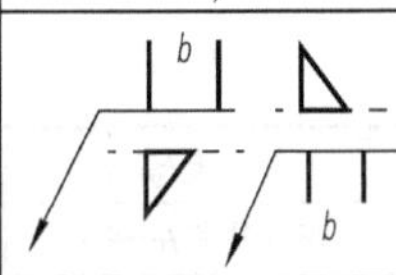</td></tr>
<tr><td rowspan="2">3～26</td><td rowspan="2">Y 形坡口</td><td></td><td rowspan="2">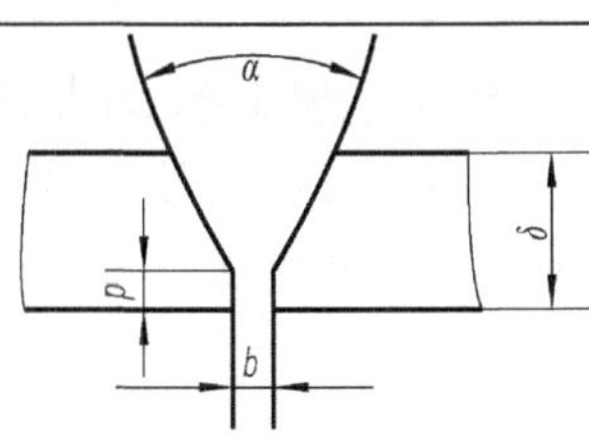
α=40°～60°　b=0～3　p=1～4</td><td>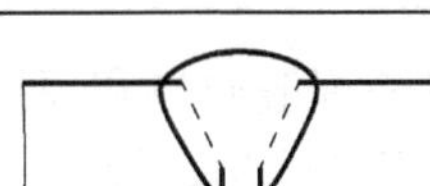</td><td>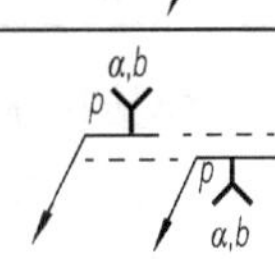</td></tr>
<tr><td></td><td>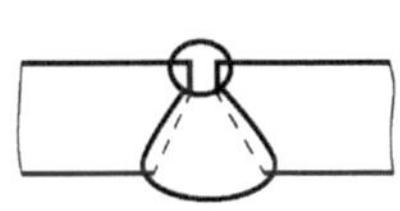</td><td>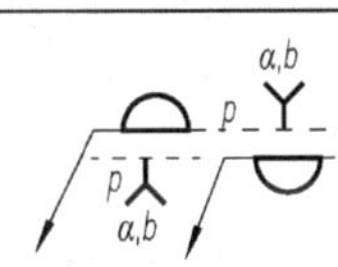</td></tr>
</table>

注：δ 为工件厚度，b 为根部间隙，α 为坡口角度，p 为钝边长度。

一般采用 I 形坡口直接对接。Y 形坡口通常只需单面施焊，但焊后变形较大，焊条消耗量也较大，因此采用较少。

（3）焊缝的空间位置

焊接时，根据焊缝在空间所处的位置不同，可将焊缝分为平焊、立焊、横焊和仰焊四种，如图 2-6 所示。

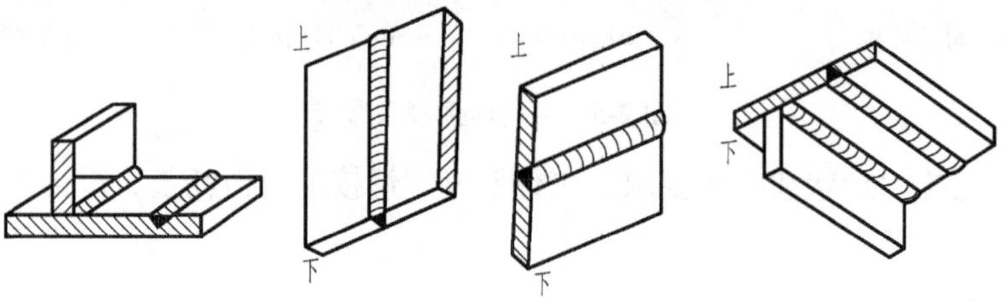

（a）平焊　（b）立焊　（c）横焊　（d）仰焊

图 2-6　焊接位置

平焊时，操作方便，易保证焊接质量，生产率高，应尽可能采用此焊接；立焊时焊缝成形较困难，不易操作；横焊时易产生咬边、焊瘤及未焊透等缺陷；仰焊时，焊缝成形困难，最不易操作。所以，立焊、横焊、仰焊尽可能避免。如果必须采用后三种焊接，宜选择较小直径的焊条、较小的电流、短弧操作等工艺措施。

（4）焊接规范

焊条电弧焊的焊接参数包括焊条直径、焊接电流、焊接电压、焊接速度和电弧长度等，其中，焊条直径和焊接电流为主要参数。为了保证焊接质量和提高劳动生产率，必须选择合理的焊接规范。

1）焊条直径主要取决于被焊工件的厚度。被焊工件的厚度越大，所选用焊条的直径越大。在多层焊接时，为了防止根部未焊透，第一层焊接时，应采用直径较小的焊条，以后各层可根据被焊工件的厚度，选用直径较大的焊条。此外，焊接接头形式不同，焊条的直径也有所不同。为提高生产率，一般应尽量选用较大直径的焊条。平焊低碳钢时，焊条直径可按表 2-6 选取。

表 2-6　平焊低碳钢时焊条直径的选择

工件厚度/mm	2	3	4～5	6～12	>12
焊条直径/mm	2	3.2	3.2～4	4～5	5～6

2）焊接电流是影响焊缝质量和焊接生产率的主要因素。增大焊接电流，可提高生产率。但电流过大，易造成焊缝咬边、烧穿等缺陷；电流过小会使电弧不稳定，易造成未焊透、夹渣等缺陷。影响焊接电流的主要因素是焊条直径和焊缝位置。焊接电流强度与焊条直径的关系通常为

$$I = K \times d \tag{2-1}$$

式中：I——焊接电流，A；

d——焊条直径，mm；

K——经验系数，一般为 25～60。

平焊时，K 取较大值；立焊、横焊、仰焊时，K 取较小值。在使用碱性焊条时，焊接电流要比使用酸性焊条时小一些。

3）电弧长度一般不超过 2～4mm。焊接速度以保证焊缝尺寸符合设计图样要求为准。

（5）操作过程

1）引弧（即电弧的引燃）。引弧就是使被焊工件和焊条之间产生稳定的电弧，将焊条与工件表面接触形成短路，然后迅速提起焊条并保持焊条与工件相距 2～4mm，即可产生电弧。引弧的方法有碰撞引弧法和摩擦引弧法。

2）运条（即焊条的运动）。电弧引燃后，进入正常焊接过程，这时焊条进行三个方向的运动：焊条向下均匀送进，以保证弧长不变；焊条沿焊缝方向逐渐向前移动；焊条进行横向摆动，以利于熔渣和气体的浮出。

3）焊缝的连接与收尾。焊条电弧焊时，通常用多根焊条完成一条焊缝，需要将前后焊缝连接起来。衔接时，更换焊条动作要快并选择恰当的连接方法。焊缝收尾时，焊条应停止向前移动，采用划弧收尾法自下而上慢慢地拉断电弧，以便将结尾处的弧坑填满，保证焊缝尾部成形良好。

2.1.4　其他焊接方法

微课：金属热加工基础——焊接（2）

1．埋弧焊

埋弧焊是指电弧在焊剂层下燃烧进行焊接的方法。自动埋弧焊是埋弧焊的一种自动化焊接方法。图 2-7 所示为自动埋弧焊的工作原理。

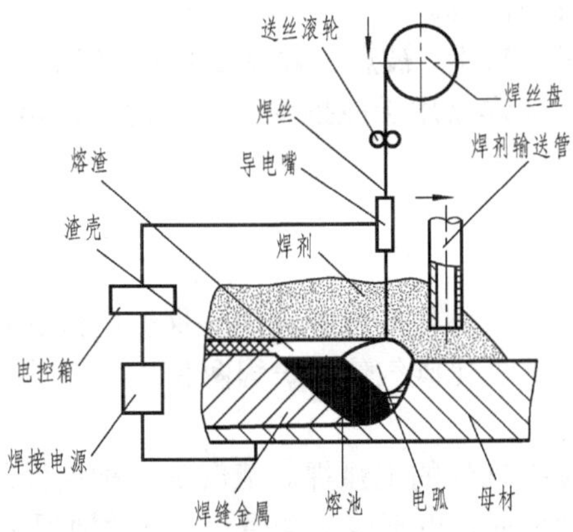

图 2-7　自动埋弧焊的工作原理

自动埋弧焊的焊缝形成过程如图 2-8 所示。用电弧作热源，将焊剂（代替焊条药皮）做成颗粒状堆积在焊道上，将光焊丝插入焊剂内引弧，电弧熔化焊丝、焊剂和工件形成熔池，熔融金属沉在熔池下部，经冷却结晶形成焊缝，熔化的焊剂形成熔渣浮在熔池上面起保护作用，冷却凝固后形成渣壳，未熔化焊剂经回收处理后可再使用。

与焊条电弧焊相比，自动埋弧焊具有如下优点。

（1）生产效率高

埋弧焊采用大电流焊接（焊接电流为 800～1000A），电弧热量集中，焊缝的熔深大，较厚的工件不开坡口也能焊透，无须换焊条，生产效率高。

（2）焊接质量好

熔池、焊缝受到焊剂和渣壳的可靠保护，焊接热量集中，焊接速度快，焊件变形小，因而焊缝质量和性能得到提高，焊缝表面成形美观，工件变形小。

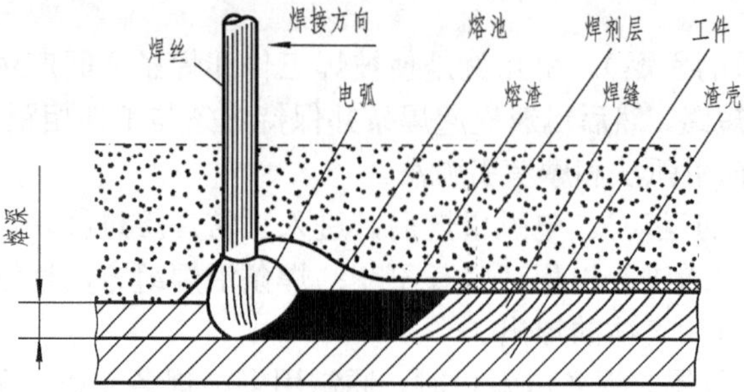

图 2-8　自动埋弧焊的焊缝形成过程

（3）节省金属材料与电能

焊缝可以不开或少开坡口，因此可节省填充金属。另外，由于热量损失、金属烧损和飞溅都少，节省了电能的消耗。

（4）改善了工人的劳动条件

自动埋弧焊焊接过程的机械化大大降低了工人的劳动强度，且电弧在焊剂层下燃烧，无弧光，放出的气体少，劳动条件得到很大的改善。

自动埋弧焊的缺点：对于短焊缝、曲折焊缝及薄板焊接困难；设备费用较高；焊接过程看不到电弧，不能及时发现问题。

自动埋弧焊焊缝在水平位置上，被焊工件厚度为 6～60mm 时，通常得到长直焊缝及较大直径的环形焊缝。自动埋弧焊常用于成批生产，在桥梁、船舶、锅炉、压力容器、冶金机械制造等工业中得到广泛应用。

2．气体保护电弧焊

气体保护电弧焊是用外加气体作为电弧介质并保护电弧和焊接区的电弧焊，简称气体保护焊。常用的有氩弧焊和二氧化碳气体保护焊两种。

（1）氩弧焊

氩弧焊是以氩气作为保护气体的电弧焊。氩气是一种惰性气体，在高温下，它与金属和其他任何元素不发生化学反应，也不熔于金属，能有效地保证焊接质量。按照电极不同，氩弧焊可分为熔化极（金属极）和非熔化极（钨极）两种，如图 2-9 所示。

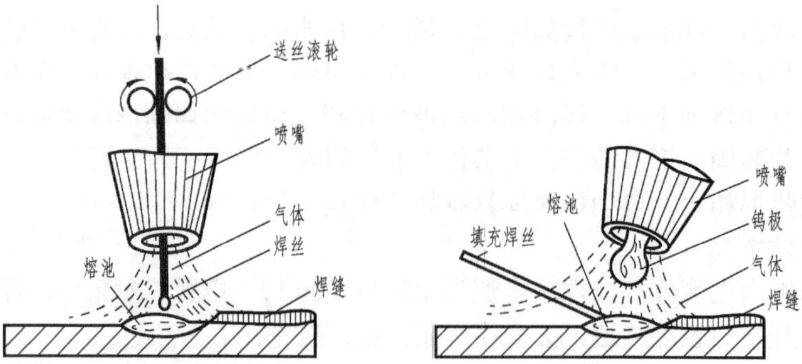

（a）熔化极氩弧焊　　（b）非熔化极氩弧焊

图 2-9　氩弧焊示意图

采用熔化极氩弧焊焊接时，以连续送进的焊丝作为电极，与自动埋弧焊相似。熔化极氩弧焊分为半自动焊和自动焊两种，一般采用直流反接法。

采用非熔化极氩弧焊（钨极氩弧焊）焊接时，常采用熔点较高的钍钨棒或铈钨棒作为电极，焊接过程中电极不熔化，只起导电和产生电弧的作用。焊接时填充焊丝在电弧前方添加，当焊接薄板时一般不需开坡口和添加焊丝。

非熔化极氩弧焊的电流种类与极性选择原则：焊接铝镁及其合金时，采用交流电；焊接低合金钢、不锈钢、耐热钢、钛及钛合金、铜及铜合金时采用直流正接。由于钨极的载流能力有限，所以非熔化极氩弧焊一般适于焊接厚度小于 6mm 的工件。

氩弧焊的优点是焊接质量良好，成形好，变形小，电弧稳定，飞溅少，能进行全位置焊接；缺点是设备和控制系统较复杂，焊接成本高。氩弧焊主要用于焊接化学性质活泼的金属材料、不锈钢、耐热钢、低合金钢和某些稀有金属，广泛应用于船舶、航空、化工、机械及电子等行业。

（2）二氧化碳气体保护焊

二氧化碳气体保护焊（简称 CO_2 焊）是以二氧化碳（CO_2）气体作为保护气体的电弧焊。它用焊丝作为电极，依靠焊丝与工件之间产生的电弧来熔化基体金属与焊丝，如图 2-10 所示。CO_2 气体在电弧的高温下会分解成一氧化碳（CO）和氧原子（具有氧化性），会烧损合金元素焊缝吸氧，导致电弧稳定性差、飞溅较多、弧光强烈、焊缝表面不够美观等。此外，控制和操作不当还容易产生气孔，为保护焊缝的合金元素，须采用锰、硅含量较高的焊丝。

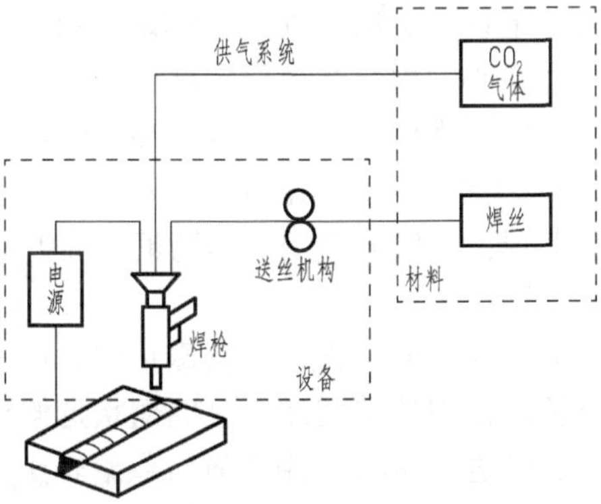

图 2-10　二氧化碳气体保护焊的焊接过程示意图

二氧化碳气体保护焊的优点是生产效率高，操作性能好，焊接成本低，焊缝抗裂性能好，焊后不需清渣等；缺点是抗风能力差，很难用交流电源焊接，焊接设备比较复杂。二氧化碳气体保护焊主要用于焊接低碳钢和低合金结构钢，或焊缝性能要求不高的不锈钢焊件，焊接厚度一般为 0.8～4mm。二氧化碳气体保护焊广泛用于机车车辆、船舶及汽车制造等行业。

3．气焊

气焊是利用气体火焰作为热源，将工件和焊丝熔化而进行焊接的一种方法。最常用的是氧乙炔焊，乙炔（C_2H_2）为可燃气体，氧气为助燃气体。乙炔和氧气在焊炬中混合，然后从焊嘴喷出燃烧，将工件和焊丝熔化形成熔池，冷却凝固后形成焊缝。气焊示意图如图 2-11 所示。气体燃烧时产生大量的二氧化碳和一氧化碳气体笼罩熔池，起保护熔池的作用。气焊使用不带药皮的光焊丝作为填充金属。

气焊设备简单、操作灵活方便、不需要电源，但气焊火焰温度较低（最高约为 3150℃），且热量较分散，生产率低，工件变形大，所以不如电弧焊应用广泛。气焊主要用于焊接厚度在 3mm 以下的薄钢板，铜、铝等有色金属及其合金，低熔点材料及铸铁焊补等。气焊设备包括氧气瓶、乙炔瓶、减压器、回火保护器及焊炬等。

气焊时通过调节氧气阀和乙炔阀，可以改变氧气和乙炔的混合比例，从而得到三种不同的气焊火焰：中性焰、碳化焰和氧化焰，如图 2-12 所示。

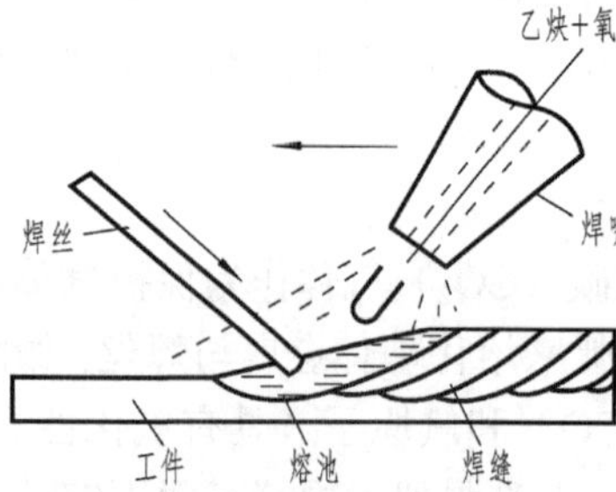

图 2-11　气焊示意图

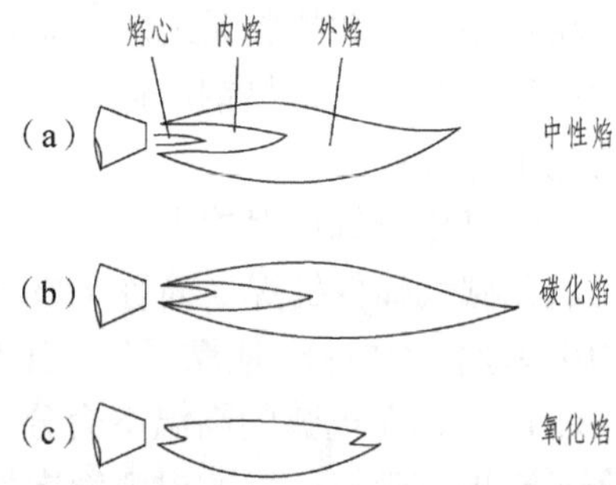

图 2-12　气焊火焰

（1）中性焰（正常焰）

当氧气和乙炔的体积比为 1.1～1.2 时，在一次燃烧区内既无过量氧又无游离碳，燃烧获得中性焰，又称正常焰，由焰心、内焰和外焰三部分组成。焰心颜色为亮白色且呈圆锥形，内焰的颜色呈淡橘红色，外焰为橙黄色且不甚明亮。焰心温度约为 900℃，内焰温度最高约为 3150℃，焊接时应使熔池和焊丝末端处于内焰这一最高温度区。中性焰在生产上应用最广，适用于低碳钢、中碳钢、低合金钢、不锈钢、纯铜和铝合金等材料的焊接。

（2）碳化焰

当氧气和乙炔的体积比小于 1.1 时，燃烧获得碳化焰。因向火焰中提供的氧气量不足而乙炔过剩，使火焰焰心拉长，白炽的碳层加厚呈羽翅状延伸至内焰区中。整个火焰燃烧软弱无力，冒黑烟。最高温度可达 3000℃。由于氧气供给较少，乙炔燃烧不充分，因而火焰中含有过剩乙炔并分离成游离状态的碳和氢，从而导致焊缝产生气孔和裂纹，所以这种火焰适用于含碳量较高的高碳钢、铸铁、硬质合金及高速钢的焊接。

（3）氧化焰

当氧气和乙炔的体积比大于 1.2 时，燃烧获得氧化焰。内焰和外焰层次不清，焰心变短变尖，火焰长度变短，燃烧有力并发出响声。最高温度可达 3300℃。由于氧化焰中有过量的氧气存在，因而对熔池有氧化作用，钢性能变脆，从而影响焊缝质量，所以这种火焰应用较少。只在焊接黄铜和锡青铜时采用氧化焰，焊接过程中生成一层氧化物膜覆盖在熔池上，以防止锌、锡在高温下蒸发。

4．电阻焊

电阻焊是指将焊件组合后通过施加压力，利用电流通过接头的接触面及邻近区域产生电阻热进行焊接的方法。其特点：焊接电流大，生产效率高；焊缝表面平整光洁，质量好；焊接过程简单，易于实现机械化和自动化；焊接变形小，不需填充金属，劳动条件好；设备复杂，耗电量大，对工件厚度和接头形式有一定限制。

（1）电阻点焊

电阻点焊是指将焊件装配成搭接接头，并压紧在两极间，利用电阻热熔化母材金属形成焊点的电阻焊接方法，如图2-13所示。由于焊接处熔化的金属不与外界空气接触，所以焊接强度高，工件表面光滑，变形较小。

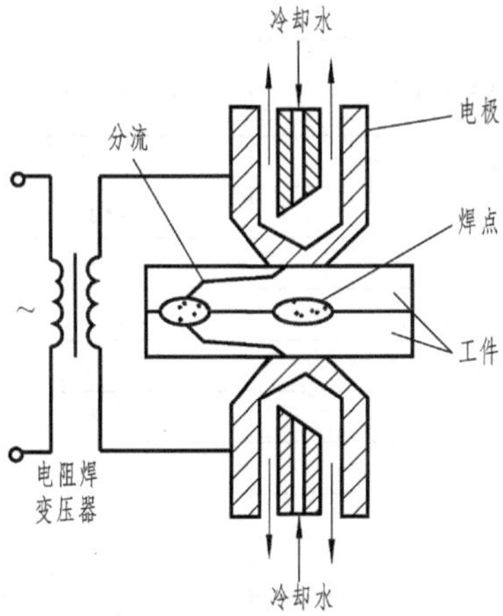

图2-13　电阻点焊示意图

电阻点焊主要用于板厚小于4mm的薄板结构，特殊情况可达10mm。电阻点焊广泛用于制造汽车行李舱、飞机外壳和仪表等轻型结构。

（2）缝焊

缝焊是将焊件装配成搭接接头或对接接头并置于两滚轮电极之间，滚轮对焊件边施压边滚动，同时给予连续通电以形成连续焊缝的电阻焊方法。缝焊适用于焊接3mm以下，有密封要求的薄壁搭接结构，如油箱、管道等。

（3）对焊

对焊是利用电阻热使两个被焊工件沿整个接触面焊合的电阻焊方法。按工艺不同，对焊分为电阻对焊和闪光对焊。其中，电阻对焊适用于焊接直径小于20mm，强度要求不高的低碳钢棒料、管材；闪光对焊适用于焊接受力大的重要工件，如切削刀具、异种金属等。

5．钎焊

钎焊是将熔点低的金属材料作钎料，钎料和工件共同加热到高于钎料熔点，在工件不熔化的情况下，钎料熔化后填满被焊工件连接处的间隙，并与被焊工件相互扩散形成接头的焊接方法。

按钎料熔点不同，钎焊分为硬钎焊和软钎焊：硬钎焊钎料熔点高于450℃，有铜基、铝基、银基钎料等，适用于焊接工作温度较高，受力较大的工件，如受力较大的钢铁和铜合金构件及刀具的焊接；软钎焊钎料熔点低于450℃，有锡铅钎料等，主要用于焊接工作温度较低、受力较小的工件，如电子线路的焊接。

与熔焊相比，钎焊的优点是：加热温度低，接头组织和力学性能变化小，工件变形小；能焊接同种金属或非同种金属；设备简单，易实现自动化；焊接过程简单，生产效率高。钎焊的缺点是其接头强度低，常用搭接接头来提高承载能力。钎焊主要用于精密仪表、电气零部件、异种金属构件、复杂薄板构件及硬质合金刀具的焊接。

焊接方法直接影响焊接的质量和成本，应根据焊接现场的设备条件及工艺可靠性、金属的焊接性、焊接方法的特点和结构要求等进行选择。常用焊接方法的特点如表 2-7 所示。

表 2-7 常用焊接方法的特点

焊接方法	可焊空间位置	适用焊接材料	适用厚度/mm	生产效率	变形大小	设备费用
焊条电弧焊	全	低碳钢、低合金钢	≥2～50	较低	较小	较低
		不锈钢	≥2			
		铝及铝合金	≥3			
		铜及青铜	≥2			
埋弧焊	平	低碳钢、低合金钢	≥3～150	高	小	较高
		不锈钢	≥3			
		铜	≥4			
氩弧焊	全	铝及铝合金	（钨极）0.5～4	较高	小	较高
			（熔化极）＞6			
		铜及铜合金	（钨极）0.5～5			
			（熔化极）＞6			
		不锈钢	（钨极）0.5～3			
			（熔化极）＞6			
CO_2焊	全	低合金钢、不锈钢	0.8～25	较高	小	较高
气焊	全	低碳钢、低合金钢、不锈钢	0.5～3	低	大	低
电阻点焊	全	低、中碳钢，奥氏体不锈钢	＜4	高	小	较低
钎焊	平、立	金属材料		高	小	较高

2.1.5 常用金属材料的焊接性

焊接性是指金属材料在一定焊接工艺条件下，获得优质焊接接头的难易程度，也是金属材料对焊接加工的适应性。它包括焊接接头的接合性能和使用性能两方面的内容。接合性能是指在一定的焊接工艺条件下，形成焊接缺陷的敏感性，尤其是出现裂纹的可能性；使用性能是指在一定的焊接工艺条件下，焊接接头对使用要求的适应性，包括力学性能以及耐热、耐腐蚀等特殊性能。

微课：金属热加工基础——焊接（3）

不同的金属材料，其焊接性有很大的差别。例如，对于低碳钢的焊接，在简单工艺条件下，应用任意一种焊接方法都能获得良好的焊接接头，说明低碳钢的焊接性好；而对于铝的焊接，采用一般的焊接方法（焊条电弧焊、气焊）容易产生气孔、裂纹等缺陷，说明铝的焊接性差，但采用氩弧焊时，却能获得满意的焊接接头。由此可见，金属材料的焊接性是一个相对概念，不仅取决于金属材料的化学成分，还与焊接方法、焊接材料、焊接工艺条件、焊件结构及使用条件有着密切的关系。

钢的焊接性取决于碳及合金元素的含量，其中碳含量对钢的焊接性影响最大，所以常用碳当量作为评定钢材焊接性的一种参考指标。所谓碳当量，就是把钢中合金元素（包括碳）的含量，按其作用换算成碳的含量，用符号 W_{CE} 表示。国际焊接协会推荐计算碳素结构钢和低合金结构钢的碳当量公式为

$$W_{CE} = W_C + \frac{W_{Mn}}{6} + \frac{W_{Mn} + W_{Cu}}{15} + \frac{W_{Cr} + W_{Mo} + W_V}{5} \tag{2-2}$$

式中元素的符号表示其在钢中含量的百分数。根据经验，当 $W_{CE} < 0.4\%$ 时，钢材塑性好，焊接性良好，焊接时一般不需要预热；当 $W_{CE} = 0.4\% \sim 0.6\%$时，钢材的塑性下降，易产生淬硬组织及裂纹，焊接性较差，焊接时需采用预热和一定工艺措施；当 $W_{CE} > 0.6\%$ 时，钢材塑性较差，淬硬和裂纹倾向严重，焊接性很差，焊接时需要采用较高的预热温度和严格的工艺措施。

利用碳当量评定钢材的焊接性是粗略的，因为只考虑了被焊工件化学成分的因素，没有考虑结构刚度、使用条件等因素。钢材的实际焊接性应根据被焊工件的具体情况，再通过焊接性试验来测定。

（1）低碳钢的焊接

低碳钢中碳的质量分数小于 0.25%（碳当量小于 0.4%），塑性好，淬硬倾向不明显，焊接性良好。一般情况下，不需要焊前预热和焊后热处理等特殊的工艺措施，采用任意一种焊接方法，都能得到优质焊接接头。低碳钢常用的焊接方法有焊条电弧焊、自动埋弧焊、二氧化碳气体保护焊和电阻点焊等。

（2）低合金高强度结构钢的焊接

低合金高强度结构钢因其化学成分差异很大，所以焊接性也不同。对于强度低的低合金高强度结构钢，当 $W_{CE} < 0.4\%$ 时，焊接性良好；当 $W_{CE} > 0.4\%$ 时，焊接性差，焊前须预热。焊接强度低的低合金高强度结构钢时，可增大焊接电流，减慢焊接速度，选用低氢型焊条，以减少冷裂纹；焊后及时进行去应力退火，以消除应力。低合金高强度结构钢常用的焊接方法有焊条电弧焊、自动埋弧焊、气体保护焊等，在选用时要考虑被焊的钢材种类、结构特点、使用性能要求及生产批量等。

（3）奥氏体不锈钢的焊接

奥氏体不锈钢铬（Cr）、镍（Ni）元素含量较高，含碳量低，具有良好的焊接性。焊接时一般不需要采取工艺措施。常用的焊接方法有焊条电弧焊、埋弧焊和氩弧焊等。焊接时采用小电流、快速焊，焊条不做横向摆动，运条要稳，收尾时注意填满弧坑，焊接电流比焊低碳钢时要降低 20%左右。

（4）有色金属的焊接

1）铝及铝合金的焊接。铝及铝合金的焊接性较差，主要表现在铝极易氧化，易使焊缝产生夹渣；液态铝能吸收大量的氢气，易产生气孔；铝及铝合金熔化时无明显颜色变化而不易被察觉，焊接时易烧穿，造成焊接困难；易产生焊接应力和变形，导致裂纹等。因此进行铝及铝合金的焊接时，必须采取特殊工艺措施，才能保证焊接质量。铝及铝合金常用的焊接方法有氩弧焊、气焊、焊条电弧焊和钎焊等。其中氩弧焊是应用最普遍的方法。不管采用哪种焊接方法，焊前都必须严格清洗工件，清除被焊部位的氧化物和杂质。

2）铜及铜合金的焊接。铜及铜合金的焊接性较差，焊接时易产生焊接应力与变形、未

焊透、不熔合、夹渣、热裂、气孔等缺陷。焊接时需采用大功率热源，焊前预热，恰当的焊接顺序，焊后需进行热处理，以减小应力，防止变形。铜及铜合金常用的焊接方法有氩弧焊、气焊、焊条电弧焊、钎焊等，其中氩弧焊的接头质量较好。

（5）铸铁的焊接

铸铁中碳的质量分数高，硫、磷等杂质含量多，其强度低，塑性差，焊接性差。铸铁一般不能用于制造焊接构件，焊接只用来修补铸铁件的缺陷和局部损坏或断裂。对铸铁缺陷进行焊接修补有很大的经济意义。铸铁焊补的常用方法有气焊和焊条电弧焊。

铸铁焊补时的主要问题是易产生白口组织、裂纹和气孔。

铸铁的焊补方法有热焊和冷焊两种。热焊是将铸件预热到600～700℃，焊接过程中温度不低于 400℃，焊后在炉中缓冷。热焊能有效防止白口组织和裂纹的产生，从而获得良好的焊补质量，其具有生产率低、成本高，劳动条件差等缺点，主要用于焊补结构较复杂、焊补后要切削加工和要求承受较大载荷的铸件。冷焊焊前不需预热，与热焊相比，生产效率高，成本低，劳动条件好，但焊补质量不如热焊，焊缝易产生白口组织和裂纹，主要用于焊补要求不高和怕高温预热引起变形的铸件及非加工表面。

2.1.6 常见焊缝缺陷及检验

在焊接过程中，焊接接头区域有时会产生不符合设计或工艺要求的各种焊接缺陷。焊接缺陷不但会降低母材的承载能力，严重时还会导致脆性断裂，影响焊接结构的使用安全。因此，焊接时应尽量避免焊接缺陷的产生，或将焊接缺陷控制在允许范围内。常见焊接缺陷有以下几种。

1. 未焊透与未熔合

未焊透是指焊接时接头根部未完全焊透的现象。未熔合是指熔焊时，焊缝与母材之间或焊缝与焊缝之间未完全熔化结合的现象。未焊透与未熔合示意图如图 2-14 所示。

产生未焊透与未熔合的主要原因：焊接电流过小；焊接速度过快；未开坡口或坡口角度太小；钝边太厚，间隙过窄；焊条直径选择不当，焊条角度不正确；等等。

2. 气孔与夹渣

气孔是指焊接时，熔池中的气泡在凝固时没能逸出而残留下来所形成的空穴。夹渣是指焊后残留在焊缝中的焊渣。气孔与夹渣示意图如图 2-15 所示。

产生气孔与夹渣的主要原因：被焊工件在焊前清理不干净；焊接材料化学成分不正确；焊接速度过快、电流过小；操作不当；等等。

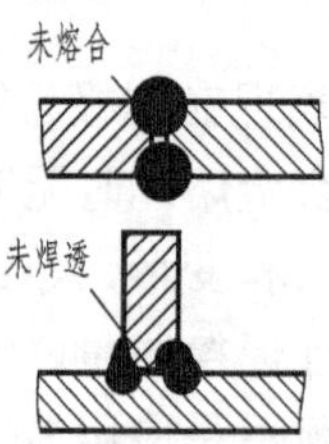

图 2-14　未焊透与未熔合示意图

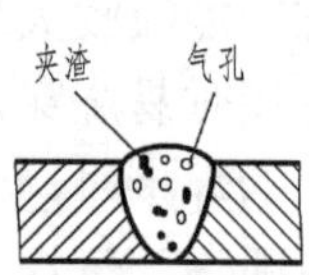

图 2-15　气孔与夹渣示意图

3．咬边

咬边是指沿焊趾的母材部位产生的沟槽或凹陷，如图 2-16 所示。咬边减弱了母材的有效承载截面，并且在咬边处形成应力集中。

产生咬边的主要原因：焊接电流过大，焊接速度太快，运条方法不当；焊条角度不对，电弧长度不合适。

4．裂纹

焊接裂纹是危害最大的缺陷，分为热裂纹和冷裂纹，如图 2-17 所示。热裂纹是指冷却到固相线附近在高温时产生的裂纹，裂纹有氧化色泽，一般发生在焊缝处，有时也发生在焊缝附近的热影响区。冷裂纹是指在焊接接头冷却到较低温度时形成的裂纹。

产生裂纹的主要原因：焊接材料化学成分不当，工件中碳、硫、磷的含量较高；焊接措施和顺序不正确；熔化金属冷却速度过快；被焊工件设计不合理，焊缝过于集中，焊接应力过大；等等。

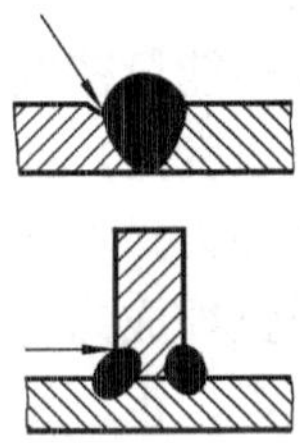

图 2-16　咬边示意图

图 2-17　裂纹示意图

5．烧穿

烧穿是指在焊接过程中，熔化金属自坡口背面流出，形成穿孔的缺陷，如图 2-18 所示。

产生烧穿的主要原因：焊接电流过大；电弧在焊缝某处停留时间过长；焊接速度过慢；被焊工件间隙大，操作不当；等等。

6．焊瘤

焊瘤是指在焊接过程中，熔化金属流淌到焊缝之外未熔化的母材上所形成的金属瘤，如图 2-19 所示。

产生焊瘤的主要原因：电弧过长；操作不熟练，运条不当；立焊时，焊接电流过大；等等。

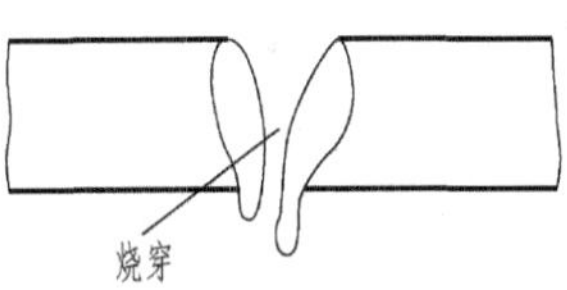

图 2-18　烧穿示意图

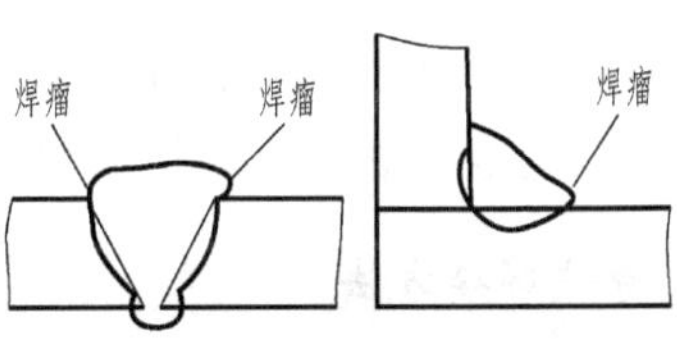

图 2-19　焊瘤示意图

2.1.7 焊接新技术简介

1．传统焊接方法的新发展

不断改进传统焊接工艺，组织生产线，以实现机械化、焊接过程自动化和智能化为重点，使焊接质量和生产效率得到大大提高。例如，焊条电弧焊中采用铁粉焊条、重力焊条和躺焊条等焊接材料，可提高焊接生产效率；埋弧焊中采用多丝焊、热丝焊等工艺，也可大大提高生产效率。目前，电弧焊领域的机械化、自动化发展方向主要是最大限度地采用熔化极气体保护焊和埋弧焊。熔化极气体保护焊由于具有高效、优质、成本低、工艺适应性强、易于实现机械化和自动化等优点，在焊接生产中将占据越来越重要的地位。

2．高能束焊接方法的应用

高能束焊接方法能量密度高，可一次穿透较厚的焊缝而不需要预制坡口，可焊接几乎任何金属和非金属材料。

（1）等离子弧焊

等离子弧焊是一种借助水冷喷嘴对电弧的拘束作用获得较高能量密度的等离子弧进行焊接的方法。其主要特点：热量高度集中，弧柱温度高，弧流速度大，穿透能力强，焊接速度快，焊接应力及变形小，生产效率高，设备复杂，气体消耗大，不适于在室外焊接，等等。较为先进的交流等离子弧焊使铝、镁及其合金的等离子弧焊成为可能。等离子弧焊主要用于不锈钢、耐热钢、铜、钛及钛合金薄板的焊接，以及钨、钼、钴等难熔金属的焊接，焊接质量非常稳定。

（2）真空电子束焊

真空电子束焊是将工件放在真空室内，真空室内产生的电子束经聚焦和加速撞击工件后动能转化为热能，利用该热能进行焊接性质的一种熔化焊，如图 2-20 所示。现代真空电子束焊机装备先进的控制系统，焊接过程和焊接参数全部由计算机控制。其主要特点：焊接质量好，特别适于焊接化学性质活泼、纯度高和极易被大气污染的金属，如钛、不锈钢等；热源能量密度大，熔深大，焊接速度快；焊接变形小；焊接参数调节范围广，焊接过程控制灵活，适应性强；焊接设备复杂、造价高、使用与维护要求技术高，等等。真空电子束焊在原子能、航空航天等尖端技术部门应用日益广泛。

（3）激光焊

激光焊是以聚焦的激光束作为能源轰击工件所产生的热量进行焊接的方法，如图 2-21 所示。其主要特点：能量密度大且释放极其迅速，适合于高速加工；能避免热损伤和焊接变形；灵活性较大，可以焊接一般方法难以接近的接头或无法安置的焊接点；可以对绝缘材料直接焊接，对异种金属材料焊接比较容易，甚至能把金属与非金属焊接在一起。激光焊主要用于仪器、微电子工业中超小型元件及空间技术中特种材料的焊接。

3．特种焊接方法

（1）超声波焊

超声波焊是利用超声波的高频振荡能对工件接头进行局部加热和表面清理，然后施加压力实现焊接的一种方法。它可以焊接一般方法难以或无法焊接的工件和材料，如铝、铜、镍、金等薄件，主要用于无线电、仪表、精密机械及航空工业等领域。

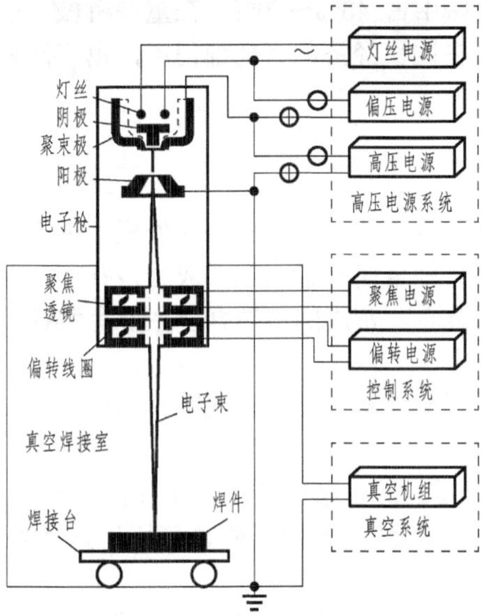

图 2-20　真空电子束焊示意图

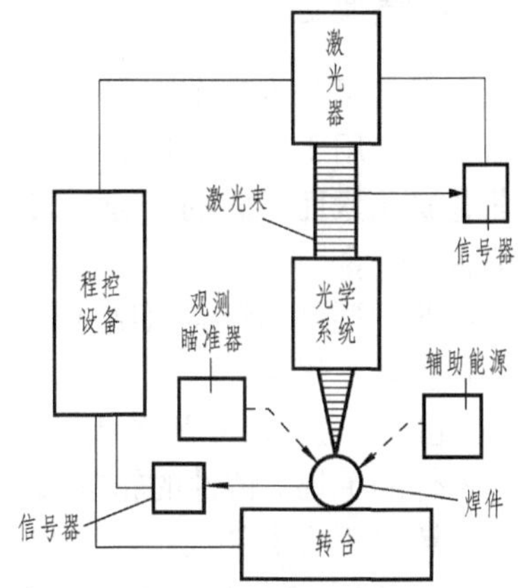

图 2-21　激光焊示意图

（2）扩散焊

扩散焊是将工件在高温下加压，但不产生可见变形和相对移动的固态焊接方法。它能焊接同种和异种金属材料，特别适用于焊接一般焊接方法难以焊接的材料，可以焊接结构复杂、薄厚悬殊、材料各异的焊接工件，焊接质量较好；还可用于金属与非金属间的焊接，能用小件拼成力学性能均一和形状复杂的大件，以代替整体锻造和机械加工。扩散焊在航空航天、电子工业等领域得到了广泛的应用。

（3）爆炸焊

爆炸焊是利用炸药爆炸产生的冲击力造成焊件的迅速碰撞，实现连接工件的一种压焊方法。宇宙飞船的燃料箱通常用钛板制成，它与不锈钢管的联结采用了爆炸焊方法。

2.2 铸　造

把熔化的液态金属浇注到具有和零件形状相适应的铸型空腔中，待其凝固、冷却后获得毛坯（或零件）的方法称为铸造，所得到的金属零件或零件毛坯称为铸件。铸件通常作为毛坯，经过机械加工制成零件。随着铸造生产过程的不断完善及新工艺、新技术的不断应用，少余量和无余量铸造新工艺得到迅速发展，铸件的精度及表面质量得到提高，精

微课：金属热加工基础——铸造（1）

密铸件可直接作为零件。

铸造是毛坯成型的主要工艺之一，在机械制造业中占有很重要的地位。按质量计算，铸件在一般机械设备中占 40%～90%；在农业机械中占 40%～70%；在重型机械、矿山机械中占 85%以上；在汽车行业中占 20%～30%。在国民经济的其他部门中，也广泛采用各种铸件。

2.2.1 铸造概述

铸造工艺可分为三个基本部分，即铸造金属准备、铸型准备和铸件处理。铸造金属是指铸造生产中用于浇注铸件的金属材料，它是以一种金属元素为主要成分，并加入其他金属或非金属元素而组成的合金，习惯上称为铸造合金。常用的铸造合金主要有铸铁、铸钢和铸造有色合金。

铸造的成型是由液态凝结成固态的过程，是制造机械零件毛坯或零件的一种重要工艺方法，具有以下优点。

1）能制造各种尺寸和形状复杂的铸件，特别是内腔复杂的铸件。如各种箱体、床身、机架等零件的毛坯。铸件的轮廓尺寸可小至几毫米，大至几十米，质量可从几克至数百吨。可以说，铸造不受零件大小、形状和结构的限制。

2）常用的金属材料均可用铸造方法制成铸件，有些材料（如铸铁、青铜）只能用铸造方法制造零件。

3）铸件生产成本低。铸造所用的原材料来源广泛，价格低廉，并可回收利用，铸造生产工艺设备费用少。

4）铸件与零件的形状、尺寸很接近，因而铸件的加工余量小，可以节约金属材料，减少切削加工费用。

5）铸造既可用于单件生产，也可用于批量生产，适应性广。

随着对铸造合金基础理论的深入研究，铸件的质量和性能均有很大的提高。过去一些重要的承受交变载荷的零件多采用锻件，现在由于铸件性能得到提高，出现了以铸件代替锻件的趋势，如球墨铸铁曲轴在内燃机方面得到了广泛的应用。

但是，铸造生产工艺过程复杂，工序较多，常因铸型材料、模具、铸造合金、合金的熔炼与浇注等工艺过程难以综合控制而出现缩孔、缩松、砂眼、冷隔、裂纹等铸造缺陷，因此铸件质量不够稳定，废品率较高。由于铸件内部组织粗大、不均匀，使其力学性能不及同类材料的锻件，因此铸件多用于受力不大的零件。此外，目前铸造生产还存在劳动强度大、劳动条件差等问题。不过，随着铸造技术的迅速发展，新技术、新工艺、新设备的推广与使用，机械化、自动化生产的实现，铸造生产的面貌将大大改观，铸件质量和铸造生产率将得到很大程度的提高，劳动条件也会逐步改善。

2.2.2 合金的铸造性能简介

铸造生产中很少采用纯金属，而是使用各种合金。铸造合金除应符合要求的力学性能和物理性能、化学性能外，还必须考虑其铸造性能。合金的铸造性能是指其铸造成型的难易程度。例如，容易获得外形准确、内部健全铸件的合金，其铸造能力就好。影响铸造性能的因素主要有合金的流动性、收缩性、偏析、吸气性、氧化性等。其中，流动性和收缩性对合金的铸造性能影响最大。

1．流动性

（1）合金流动性对铸件质量的影响

合金的流动性是指液态金属的流动能力。合金流动性通常以“螺旋形流动性试样”的长度来衡量，如图 2-22 所示。将液态金属浇入螺旋形试样铸型中，在相同的浇注条件下，合金的流动性越好，所浇出的试样越长。不同种类的合金流动性差别较大，如表 2-8 所示。铸铁和硅黄铜的流动性最好，铝硅合金次之，铸钢最差。在铸铁中，流动性随碳、硅含量的增加而增强。同类合金的结晶温度范围越小，结晶时固液两相区越窄，合金的流动性越好。

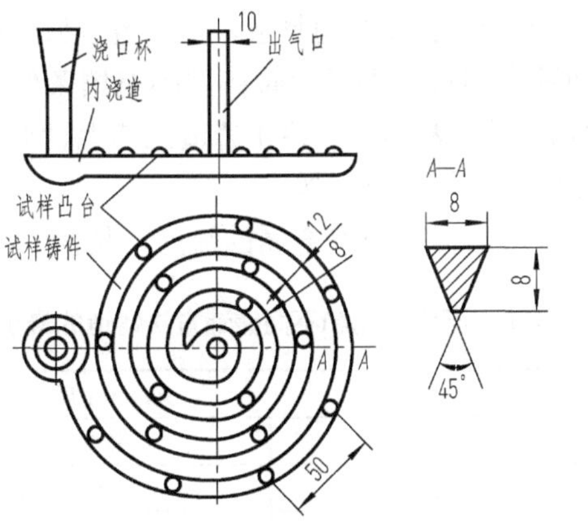

图 2-22　螺旋形流动性试样

表 2-8　常用金属合金的流动性比较

合金		造型材料	浇注温度/℃	螺旋线长度/mm
铸铁	$\omega_{C+Si}=6.2\%$	砂型	1300	1800
	$\omega_{C+Si}=5.9\%$		1300	1300
	$\omega_{C+Si}=5.2\%$		1300	1000
	$\omega_{C+Si}=4.2\%$		1300	600
铸钢	$\omega_{C}=0.4\%$	砂型	1600	100
			1640	200
铝硅合金		金属型（300℃）	690～720	100～800
锡青铜	$\omega_{Sn}=9\%$～11%	砂型	1040	420
	$\omega_{Zn}=2\%$～4%			
硅黄铜	$\omega_{Si}=1.5\%$～4.5%		1100	1000

流动性好的金属充型能力强，能铸出形状复杂、轮廓清晰、尺寸精确、壁薄的铸件，避免出现冷隔、浇不足等缺陷；有利于液态金属中夹杂物和气体的上浮与排除，减少气孔、夹渣等缺陷；有利于发挥冒口的补缩作用，防止铸件产生缩孔、缩松缺陷。因此，在进行铸件设计和制定铸造工艺时，必须考虑合金的流动性。

（2）影响合金流动性的因素

影响合金流动性的因素有很多，除合金本身的化学成分外，还有工艺条件，如浇注温度、铸型种类、铸件的复杂程度等。凡是能使液态合金在铸型中流动速度加快和保持液态时间延长的因素，都有利于提高合金的流动性。

1）铸型条件。铸型材料导热性越强或对液态金属流动阻力越大，液态金属流动时间越短，合金流动性就越差。例如，砂型铸造时，型砂含水过多或透气性不足，铸型排气不畅，浇注时会产生大量气体，增加液态金属流动阻力，流动性就差，充型能力变差。

2）浇注温度。浇注温度高，过热度大，液态金属的流动时间延长，黏度也降低，流速增大。通常铸铁的浇注温度每提高 10℃，流动性指标就增长 100mm。但浇注温度过高，会使收缩量增大，铸件易产生粘砂等缺陷，因此，应根据合金成分及铸件结构特点具体确定浇注温度，以全面保证铸件质量。

3）型腔和浇道结构。型腔过窄或结构复杂，直浇道过低，内浇口面积过小或布置不合理，都会使液态金属流动发生困难。为了改善铸型的充填条件，铸件设计时必须保证铸件的壁厚大于规定的“最小壁厚”（表 2-9），并在铸造工艺上针对需要采取相应的措施，如加高直浇道、扩大内浇口截面、增加出气口等。

此外，提高浇注压力可适当提高液态金属的流速，使流动性更好，充型能力更强。

表 2-9　不同金属和不同铸造方法铸造的最小壁厚　（单位：mm）

铸造方法	最小壁厚		
	灰铸铁	铸钢	铝合金
砂型	3	4	5
金属型	>4	8～10	3～4
熔模	0.4～0.8	0.5～1	—
压铸	—	—	0.6～0.8

2. 收缩性

合金的收缩性是铸造合金从液态凝固和冷却至室温过程中产生的体积和尺寸的缩减，包括液态收缩、凝固收缩和固态收缩三个阶段。液态收缩是从浇注到开始凝固期间的收缩；凝固收缩是从开始凝固到完全凝固期间的收缩；固态收缩是从完全凝固到室温期间的收缩。

（1）合金收缩对铸件质量的影响

液态收缩和凝固收缩表现为合金的体积缩小，如果铸件的液态收缩和凝固收缩得不到合金液体的补充，在铸件最后凝固的某些部位会出现孔洞，大而集中的孔洞称为缩孔，细小而分散的孔洞称为缩松。固态收缩表现为铸件尺寸的缩小，是铸件产生变形、内应力、变形和裂纹的主要原因。

常用的金属材料中，铸钢收缩性最大，有色金属次之，灰铸铁最小。

（2）影响合金收缩性的因素

影响合金收缩性的因素有合金的化学成分、浇注温度、铸件结构和铸型条件等。

1）化学成分。不同合金的断面收缩率不同，如碳素钢随含碳量增加，凝固收缩增加，而固态收缩略减。灰铸铁中，碳是形成石墨的元素，硅促进石墨化，硫阻碍石墨化。因此，碳含量、硅含量越多，硫含量越少，石墨析出越多，凝固收缩越小。铁碳合金中灰铸铁的断面收缩率小，铸钢的收缩率大。这是因为灰铸铁在结晶过程中析出比体积大的石墨，产生的体积膨胀抵消了部分收缩。在灰铸铁中，提高碳含量、硅含量和减少硫含量均可减小收缩。

2）浇注温度。浇注温度越高，过热度越大，液态收缩越大。为减少收缩，浇注温度不宜过高。兼顾流动性，浇注温度一般控制在高于液相线50～150℃。

3）铸件结构与铸型条件。合金在铸型中并不是自由收缩，而是受阻收缩。其阻力来源于两个方面。

① 铸件的各个部分冷却速度不同，因而相互制约而对收缩产生阻力。

② 铸型和型芯对收缩的机械阻力。型腔形状越复杂，型芯的数量越多，铸型材料的退让性越差，对铸件固态收缩的阻碍越大，产生的铸造收缩应力越大，越容易产生裂纹。

2.2.3　铸造的分类

按铸型方法不同，铸造可分为砂型铸造和特种铸造。砂型铸造又可分为湿砂型、干砂型、化学硬化砂型三类。按造型材料的不同，特种铸造又可分为两大类：一类以天然矿产砂石作为主要铸型材料，如熔模铸造、壳型铸造、负压铸造、泥型铸造、实型铸造、陶瓷型铸造等；另一类以金属作为主要铸型材料，如金属型铸造、离心铸造、连续铸造、压力铸造、低压铸造等。

微课：金属热加工基础——铸造（2）

2.2.4　砂型铸造

当直接形成铸型的原材料主要为砂子，且液态金属完全靠重力充满整个铸型型腔时，在砂型中生产铸件的铸造方法，称为砂型铸造。铸型包括外型和型芯两大部分。外型用以形成铸件的外部轮廓，型芯主要用来形成铸件的内腔。

砂型铸造原料来源丰富，生产批量和铸件尺寸不受限制，成本低，是最常用、基本的铸造方法。砂型铸件目前约占铸件总产量的90%。

1．砂型铸造的工艺过程

砂型铸造的工艺过程如图2-23所示。

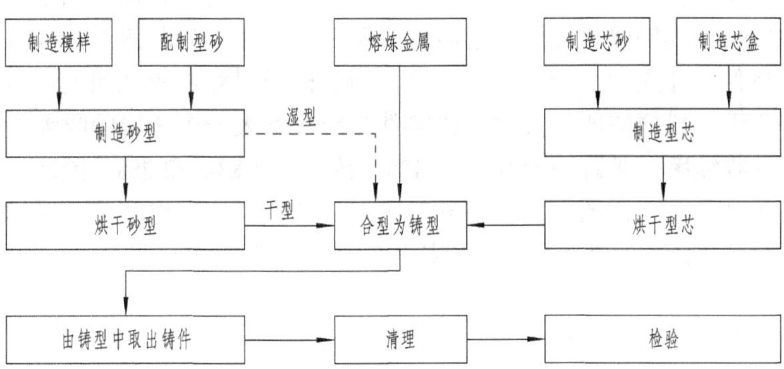

图2-23　砂型铸造的工艺过程

图2-24所示为砂型铸造生产套筒铸件的工艺流程示意图。首先根据零件图制成模样，并由模样和配制的型砂制成砂型，然后把熔化好的液态金属浇入型腔。待液态金属在型腔内凝固后，将砂型破坏，取出铸件。最后清理铸件上的附着物，经过检验合格，就可获得

所需要的铸件。

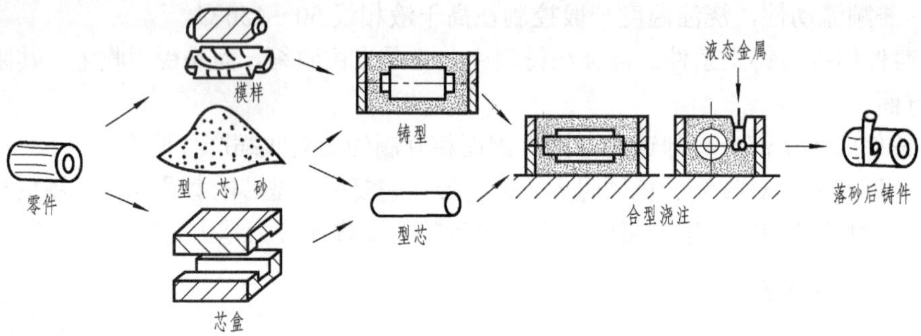

图 2-24　砂型铸造生产套筒铸件的工艺流程示意图

2．模样和芯盒

模样是用来形成铸型型腔的工艺装备，按组合形式，可分为整体模和分开模。芯盒是制造砂芯或其他种类耐火材料芯所用的装备。模样与芯盒对保证铸件质量、提高生产效率具有重要的作用。

（1）模样材料

模样材料可根据铸件结构、造型方法和生产批量来选用。单件、成批生产中广泛地使用木材制造模样和芯盒，这是因为木材质轻、易加工、有一定的强度、成本低廉。但木材的强度和硬度较低，容易变形和损坏，寿命较短。成批、大量生产中一般采用强度高、尺寸精确、表面光洁、寿命长的金属模，其中，铸铝合金用得最多，但制造较困难，生产周期长，成本高。对成批生产的形状复杂、机械加工困难的模样多采用塑料模，制造较简单，易于修复。

（2）模样的结构特点

模样的结构特点取决于铸造工艺特点。分型面是决定模样结构的首要因素，分型面确定后，造型方法及模样的形式（整体的、分开的或带活块的等）也就确定了。考虑模样应易于从砂型中取出，其侧壁要做出起模斜度，壁和壁之间应为圆角连接。考虑零件加工面的要求，该处铸件尺寸应加上一个加工余量，因此模样尺寸也随之加大。考虑金属冷却凝固时有较大的收缩，模样的所有尺寸应比铸件相应尺寸大一个金属的收缩量。不同的金属具有不同的断面收缩率，灰铸铁为 0.8%～1%，铸钢为 1.8%～2.2%，因此，不同材质铸件的模样的实际尺寸是不一样的。为便于砂芯固定，芯盒上应做出芯头，模样上则做出相应的型芯座，因此，铸件上的空腔部分在模样上则成为实心的，并凸出一个圆锥台（或圆柱）形的型芯座。

（3）木模（芯盒）制造过程

木模制造过程包括：制定模型图，制备木材坯料，木材坯料的加工及模型装配，木模标记和涂漆。

3．造型材料

制造铸型或型芯用的材料称为造型材料。砂型铸造的铸型是由型砂做成的。型砂是由原砂、黏结剂、附加材料、旧砂和水混合搅拌而成的。合理选用和配制造型材料对提高铸件质量、降低成本具有重要的意义。为此，应合理地选用和配制造型材料。

造型材料应具备以下性能。

（1）良好的可塑性

造型材料在外力作用下容易获得清晰的型腔轮廓，外力去除后仍能保持其形状的性能称为可塑性。砂子本身几乎是没有塑性的，黏土却有良好的塑性，所以型砂中黏土的含量越多，塑性越高。一般含水（质量分数）8%时型砂塑性较好。

（2）足够的强度

砂型承受外力作用而不易被破坏的性能称为强度。铸型必须具有足够的强度，以便在修整、搬运及液态金属浇注时受冲力和压力作用而不致变形毁坏。型砂强度不足会造成塌箱、冲砂和砂眼等缺陷。

（3）良好的透气性

型砂内部砂粒之间存在的空隙能够通过气体的能力称为透气性。当高温液态金属注入铸型后，会产生气体；砂型和型芯中也会产生大量气体。若造型材料透气性差，则部分气体留在铸件内部不能排出，易造成气孔等缺陷。

（4）高的耐火度

在高温液态金属作用下，型砂、芯砂不软化、不烧结的性能，称为耐火度。型砂耐火度不足会造成铸件粘砂，给切削加工带来困难。粘砂严重而难以清理的铸件可能成为废品。

（5）良好的退让性

铸件凝固后，冷却收缩时砂型和型芯的体积可以被压缩的性能，称为退让性。退让性差，会阻碍金属收缩，使铸件产生内应力，甚至造成裂纹等缺陷。为了提高型砂的退让性，可在型砂中加入附加物，如草灰和木屑等，使砂粒间的空隙增加。

由于型芯工作时四周被高温液态金属包围，工作条件比型砂更为恶劣，因此芯砂除应具有较高的强度、耐火性、透气性和退让性外，还应具有较小的发气性、较低的吸湿性和较好的出砂性。

4. 造型和制芯

造型是指用型砂、模样、砂箱等工艺装备制造砂型的过程。制芯是将芯砂制成符合芯盒内部形状的砂芯的过程。

（1）造型

造型是砂型铸造的主要工艺过程之一，一般可分为手工造型和机器造型两大类。

1）手工造型。手工造型和制芯是传统方法，然而，现代手工造型、制芯已不需要一切都凭人的体力去完成，如砂箱的搬运、翻转及向砂箱中填砂等笨重劳动都可借助机械来完成。因而，现代手工造型仅指手工完成紧砂、起模、修型及合箱等主要操作的造型过程。

手工造型操作灵活，模样、芯盒等工艺装备可以简化，同时无论铸件大小、结构复杂程度如何，都能适应。因此，在单件、小批量生产中，特别是重型的复杂铸件，手工造型应用较广，如表 2-10 所示。

表 2-10　常用手工造型方法的特点及应用

造型方法	造型简图	特点	应用
整体模造型	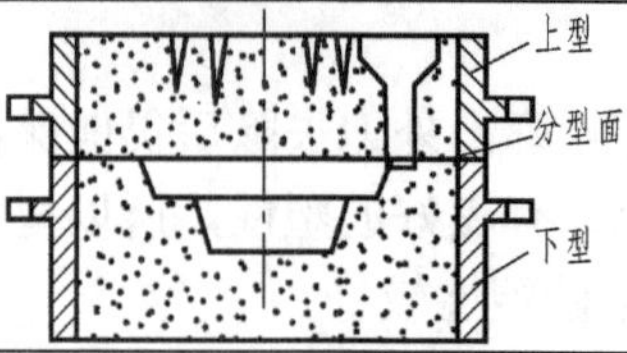	模样为一整体，分型面为一平面，型腔在同一砂箱中，不会产生错型缺陷，操作简单	最大截面在端部且为一平面的铸件，应用较广
分块模造型	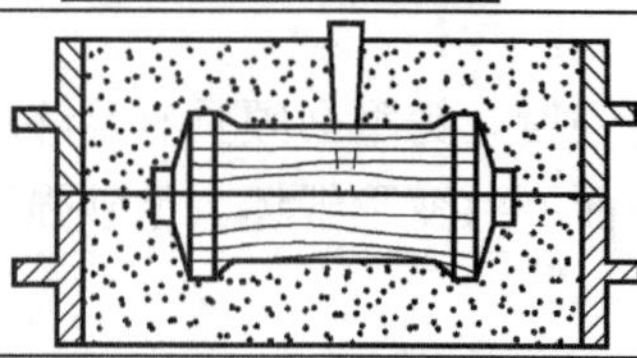	模样在最大截面处分开，型腔位于上、下型中，操作较简单	最大截面在中部的铸件，常用于回转体类等铸件
挖砂造型	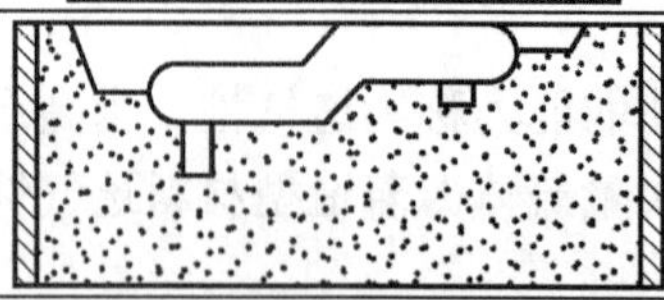	整体模样，分型面为一曲面，需挖去阻碍起模的型砂才能取出模样，对工人的操作技能要求高，生产效率低	适用于中小型、分型面不平的铸件单件、小批量生产
假箱造型	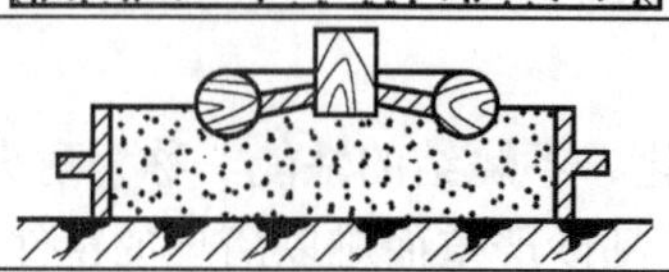	将模型置于预先做好的假箱或成型底板上，可直接造出曲面分型面，代替挖砂造型，操作较简单	适用于小批量或成批生产、分型面不平的铸件
活块造型	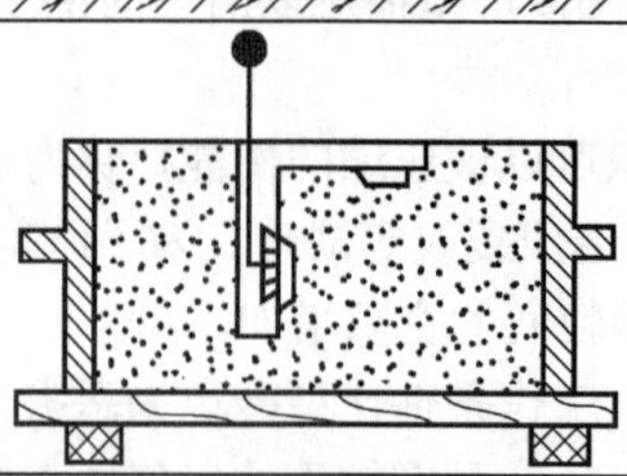	将模样上阻碍起模的部分做成活动的，取出模样主体部分后，小心地将活块取出	造型较复杂，适用于单件小批量生产、带有凸台、难以起模的铸件
刮板造型	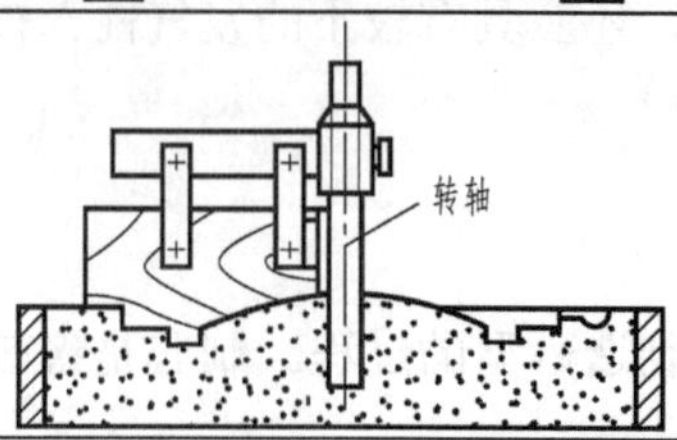	刮板形状和铸件截面相适应，代替实体模样，可省去制模的工序	适用于单件小批量生产，大中型轮类、管类铸件
两箱造型	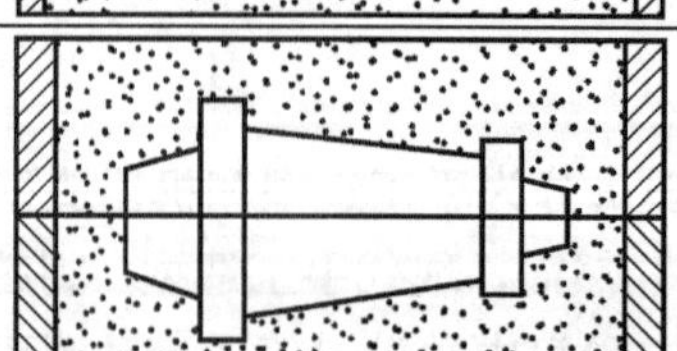	采用两个砂箱，只有一个分型面，操作简单	应用最广泛的造型方法
三箱造型	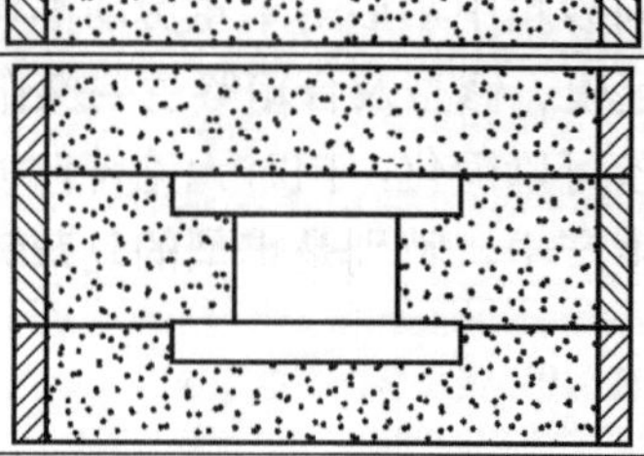	采用上、中、下三个砂箱，有两个分型面，铸件中间的截面小，用两个砂箱时取不出模样，必须分模，操作复杂	单件小批量生产，适用于中间截面小、两端截面大的铸件

续表

造型方法	造型简图	特点	应用
脱箱造型	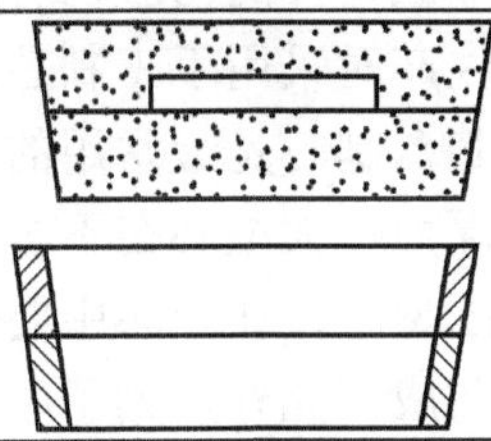	采用带有锥度的砂箱来造型，在铸型合型后将砂箱脱出，重新用于造型。因此一个砂箱可制出许多铸型	可用手工造型，也可用机器造型。适用于大量、成批或单件生产的小件
地坑造型	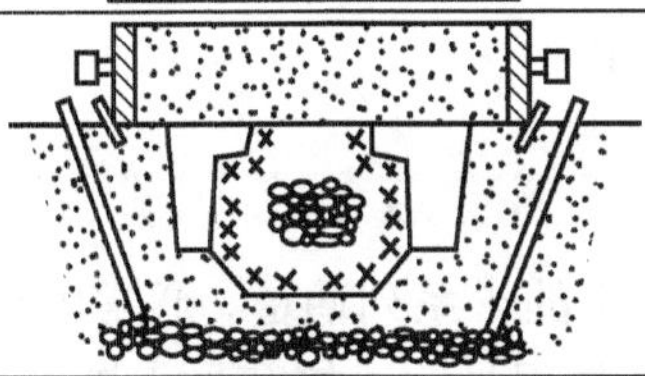	节省下砂箱，但造型成本高	适用于单件生产、大中型铸件

2）机器造型。机器造型是紧砂和起模两个重要工序实现了机械化。与手工造型相比，机器造型生产效率高，质量稳定，工人劳动强度低；但设备和工艺装备费用高，生产准备周期长。机器造型适用于大量和成批生产的铸件，在大批量生产中已代替大部分手工造型。机器造型有振实造型、压实造型、振压造型、抛砂造型、射砂造型等。其中以振压造型最常用，如图 2-25 所示。

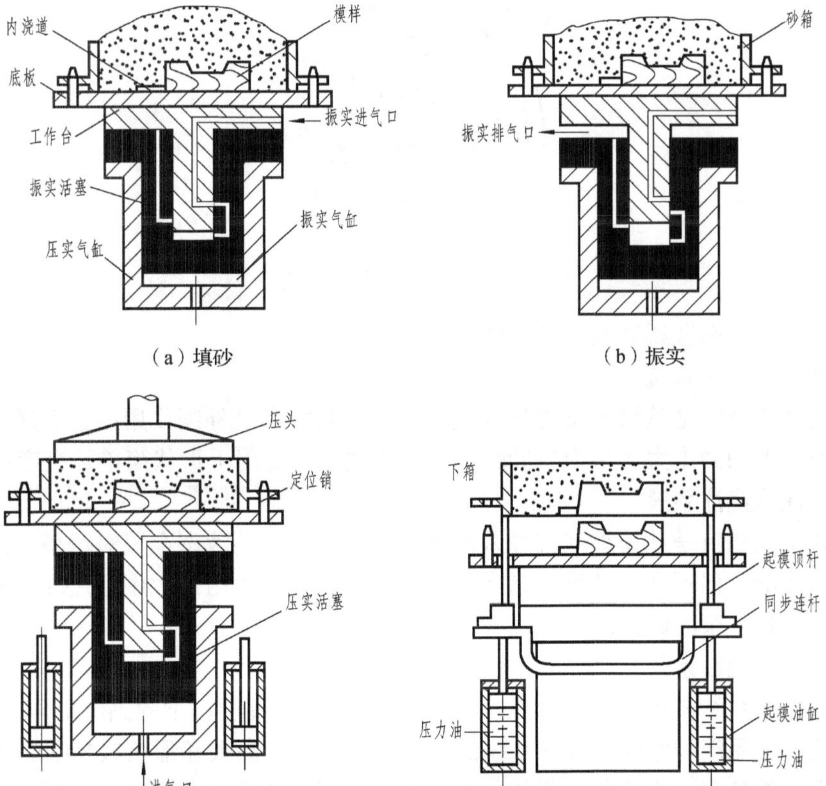

（a）填砂　（b）振实　（c）压实　（d）起模

图 2-25　振压造型机工作示意图

（2）制芯

型芯是铸型的重要组元之一，它的主要作用是形成铸件的内腔，有时也用它形成铸件的外形。制芯方法与造型方法相同，单件、小批量生产时采用手工制芯，大批量生产时采用机器制芯。制芯可用芯盒，也可用刮板，其中，芯盒制芯是最常用的方法。型芯，特别是水平放置的型芯在浇注过程中要受到液态金属的浮力，大型芯在下芯合箱中要靠起吊装置吊运。因此，为提高型芯的强度和便于吊运、装配型芯，在型芯中要安放与型芯形状相适应的芯骨。芯骨可用铁丝制成，也可用铸铁浇注而成。此外，为了顺利排出型芯中的气体，可用针扎出通气孔，或者埋入蜡线形成通气孔。

5. 浇注系统

浇注系统是为填充型腔和冒口而开设于铸型中的一系列通道，通常由浇口杯、直浇道、横浇道、内浇道和冒口组成，如图 2-26 所示。其作用是：承接和导入液态金属，控制液态金属流动方向和速度，使液态金属平稳地充满型腔；调节铸件各部分的温度分布；阻挡夹杂物进入型腔。合理的浇注系统对保证铸件质量、降低金属消耗有重要的意义。若浇注系统设置不合理，则易产生冲砂、砂眼、渣眼、浇不足、气孔、缩孔等缺陷。

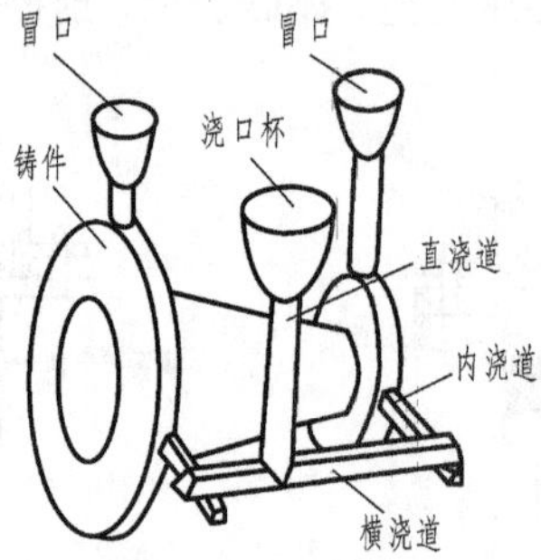

图 2-26　浇注系统的组成

浇注系统按液态金属导入铸型的位置分为以下三种。

（1）顶注式浇注系统

顶注式浇注系统是从铸型顶部导入液态金属，其特点是补缩作用好、金属消耗少，但液态金属对铸型的冲击大，易产生砂眼、冷豆等缺陷，适用于形状简单、高度小的铸件。

（2）底注式浇注系统

底注式浇注系统是从铸型底部导入液态金属，其特点是液态金属对铸型的冲击小，有利于排气、排渣，但不利于补缩，易产生浇不足的缺陷，适用于大中型尺寸、壁部较厚、高度较大、形状复杂的铸件。

（3）阶梯式浇注系统

阶梯式浇注系统在铸型的高度方向上，从底部开始，逐层在不同高度上导入熔融金属，具有顶注式浇注系统和底注式浇注系统的优点，主要用于高大和形状较复杂的薄壁铸件。

浇注系统按各浇道横截面面积的关系，分为封闭式和开放式两种。封闭式浇注系统的直浇道出口横截面面积大于横浇道截面面积，横浇道出口横截面面积又大于内浇道截面面积，其特点是液态金属易于充满各通道，挡渣作用好，但对铸型的冲击力大。一般适用于灰铸铁件。开放式浇注系统与之正好相反，液态金属能较快地充满铸型，冲击小，但挡渣效果差。一般用于薄壁和尺寸较大的铸件。

6. 冒口和铸型结构

尺寸较大的铸件或断面收缩率较大的金属还要加设冒口，它用于补充铸件中液态金属凝固收缩所需的液态金属。为便于补缩，冒口一般设在铸件的厚部或上部。另外，冒口还兼有排除型腔中的气体和集渣的作用。

将铸型的各组元（上型、下型、型芯、浇口杯等）组合成一个完整铸型的过程称为合型。合型时应检查铸型内腔是否清洁，型芯是否完好无损；型芯的安放要准确、牢固，防止偏芯；砂箱的定位应当准确，以防错型。

7. 铸铁的熔炼和浇注

（1）铸铁的熔炼

铸铁熔炼不仅是单纯的熔化，还包括冶炼过程，使浇进铸型的液态铁在温度、化学成分和纯净度方面都符合预期要求。为此，在熔炼过程中要进行以控制质量为目的的各种检查测试，液态铁在达到各项规定指标后方允许浇注。有时，为了达到更高的要求，液态铁在出炉后还要经炉外处理，如脱硫、真空脱气、炉外精炼、孕育或变质处理等。熔炼铸铁常用的设备有冲天炉、电弧炉、感应炉、电阻炉、反射炉等。

冲天炉熔炼的液态铁质量不及电炉，但操作方便，可连续熔炼，生产效率高，设备投资少，成本仅为电炉的十分之一，是目前常用且较经济的熔炼方法。冲天炉炉料主要包括金属料、燃料和熔剂三部分。金属料一般采用高炉生铁、回炉料、废钢和铁合金；燃料采用焦炭；熔剂采用石灰石和萤石，其主要作用是造渣。

电炉熔炼能准确调整铸铁液成分、温度，能保证铸件的质量，适用于过热和精炼，但耗电量大。冲天炉-感应电炉双联熔炼是采用冲天炉熔化铸铁，利用电炉进行过热、保温、储存、精炼，以确保铸铁液的质量。

（2）浇注

浇注是指将液态金属从浇包中浇入铸型的操作。为保证铸件质量，应对浇注温度和速度加以控制。

铸铁的浇注温度为液相线以上 200℃（一般为 1250～1470℃）。若浇注温度过高，则液态金属吸气多、体收缩大，铸件容易产生气孔、缩孔、粘砂等缺陷；若浇注温度过低，则液态金属流动性差，铸件易产生浇不足、冷隔等缺陷。

浇注速度过快会使铸型中的气体来不及排出而产生气孔，并易造成冲砂；浇注速度过慢，型腔表面烘烤时间长，会导致砂层翘起脱落，易产生夹砂结疤、夹砂等缺陷。

（3）落砂、清理与检验

落砂是指用手工或机械方法使铸件与型（芯）砂分离的操作。落砂应在铸件充分冷却后进行。若落砂过早，铸件的冷速过快，则会使灰铸铁表层出现白口组织，导致切削困难；若落砂过晚，则收缩应力大，会使铸件产生裂纹，且影响生产效率。因此，浇注后应及时进行落砂。一般 10kg 左右的铸件须冷却 1～2h 才能开箱，上百吨的大型铸件须冷却十几天之久。

清理是指对落砂后的铸件（包括浇冒口、飞边和氧化皮）清除表面粘砂、型砂、多余金属等过程。灰铸铁件上的浇注系统、冒口可用铁锤打掉；钢铸件上的浇注系统、冒口可用气割除去，但不能损伤铸件，有色金属铸件的浇冒口可用锯锯去。黏附在铸件表面的砂粒可用压缩空气吹掉，如果不能清除，则须用砂轮打磨。

清理后应对铸件进行检验，并将合格铸件进行去应力退火。

2.2.5 特种铸造

特种铸造是指与砂型铸造不同的其他铸造方法。特种铸造有 20 种左右，常用的有金属型铸造、压力铸造、熔模铸造、离心铸造、壳型铸造、陶瓷型铸造等。各种特种铸造方法均有突出的特点和一定的局限性，下面简单介绍常用的特种铸造方法。

1．金属型铸造

将液态金属注入金属（铸铁或耐热钢）制成的铸型内而获得铸件的过程称为金属型铸造。金属型可以重复使用多次，故金属型铸造又称永久型铸造。

根据分型面位置不同，金属型分为整体式、垂直分型式、水平分型式和复合分型式。垂直分型式金属型铸造示意图如图 2-27 所示，它便于开设内浇道和取出铸件，易于实现机械化，应用较多。它由底座、定型、动型等组成，浇注系统在垂直的分型面上。为预防铸造缺陷、延长金属型寿命，浇注前应将金属型预热，并在内腔喷刷一层厚 0.3～0.4mm 的涂料。浇注后待铸件凝固，应适时开型取出铸件，以防铸件开裂或取出困难。金属型铸造的浇注温度比砂型铸造的高 20～30℃，以改善液态金属的流动性。

微课：金属热加工基础——铸造（3）

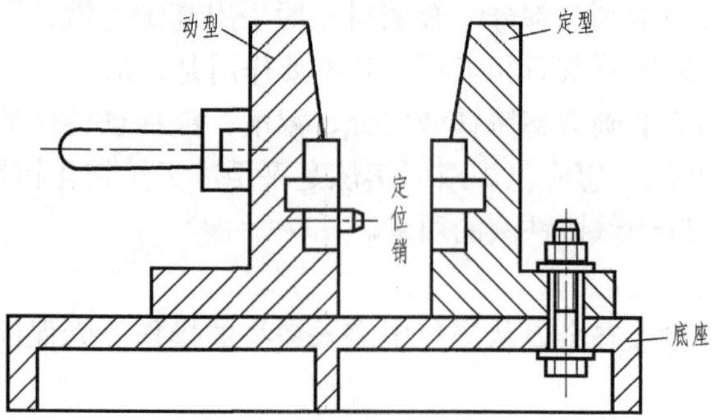

图 2-27　垂直分型式金属型铸造示意图

（1）优点

与砂型铸造相比，金属型铸造在技术上与经济上有许多优点。

1）金属型导热快，铸件冷却迅速，晶粒细小，其力学性能比砂型铸件高。

2）铸件的精度和表面质量比砂型铸件高，而且质量和尺寸稳定。金属铸件的尺寸精度为 CT6，表面粗糙度 *Ra* 为 12.5～6.3μm，加工余量小。

3）实现了“一型多铸”，工序简单，生产效率高，劳动条件好。

（2）缺点

金属型铸造虽有很多优点，但也有不足之处。

1）金属型制造成本高、生产周期长。

2）金属型不透气，而且无退让性，易造成铸件浇不足、气孔、开裂或铸铁件产生白口组织等缺陷。

3）金属型铸造时，铸型的工作温度、合金的浇注温度和浇注速度、铸件在铸型中停留的时间以及所用的涂料等，对铸件质量的影响较明显，需要严格控制。

金属型铸造主要用于大批量生产形状简单的有色合金（铝合金、铜合金或镁合金）铸件，如飞机、汽车、拖拉机、摩托车的铝合金活塞、泵体、铜合金轴瓦、轴套等。

2. 压力铸造

将液态金属在一定压力下快速压入金属铸型中，并在压力下凝固而获得铸件的方法，称为压力铸造。压铸工艺过程：向型腔喷射涂料，闭合压型，压射金属，打开压型顶出铸件。

压铸机是压铸生产专用机器，主要由开合型、压射、抽芯、顶出铸件等机构组成，分为热压室式和冷压室式两类。热压室式以储存液态金属的坩埚作为压射机构的一部分，压室在液态金属中工作，常压制低熔点金属。冷压室式则不在压铸机内储存金属。冷压室式有立式和卧式两种。卧式冷压室压铸机的工作过程示意图如图2-28所示，将液态金属定量浇入压室中，压射冲头（活塞）以40～100MPa的压力将其压入型腔，保压、冷凝后，用顶杆把铸件顶出。

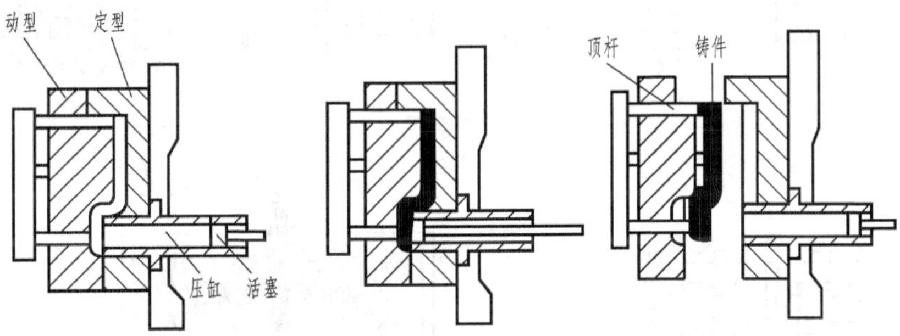

（a）合型　　（b）压射　　（c）开型顶出铸件

图2-28　卧式冷压室压铸机的工作过程示意图

压力铸造保留了金属型铸造的一些特点。金属型铸造是依靠液态金属的重力充填铸型的，浇注薄壁件较为困难，为了保护型壁，需涂上较厚的涂料，影响了铸件精度。而压力铸造是以高压高速将液态金属注入铸型，可得到形状复杂的薄壁件。高压保证了液态金属的流动性，因而可以适当降低浇注温度，不必使用涂料（或涂得很薄）即可提高零件的精度。各种孔眼、螺纹、精细的花纹图案，都可用压力铸造直接制得。

压力铸造具有如下特点。

1）设备和压铸型费用高，压铸型制造周期长，只适用于大批量生产。

2）压铸件尺寸精度高，表面质量好。大多数压铸件不需要切削加工即可直接进行装配，可实现少或无屑加工，省料、省工、成本低。

3）可铸出结构复杂和轮廓清晰的薄壁、深腔、精密铸件。铝合金铸件最小壁厚可达0.5mm，最小孔径为ϕ0.7mm。

4）压铸件组织细密，强度、硬度比砂型铸件提高25%～40%。

5）因液态金属在高压高速下充型，在压力下凝固成形，铸件内常有小气孔存在于表皮下面，故压铸件的切削加工余量不能过大，以防气孔露出表面。对压铸件不能进行热处理，因加热时气体膨胀会造成表面鼓泡或变形。

压力铸造主要用于大批量生产低熔点合金的中小铸件，如汽车、拖拉机、摩托车、仪表中的化油器、离合器、扬声器、各类薄型壳体等。压力铸造已扩展到铸铁、碳钢和合金钢等铸件的生产，压铸件质量从几克到数十千克，是实现少切削和无屑加工的有效途径之一。

3．熔模铸造

熔模铸造就是先用母模制造压型，然后用易熔材料制成模样，再用造型材料将其包覆，经过硬化后将模样熔去，从而制成无分型面的铸型壳，最后经浇注而获得铸件。因熔模广泛使用蜡料制造，熔模铸造又称“失蜡铸造”。

（1）熔模铸造的工艺过程（图 2-29）

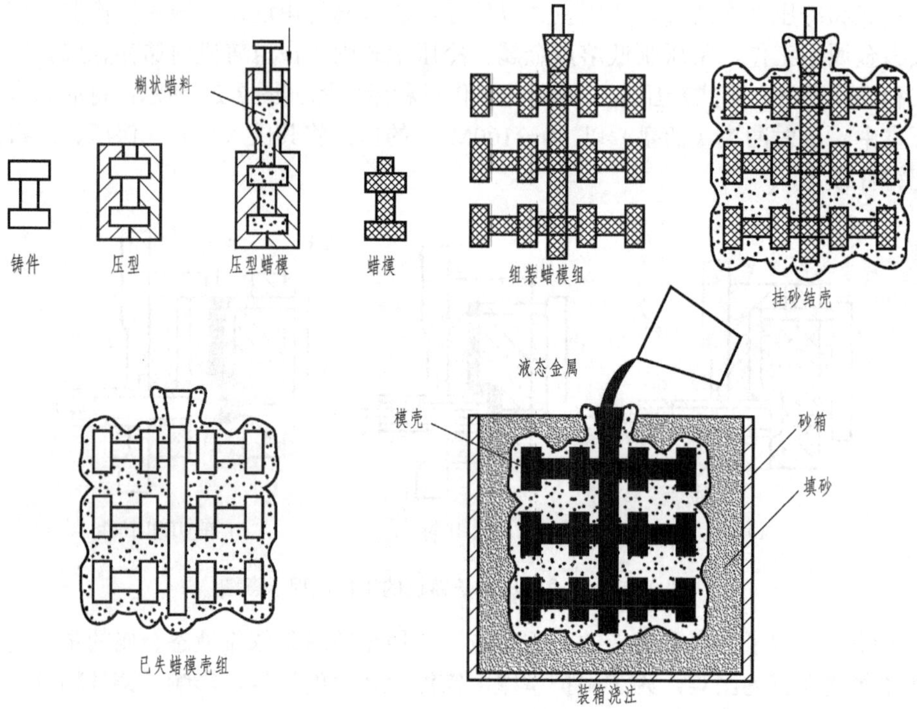

图 2-29　熔模铸造工艺过程

1）制造母模。母模是用钢或铜合金制成的标准件，用其制造压型。

2）制造压型。压型是用于压制模样的型。为保证蜡模质量，压型的尺寸精度和表面质量要求很高。当铸件精度高或大批量生产时，压型用钢、铝合金或锡青铜制成；铸件精度不高或生产批量不大时，可用易熔合金（锡、铅等）直接浇注制得；单件小批量生产，也可用环氧树脂、石膏等制成。

3）制造熔模。熔模是指可以在热水或蒸汽中熔化的模样。其制造过程：将熔融（糊状）蜡料（常用 50%石蜡和 50%硬脂酸组成）压入压型，冷凝后取出，用水冷却，经修整检验后得到单体蜡模。为提高生产效率，可将一些单体蜡模熔焊在预制好的蜡质公用浇注系统上，构成蜡模组。一个蜡模组上可熔焊 2～100 个单体蜡模。

4）制造型壳。在蜡模表面涂抹耐火涂料层，以制成坚硬的壳层。其制造过程：在蜡模表面均匀挂上一层涂料后，在其表面撒一层铸造用硅砂，然后硬化，使砂粒粘牢；如此重复进行 4～5 次，直到制成 5～10mm 厚的型壳。

5）脱蜡。将型壳放入 85～95℃热水中或高压蒸汽中，蜡模熔化后从浇注系统中流出，收取蜡料可重复使用。蜡模熔出后的型壳即具有空腔的铸型。

6）造型和焙烧。为提高型壳强度，防止浇注时变形或破裂，可将型壳竖放在耐热箱中，周围填满干铸造用硅砂并紧实，此过程称为造型。为去除型壳内的残留蜡料和水分，提高型壳质量，需将装好型壳的耐热箱在 900～950℃温度下焙烧。

7）浇注、落砂和清理。为提高液态金属充型能力，防止产生浇不足、冷隔等缺陷，焙烧后应趁热（型壳温度为 600～700℃）进行浇注。

铸件冷凝后毁掉铸型，切去浇注系统，将其放入温度为 150℃、浓度为 45%的苛性钠水溶液中进行化学处理，以彻底清洗铸件。化学处理后用水洗净铸件并烘干，对其进行热处理和成品检验。

（2）熔模铸造特点和应用范围

熔模铸造具有如下特点。

1）通过熔模铸造可生产形状复杂、轮廓清晰、壁薄（最小 0.7mm）且无分型面的铸件。

2）熔模铸造的尺寸精度高，表面粗糙度低，可实现少（无）切削加工。

3）能铸造各种合金铸件，尤其适于铸造高熔点、难切削加工和利用其他加工方法难以成型的合金，如耐热合金、磁钢和不锈钢等。

4）生产批量不受限制，可实现机械化流水线生产。

5）工艺过程复杂、生产周期较长（4～15d），生产成本较高。

6）由于蜡模易变形、型壳强度不高等，铸件质量一般不超过 25kg。

熔模铸造主要用于生产各种复杂形状的小型零件，如各种汽轮机、发动机的叶片，汽车、拖拉机、风动工具、机床上的小型零件，以及刀具等。

4. 离心铸造

将液态金属浇入绕水平轴、倾斜轴或立轴旋转的铸型中，使金属在离心力作用下充填铸型并结晶凝固获得铸件的方法，称为离心铸造。离心铸造是在离心铸造机上用金属或砂型进行的。铸件轴线与旋转铸型的轴线重合。

离心铸造在离心铸造机上进行，按铸型旋转空间位置不同，分为立式、卧式两种类型。图 2-30 为立式和卧式离心铸造法示意图。立式离心铸造机主要用于生产直径大于高度的圆环类铸件，卧式离心铸造机主要用于生产长度大于直径的套类和管类铸件。

离心铸造时，液态金属在离心力作用下，结晶按从外向内顺序进行。离心铸造的铸件组织细密，无缩孔、缩松、气孔、夹渣，力学性能好；铸造圆形中空铸件不用型芯；不用浇注系统，减少了金属消耗，生产效率高，成本低；可铸造双金属铸件，如钢套内镶铜，其结合面牢固、耐磨，可节约贵重金属材料，铸件表面粗糙度 Ra 为 12.5～6.3μm。离心铸造的缺点是铸件的比重偏析大，液态金属中的气体、熔渣等密度小的夹杂物，集中在内表面；铸件的内表面粗糙、尺寸误差大，易产生偏析的合金（如铅青铜）不宜采用离心铸造。

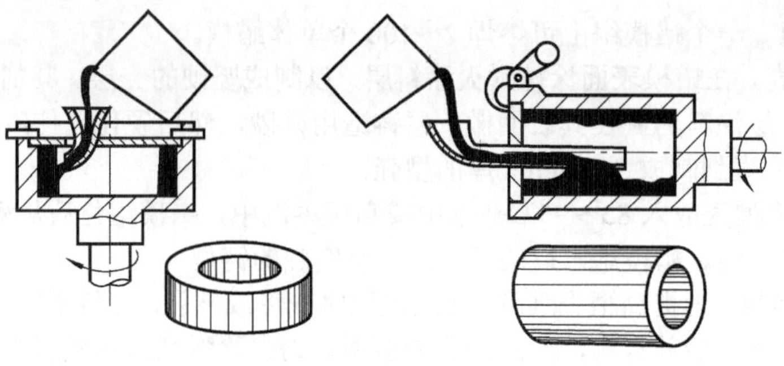

（a）立式　　（b）卧式

图 2-30　离心铸造法示意图

离心铸造适用于制造空心旋转体铸件，如各种管道、汽车和拖拉机缸套等。此外，双层金属离心铸造还可用于机床主轴的封闭式钢套离心挂铜结构轴承等。

2.2.6　铸造工艺

铸造工艺设计是根据铸件结构特点、技术要求、生产批量、生产条件等，确定铸造方案和工艺参数，绘制图样和标注符号，编制工艺和工艺规程等。其主要内容是绘制铸造工艺图和铸件图。

1．铸造工艺图

铸造工艺图是直接在零件图上用规定的红蓝色工艺符号标注出铸件的浇注位置、分型面、型芯的形状、数量和芯头大小，机械加工余量，起模斜度和断面收缩率，浇注系统，以及冒口、冷铁等的工程图样。铸造工艺图是制造模样、模板、铸型、生产准备和验收基本的工艺文件。

（1）浇注位置的确定

浇注位置是浇注时铸件在铸型中所处的位置。浇注位置对铸件的质量影响很大，确定浇注位置时应考虑以下原则。

1）主要工作面和重要面应朝下或置于侧壁。气孔、夹渣等缺陷多出现在铸件上表面，而底部或侧面组织致密，缺陷少，质量好。图 2-31 所示为机床床身导轨面和气缸套的浇注位置。

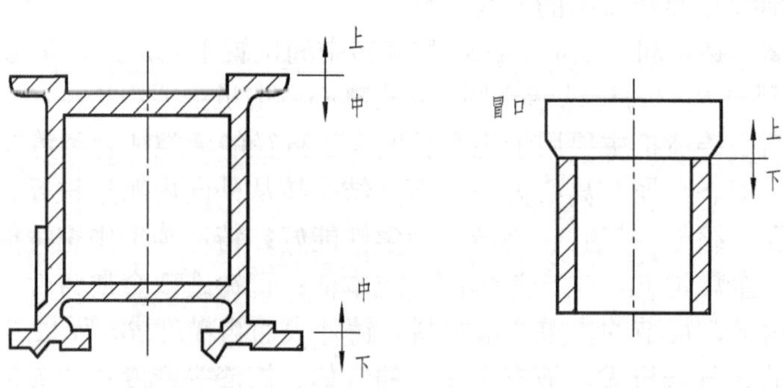

（a）机床床身导轨面　　（b）气缸套

图 2-31　机床床身导轨面和气缸套的浇注位置

2）铸件的宽大平面朝下。大平面长时间受到液态金属的烘烤容易掉砂，在平面上易产生夹砂、砂眼、气孔等缺陷，故铸件的大平面应尽量朝下，如图 2-32 所示的平板的平面应朝下。

3）铸件的薄壁面朝下。铸件薄壁处铸型型腔窄，冷却速度快，充型能力差，易出现浇不足和冷隔的缺陷，如图 2-33 所示的电机端盖薄壁部位应朝下。

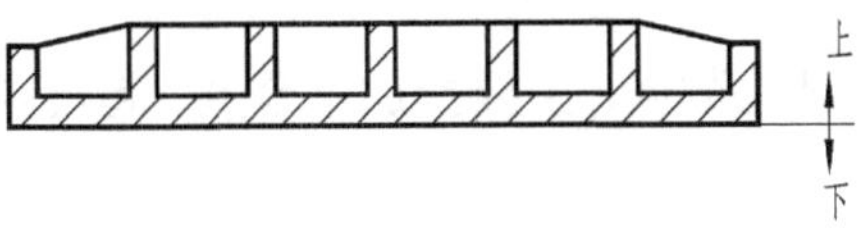

图 2-32　平板

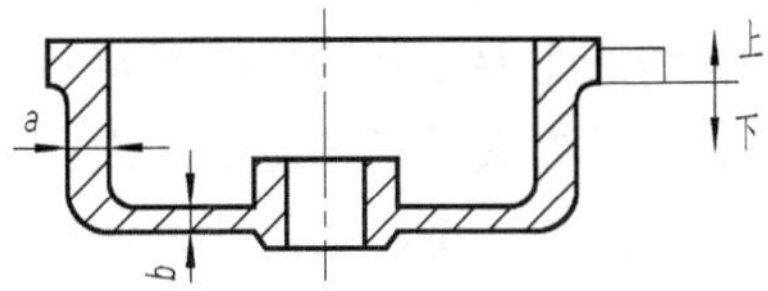

图 2-33　电机端盖

4）铸件的厚大部分朝上，便于补缩。将厚大部分放于上部，可使液态金属按自下向上的顺序凝固，在最后凝固部分便于采用冒口补缩，以防缩孔的产生。

5）浇注位置应该利于减少型芯，便于安装型芯。通常型芯用来获得内孔和内腔，有时也为了获得局部的外形。采用型芯会使造型工艺复杂，成本增加，因此所选浇注位置应利于减少型芯数目。

（2）分型面的确定

铸型的分型面是指铸型间相互接触的表面。分型面选择是否恰当，对铸件质量、制模、制芯、合型等工序的复杂程度及切削加工等均有很大的影响。选择铸型分型面时应在保证铸件质量的前提下，尽量简化造型工艺，便于起模。表 2-11 所示为确定分型面的基本原则、图例及说明。

表 2-11　确定分型面的基本原则、图例及说明

分型面的确定原则	图例	说明
尽可能使铸件全部或主要部分置于同一砂箱中，以避免错型而造成尺寸偏差	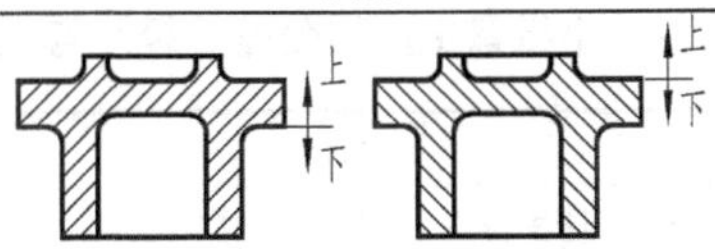 （a）不合理　（b）合理	图（a）不合理，铸件分别处于两个砂箱中； 图（b）合理，铸件处于同一砂箱中，既便于合型，又可避免错型
尽可能使分型面平直	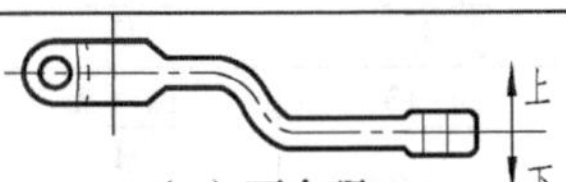 （a）不合理 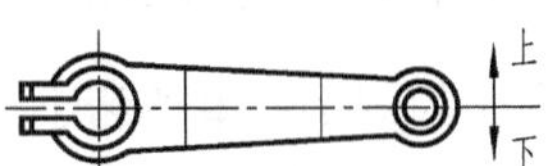 （b）合理	图（a）若采用俯视图弯曲对称面作为分型面，则需要采用挖砂或假箱造型，使铸造工艺复杂化； 图（b）起重臂按图（b）中所示分型面为一平面，可用分模造型，起模方便
尽量减少分型面	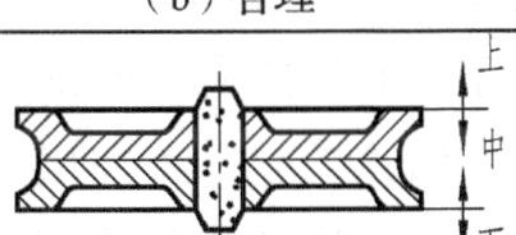 （a）不合理  （b）合理	图（a）槽轮部分用三箱手工造型，操作复杂； 图（b）若槽轮部分用环形芯来形成，可用两箱造型，既简化造型过程，又保证铸件质量，提高生产效率

上述几项原则，对于具体铸件来说，往往彼此矛盾，难以全面符合。因此，在确定浇注位置和选择分型面时，要进行全面分析，抓住主要矛盾，至于次要矛盾，可从工艺措施上设法解决。例如，质量要求高的铸件，浇注位置的选择是主要的，分型面的选择处于从属地位；对质量要求不高的铸件，应主要从简化造型工艺出发，合理选择分型面，浇注位置的选择则退居次要地位。

（3）铸造主要工艺参数的确定

铸造工艺参数是指铸造工艺设计时需要确定的某些数据，主要指加工余量、起模斜度、铸造断面收缩率、型芯头尺寸、铸造圆角等。

在铸造过程中，为了便于制作模样和简化造型操作，一般在确定工艺参数前要根据零件的形状特征简化铸件结构。如零件上的小凸台、小凹槽、小孔等可以不铸出，留待以后切削加工。在单件小批量生产条件下，铸件的孔径小于 30mm、凸台高度和凹槽深度小于 10mm 时，可以不将其铸出。

1）加工余量和尺寸公差。加工余量是铸件加工面上，在铸造工艺设计时预先增加的，在机械加工时需切除的金属层厚度。尺寸公差是指铸件公称尺寸允许的上极限尺寸和下极限尺寸的差值。根据 GB/T 6414—2017《铸件　尺寸公差、几何公差与机械加工余量》，确定尺寸公差和加工余量前，必须先确定“铸件的尺寸公差等级”和“加工余量等级”。

铸件的尺寸公差等级用代号“CT”表示，分 1～16 级，精度依次降低。加工余量等级用代号“MA”表示，其等级由精到粗分为 A、B、C、D、E、F、G、H、J、K 共十个。铸件的尺寸公差等级和加工余量等级是根据生产批量、铸造合金种类、铸件尺寸、铸造方法等确定的。表 2-12 所示为砂型铸造常用铸造合金单件、小批量生产时公差等级及与之配套的加工余量等级。

表 2-12　砂型铸造常用铸造合金单件、小批量生产时公差等级及与之配套的加工余量等级

造型材料	CT/MA					
	铸钢	灰铸铁	球墨铸铁	可锻铸铁	铜合金	轻金属合金
干、湿砂型	$\frac{13\sim15}{J}$	$\frac{13\sim15}{H}$	$\frac{13\sim15}{H}$	$\frac{13\sim15}{H}$	$\frac{13\sim15}{H}$	$\frac{12\sim14}{H}$
自硬砂	$\frac{12\sim14}{J}$	$\frac{11\sim13}{H}$	$\frac{11\sim13}{H}$	$\frac{11\sim13}{H}$	$\frac{10\sim12}{H}$	$\frac{9\sim11}{H}$

注：表中分子上的数字表示尺寸公差等级，分母上的字母表示加工余量等级。

使用表 2-12 确定加工余量值时应遵循的规则：单件和小批量生产时，铸件上不同的加工表面允许采用相同的加工余量；砂型铸件顶面的加工余量等级应按底面、侧面的加工余量等级降一级选取；孔的加工余量等级可采用与顶面相同的等级。

① 加工余量的大小取决于铸件材料、铸造方法、铸件尺寸与形状复杂程度、生产批量、加工面在铸型中的位置及加工面的质量要求。其具体数值可根据表 2-13 选取。

表 2-13　铸件的机械加工余量　　（单位：mm）

最大尺寸①		要求的机械加工余量等级									
大于	至	A②	B②	C	D	E	F	G	H	J	K
—	40	0.1	0.1	0.2	0.3	0.4	0.5	0.5	0.7	1	1.4
40	63	0.1	0.2	0.3	0.3	0.4	0.5	0.7	1	1.4	2
63	100	0.2	0.3	0.4	0.5	0.7	1	1.4	2	2.8	4
100	160	0.3	0.4	0.5	0.8	1.1	1.5	2.2	3	4	6
160	250	0.3	0.5	0.7	1	1.4	2	28	4	5.5	8
250	400	0.4	0.7	0.9	1.3	1.4	2.5	3.5	5	7	10
400	630	0.5	0.8	1.1	1.5	2.2	3	4	6	9	12
630	1000	0.6	0.9	1.2	1.8	2.5	3.5	5	7	10	14
1000	1600	0.7	1	1.4	2	2.8	4	5.5	8	11	16
1600	2500	0.8	1.1	1.6	2.2	3.2	4.5	6	9	14	18
2500	4000	0.9	1.3	1.8	2.5	3.5	5	7	10	14	20
4000	6300	1	1.4	2	2.8	4	5.5	8	11	16	22
6300	10000	1.1	1.5	2.2	3	4.5	6	9	12	17	24

① 最终机械加工后铸件的最大轮廓尺寸。

② 等级 A 和等级 B 仅用于特殊场合，例如，在采购方与铸造厂已就夹持面和基准面或基准目标商定模样装备、铸造工艺和机械加工工艺的成批生产情况下。

② 铸件尺寸公差数值按 GB/T 6414—2017《铸件　尺寸公差、几何公差与机械加工余量》确定。铸件尺寸公差在图样上的标注方法有两种：其一采用公差等级代号标注；其二将公差直接标注在铸件公称尺寸后面。

2）起模斜度。为使模样从铸型中取出或型芯从芯盒中脱出，平行于起模方向在模样（或芯盒）壁上所增加的斜度称为起模斜度。

模样的起模斜度有三种取法，如图 2-34 所示。壁厚小于 8mm 的铸件可采用增厚法；壁厚为 8～12mm 的铸件可采用加减壁厚法；壁厚大于 12mm 的铸件可采用减厚法。对于需要机械加工的壁，必须采用增加壁厚法。起模斜度需要增减的数值可按表 2-14 确定。当铸件上的孔高度与直径之比小于 1（$H/D<1$）时，可用自带型芯的方法铸孔，用自带型芯的起模斜度一般应大于外壁斜度。

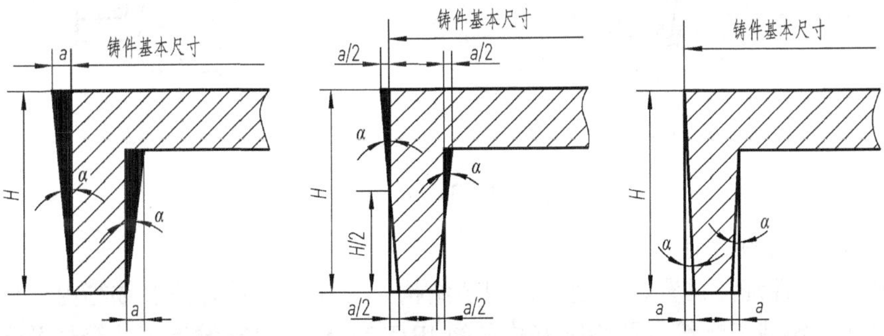

（a）增加铸件厚度　（b）加减铸件厚度　（c）减少铸件厚度

图 2-34　起模斜度的取法

表 2-14　黏土砂造型时，模样外表面的起模斜度（JB/T 5105—2022）

测量高度 H /mm	起模斜度			
	金属模样、塑料模样		木模样	
	α	a/mm	α	a/mm
≤10	≤2°20′	≤0.4	≤2°55′	≤0.6
>10～40	≤1°10′	≤0.8	≤1°25′	≤1.0
>40～100	≤0°30′	≤1.0	≤0°40′	≤1.2
>100～160	≤0°25′	≤1.2	≤0°30′	≤1.4
>160～250	≤0°20′	≤1.6	≤0°25′	≤1.8
>250～400	≤0°20′	≤2.4	≤0°25′	≤3.0

3）收缩。为补偿铸件在冷却过程中产生的收缩，模样比铸件图样尺寸增大的数值，主要与合金种类、型砂的退让性等因素有关。通常，中小型灰铸铁件线收缩率约取 1%，有色金属约取 1.5%，铸钢件约取 2%。

4）芯头设计。芯头是砂芯的外伸部分，它不形成铸件的轮廓，只是落入芯座内，对砂芯进行定位和支承，芯头有垂直芯头和水平芯头两种，如图 2-35 所示。芯头设计的原则是使型芯定位准确，安放牢固，排气通畅，合箱与清砂方便。芯头的长度、斜度、间隙大小可以查阅有关手册。

5）铸造圆角。在设计铸件结构和制造模样时，相交壁的交角处要做成圆弧过渡，这种圆弧称为铸造圆角。其目的是防止铸件交角处产生缩孔和裂纹，也可防止交角处形成粘砂、浇不足等缺陷。但分型面的转角处不能有圆角。一般内圆角半径可按相邻两壁平均厚度的 1/5～1/3 选取；外圆角半径可取内圆角半径的 1/2。一般小型铸件内圆角半径取 2～8mm。

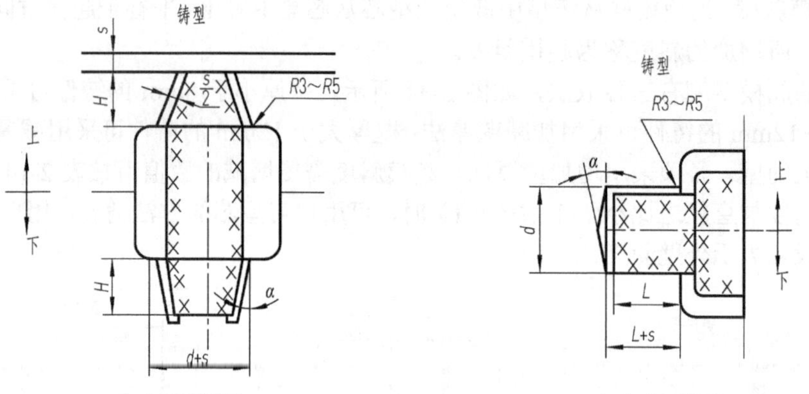

（a）垂直芯头　　（b）水平芯头

图 2-35　芯头

（4）铸造工艺图绘制

在确定了铸件浇注位置、分型面、型芯结构、浇注系统及有关参数等内容后，即可绘制铸造工艺图，铸造工艺符号及绘制方法参阅 JB/T 2435—2013《铸造工艺符号及表示方法》。

铸造工艺图有两种绘法：单件或小批量生产时，可直接在零件图上绘制，供制造模样、造型和检验使用；当大批量生产时，可另绘铸造工艺图。

下面主要介绍在零件图上绘制铸造工艺图的方法。

例如，图 2-36（a）所示为连接盘零件图，材料为 HT200，采用砂型铸造，年生产量为 200 件，试绘出铸造工艺图。

1）该零件属小批量生产，零件上 ϕ60mm 的孔要铸出，因此需采用一个型芯。而四个 ϕ12mm 的小孔可不铸出，铸后采用机械加工的方法加工出该孔，铸造工艺图上的不铸出孔可打叉（×）表示，如图 2-36（b）所示。

2）因铸件各面全要机械加工，为使造型工艺简单、方便，选 ϕ200mm 端面为分型面，采用两箱整体模造型。分型面用红线按图 2-36（b）所示的方法表示，并写出“上、下”。

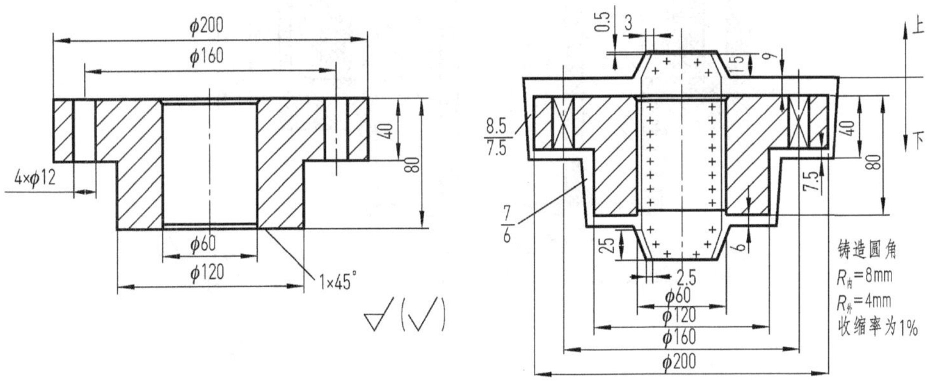

（a）零件图　　（b）铸造工艺图

图 2-36　连接盘的零件图和铸造工艺图

3）铸件公称尺寸取最大尺寸 ϕ200mm。查表 2-12，砂型铸造灰铸铁的公差及配套的加工余量等级为 14/H。按规定，顶面和孔的加工余量等级应降一级，由 H 级降为 J 级。

铸件各加工面上的加工余量数值查表 2-13 得：ϕ200mm 顶面的单侧加工余量为 5.5mm；ϕ200mm 与 ϕ120mm 相邻的台阶面可视为底面，单侧加工余量为 4.0mm；ϕ200mm 外圆单侧的加工余量为 5.5mm；ϕ120mm 外圆的单侧加工余量为 4.0mm；ϕ120mm 端面是底面，单侧加工余量为 4.0mm；ϕ60mm 孔的单侧加工余量为 1.4mm。

可在加工符号附近用打叉（×）方式注明加工余量的数值，凡带起模斜度的加工余量应注明斜度，如图 2-36（b）所示。

4）因为铸件各面全要机械加工，所以起模斜度按零件图尺寸采用增厚法。两处平行于起模方向的侧壁高度均为 40mm，查表 2-14 得起模斜度 a 为 1.0mm。图 2-36（b）中“8.5/7.5”和“7/6”表示考虑了加工余量和起模斜度后，上端分别加 8.5mm 和 7mm，下端分别加 7.5mm 和 6.0mm。

5）由于是小批量生产，铸件各尺寸方向的铸造收缩率可取相同的数值 1%。

6）该芯头为垂直芯头。查有关手册得芯头尺寸，如图 2-36（b）所示。

7）铸造圆角按 1/5～1/3 壁厚的方法，取 $R_{内}$ 为 8mm，$R_{外}$ 为 4mm。

8）绘出铸造工艺图，如图 2-36（b）所示。

2．铸件图

铸件图是反映铸件实际尺寸、形状和技术要求的图样，是铸造生产、铸件检验与验收的主要依据，也是机械加工工艺装备设计的依据。铸件图应在完成了铸造工艺图的基础上绘制，用图形、工艺符号和文字标注。内容包括切削加工余量、零件实际尺寸、不铸出的孔槽、铸件尺寸公差、硬度、不允许出现的铸造缺陷、检验方法及相关的铸造工艺符号等。图 2-37 是根据图 2-36（b）所示的铸造工艺图绘制而成的铸件图。

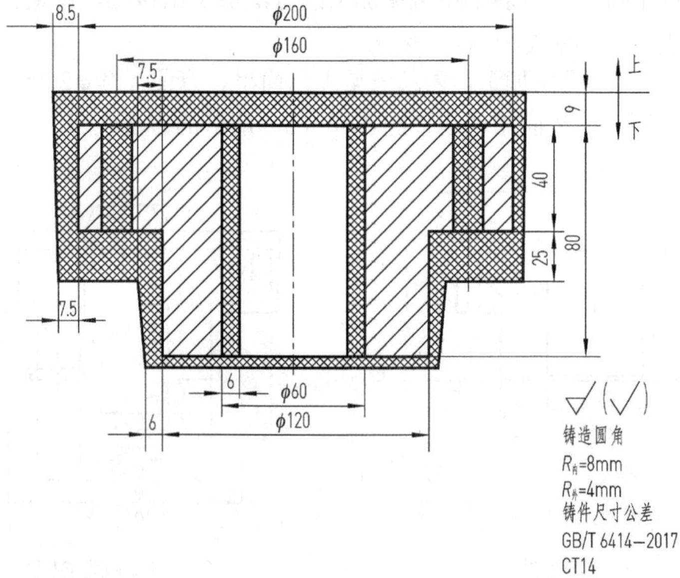

图 2-37　连接盘铸件图

3．铸件结构工艺性

铸件的结构工艺性是指所设计的铸件结构应在满足使用要求的前提下，满足铸造性能和铸造工艺对铸件结构的要求和经济性。合理地设计铸件结构，可达到工艺简单、经济、快速生产出合格铸件的目的。因此，铸件结构设计中应注意以下几个方面。

（1）铸件的外形

1）外形力求简单平直。尽量采用规则的易加工平面、圆柱面等，避免不必要的曲面、内凹等，以方便制模和造型，简化铸造生产的各个工序。

2）避免或减少活块。合理设计零件上的凸台、肋板，厚度应适当，分布应合理，以方便起模。图 2-38（a）上的凸台一般要用活块才能取出模样；若采用图 2-38（b）所示的结构，将凸台延伸，可采用简单的两箱造型，避免活块。

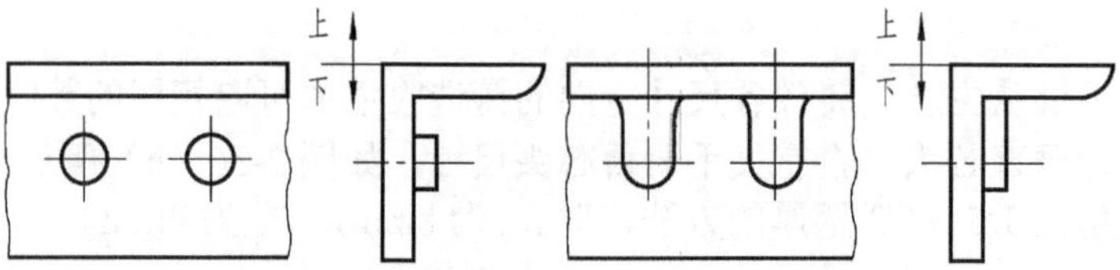

（a）不合理　　（b）合理

图 2-38　避免活块示例

3）尽量减少分型面的数量。分型面少且为平面可避免多箱造型和不必要的型芯，不仅可简化造型工艺，还能减少错型和偏芯，提高铸件精度。图2-39所示为底座铸件减少分型面设计，若采用2-39（a）所示结构，需采用三箱造型或外芯辅助造型，工艺复杂；若将其外形改进为2-39（b）所示结构，则可采用简单的两箱造型。

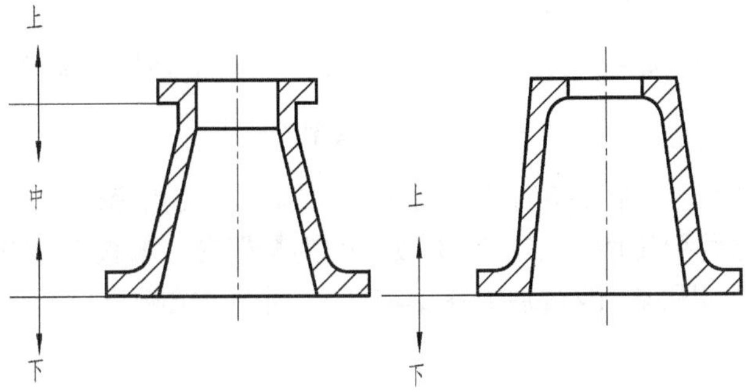

（a）原设计　　（b）改进后设计

图2-39　底座铸件减少分型面设计

4）应设计结构斜度。在垂直于分型面的非加工面应设计适当的结构斜度，以方便起模，避免在起模时损坏型腔，还可提高铸件的精度。一般手工造型木模的结构斜度为1°～3°。需要注意的是，铸件垂直壁的高度越大，结构斜度越小；内壁的斜度大于外壁的斜度；木模或手工造型的斜度大于金属模或机器造型的斜度。有结构斜度的内腔，有时可采用吊砂或自带型芯。图2-40所示为结构斜度示例。

5）避免收缩受阻。铸件的结构应利于自由收缩，以免产生较大的铸造内应力，防止铸件开裂。图2-41所示为轮辐设计方案。2-41（a）所示方案采用偶数直轮辐，虽然制模方便，但铸件收缩受阻，易在轮辐处产生裂纹；若改为图2-41（b）或图2-41（c）所示的方案，收缩时可借弯曲轮辐或奇数轮辐轮缘的微量变形减小铸造内应力，防止开裂。

6）避免过大水平面。过大的水平面不利于液态金属的填充，易产生浇不足和冷隔等缺陷；不利于排除气体和夹杂物；在大的水平面上方，铸型受液态金属的烘烤易开裂，易使铸件产生夹砂缺陷。将大的水平面改为倾斜面可防止产生上述缺陷。

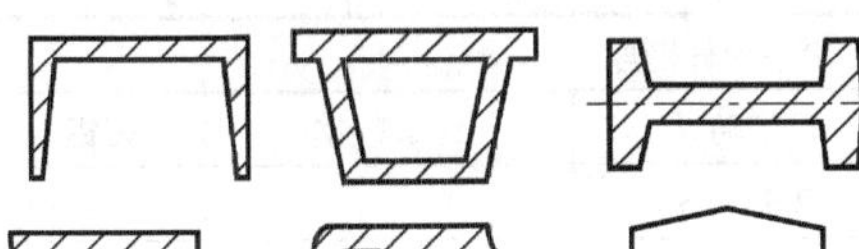

图2-40　结构斜度示例

（a）不合理　（b）合理　（c）合理

图2-41　轮辐设计方案

（2）铸件的孔和内腔

1）尽量少用或不用芯。铸件上的孔和内腔是用型芯形成的，其数量的增加会使生产周期延长，成本提高，并使合型装配困难，降低铸件的精度，容易引起各种铸造缺陷。图2-42所示为悬臂支架的设计。图2-42（a）为中空结构，需要用一个芯来铸出，改进后如图2-42（b）所示，为开式结构，可不用芯，这样就简化了铸造工艺。

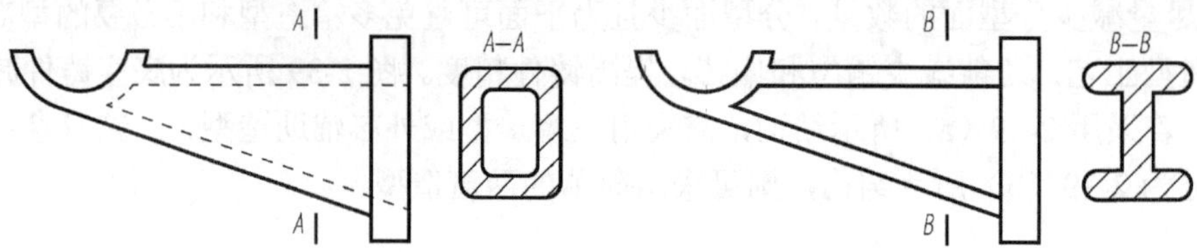

（a）原设计　　（b）改进后设计

图 2-42　悬臂支架的设计

2）有利于芯的固定、排气和清理，防止产生偏芯、气孔等缺陷。图 2-43（a）为轴承支架铸件，结构的内腔要用两个芯，其中较大的为悬臂芯，装配时要用芯撑来支承，型芯的固定、排气和清理都困难。改进后如图 2-43（b）所示，结构只用一个整体芯，下芯方便，且利于排气和清理。

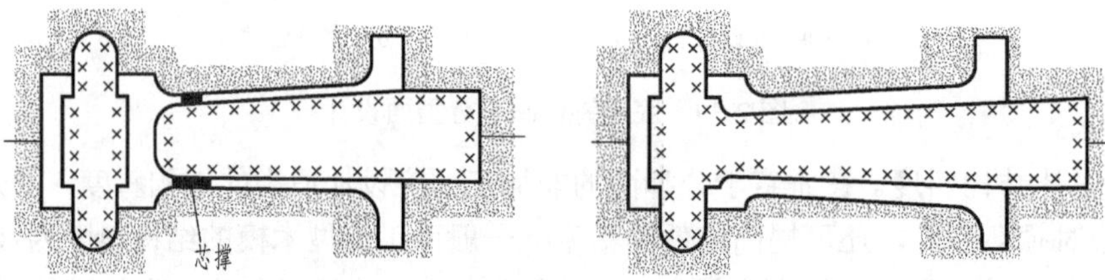

（a）原设计　　（b）改进后设计

图 2-43　轴承支架铸件的设计

（3）铸件的壁厚及壁间连接

1）铸件的壁厚应合理。铸件的壁厚应保证力学性能，便于铸造生产。铸件的壁不能太薄，否则会受金属流动性的影响，产生浇不足、冷隔等缺陷。

在一定的铸造条件下，铸造合金能充满铸型型腔的最小厚度称为该合金最小壁厚。铸件的厚度不能小于最小壁厚。表 2-15 所示为砂型铸造条件下各类铸件的最小允许壁厚。

表 2-15　砂型铸造条件下各类铸件的最小允许壁厚　　（单位：mm）

铸件最大轮廓尺寸	最小允许壁厚				
	灰铸铁	球墨铸铁	可锻铸铁	铸造碳钢	铸铝合金
<200	3～4	3～4	2.5～4.5	8	3～5
200～400	4～5	4～8	4～5	9	5～6
400～800	5～6	8～10	5～8	11	6～10

铸件的壁厚也不宜过大，否则会在壁的中心处形成粗大晶粒，产生缩孔、缩松等缺陷。每一种合金都有一个临界壁厚，当铸件的壁厚超过这个尺寸后，铸件的承载能力并不是按比例随之增加的。铸造合金的临界壁厚可按其最小壁厚的三倍来考虑。为保证铸件的强度和刚度，可在铸件的脆弱处增设加强筋。

2）铸件的壁厚应均匀。铸件各部分壁厚相差过大，不仅容易在较厚处产生缩孔、缩松等缺陷，还会使各部位冷速不均，铸造内应力增大，造成铸件开裂。图 2-44 所示为使铸件壁厚均匀的设计示例。

3）铸件的壁间连接应合理。图 2-45 所示为铸件的结构圆角。图 2-45（a）所示的铸件直角转角处金属积聚，易产生缩孔；内侧转角处应力集中严重，易产生裂纹。图 2-45（b）采用结构圆角过渡可避免上述缺陷。

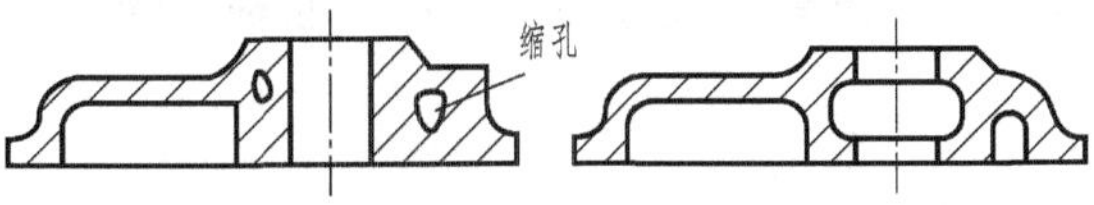

（a）壁厚不均匀　　（b）壁厚均匀

图 2-44　使铸件壁厚均匀的设计示例

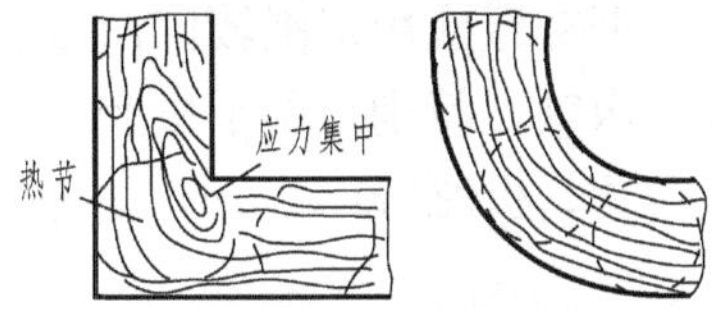

（a）不合理　　（b）合理

图 2-45　铸件的结构圆角

铸件壁的交叉处热量蓄积较多，易形成缩孔和缩松，因此要避免交叉。对中小型铸件可采用交错接头，大型铸件可用环状接头。铸件壁间连接若出现小于 90° 的锐角，则可采用过渡形式。例如，图 2-46（a）所示的结构比图 2-46（b）所示的结构合理。

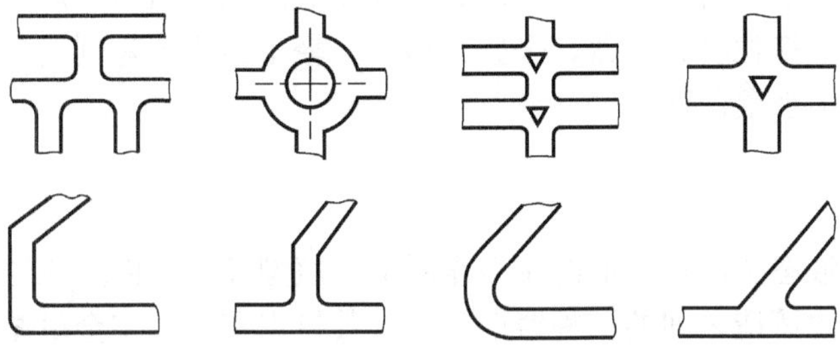

（a）合理　　（b）不合理

图 2-46　避免交叉和锐角连接

有时铸件的壁厚不完全一致，厚壁与薄壁的连接应采用逐渐过渡的形式，以避免因壁厚突变而引起应力集中。图 2-47 所示为铸件薄厚壁的逐渐过渡形式。

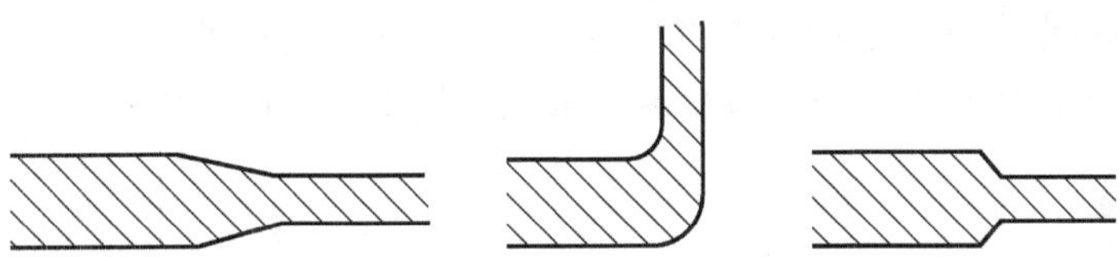

（a）　　（b）　　（c）

图 2-47　铸件薄厚壁的逐渐过渡形式

2.2.7　铸造新工艺和新技术简介

1. 实型铸造

实型铸造又称气化模铸造和消失模铸造，其原理是：用泡沫塑料（包括浇冒口系统）代替木模或金属模进行制造，造型后模样不取出，铸型呈实体，浇入液态金属后，模样燃烧、气化、消失，液态金属充填模样位置，冷却凝固后得到铸件。

实型铸造由于铸型没有型腔和分型面，不必起模和修型，与普通铸造相比有以下优点：

造型工序简单，生产周期短，生产效率高，铸件尺寸精度高；可采用干砂造型，取消了混砂工序，落砂极易实现，劳动强度大大降低；铸件表面质量好，清理打磨工作量可减少至少 50%。

实型铸造应用范围较广，可适用于各类合金，几乎不受铸件结构、尺寸、质量和生产批量的限制，特别适用于生产形状复杂的铸件，如模具、气缸头、管件、曲轴、叶轮、壳体、床身、机座等。

2．磁型铸造

磁型铸造是将装有气化模和铁丸的砂箱置于磁场中，铁丸在磁场作用下相互结合，在气化模外形成磁型，当液态金属浇入磁型时，高温金属将气化模逐渐烧失，而占据型腔，待冷却凝固后撤出磁场，则磁型自然散落，从而获得铸件。

磁型铸造与砂型铸造的主要差别是，磁型铸造的造型材料为磁性材料（铁丸）而非砂子，无灰尘污染，造型材料可反复使用；劳动强度低；但不适用于厚大复杂的铸件。磁型铸造已在机车车辆、拖拉机、兵器、采掘、动力、轻工、化工等制造业得到应用，适用于各种批量、合金的中小型铸件。

3．低压铸造

低压铸造是使液态金属在较低的压力作用下充填型腔，从而形成铸件的一种方法，是介于重力铸造和压力铸造之间的一种铸造方法，其特点有：液态金属充型比较平稳；铸件成形性好，铸件轮廓清晰、表面质量好，有利于大型薄壁铸件的成形；铸件组织致密，力学性能好；劳动条件好，设备简单，易实现机械化和自动化。

4．半固态铸造

半固态铸造是指将既非全呈液态又非全呈固态的固态-液态金属混合浆料，经压铸机压铸，形成铸件的铸造方法。这种铸造方法能大大减少对压铸机的热冲击，延长压铸机的使用寿命，可明显提高铸件的质量，减少能量消耗，便于进行自动化生产。

5．悬浮铸造

悬浮铸造是指在浇注液态金属时，将一定量的金属粉末加到液态金属流中，使其与液态金属掺和在一起而流入铸型的一种铸造方法。所添加的粉末材料称悬浮剂，常用的悬浮剂有铁粉、铸铁丸、铁合金粉、钢丸等。

悬浮铸造可明显地提高铸钢、铸铁的力学性能，减少缩孔和缩松，提高铸件的抗热裂性能，减少铸锭和厚壁铸件中化学成分的不均匀性，提高铸件和铸锭的凝固速度。其缺点是对悬浮剂和浇注温度的控制要求较高。

6．计算机技术在铸造生产中的应用

计算机技术在铸造中的应用大致有三个方面：CAD、数值模拟设计、计算机辅助铸造工艺过程（熔炼、造型、清理、管理、检测技术等）。

（1）铸造生产中的CAD

铸造生产中的CAD是以计算机为主要手段，完成某项设计工作的建立、修改、分析和优化，输出信息全过程的综合性技术。其设计过程是通过数据库软件提取设计所需的原始数据，并进行平面图设计和实体三维造型，在计算机中显示图形，从而代替产品试制来研究探讨产品的形状。与传统铸造工艺设计方法相比，可显著提高设计效率、缩短设计周期，能够实现设计和分析的统一。

（2）数值模拟技术

利用计算机数值模拟技术，可在计算机显示屏上直观地显示铸造过程中金属的充型、铸件的冷却凝固过程、模拟结晶过程、晶粒的大小和形状、铸造缺陷的形成过程等。通过数值模拟可预测铸件热裂倾向最大部位、产生缩孔和缩松的倾向，从而决定铸件的修改及判断冒口和冷铁设置的合理性等。通过CAD软件生成的实体造型数据文件，可直接与数值模拟软件进行数据交换，数值模拟软件可以对CAD文件进行加工，并生成计算网络。目前铸造工艺过程数值模拟已经达到应用阶段，世界上许多著名的铸造公司都相应推出其模拟软件系统，如我国的沈阳铸造研究所有限公司已开发出ESRC3D软件。随着计算机硬件技术的发展和功能的增强，铸造工艺设计模拟软件将不断完善并更新。

（3）计算机辅助铸造工艺

1）铸造工装的计算机应用。铸造工装，尤其是铸造模具、模板的设计制造，其现代制造技术的应用主要表现在以下几个方面。

① CAD或CAM（computer aided manufacturing，计算机辅助制造）一体化，在三维造型系统上，直接进行模具的设计，能够实现模具各部分的虚拟装配，自动检查干涉情况；能够完成走刀规划和加工模拟；自动生成数字控制（numerical control，NC）代码，快速且高质量地生产出铸造模具。

② 利用快速原型制造技术，能够快速提供铸造工装的模样，显著缩短新产品的开发周期，降低试制成本。

③ 在铸造模具、模板设计的初始阶段，就综合并行考虑模具的设计、加工、装配、使用直到报废处理的所有环节，可以将设计错误降到最低。

2）计算机检测与控制。利用计算机实现对生产设备和生产过程进行检测、控制是生产高质量铸件的必备条件，也是现代铸造生产的一个重要标志。计算机检测与控制系统通常由计算机硬件与软件、输入/输出［I（in，输入）/O（out，输出）］接口、模/数［A（analog，模拟的）/D（digital，数字的）］转换器、数/模（D/A）转换器、传感器及执行机械等部分组成。其应用主要表现在以下几个方面。

① 型砂性能及砂处理过程的计算机检测与控制。

② 冲天炉熔炼的计算机检测与控制。

③ 液态金属质量的炉前快速检测与计算机控制。

④ 铸件成型过程的计算机检测与控制。

⑤ 铸件成品质量的计算机检测。

2.3 锻　压

2.3.1 锻压加工概述

1．金属塑性加工方法

常见的金属塑性加工方法如图 2-48 所示。

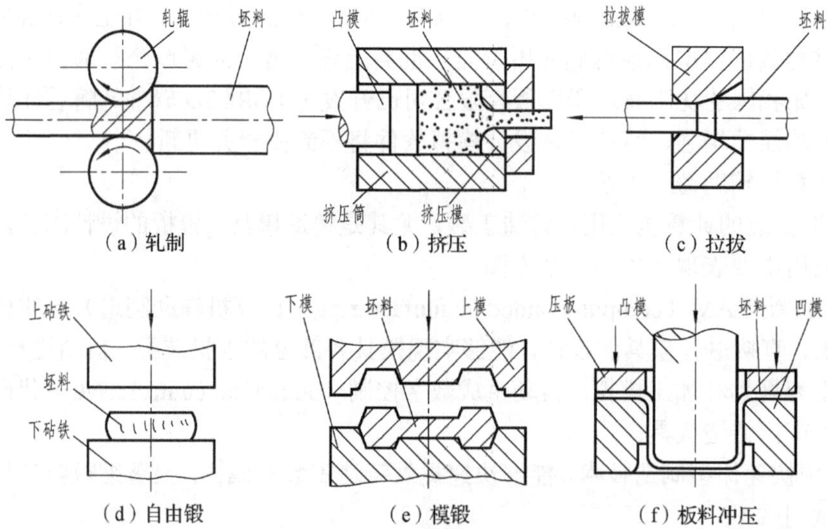

图 2-48　常见的金属塑性加工方法

（1）轧制

轧制是使金属坯料在两相对回转轧辊的压力作用下，连续产生塑性变形，从而改变其力学性能，获得所要求截面形状的加工方法。轧制主要应用于钢材的生产，如型材、板材、管材等。

微课：金属热加工基础——锻压（1）

（2）挤压

挤压是将金属坯料置于挤压筒中加压，使其从挤压模的模孔中挤出，横截面面积减小，获得所需制品的加工方法。它是加工有色金属的型材和管材的主要方法，也可用于加工低碳钢。

（3）拉拔

拉拔是坯料在牵引力作用下通过拉拔模的模孔，产生塑性变形，得到截面细小、长度增加的制品加工方法。拉拔一般在冷态下进行，主要产品是直径细小的线材（如各种导线）、ϕ<6mm 的钢丝，也可以是各种截面形状的型材和管材。

（4）自由锻

自由锻是指用简单的通用性工具或在锻造设备的上下砧铁间，使坯料受冲击力作用而变形，获得所需形状锻件的加工方法。通常，在工作时，承受重载荷的零件采用自由锻的方法来制坯。

（5）模锻

模锻是利用模具使金属坯料在模膛内受冲击力或压力作用，产生塑性变形而获得锻件的加工方法。

（6）板料冲压

板料冲压是指用上下冲模使板料经分离或成形得到制件的加工方法。

在上述六种金属塑性加工方法中，轧制、挤压和拉拔主要用于生产型材；自由锻、模锻和板料冲压总称锻压，主要用于生产毛坯或零件。

2．锻压加工特点

（1）优点

1）改善金属组织，提高金属的力学性能。金属经过锻压可使其中晶粒细化，并使其中的气孔、微裂纹、缩松压合，提高组织的致密度；锻压还可形成金属的纤维方向，使其合理分布，提高零件的力学性能。

2）适用范围广，生产效率高。锻压产品适用范围广，模锻和板料冲压加工可实现较高的生产效率。

3）节省材料，减少切削加工工时。锻压件的力学性能比铸件好，可相对减少零件的截面尺寸，减小零件的质量。此外，利用某些锻压加工的新工艺（如精密模锻）可以生产出尺寸精度和表面粗糙度接近或达到成品要求的零件，可做到少屑加工或无屑加工。

（2）缺点

锻压加工的缺点是难以获得形状复杂的零件。

3．金属的塑性变形

（1）金属塑性变形的实质

当作用在金属上的外力超过屈服强度时，外力撤去后，金属的变形不能完全恢复，还有一部分永久变形，称为金属的塑性变形。塑性变形的产生是由于组成金属的晶粒本身及晶粒之间产生了滑移或双晶的结果。

如图2-49所示，一单晶体受外力作用后，由于剪应力的存在，晶粒的个别部分之间在某些晶面上产生相对移动，这种移动称为滑移变形。在某些情况下，剪应力的作用会使晶粒的部分晶格产生相对转动，这种变形称为双晶（又称孪晶）变形。

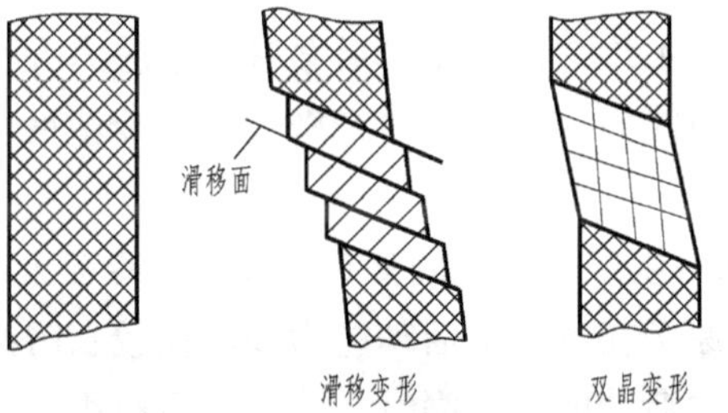

图2-49　单晶体变形示意图

对于多晶体的塑性变形，滑移首先从晶格位向有利于滑移的晶粒内开始，随着剪应力的增加，再延伸到其他位向的晶粒。多晶体晶粒的形状、大小、位向各不相同，在塑性变形过程中还存在晶粒与晶粒之间的滑动和转动（称为晶间变形），因此多晶体的塑性变形是由许多单个晶粒产生的塑性变形和晶间变形的综合效果，要比单晶体复杂得多。需要注意的是，晶内变形是主要的，晶间变形很小。

（2）塑性变形对金属组织和性能的影响

金属在常温下发生塑性变形时，晶粒的形状会沿变形方向被拉长或压扁，晶粒内部及晶间会产生碎晶粒。随着变形量逐渐增加，各晶粒会被拉成细条状，晶界变得模糊不清。金属中的塑性夹杂物也会沿着变形方向被拉长，形成纤维组织。这种组织使金属在不同方向上表现出不同的性能。金属塑性变形根据温度不同分为冷变形和热变形两种。

1）冷变形对金属组织和性能的影响。冷变形时，随着变形程度的增加，金属材料的强度和硬度都相应提高，但塑性有所下降，这种现象称为冷变形强化或加工硬化。图 2-50 所示为常温下塑性变形对低碳钢力学性能的影响。从图 2-50 可以看出，金属的变形量越大，强化效果越显著。

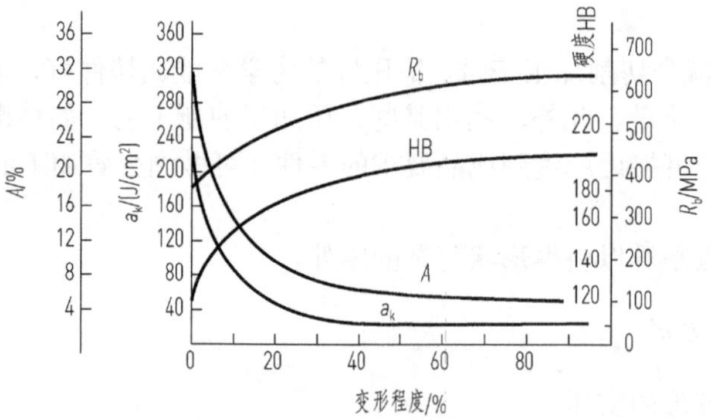

图 2-50　常温下塑性变形对低碳钢力学性能的影响

冷变形强化在生产中具有很强的实用价值，对那些不能热处理强化的金属材料（如纯金属、奥氏体不锈钢、防锈铝合金等）是一种重要的强化手段。但冷变形强化会造成金属的进一步变形困难，必须通过退火消除加工硬化，恢复金属的塑性。退火温度应高于再结晶温度 100～200℃。

由于金属的塑性变形是不均匀的，变形后会有残余应力存在，这将导致工件形状和尺寸的变化，降低工件的承载能力。因此，对精密零件在冷塑性变形加工后，须进行去应力退火以提高尺寸稳定性。

2）冷变形金属在加热时组织和性能的变化。金属经冷变形后，其晶体结构处于不稳定的应力状态，这种状态的原子在室温下活动能力弱，在较长时间内不会发生明显的变化，当加热到一定温度，原子的活动能力加强时，才会发生组织和性能的变化，使金属恢复到稳定状态，如图 2-51 所示。

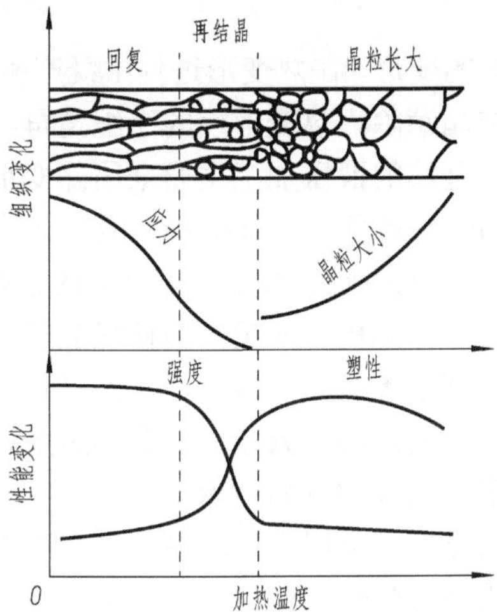

图 2-51　变形后的金属在加热时组织和性能的变化

① 加热温度较低时，冷变形金属的显微组织无明显变化，只能使残余应力明显减小和消除，此时的强度、硬度略有下降，塑性稍有升高，这一过程称为回复。

使金属得到回复的温度称为回复温度，用 $T_{回}$ 表示。纯金属的回复温度可表示为

$$T_{回} \approx (0.25 \sim 0.30)\ T_{熔} \tag{2-3}$$

式中：$T_{回}$——纯金属的绝对回复温度，K；

$T_{熔}$——纯金属的绝对熔化温度，K。

生产中，常利用回复现象对冷变形强化后的工件进行低温去应力退火，以消除应力，稳定组织，保留冷变形强化的性能。例如，冷拔弹簧钢丝绕制成弹簧后，可进行一次低温退火处理。

② 加热温度较高时，冷变形后的晶粒重新生核、结晶，形成新的无畸变的等轴晶，这一过程称为再结晶。冷变形后的金属经过再结晶后，消除了晶格畸变、冷变形强化和残余应力，金属的组织和性能恢复到了变形前的状态。

开始产生再结晶的最低温度称为再结晶温度，用 $T_{再}$ 表示。纯金属的再结晶温度可表示为

$$T_{再} \approx 0.40 T_{熔} \tag{2-4}$$

式中：$T_{再}$——纯金属的绝对再结晶温度，K；

$T_{熔}$——纯金属的绝对熔化温度，K。

一般情况下，纯铁的再结晶温度为 450℃，低碳钢为 450～550℃，钨为 1200℃，铜为 200℃，铝为 100℃，锌为室温，锡低于室温。

当加热温度超过再结晶温度过多时，晶粒会聚集长大，力学性能随之变差。因此，冷变形零件的再结晶退火温度不宜过高。

冷热变形的界限是再结晶温度，在再结晶温度以下的变形是冷变形，此时的变形只有加工硬化现象而无再结晶现象，因此随着变形的进行，变形抗力增高、塑性降低，最终会导致金属破裂。所以，变形量不宜过大。冷变形具有尺寸精度高，表面质量好，生产效率

高，强度、硬度高等优点。

热变形是再结晶温度以上的变形，在热变形过程中既产生加工硬化，又有再结晶现象，且加工硬化被随之而来的再结晶消除，热变形后的组织是再结晶后的组织，具有良好的塑性，较低的变形抗力。因此，金属的锻压加工主要采用热变形。但热变形的生产效率和锻件尺寸的精度低，表面质量和劳动条件差，须配备相应的加热设备。

3）热变形对金属组织和性能的影响。锻压加工所用的原始坯料多为铸锭，热变形对其影响为：可消除铸态组织中的部分偏析；使粗大的柱状晶粒通过变形和再结晶转变为细小的等轴晶；使金属中的气孔、缩松等缺陷被压合，提高材料的致密度；可将高合金工具钢铸态组织中的大块碳化物打碎，使其均匀分布。热变形后金属的力学性能大大提高，强度比原来提高 1.5～2 倍，塑性和韧性得到大幅提高。

铸锭中的杂质多分布在晶界上，金属变形时晶粒沿变形方向伸长：脆性杂质被打碎，顺着主要伸长方向呈碎粒状或链状分布；塑性杂质随着金属变形，沿主要伸长方向呈带状分布。这种具有方向性的组织称为锻造流线，也称纤维组织（流纹）。它使金属性能呈各向异性，即平行流线方向（纵向）的抗拉强度、塑性和韧性比垂直流线方向（横向）的好，如表 2-16 所示。

表 2-16　45 钢力学性能与其流线组织方向的关系

取样方向	R_m /MPa	$R_{r0.2}$ /MPa	A /%	Z /%	A_k /J
横向	675	440	10	31	24
纵向	715	470	17.5	62.8	49.6

纤维组织是很稳定的，用热处理的方法不能消除，只能通过锻压才能改变它的方向和分布。在设计和制造零件时必须使零件工作时最大正应力方向与其流线方向平行，最大剪应力方向与其流线方向垂直，流线的分布与零件的外形轮廓符合，这样才不易被切断。例如，图 2-52 所示的齿轮用轧制方法加工可使流线符合各个齿的形状，且连续分布，可大大提高其力学性能，延长其使用寿命，减少原材料消耗。

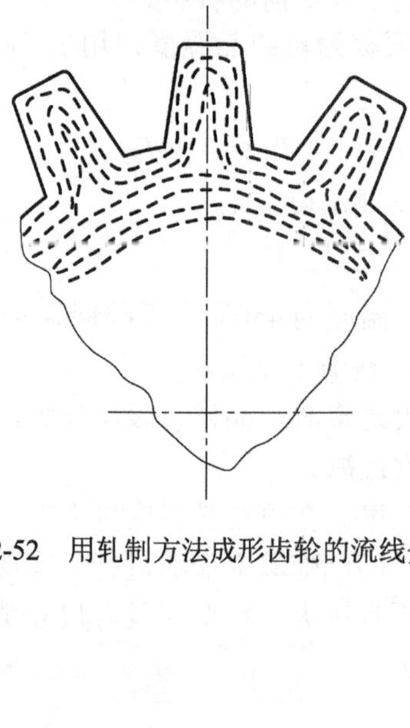

图 2-52　用轧制方法成形齿轮的流线分布

2.3.2　金属的锻压性能

金属的锻压性能是指金属锻压变形难易程度的一种工艺性能，常用塑性和变形抗力两个指标来衡量。塑性越好、变形抗力越小，金属的锻压性能越好；反之，锻压性能越差。

1．影响金属锻压性能的因素

影响金属锻压性能的因素有金属的本质和变形条件。

（1）金属的本质

纯金属的锻压性能比合金的好；在碳素钢中，含碳量越多，锻压性能越差；在合金钢中，合金元素的种类和含量越多，锻压性能越差。

固溶体的锻压性能好，金属化合物的锻压性能差；合金中的单相组织比多相组织的锻压性能好。晶粒细小而均匀的组织比柱状晶粒组织和粗晶粒组织的锻压性能好。

（2）变形条件

随变形温度的升高，变形抗力减弱，塑性提高，金属的锻压性能得到改善，但温度过高会引起过热或过烧。因此，热变形加工需选择一个合适的锻压温度范围。

一般情况下，随着变形速度的增加，金属的回复和再结晶不能及时克服冷变形强化，从而塑性下降，变形抗力增强，锻压性能变差。因此，对塑性差的金属和大型锻件，宜采用较小的变形速度。

变形区金属在三个方向上的压应力数目越多，塑性越好，但压应力增加了金属内部的摩擦，会使变形抗力增强；拉应力数目越多，塑性越差。

2．金属锻造的加热和冷却

（1）坯料的加热

坯料加热的目的是提高坯料的塑性，减弱变形抗力，改善锻压性能。加热时，应保证坯料受热均匀，减少氧化、脱碳、燃料消耗，缩短加热时间。

锻造温度范围是锻件由始锻到终锻的温度区间。

1）开始锻造时坯料的温度（始锻温度）。为使坯料拥有最佳的锻压性能，在未出现过热和过烧的前提下，可适当提高始锻温度，减少加热次数。碳钢的始锻温度比固相线低 200℃左右，如图 2-53 所示。

2）坯料停止锻造的温度（终锻温度）。终锻温度应高于再结晶温度，以保证在停锻前坯料有足够的塑性，锻后能获得细小的再结晶组织。但终锻温度过高，易形成粗大晶粒，降低金属的力学性能；终锻温度过低，锻压性能会变差。碳钢的终锻温度应维持在 800℃左右。

锻造时金属的温度可用仪表进行精确测量，精度要求不高时，用观察金属火色的方法（简称火色法）判断更为方便。常用钢的锻造温度范围如表 2-17 所示。

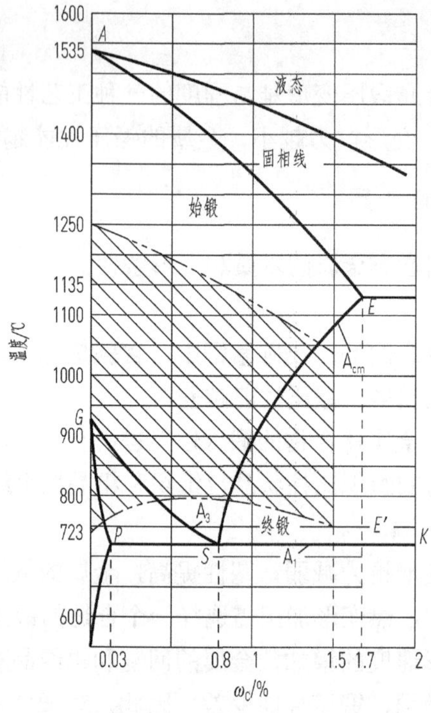

图 2-53　铁-碳相图

表 2-17　常用钢的锻造温度范围

类别	牌号	始锻温度/℃	终锻温度/℃	类别	牌号	始锻温度/℃	终锻温度/℃
普通碳素结构钢	Q195、Q215	1300	700	合金结构钢	20CrMnTi	1200	800
	Q235、Q255	1250	700		40CrMnTi		
	Q275	1200	750		42SiMn	1150	800
优质碳素结构钢	10～35	1250	800	合金工具钢	9Mn2V	1100	800
	40～60	1200	800		9SiCr	1100	800
	40Mn、60Mn	1200	800		CrWMn	1100	800
碳素工具钢	T7、T8	1150	800		Cr12	1080	840
	T9、T10	1100	770	高速工具钢	W18Cr4V	1150	900
	T11、T12、T13	1050	750		W6Mo5Cr4V2	1130	900

（2）锻件的冷却

冷却是锻造工艺过程中不可缺少的工序，锻后冷却不当会使锻件翘曲变形、硬度过高，甚至产生裂纹等缺陷。锻造生产中常见的冷却方法有以下几种。

1）空冷，是将热态锻件放在静止空气中冷却的方法。空冷速度较快，多用于低碳钢、中碳钢和低合金结构钢的中小型锻件的冷却。

2）坑冷，是将热态锻件埋在地坑或铁箱中缓慢冷却的方法。灰砂冷是将热态锻件埋入炉渣、灰或砂中缓慢冷却的方法。这两种冷却方法均比空冷慢，主要用于中高碳结构钢、碳素工具钢和中碳低合金结构钢的中型锻件的冷却。

3）炉冷，是将热态锻件放入炉中缓慢冷却的方法。这种方法冷却速度最慢，生产效率最低，常用于合金钢大型锻件、高合金钢重要锻件的冷却。

2.3.3　自由锻

微课：金属热加工基础——锻压（2）

自由锻是在锻造设备的上下砧铁间直接使坯料产生变形，获得所需几何形状及内部质量锻件的加工方法。金属的受力变形在上下两砧铁间自由流动，不受限制，形状和尺寸由锻工控制，所以称为自由锻。

1. 自由锻的分类、特点及应用

自由锻分为手工自由锻和机器自由锻两种。手工自由锻适用于小件生产或维修；机器自由锻是工厂采用的主要生产方式。

自由锻的设备和工具简单，适应性强、灵活性大、成本低，可锻造小至几克、大至数百吨的锻件。但锻件的尺寸精度低、材料的利用率低，劳动强度大、劳动条件差，生产效率低，要求工人有较高的技术水平。

自由锻主要适用于单件、小批量和大型锻件的生产。

2. 自由锻设备

自由锻设备按作用力的性质不同分为自由锻锤（冲击力作用）和压力机（静压力作用）两类设备。其中，自由锻锤有空气锤和蒸汽-空气锤，压力机有水压机、油压机等。

（1）空气锤

空气锤是利用电力直接驱动的锻造设备，其工作原理如图 2-54 所示。利用空气锤上既可自由锻，也可胎模锻。

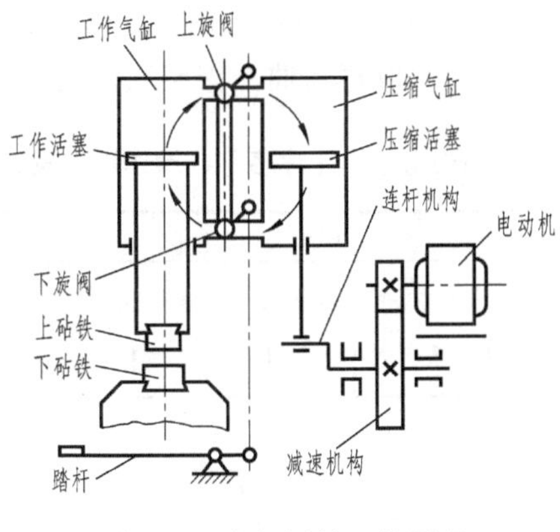

图 2-54　空气锤的工作原理

空气锤有两个气缸，即工作气缸和压缩气缸。压缩气缸内的活塞由电动机通过减速机构、曲柄、连杆带动，做上下往复运动。压缩气缸中的压缩空气经过上下旋阀交替进入工作气缸的上部和下部空间，使工作气缸内的活塞连同锤杆和上砧铁一起做上下运动，对放在下砧铁上的金属坯料进行打击。空气锤可根据锻造工作的需要，做连续打击、上砧铁上悬、下压和单次打击等动作。

空气锤的吨位以落下部分的质量（kg）来表示，常见的规格有 65kg、75kg、250kg、

750kg 等，如表 2-18 所示。空气锤具有价格低、工作行程短、打击速度快、结构简单、操作方便等优点，广泛应用于小型锻件的锻造。

表 2-18　空气锤吨位选择参考数据

设备吨位/kg		65	75	150	200	250	400	560	750
能锻工件尺寸/mm	方（边长）	65	—	130	150	—	200	270	270
	圆（直径）	$\phi85$	$\phi85$	$\phi145$	$\phi170$	$\phi175$	$\phi220$	$\phi280$	$\phi200$
最大锻件质量/kg		2	2	4	7	8	18	30	40

（2）水压机

水压机是锻造大型锻件的主要设备。大型锻造水压机的制造和拥有量是反映一个国家工业水平的重要标志。2007 年，中国一重集团有限公司自行设计制造的当时世界上吨位最大、技术最先进的 15000t 重型自由锻造水压机一次热负荷试车成功，使我国成为世界上第三个拥有 15000t 水压机的国家。

水压机锻造时以静压力代替锤锻时的冲击力，大型水压机能够产生很大的锻造压力，坯料变形量大，锻透深度大，可以改善锻件内部质量，这对于以钢锭为坯料的大型锻件是很有必要的。此外，水压机振动小，可使坯料缓慢变形、容易再结晶，从而获得较好的塑性，但其存在结构笨重、辅助装置庞大、造价高等缺点。

水压机主要适用于大型锻件和高合金钢锻件的锻造，其规格用产生的最大静压力表示，一般为（5×10^3）～（125×10^3）kN，可锻钢锭的质量为 1～300t。

3．自由锻工序

自由锻工序分为基本工序、辅助工序和精整工序。基本工序包括镦粗、拔长、冲孔、弯曲、错移等，如表 2-19 所示；辅助工序包括压钳口、倒棱、压肩等；精整工序是对已成形的锻件表面进行平整，清除飞边、校直弯曲、修整鼓形等。

表 2-19　自由锻基本工序名称、操作规则及其应用

名称	定义	图例	操作规则	应用
镦粗	① 镦粗：使坯料高度减小、横截面面积增大的工序； ② 局部镦粗：对坯料的某一部分进行的镦粗	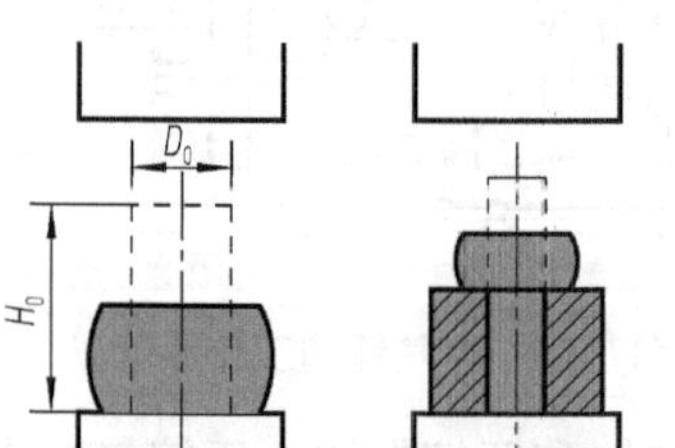 （a）镦粗　（b）局部镦粗	① 坯料原始高度 h 与直径 d 之比小于等于 2.5，以免发生镦弯； ② 镦粗面应垂直于轴线； ③ 坯料应经常绕其本身轴线旋转，使其均匀变形； ④ 镦弯后应将工件放平，轻轻锤击校正	① 用于制造高度小、截面面积大的工件，如圆盘、齿轮等； ② 增加后续拔长时的锻造比； ③ 冲孔前镦平坯料端面

续表

名称	定义	图例	操作规则	应用
拔长	① 拔长：使坯料的横截面面积减小而长度增加的工序； ② 芯棒拔长：减小空心坯料的壁厚和外径尺寸，增加长度的工序； ③ 芯轴上扩孔：减小空心坯料的壁厚，增加内径和外径，以芯轴代替下砧铁	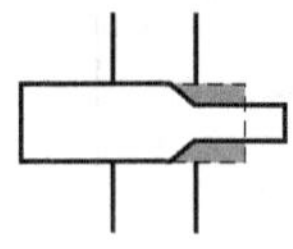 （a）拔长 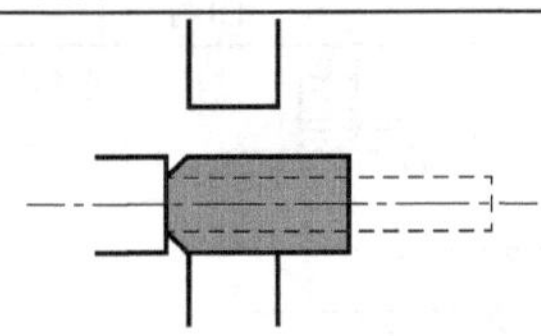 （b）局部拔长 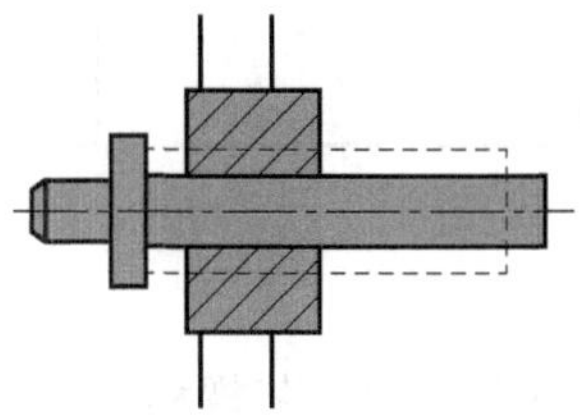 （c）芯轴拔长	① 经常翻转坯料，以免打得过扁，造成弯折、翘曲； ② 每次送进量不能太大，以免影响伸长率，也不能太小，一般 $L=(0.4\sim0.8)b$	① 用于制造长度大而截面面积小的工件，如曲轴、拉杆、轴等； ② 制造长轴类空心件，如炮筒、圆环、套筒等
冲孔	在坯料上冲出通孔或盲孔的工序	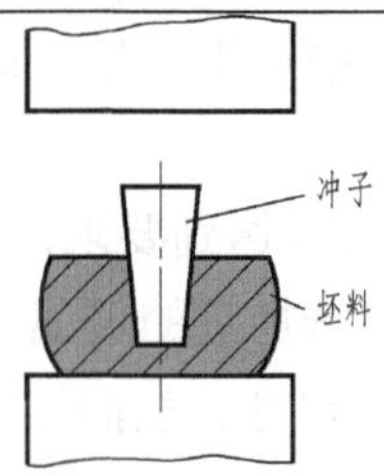 （a）正面 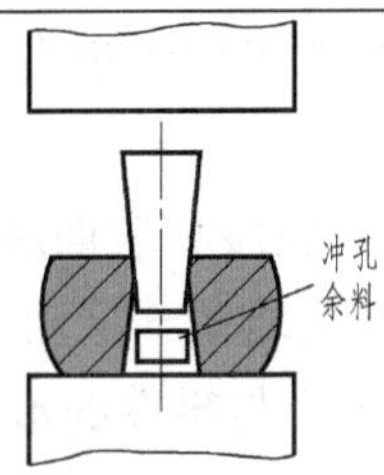 （b）反面 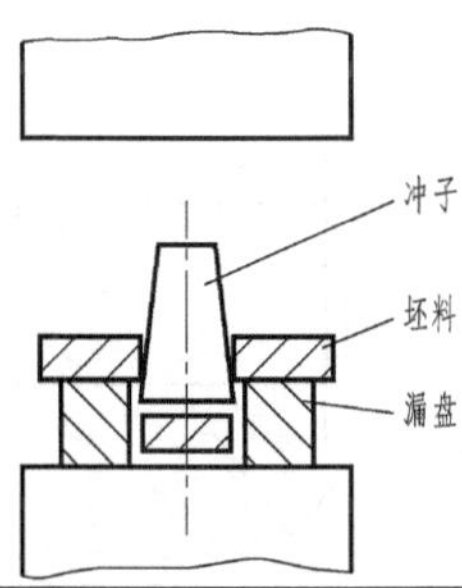 	① 冲孔面应先镦平，使冲子能垂直放在坯料端面上； ② 冲孔时，坯料应经常转动，冲子要经常冷却； ③ 冲子冲到离坯料底面的距离为（15%～20%）h 时，应将坯料翻转，然后将孔冲出； ④ $d<25$mm 的孔一般不冲出； ⑤ 对直径大于 450mm 的孔，可用空心冲子冲孔	① 用于制造空心件，如齿轮毛坯、圆环等； ② 对于锻件质量要求高的大工件，可用空心冲子去掉质量较低的铸锭中心部分
弯曲	采用一定的工模具将坯料弯成规定外形的锻造工序	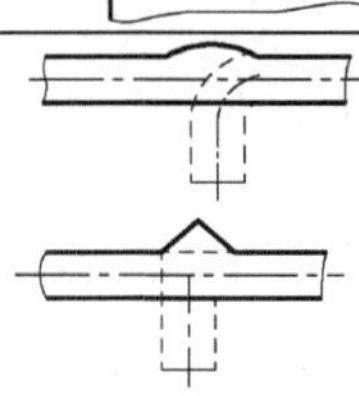 （a） 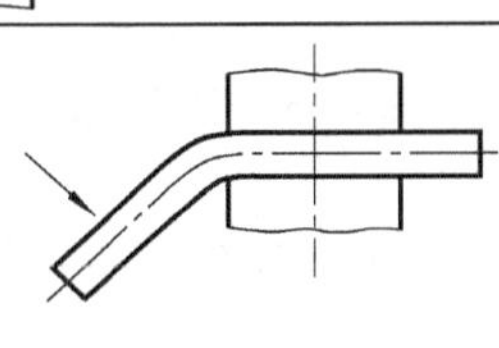 （b） 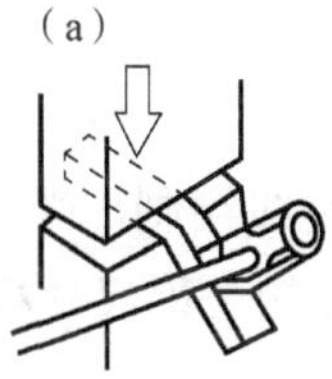 （c）	弯曲处的坯料截面会略有缩小，同时截面形状也有变化，因此，如果锻件要保持截面面积不变，则应在弯曲前预先进行局部镦粗［见图（a）］	① 锻制弯曲型零件，如V形板等； ② 可以使流线方向符合锻件的外形而不被割断，锻件质量好，如吊钩等

续表

名称	定义	图例	操作规则	应用
错移	使坯料的一部分与另一部分平行错开一定距离的工序	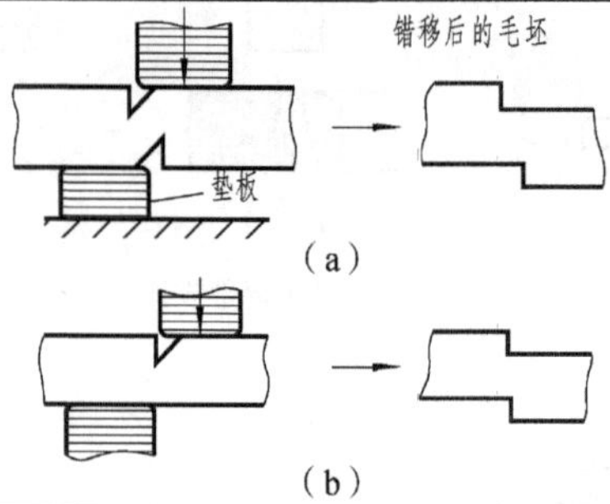	（略）	用于曲轴等偏心或不对称的锻件

4．自由锻工艺规程的制定

工艺规程是指导生产的基本技术文件。自由锻的工艺规程主要有以下内容。

（1）绘制锻件图

锻件图是以零件图为基础并考虑锻造余块、机械加工余量、锻件公差等因素绘制而成的，它是锻造加工的依据。

1）机械加工余量。自由锻的精度和表面质量难以达到要求，一般均需进行切削加工。凡表面需要切削的部分，在锻件上均留一层用于机械加工的金属，称为机械加工余量，如图 2-55 所示。机械加工余量的大小与零件的形状、尺寸、表面粗糙度、生产批量有关，可通过查阅相关手册进行选取。

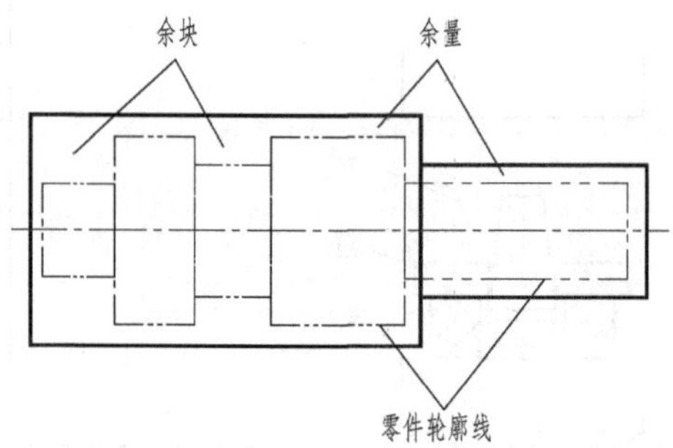

图 2-55　锻件上的余量和余块

2）锻件公差。锻件公差是锻件的实际尺寸与公称尺寸之间所允许的偏差。锻件的公称尺寸是零件的公称尺寸加上机械加工余量。锻件公差值可根据锻件形状、尺寸、生产批量、精度要求等查阅相关手册来确定，一般取机械加工余量的 1/4～1/3。

3）余块。余块是为了简化锻件形状，便于锻造而附上去的一部分金属，如图 2-55 所示。

4）锻件图的绘制规则。锻件图的外形用粗实线绘制，零件的轮廓形状用双点划线绘制。锻件的公称尺寸和公差标注在尺寸线上，零件的公称尺寸标注在尺寸线下方并加括号，如图 2-56 所示。

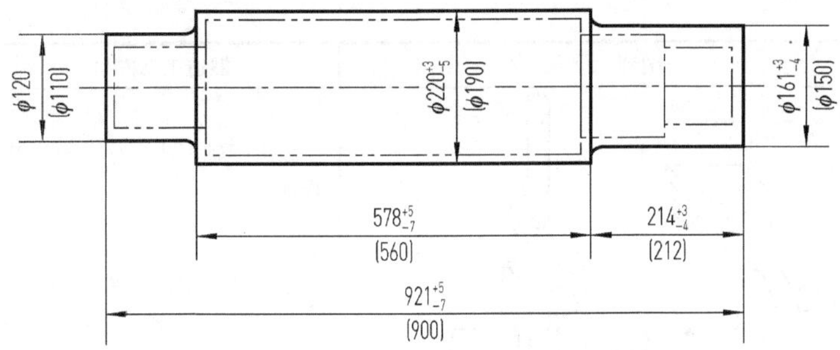

图 2-56 轴的锻件图

（2）坯料质量和尺寸的计算

1）坯料的质量计算公式为

$$G_{坯料}=G_{锻件}+G_{烧损}+G_{料头} \tag{2-5}$$

式中：$G_{坯料}$——坯料质量，kg。

$G_{锻件}$——锻件质量，kg。

$G_{烧损}$——加热时由于坯料表面氧化而烧损的质量，kg；第一次加热取被加热金属的 2%～3%，以后每次加热取 1.5%～2.0%。

$G_{料头}$——在锻造过程中冲掉或切掉的金属的质量，kg；如冲孔时坯料中部的料芯、修切端部的料头等。

当锻造大型锻件时，若采用钢锭作坯料，还要考虑应切掉的钢锭头部和尾部的质量。

2）坯料尺寸。根据坯料质量即可确定坯料尺寸，在计算坯料尺寸前，要先考虑锻造比。

（3）选择锻造工序

锻造工序的选择应根据锻件的形状、尺寸和技术要求，结合已有的设备、生产批量、工具、工人的技术水平等因素综合考虑。自由锻锻件的分类及锻造用基本工序如表 2-20 所示。

表 2-20 自由锻锻件的分类及锻造用基本工序

类别	图例	锻造工艺方案	实例
圆截面轴类	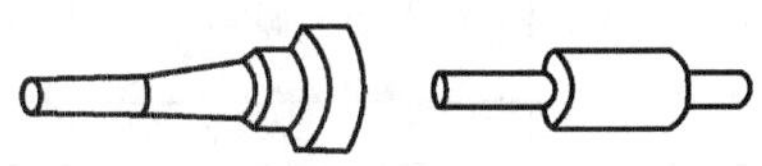	① 拔长 ② 镦粗—拔长 ③ 局部镦粗—拔长	传动轴、齿轮轴等
方截面杆类		① 拔长 ② 镦粗—拔长 ③ 局部镦粗—拔长	连杆等
空心类	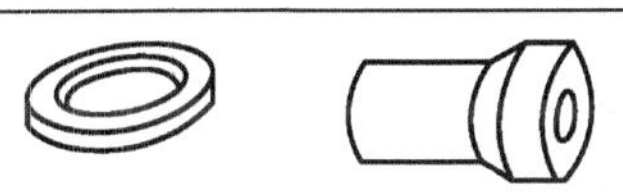	① 镦粗—冲孔 ② 镦粗—冲孔—扩孔 ③ 镦粗—冲孔—芯轴上拔长	空心轴、法兰、圆环、套筒、齿圈等
饼块类	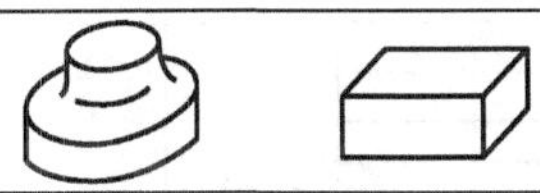	镦粗或局部镦粗	齿轮、圆盘叶轮、模块轴头等

续表

类别	图例	锻造工艺方案	实例
弯曲类	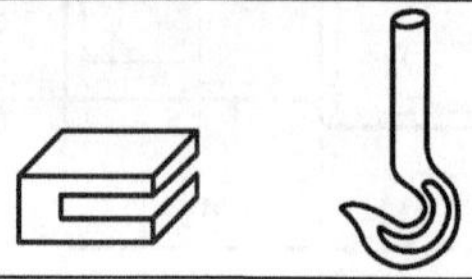	先进行轴杆类工序，再进行弯曲	吊钩、轴瓦、弯杆等
曲轴类	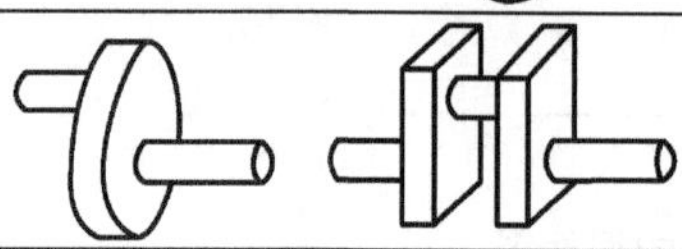	① 拔长—错移（单拐曲轴） ② 拔长—错移—扭转（多拐曲轴）	各种曲轴、偏心轴等

（4）选择锻造设备

锻造设备应根据锻件材料，坯料的形状、尺寸、质量，锻造的基本工序，设备的锻造能力等进行选择。对中小型锻件，一般选用锻锤；对大型锻件，一般选用压力机。锻造设备的吨位和最大锻件质量如表 2-21 所示。

表 2-21　锻造设备的吨位和最大锻件质量

锻造设备	空气锤	蒸汽-空气锤	水压机
吨位/kg	65～750	（1～5）×10^3	（500～12500）×10^3
最大锻件质量/kg	2～50	50～700	1000～180000

（5）选择坯料加热、锻件冷却和热处理方法

按 2.3.1 节、2.3.2 节中的相关内容要求选择坯料的加热、锻件的冷却和热处理方法。

（6）制作齿轮坯自由锻工艺卡（表 2-22）

表 2-22　齿轮坯自由锻工艺卡参考示例

锻件名称	齿轮坯	锻件图	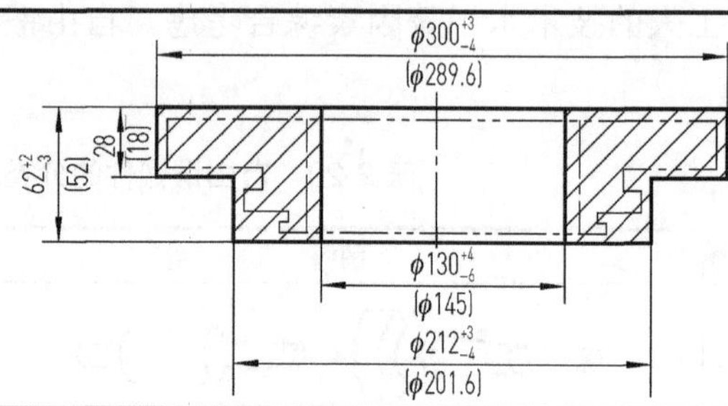
锻件材料	45 钢		
坯料质量	19.5kg		
锻件质量	18.5kg		
坯料尺寸	ϕ 120mm×221mm		
每坯锻件数	1		

火次	温度/℃	操作说明	变形过程简图	设备	工具
		下料 加热	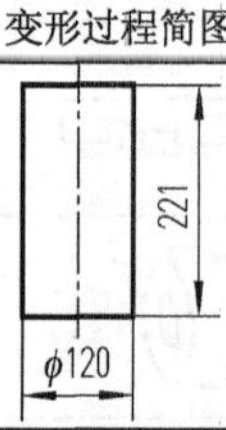	反射炉	
1	800～1200	镦粗	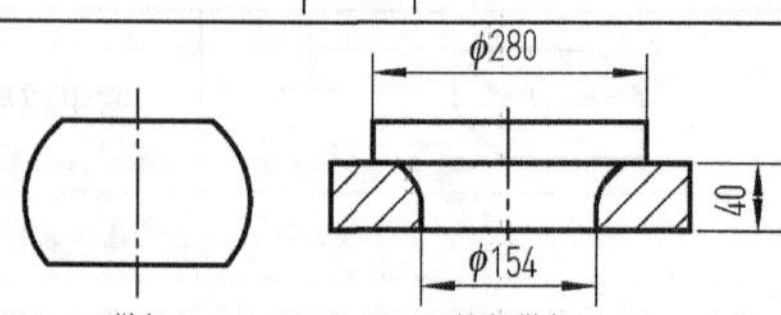镦粗　局部镦粗	750kg 自由锻锤	普通漏盘
2	800～1200	局部镦粗			

续表

火次	温度/℃	操作说明	变形过程简图	设备	工具
3	800～1200	冲孔	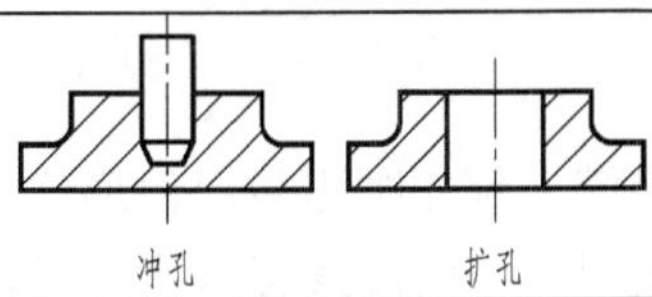	750kg 自由锻锤	冲头
4	800～1200	扩孔			
5	800～1100	修整	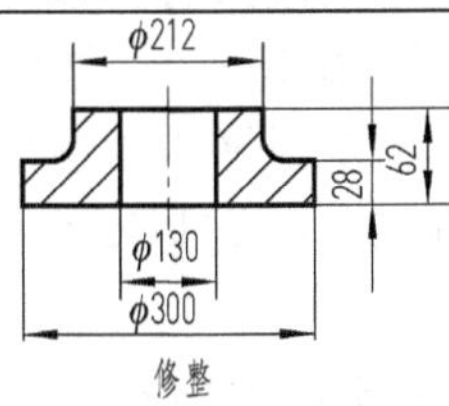	750kg 自由锻锤	

5．自由锻零件的结构工艺性简介

设计自由锻零件时，必须考虑锻造工艺方便性、经济性和可行性，零件的形状应尽量简单和规则。零件的结构不合理时将使锻造操作困难，降低生产效率和造成金属的浪费。自由锻零件的结构工艺性的具体要求如表 2-23 所示。

表 2-23　自由锻零件的结构工艺性的具体要求

不合理结构	合理结构	简要说明	结构要求
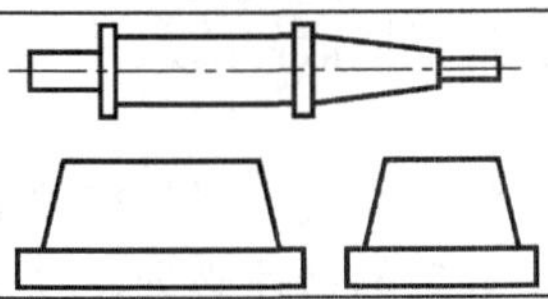	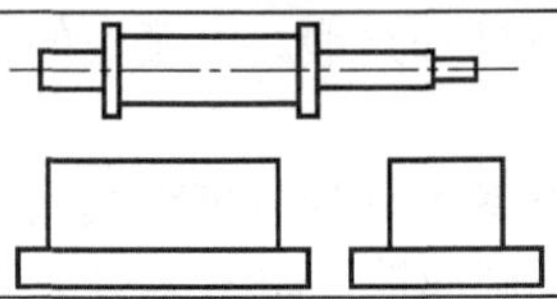	圆锥体锻造须用专门工具，比较困难	应避免圆锥体结构和锻件的斜面，尽量用圆柱体代替圆锥体，用平面代替斜面
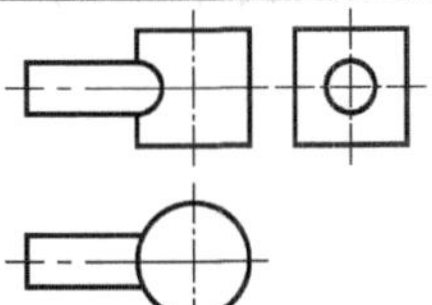	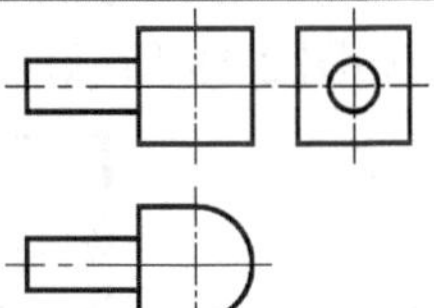	难以锻出两圆柱体相交处的相贯线	避免圆柱体与圆柱体相交，改为平面与圆柱体相交或平面与平面相交
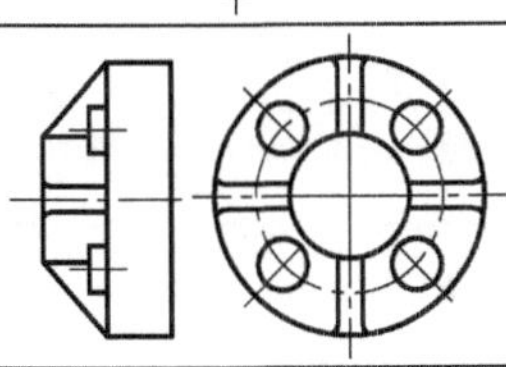	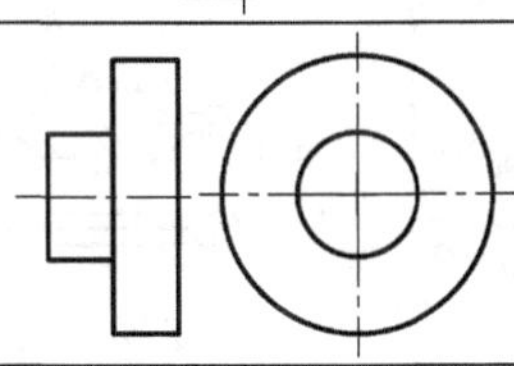	加强筋和凸台等结构难以用自由锻的方法获得	避免加强筋和凸台等结构，采取适当措施加固零件
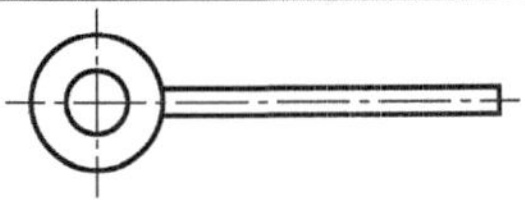 相邻截面尺寸相差太大	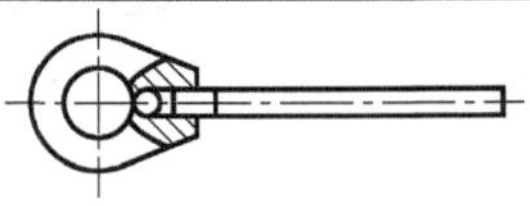 锻造一螺纹连接的结构	相邻截面尺寸相差过大，锻造困难，容易引起应力集中	避免相邻截面尺寸相差太大的结构，改为其他结构连接
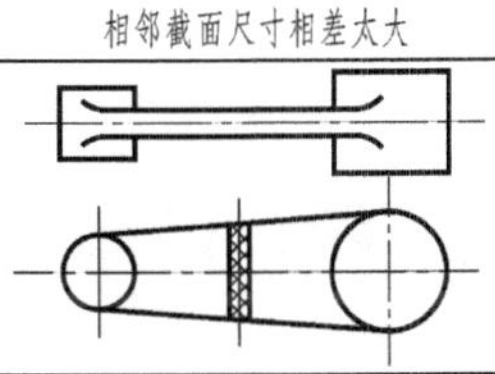	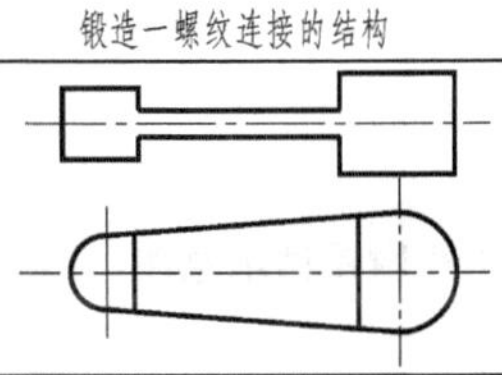	椭圆形、工字形等形状难以用自由锻的方法获得	避免椭圆形、工字形或其他非规则形状

2.3.4 模锻

1. 模锻的特点

模锻是在高强度的金属锻模上预先制出与锻件形状相符的模膛，使坯料在模膛内变形而获得锻件的方法。与自由锻相比，模锻具有以下特点。

1）模锻生产效率高、易于实现机械化，可大批量生产。模锻时金属的变形受模槽的限制，能较快获得所需形状，可以锻出自由锻难以锻出的形状，且操作简单，劳动强度低。

2）锻件尺寸精度高、表面粗糙度小，可以减小机械加工余量和减少余块的数量，节省金属材料和加工工时。

但是，模锻模具费用高，需要较大的专用设备，所以只有在大批量生产时才采用模锻，模锻件的质量一般在 150kg 以下。

2. 模锻的分类及工作原理

模锻根据所用设备的不同，可以分为锤上模锻、曲柄压力机上模锻、平锻机上模锻和摩擦压力机上模锻。其中，锤上模锻是较常用的模锻方法，所用设备主要是蒸汽-空气模锻锤。

模锻所用锻模由上下两个模块组成，模膛是锻模的工作部分，上下模各一半。锻模用燕尾和楔固定在锤砧和工作台上，并以锁扣或导柱导向，防止上下模块错位。金属坯料按模膛的形状变形。模锻的工序为制坯、预锻和终锻。终锻模的模膛是根据锻件的尺寸、形状并加上余量和偏差确定的。

生产中根据锻件形状、结构不同，模锻可分为单模膛模锻和多模膛模锻。形状简单的锻件可在终锻模膛内锻造成形，称为单模膛模锻，如图 2-57 所示。复杂的锻件必须在几个模膛内锻造后才能成形，称为多模膛模锻，如图 2-58 所示。

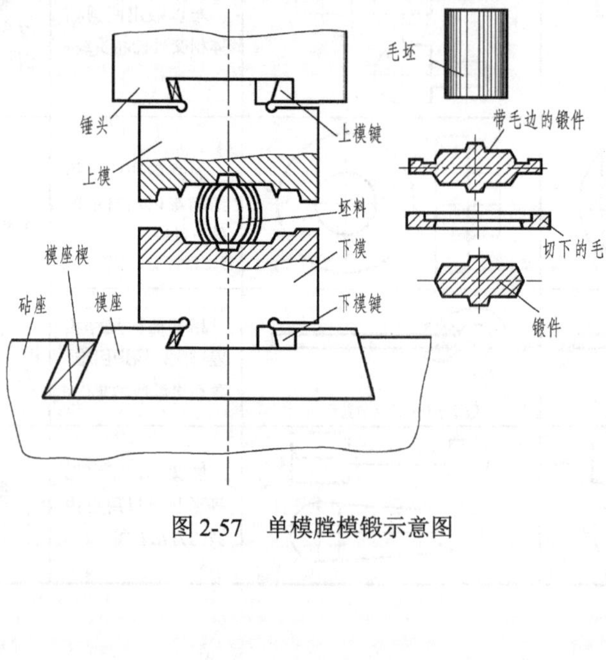

图 2-57 单模膛模锻示意图

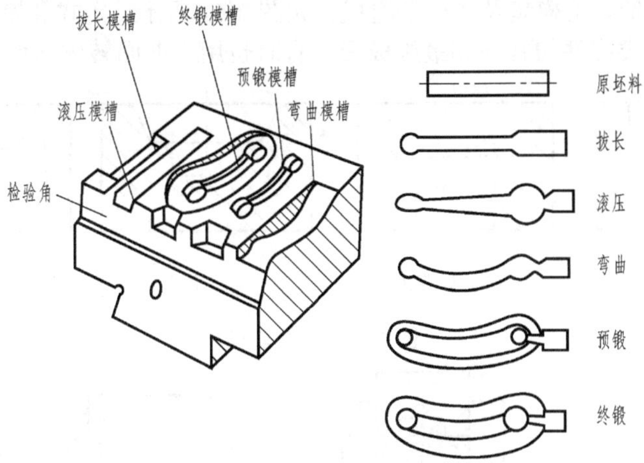

图 2-58　多模膛模锻示意图

2.3.5　胎模锻

1. 胎模锻的特点

胎模锻是在自由锻设备上使用可移动模具生产锻件的锻造方法。它是介于自由锻和模锻之间的锻造方法，一般先采用自由锻使坯料初步成形，然后放入胎模中终锻成形。

胎模锻与自由锻相比，具有生产效率高、锻件尺寸精度高、表面粗糙度小、余块少、节省金属材料、锻件成本低的优点。与模锻相比，胎模锻制造简单，成本低，使用方便，生产率和锻件尺寸精度不如锤上模锻高，工人劳动强度大，寿命短。

2. 胎模的结构及应用

胎模不固定在锤头和砧座上，而在需要时置于下砧铁上。胎模按结构可大致分为扣模、套模和合模三种。

1）扣模由上下扣组成，或只有下扣，上扣由上砧铁代替，如图 2-59 所示。锻造时锻件不转动，初步成形后锻件翻转 90°，在锤砧上平整侧面。扣模主要应用于长杆非回转体锻件的全部或局部扣形。

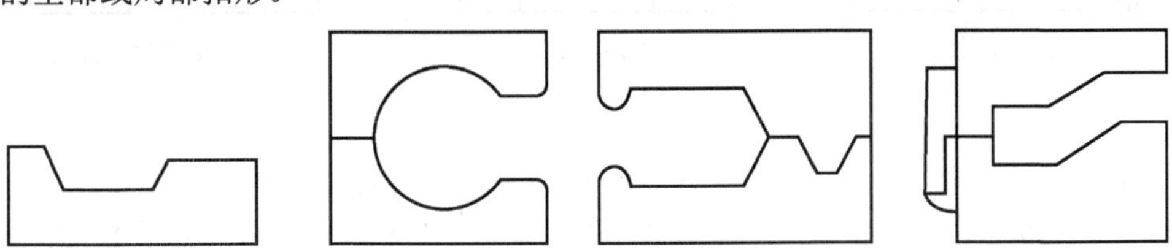

（a）单扇扣模　（b）双扇扣模　（c）导锁式扣模　（d）导板式扣模

图 2-59　扣模

2）套模通常由圆筒形的模块组成，外面往往加上套筒，有的套筒本身就是锻模。按其结构，套模可分为开式套模和闭式套模两类。

开式套模只有下模，上模用上砧代替，如图 2-60 所示。开式套模主要用于回转体锻件的最终成形和制坯，如齿轮、法兰盘等。

闭式套模由套筒、上模垫及下模垫组成，如图 2-61 所示。闭式套模主要用于端面有凸台或凹坑的回转体类锻件的制坯和最终成形，有时也用于非回转体锻件。

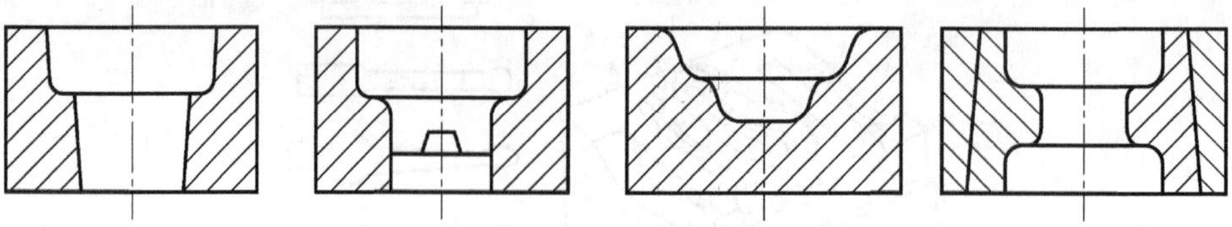

（a）无垫模　（b）有垫模　（c）跳模　（d）拼分模

图 2-60　开式套模

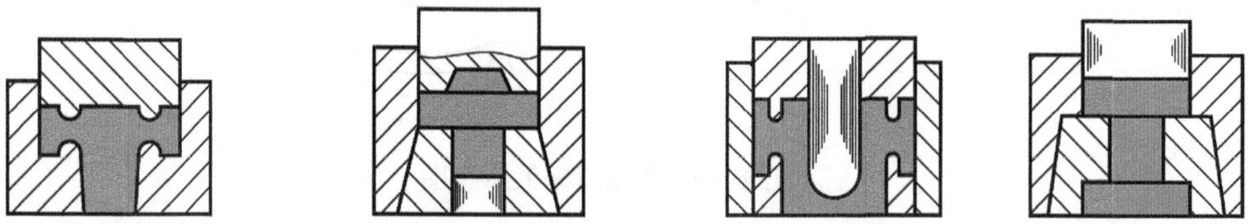

（a）活动模冲式套模　（b）模冲模垫式套模　（c）活动冲头套模　（d）拼分式套模

图 2-61　闭式套模

3）合模通常是由上模和下模组成，上下模均有模膛，为了避免上下模的错移和便于上下模的对准，常采用导柱等导向装置，如图 2-62 所示。合模可锻出形状较复杂的锻件，尤其是非回转体类锻件，主要用于终锻成形。

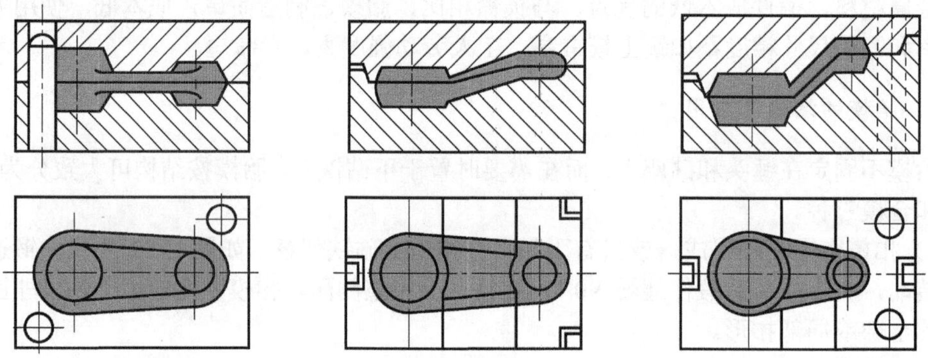

（a）导柱式　（b）导锁式　（c）导锁导柱联合式

图 2-62　合模

自由锻、模锻和胎模锻的应用主要取决于生产批量、锻件尺寸和形状及生产条件。一般单件、小批量生产的锻件宜采用自由锻；中小批量、形状复杂的锻件可采用胎模锻；大批量生产、形状复杂的较小锻件可采用模锻。

2.3.6　板料冲压

板料冲压是指用冲模使板料经分离或变形得到制件的工艺方法。通常情况下，板料冲压的坯料是较薄的板料，在室温下进行，又称冷冲压，简称冲压。

1．板料冲压的特点及应用

微课：金属热加工基础——锻压（3）

板料冲压所用原材料必须具有足够的塑性，广泛应用的金属材料有低碳钢、高塑性合金钢、铝、铜及其合金等，非金属材料有石棉板、硬橡胶、绝缘纸、纤维板等。板料冲压广泛应用于车辆、航空、电器、仪表等领域。

板料冲压具有以下特点。

1）冲压件的尺寸精度高，表面质量好，互换性好，一般不需切削加工即可直接使用，且质量稳定。

2）可压制形状复杂的零件，且材料的利用率高，产品的质量小，强度和刚度均较高。

3）生产效率高，操作简单，工艺过程易于实现机械化和自动化，成本低。

4）冲压用模具结构复杂，精度要求高，制造费用高。只有在大批量生产时，才能显示其优越性。

5）冲压件的质量范围大，可从一克至几十千克，对应尺寸为一毫米至几米。

2．板料冲压设备

（1）剪床

剪床的用途是把板料切成一定宽度的带料。图 2-63 所示为剪床的传动简图。其工作过程：电动机 1 带动带轮使轴 2 转动，再通过齿轮传动及爪形离合器 3 使曲轴 4 转动，通过连杆使滑块 5 做上下运动，进行剪切工作。工作台 6 的作用是方便剪切。制动器 7 的作用是确保滑块能停在相应位置。

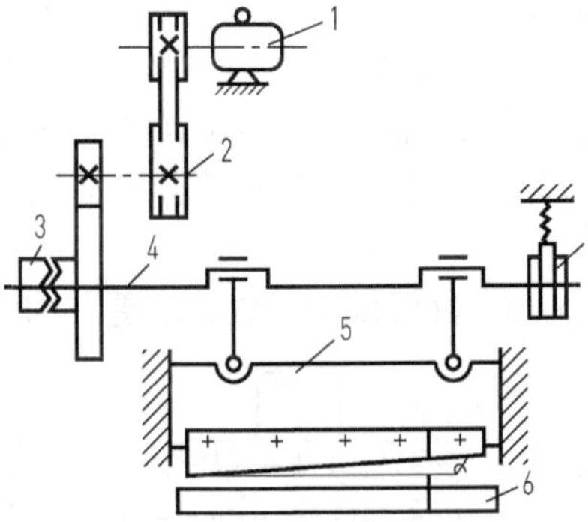

1—电动机；2—轴；3—爪形离合器；4—曲轴；5—滑块；6—工作台；7—制动器。

图 2-63　剪床的传动简图

（2）压力机

压力机的作用是完成除剪切外的其他冲压工作。图 2-64 所示为单柱式压力机的传动简图。电动机 5 带动飞轮 4 转动，当踩下踏板 6 时，离合器 3 使飞轮与曲轴 2 接合，曲轴随飞轮一起转动，并通过连杆 8 带动滑块 7 做上下运动，进行冲压工作。当松开踏板时，离合器脱开，曲轴不随飞轮转动，同时制动闸 1 使曲轴停止转动，并使滑块 7 停在相应位置。

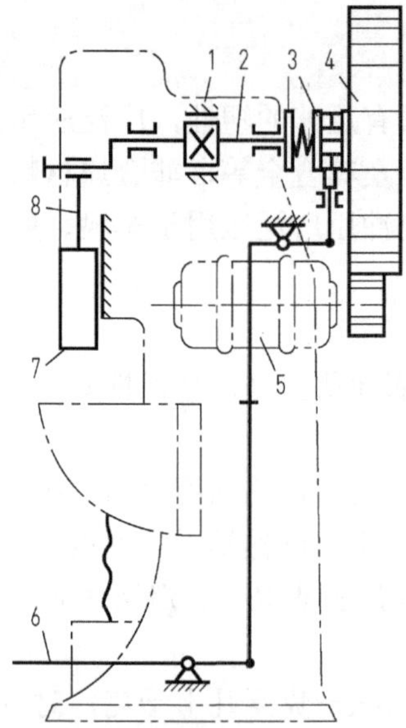

1—制动闸；2—曲轴；3—离合器；4—飞轮；5—电动机；6—踏板；7—滑块；8—连杆。

图 2-64　单柱式压力机的传动简图

3．冲压模具

冲压模具是冲压生产中必不可少的工艺装备，按冲压工序的组合程度不同可分为简单冲模、连续冲模和复合冲模三种。

（1）简单冲模

简单冲模压力机一次行程只完成一道工序，如图 2-65 所示。凸模 11 通过压板 12 固定在上模板 2 上，通过模柄 1 与压力机滑块连接。凹模 7 通过压板 6 固定在下模板 5 上。操作时，条料沿两导料板 8 送进，碰到挡料销 9 停止。冲下部分落入凹模孔。此时，条料夹住凸模一起返回，被卸料板 10 推下。重复上述动作，完成连续冲压。导柱 4 和导套 3 组成的导向机构可保证凸模、凹模的合模准确性。

简单冲模结构简单，容易制造，价格低廉，维修方便，生产效率低，适用于小批量生产。

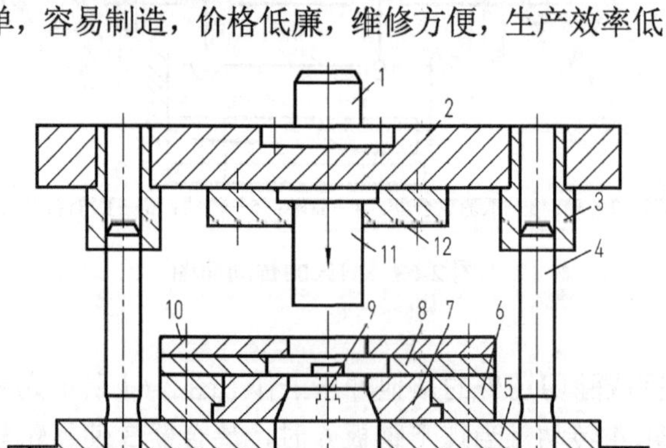

1—模柄；2—上模板；3—导套；4—导柱；5—下模板；6、12—压板；7—凹模；8—导料板；9—挡料销；10—卸料板；11—凸模。

图 2-65　简单冲模

（2）连续冲模

连续冲模在压力机一次行程中，按一定顺序，在模具的不同位置上，同时完成数道冲压工序，如图 2-66 所示。操作时，条料 5 向前送进，送进距离由挡料销控制。导正销 2 对准预先冲出的定位孔，上模向下运动时，冲孔凸模 3 进行冲孔，落料凸模 1 同时进行落料工序。条料夹住模具返程时，被卸料板 4 推下。如此循环进行操作，完成连续冲压工序。

连续冲模生产效率高，易于实现自动化，但定位精度要求高、结构复杂、制造成本高，主要用于大批量生产且精度要求不高的中小型零件。

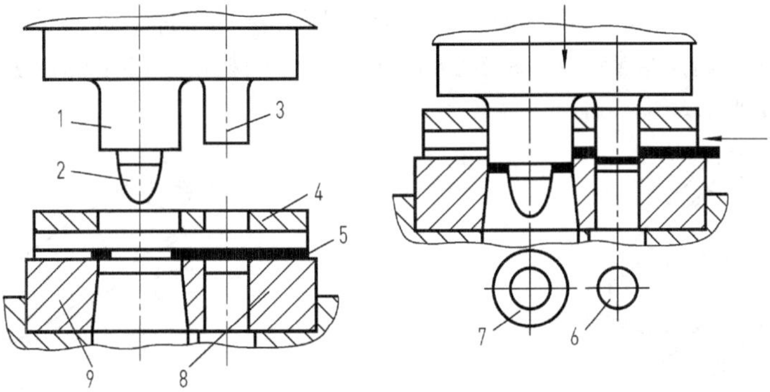

1—落料凸模；2—导正销；3—冲孔凸模；4—卸料板；5—条料；6—废料；7—成品；8—冲孔凹模；9—落料凹模。

图 2-66 连续冲模

（3）复合冲模

复合冲模在压力机一次行程中，在模具的同一位置上，完成两道以上冲压工序，如图 2-67 所示。复合冲模具有生产效率高、零件加工精度高、平整性好等优点，但结构复杂、成本高，主要适用于批量大、精度高冲压件的生产。

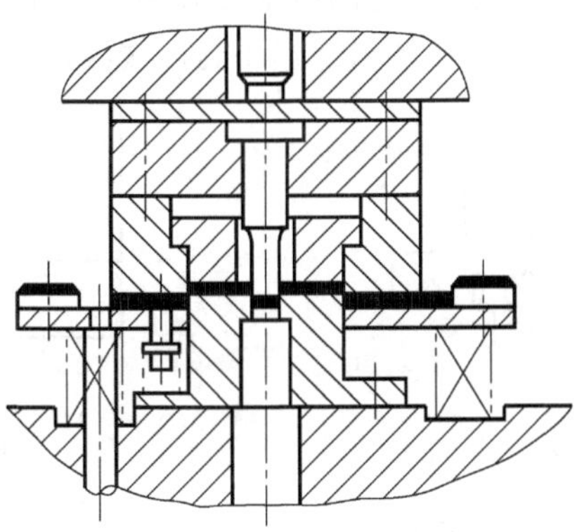

图 2-67 落料与冲孔复合冲模

4. 板料冲压的基本工序

板料冲压的基本工序分为分离工序与变形工序两类。

（1）分离工序

分离工序是使坯料的一部分相对另一部分相互分离的工序，如剪切、落料、冲孔等。

1）剪切。剪切是使坯料按不封闭轮廓分离的工序，如图 2-68 所示。其任务是将板料切成具有一定宽度的坯料，主要为下一道工序备料。

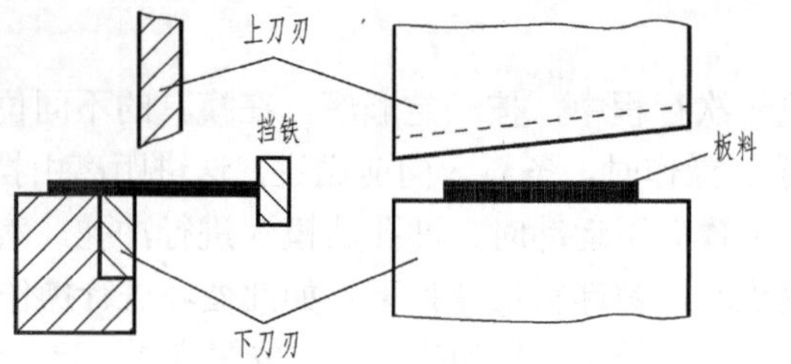

图 2-68　剪切简图

2）落料和冲孔。落料和冲孔是坯料按封闭轮廓分离的工序。落料是为了获得冲下的部分（即工件），而周边是废料，如图 2-69 所示；冲孔则相反，冲下的部分是废料，周边为工件，如图 2-70 所示。

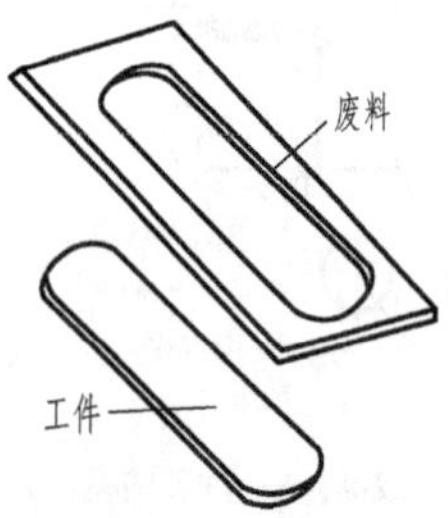

图 2-69　落料简图

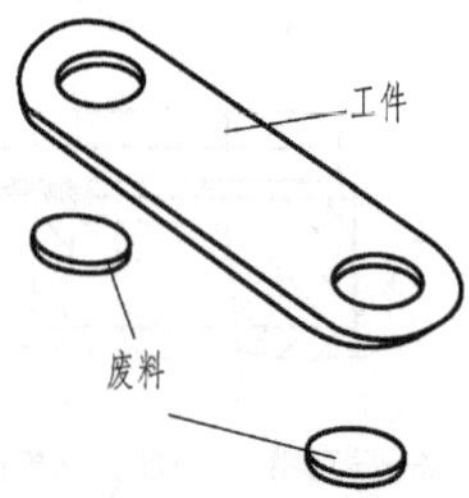

2-70　冲孔简图

3）整修。整修是将冲裁件的余量切除，以提高加工精度、降低表面粗糙度值工序，如图 2-71 所示。整修主要用于精度高、表面质量要求高的零件。经整修后，尺寸精度可达 IT7～IT6，表面粗糙度 *Ra* 为 1.6～0.8μm。

4）切口。切口是将坯料沿不封闭的曲线部分分离的工序，如图 2-72 所示。其分离部分的金属材料发生弯曲变形，最后在坯料上沿不封闭线冲出缺口。

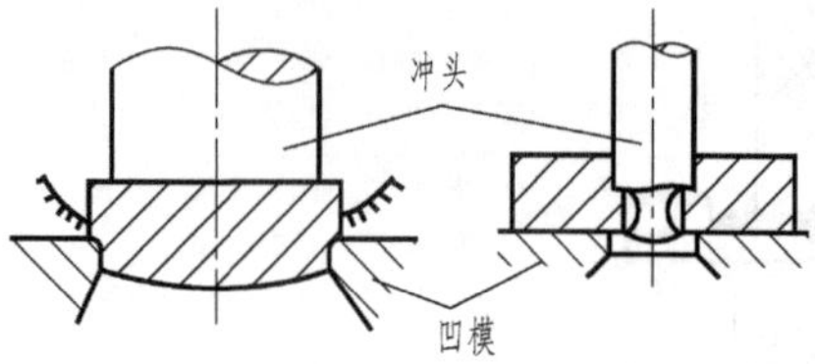

图 2-71　整修简图

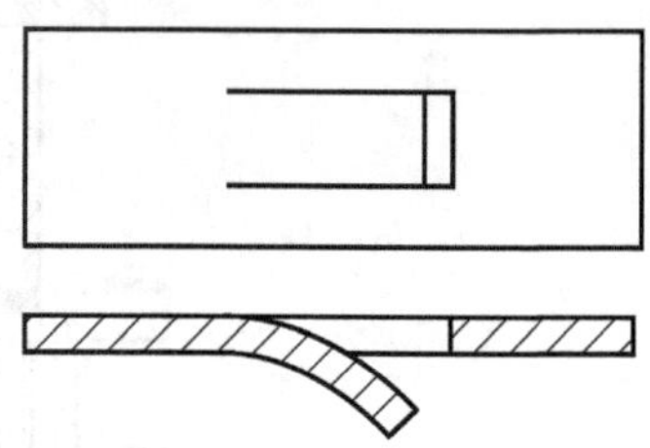

图 2-72　切口简图

（2）变形工序

变形工序是使坯料的一部分相对于另一部分发生位移而不破裂的工序，如弯曲、拉深等。

1）弯曲。弯曲是将板料、型材或管材在弯矩作用下弯成一定曲率和角度的工序，如图 2-73 所示。弯曲时，坯料外层受拉，内层受压，为防止外层拉裂，凸模的圆角半径 *R* 不能太小。同时，应尽可能使弯曲部分的拉深和压缩顺着坯料的纤维方向进行，即弯曲线应尽可能垂直于坯料的纤维方向。

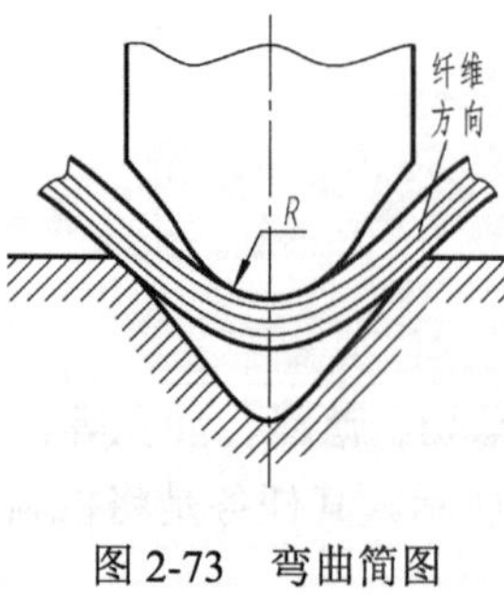

图 2-73　弯曲简图

2）拉深。拉深是使坯料在一拉一压的应力状态作用下，变形为中空形状零件而厚度基本不变的加工方法，如图 2-74 所示。凸模与凹模的边缘均做成圆角，以免拉深时将坯料拉裂。有些高度与直径之比较大的零件，一次不能拉成，可分几次拉深，在多次拉深时，往往需要进行中间退火，以消除冷变形强化，恢复塑性。

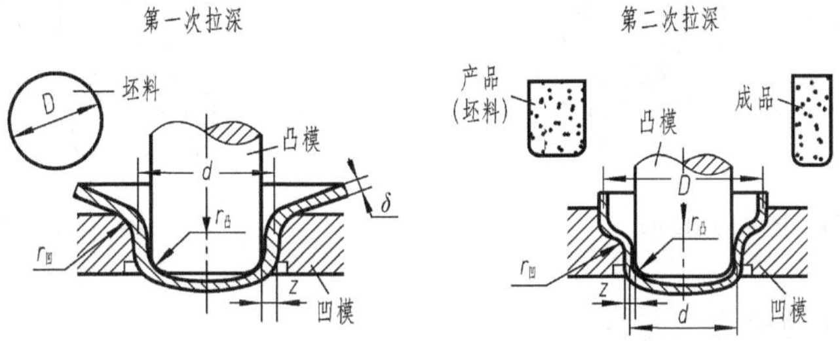

图 2-74　拉深

注：圆角半径 $r_{凹}=(5\sim15)\delta$，$r_{凸}\leqslant r_{凹}$，模具间隙 $z=(1.1\sim1.3)\delta$。

在拉深时，坯料边缘在切线方向受到压缩，可能产生波浪形，最后形成褶皱，如图 2-75 所示。用压板把坯料周边压紧进行拉深，如图 2-76 所示，可防止这一现象的出现。如果拉应力超过拉深件底部的抗拉强度，拉深件底部会被拉裂，如图 2-77 所示。

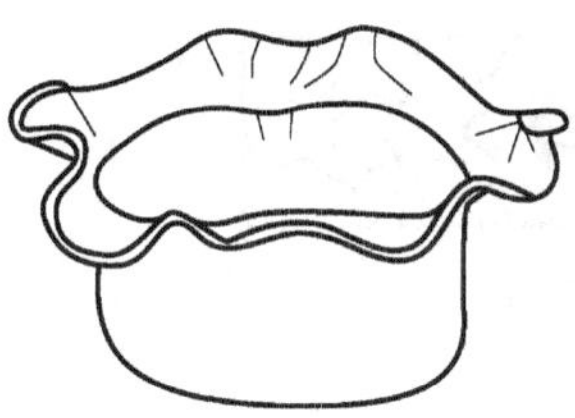

图 2-75　拉深废品——褶皱

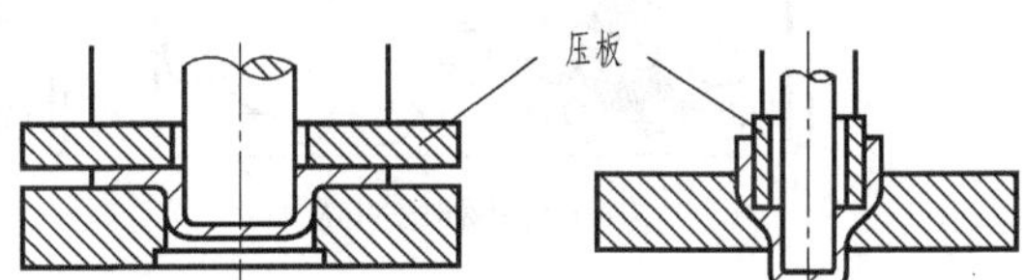

图 2-76　有压板拉深

3）缩口。缩口是将空心件或管件口部直径缩小的成形工序，如图 2-78 所示。

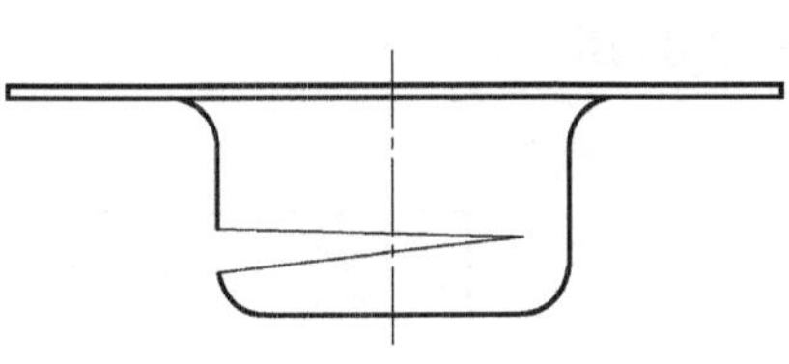

图 2-77　拉裂件

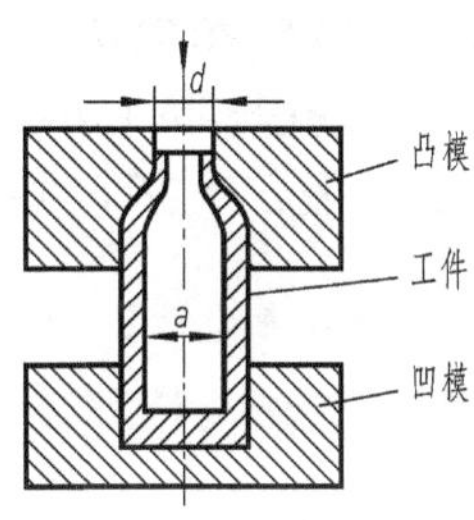

图 2-78　缩口

4）压肋和胀形。压肋是使板料或制品表面上通过局部变薄获得各种形状的凸起或凹陷的成形工序，它能提高局部变形部位的强度和刚度。胀形是将空心件轴向方向上的局部区段直径胀大的成形工序，如图 2-79 所示。

5）翻边。翻边是使坯料、半成品沿其内孔或外缘的一定曲线翻成竖立边缘的成形工序，如图 2-80 所示。

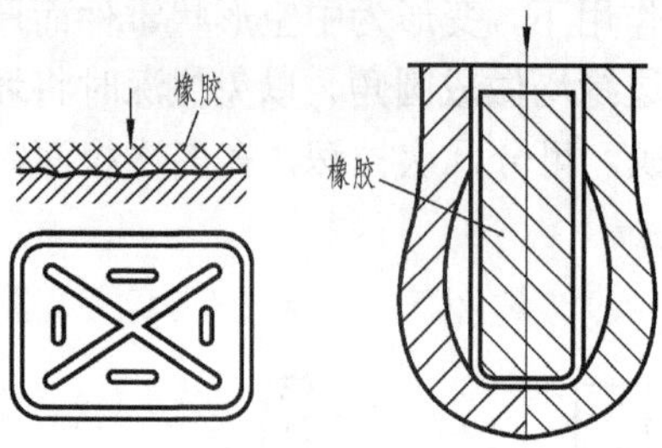

（a）压肋　（b）胀形

图 2-79　压肋和胀形

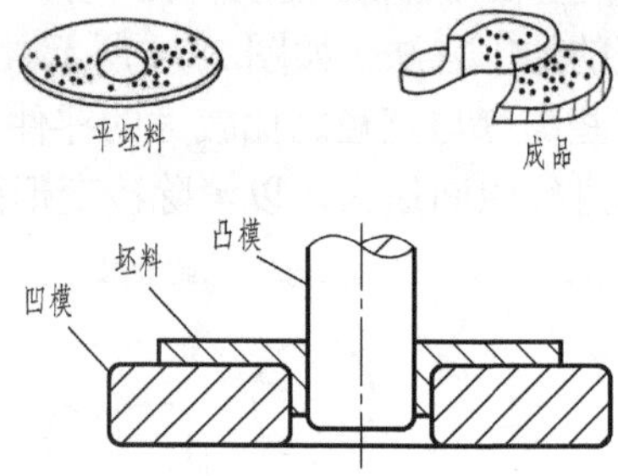

图 2-80　翻边

5．板料冲压件的结构工艺性

在设计冲压件结构、制定冲压工艺和设计模具时，必须考虑冲压件的结构工艺性要求。在满足使用性能的前提下，应尽量采用简单的对称外形，这样可使冲压时坯料受力均衡，质量容易得到保证，模具制造简单，材料利用率高，生产效率高。

（1）落料和冲孔工序对零件的要求

1）零件的形状应保证排样时将废料降至最少，如图 2-81 所示。

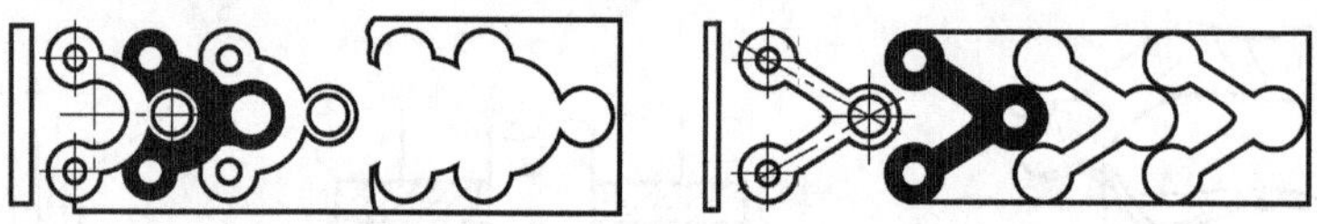

（a）材料利用率高　（b）材料利用率低

图 2-81　零件形状与材料利用率的关系

2）零件的外形应避免长槽和细长悬臂零件，如图 2-82 所示（δ 为板厚）。

3）转角处圆角半径 r 与板厚 δ 有关，如图 2-83 所示。当 $\alpha>90^\circ$ 时，$r\geqslant(0.3\sim0.5)\delta$；当 $\alpha<90^\circ$ 时，$r\geqslant(0.6\sim0.7)\delta$。

4）孔间距离或孔与零件边缘的距离不宜过小，孔径也不能过小，否则会因凸模强度不足而发生折断。一般 $a\geqslant2\delta$，并保证 $a>3\text{mm}$，如图 2-84 所示。

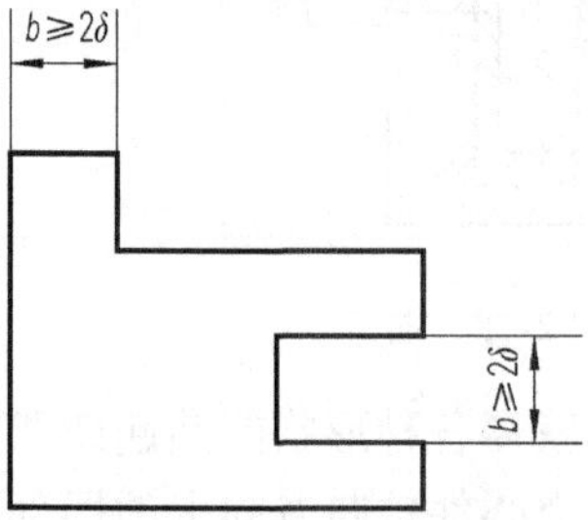

图 2-82　悬臂和窄槽尺寸

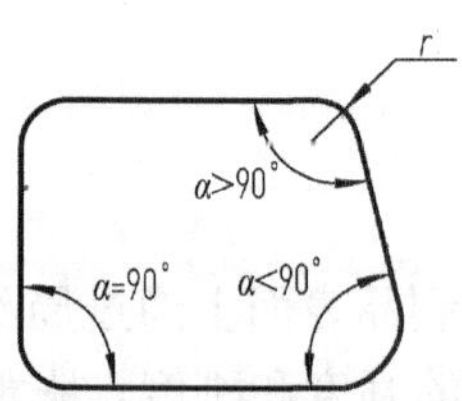

图 2-83　转角处圆角半径

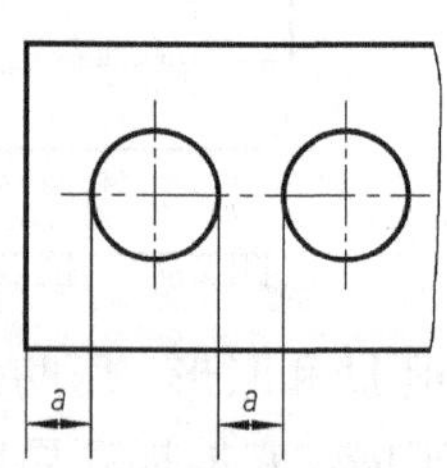

图 2-84　孔与孔、孔与边缘的距离

（2）弯曲工序对零件的要求

1）弯曲半径不宜小于最小弯曲半径，以免弯裂。$R_{\min}\geqslant0.2\delta$（顺着坯料的纤维方向弯曲）或 $R_{\min}\geqslant0.4\delta$（垂直坯料的纤维方向弯曲）。

2）弯曲边不能过短，一般 $h>2\delta$，如图 2-85 所示，否则难以获得形状准确的工件。

3）当弯曲附近有孔时，应使孔的位置离开弯曲变形区，否则孔容易变形。一般$l \geqslant \delta$（δ小于2mm）或$l \geqslant 2\delta$（δ不小于2mm），l是孔缘至弯曲半径中心的距离，如图2-86所示。

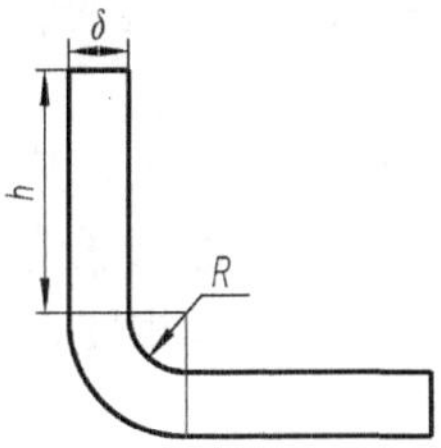

图2-85 弯曲件边高

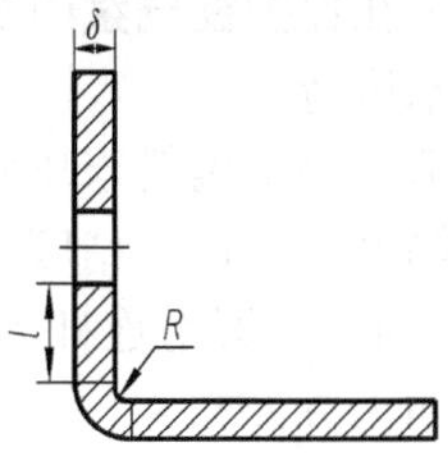

图2-86 弯曲件孔距

（3）拉深工序对零件的要求

1）尽量减小拉深零件的高度，减少拉深次数。一般$d_{凸} < 3d$，$h < 2d$，如图2-87所示。

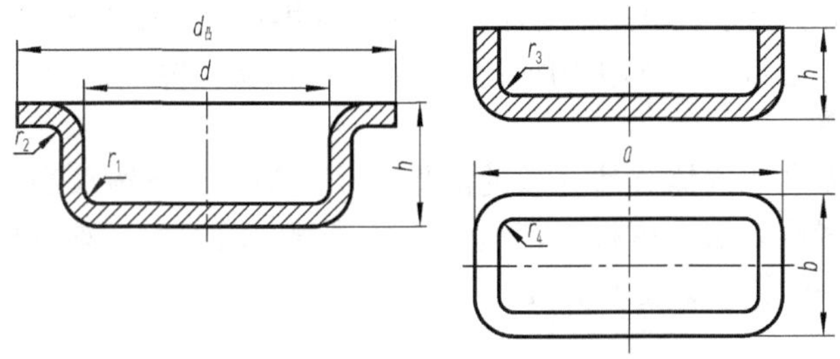

图2-87 拉深件的结构工艺

2）弯曲处的圆角半径不宜过小，如图2-87所示。一般$r_1 > 2\delta$，$r_2 > (3\sim4)\delta$，$r_3 > 3\delta$，$r_4 > 0.15\delta$。

3）对拉深零件的精度要求不宜过高。

4）复杂的冲压件可采用冲压-焊接结构，简化冲压工艺，如图2-88所示。

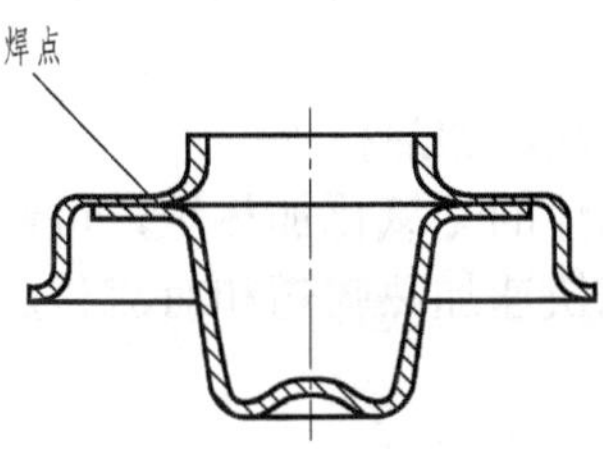

图2-88 冲压-焊接结构件

2.3.7 锻压新工艺与新技术简介

随着科学技术的发展，金属的锻压加工出现了许多新工艺和新技术，使锻压生产向着优质、高效、低消耗的方向发展。

1．锻压新工艺

（1）精密模锻

精密模锻是提高锻件精度和表面质量的一种先进工艺。其锻件的精度可达±0.2mm，表

面粗糙度 Ra 可达 6.3μm，可实现少屑或无屑加工。精密模锻锻造流线分布合理，力学性能好，能锻出形状复杂、尺寸精度要求高的零件，如锥齿轮、叶片等，但对坯料的要求比普通模锻高，需在保护性气氛中加热。

（2）粉末锻造

粉末锻造是将金属粉末压实烧结后，作为锻造毛坯的一种锻造方法。其锻件的组织致密，表面粗糙度小，尺寸精度高，可实现少屑或无屑加工。例如，粉末锻造连杆的质量精度可达1%，而普通锻造连杆的质量精度为2.5%；与常规机加工连杆相比，粉末锻造批量生产可节约加工费35%。

（3）超塑性成形

超塑性可以理解为金属材料具有超强的均匀塑性变形能力，其伸长率可达百分之几百甚至百分之几千。超塑性成形是利用某些金属在特定条件（一定的温度、变形速度和组织条件）下所具有的超塑性来进行塑性加工的方法。这种成形工艺近年来蓬勃发展，利用该工艺可以成形各种形状复杂、用其他方法难以成形的零件，且加工精度高，可实现少屑或无屑加工。超塑性成形工艺已广泛用于航空航天领域，如航空发动机的钛合金叶片等锻件。

（4）高速锤锻造

高速锤锻造是靠高压气体突然释放的能量驱动上锤头、下锤头高速运动，悬空对击，使金属塑性成形的锻压方法。这种工艺适用于高强度、低塑性、难成形金属的锻造，多用于叶片、齿轮等零件的精密锻造和挤压。

（5）高能成形

高能成形是通过适当的方法获得高能量（如化学能、冲击能、电能），使坯料在极短时间内快速成形的加工方法，常见的有爆炸成形、电磁成形、电液成形等。

2．锻压新技术

（1）采用冶炼新技术，提高大锻件用钢锭的质量

近年来涌现的冶炼新技术（如真空精炼、电渣重炼、钢包精炼）使钢锭质量大大提高，有利于改善大锻件的内部质量。

（2）采用少氧化或无氧化及快速加热技术

采用炉膛内充填惰性保护气体的无氧化加热炉，可避免坯料在加热过程中出现氧化、脱碳等缺陷。这种技术运用煤气快速加热喷嘴和对流传热，可提高传热效率，主要适用于加热 ϕ100mm 以下的棒料。

（3）计算机技术在锻造生产上的应用

将 CAD 和辅助制造技术用于模锻生产上可取得明显的经济效益。该技术主要是通过人机对话，对模锻工艺过程进行模拟，可使人们预知金属的流动、应变、应力、温度分布、模具受力、可能的缺陷及失效形式。某些软件甚至可以预知产品的显微结构、性能及弹性恢复和残余应力，这为优化工艺参数和模具结构提供了极其有价值的参考，对缩短产品研发周期、降低研制成本、获得最佳模锻工艺方案具有十分重要的意义。据日本效率协会调查统计，采用计算机技术后，设计工时可缩短 88%，设计期限缩短 60%，质量提高 39.3%，成本降低 18.9%。

（4）突出发展精密净形成形，发展少屑或无屑技术

金属材料的净形和近净形成形是一种先进的制造技术。它是指零件成形后，仅需少量

加工或不再加工，就可用作机械构件的成形技术。这种技术具有节省材料、节省工时、提高生产效率、降低成本、提高零件性能和质量的优点，在制造业尤其是汽车制造中得到了广泛应用。采用此技术，热精密锻造的齿轮精度可达 IT7～IT9，离合器齿面及伞齿轮齿面均可锻后直接装配而无须机械加工；冷精密锻造的尺寸精度可达 0.02～0.05。

（5）复合技术

所谓复合技术，就是借鉴其他成形工艺的特点来完善和提高本工艺的作用。例如，先铸后锻工艺为铸锻复合工艺，先冲后锻工艺为冲锻复合工艺，先热后冷锻工艺为冷热复合锻造工艺，以及先轧后锻工艺等。这些工艺的发展必将带来新的工艺和新的设备与技术。

（6）液压成形技术

利用流体介质来代替模具传递力以实现金属塑性加工的方法称为液压成形。它可简化模具结构，缩短产品的生产周期，制造出利用其他方法不能实现的复杂工件。在汽车领域，这对提高汽车性能、减少零件数量和减少汽车自重有十分重要的意义。

（7）激光成形技术

依靠激光成形技术，板材局部可实现快速加热及冷却，在热应力作用下，金属产生微小变形，反复加热选择的部位，就可获得所需的形状。这种技术的关键所在是精度与形状的控制，包括几何形状的三维检测、计算机模拟及生成数控指令。

（8）发展高效率、高精度、多工位成形设备

通过发展高效率、高精度、多工位成形设备将计算机数控技术、机器人技术、光电技术综合到锻压设备中。

思考与练习

2-1 什么是焊接？它有哪些特点？主要分为哪几类？

2-2 什么是焊接电弧？焊接电弧基本构造及温度、热量分布是怎样的？

2-3 什么是直流弧焊机的正接法、反接法？应如何选用？

2-4 焊芯的作用是什么？焊条药皮有哪些作用？

2-5 下列焊条的型号或牌号的含义是什么？

E4303 E5015 J423 J506 E308

2-6 什么叫热影响区？低碳钢焊接热影响区的组织与性能如何？

2-7 怎样正确选择焊接规范？

2-8 什么是金属材料的焊接性？低碳钢的焊接性如何？

2-9 埋弧焊与焊条电弧焊相比具有哪些特点？埋弧焊为什么不能代替焊条电弧焊？

2-10 常见焊接缺陷有哪些？应分别采用哪些方法克服？

2-11 如何选择焊接方法？下列情况应选用什么焊接方法？并简述理由。

1）低碳钢桁架结构，如厂房屋架；

2）纯铝低压容器；

3）低碳钢薄板（厚 1mm）带罩；

4）供水管道维修。

2-12 何谓铸造？铸造生产的特点及其存在的主要问题是什么？

2-13 解释下列名词：

1）模样与铸型；

2）铸件与零件；

3）浇注位置与浇道位置；

4）分型面与分模面。

2-14 造型材料的性能要求主要有哪些？

2-15 金属的铸造性能主要用什么指标衡量？它们对铸件质量有何影响？

2-16 浇注系统的作用是什么？由哪几部分组成？

2-17 在设计铸件外形结构时应考虑哪些问题？为什么？

2-18 缩孔与缩松是怎样形成的？防止的措施有哪些？

2-19 如图 2-89 所示为支承台零件，采用 HT150，生产 50 件。试确定铸造工艺，并绘出铸造工艺图和铸件图。

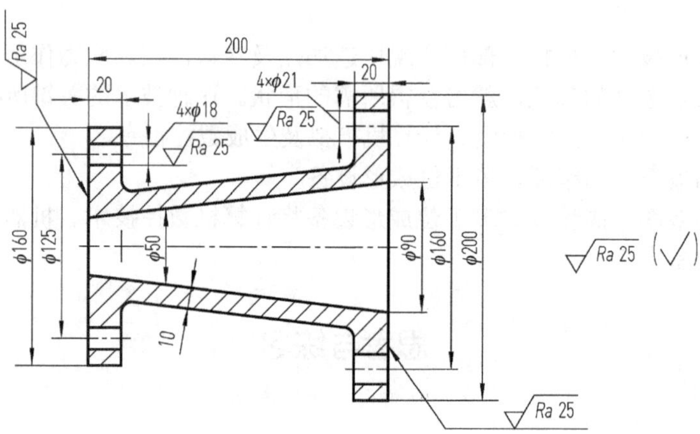

图 2-89　支承台零件图

2-20 锻压生产有哪些特点？试举例说明它的应用。

2-21 金属塑性变形分为哪几类？它们之间有何区别？

2-22 什么是加工硬化？它在生产中有什么实用意义？

2-23 回复和再结晶对金属组织和性能有何影响？在生产中如何进行应用？

2-24 钢材锻造时，为什么要先加热？铸铁加热后是否也能锻造？为什么？

2-25 什么是锻造温度范围？确定锻造温度范围的原则是什么？

2-26 常用的锻后冷却方法有哪几种？如何选择？

2-27 自由锻的设备有哪几类？空气锤和水压机各有哪些特点？

2-28 自由锻有哪些基本工序？各工序操作时应注意哪些问题？

2-29 编制自由锻工艺规程的主要步骤有哪些？

2-30 如何绘制锻件图？需要考虑哪些因素？

2-31 什么是模锻？什么是胎模锻？它们和自由锻相比各有什么优缺点？它们的应用范围如何？

2-32 板料冲压的特点和应用有哪些？它有哪些主要工序？

2-33 简单模、连续模和复合模的主要区别是什么？

3 单元 机械零件毛坯的选择

◎ **单元导读**

在实际生产中，机械零件毛坯的选择对于机械制造具有重要意义。通过对本单元的学习，应能根据零件的材质、结构、加工要求、应用场合等特点，掌握常用金属材料毛坯选择的原则，正确选择毛坯的生产方法，并形成相应的岗位能力。

◎ **能力目标**

1. 能根据零件的材质、结构特点、用途选择零件毛坯的生产方法。
2. 掌握常用零件毛坯生产方法。
3. 掌握选择零件毛坯生产方法的一般原则。

◎ **思政目标**

1. 树立正确的学习观，培养严谨求实、开拓进取的工作作风。
2. 树立质量意识和效益意识，培养工程思维，提升工程实践技能。
3. 培养吃苦耐劳的优良品质和良好的人际交流能力、团队合作能力，树立环保意识。
4. 增强安全责任感，提升安全生产组织能力。

工程案例：减速器底座毛坯的选择

1. 工作任务

机械零件的制造包括毛坯成型和切削加工两个阶段，毛坯成型不仅对后续的切削加工产生很大的影响，而且对零件乃至机械产品的质量、使用性能、生产周期和成本等都有影响。因此，正确选择毛坯的类型和生产方法对于机械制造具有重要意义。

本任务要完成常用减速器底座的毛坯选择。减速器底座是典型的箱体类零件，如图 3-1 所示。底座与上盖组成箱体。箱体是机器和部件的基础零件，由它将机器和部件中许多零件连接成一个整体，并使之保持正确的相互位置，彼此能协调地运动。常见的箱体零件有各种形式的机床主轴箱、减速箱和变速箱等。各种箱体类零件由于功用不同，形状结构差别较大，但结构上也存在着相同点。

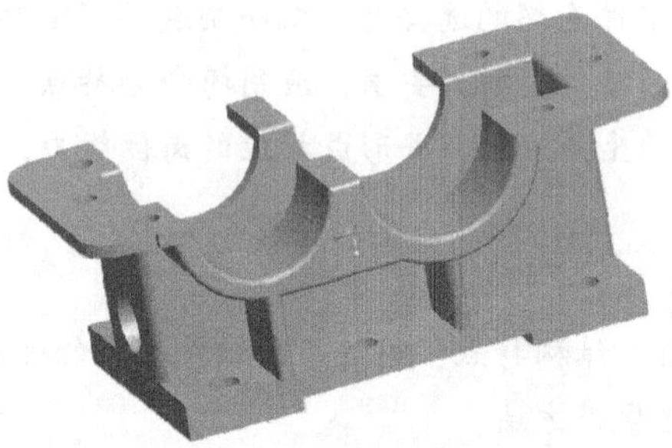

(a) 外形图

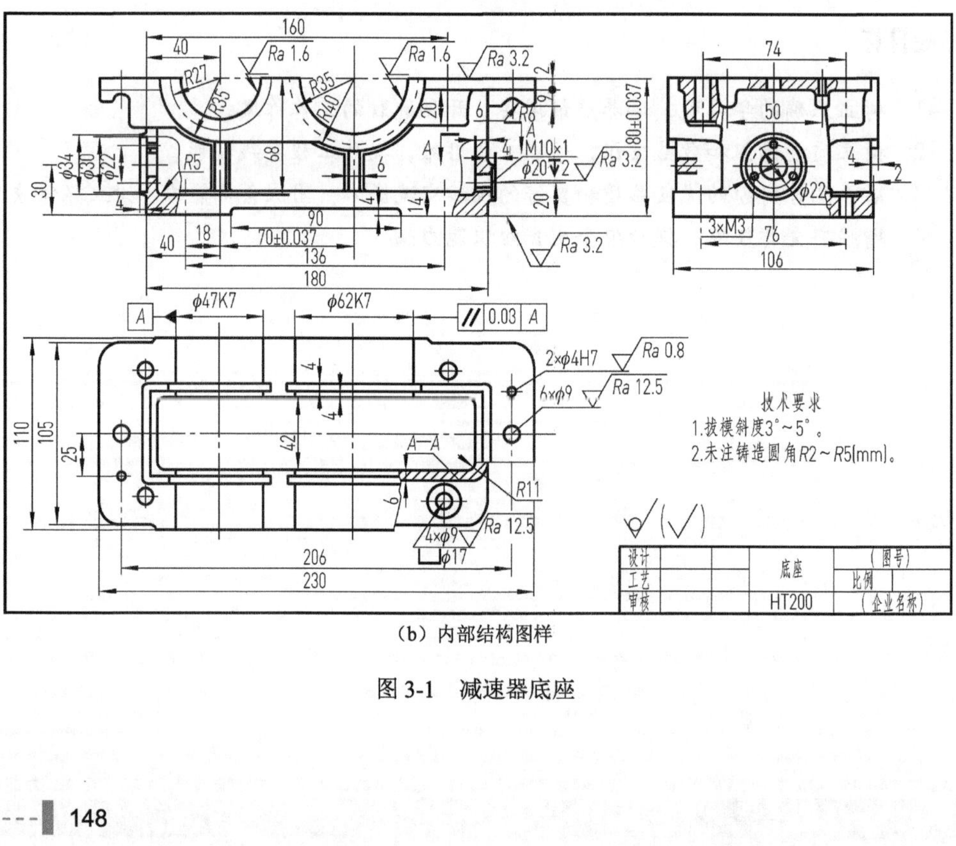

(b) 内部结构图样

图 3-1　减速器底座

2．任务分析

箱体的结构比较复杂，一般选择铸钢或铸铁，采用铸造的方法生产。由于该零件材料为灰铸铁 HT200，因此毛坯种类选择铸件。灰铸铁的抗拉强度、塑性和韧性远低于钢，抗压强度与钢相近。

3.1 毛坯类型及毛坯选择的原则

机械零件常用的毛坯类型有铸件、锻件、型材、焊接件、冲压件、冷挤压件和粉末冶金件等。每种类型的毛坯都有多种成形方法，在选择时应遵循一定的原则：在保证毛坯质量的前提下，力求选用高效、低成本、制造周期短的毛坯生产方法。一般毛坯选择步骤：首先由设计人员提出毛坯材料和加工后要达到的质量要求，然后由工艺人员根据零件图、生产批量，并综合考虑交货期限及现有可利用的设备、人员和技术水平等选定合适的毛坯生产方法。

3.1.1 常见零件毛坯类型

1．铸件

形状较复杂的零件毛坯，宜采用铸造方法制造。目前生产中的铸件大多采用砂型铸造，少数尺寸较小的优质铸件可采用特种铸造，如金属铸造、熔模铸造和压力铸造等。

2．锻件

锻件适用于强度要求较高、形状比较简单的零件毛坯。锻造包括自由锻和模锻两种。其中，自由锻的加工余量大，锻件精度低，生产效率不高，适用于单件、小批量生产及大型零件毛坯制造；模锻加工余量小，锻件精度高，生产效率高，适用于中小型零件毛坯的大批量生产。

3．型材

型材有热轧和冷拉两种。热轧型材的精度较低，适用于一般零件的毛坯；冷拉型材的精度较高，适用于对精度要求较高的中小型零件的毛坯制造，可用于自动机床加工。

4．焊接件

焊接件是根据需要采用焊接方法将同类材料或不同材料焊接在一起得到的毛坯件。焊接件制造简单，生产周期短，但变形较大，需经时效处理后才能进行机械加工，适用于大型和结构复杂的毛坯制造。

5．冲压件

冲压件是利用冲压设备对薄钢板进行冲压加工而得到的零件，它可以非常接近成品要求。冲压件可以作为毛坯，有时还可以直接作为成品。冲压件的尺寸精度高，适用于批量较大而零件厚度较小的中小型零件。

6．冷挤压件

冷挤压件是在压力机上通过挤压模挤压而得到的零件。其生产效率高，零件的精度高，表面粗糙度小，可以不再进行机械加工，但要求材料塑性好，主要材料为有色金属和塑性好的钢材。冷挤压件适用于大批量生产中制造形状简单的小型零件。

7．粉末冶金件

粉末冶金件是以金属粉末为原料，在压力机上通过模具压制成形后经高温烧结而成的。其生产效率高，零件的精度高，表面粗糙度小，一般可不再进行精加工，但金属粉末成本较高，适用于大批量生产中压制形状较简单的小型零件。

3.1.2　毛坯选择的原则

选择毛坯主要是选定毛坯的制造方法及其制造精度。毛坯的选择不仅影响毛坯的制造工艺和费用，而且对零件的加工质量、加工方法、生产效率及生产成本都有很大的影响。因此，选择毛坯要从毛坯的制造和机械加工两方面综合考虑，以取得最佳的技术经济效果。

在选择毛坯时应考虑下列因素。

1．满足工艺性能的要求

在选择毛坯制造方法时，首先要考虑材料的工艺特性，如可铸性、可锻性、焊接性等。金属是制造机械零件的主要材料，材料一旦确定，其工艺性能就是影响毛坯成形的重要因素。例如，铸铁和青铜不能锻造，对这类材料只能选择铸件。为使重要的钢质零件具有良好的力学性能，不论其结构复杂或简单，均应选用锻件为毛坯，而不宜直接选用轧制型材。表 3-1 给出了常用金属材料所适用的毛坯生产方法。

表 3-1　常用金属材料所适用的毛坯生产方法

材料	砂型铸造	金属型铸造	压力铸造	熔模铸造	锻造	冲压	粉末冶金	焊接	挤压型材	冷拉型材	备注
低碳钢	⊙			⊙	⊙	⊙	⊙	⊙	⊙	⊙	
中碳钢	⊙			⊙	⊙	⊙	⊙	⊙		⊙	
高碳钢	⊙			⊙	⊙	⊙	⊙			⊙	
灰铸铁	⊙	⊙									
铝合金	⊙	⊙	⊙		⊙	⊙	⊙	⊙	⊙	⊙	
铜合金	⊙	⊙	⊙		⊙	⊙	⊙	⊙	⊙	⊙	
不锈钢	⊙			⊙	⊙	⊙		⊙			

续表

材料	砂型铸造	金属型铸造	压力铸造	熔模铸造	锻造	冲压	粉末冶金	焊接	挤压型材	冷拉型材	备注
工具钢/模具钢	⊙			⊙	⊙		⊙	⊙			
塑料								⊙	⊙	⊙	可压制及吹塑
橡胶									⊙	⊙	可压制

注：“⊙”表示材料适宜或可以采用的毛坯生产方法。

材料的工艺特性不是绝对的，它会随着工艺技术水平的提高而不断变化。例如，高速钢和合金工具钢的可铸性很差，一般均以锻件作为复杂刀具的毛坯，随着精密铸造水平的提高，即使刀具复杂如齿轮滚刀，也可采用高速钢熔模铸造的毛坯，可以不经切削而直接刃磨出有关的几何表面。

2．满足使用性能的要求

零件的使用要求主要包括零件的结构形状和尺寸要求、零件的工作条件（通常指零件的力学性能、工作环境和接触介质等）及对零件表面质量的要求等。

（1）结构形状和尺寸的要求

机械零件使用功能不同，其结构形状和尺寸往往差异较大，各种毛坯生产方法对零件结构形状和尺寸的适应能力也不相同，因此，选择毛坯时应认真分析零件的结构形状和尺寸特点，选择与之相适应的毛坯制造方法。对于结构形状复杂的中小型零件，为了使毛坯形状与零件较为接近，应先确定以铸件作为毛坯，然后根据使用性能要求等选择砂型铸造、金属型铸造或熔模铸造。对于结构形状特别复杂且轮廓尺寸不大的零件，宜选择熔模铸造；对于结构形状较为复杂，且抗冲击能力、疲劳强度要求较高的中小型零件，宜选择模锻件毛坯；对于结构形状十分复杂且轮廓尺寸较大的零件，宜选择组合毛坯。

（2）力学性能的要求

对于力学性能要求较高，特别是工作时要承受冲击和交变载荷的零件，为了提高抗冲击和抗疲劳破坏的能力，一般应选择锻件，如机床、汽车的传动轴和齿轮等；对于需采用铸件，但又要求零件的金相组织致密、承载能力较强的零件，应选择相应的能满足要求的铸造方法，如压力铸造、金属型铸造、离心铸造等。

（3）表面质量的要求

为降低生产成本，现代机械产品上的某些非配合表面有尽量不加工的趋势，即实现少屑加工、无屑加工。为保证这类产品表面的外观质量，对于尺寸较小的有色金属件，宜选择金属型铸造、压力铸造或精密模锻；对于尺寸较小的钢铁件，宜选择熔模铸造（铸钢件）或精密模锻（结构钢件）。

3．其他方面的要求

（1）生产纲领大小的要求

生产纲领的大小在很大程度上决定了采用某种毛坯制造方法的经济性。当生产批量较大时，应选精度及生产效率都较高的毛坯制造方法，其设备和工装方面的较大投资可通过材料消耗的减少和机械加工费用的降低而取得回报；当零件的生产批量较小时，应选择设备和工装投资都较小的毛坯制造方法，如自由锻造和砂型铸造。

（2）符合现有的生产条件

选择毛坯应从本企业现有设备和技术水平出发考虑可能性与经济性。若本企业生产有困难或经济性不好，则应组织向外协助生产。

3.2 典型零件毛坯的选择

根据毛坯的选择原则，下面分别介绍轴杆类、盘套类和箱体类等典型零件的毛坯的选择方法。

3.2.1 轴杆类零件毛坯的选择

轴杆类零件是机械产品中支承传动件、承受载荷、传递转矩和动力的典型零件，其结构特征是轴向（纵向）尺寸远大于径向（横向）尺寸，常见的有实心轴、空心轴、直轴、弯轴、同心轴、偏心轴、各类管件和杆件等。

微课：典型零件毛坯的选择

轴杆类零件常用的毛坯是型材和锻件。

1）对于光滑的或有阶梯但直径相差不大的一般轴，常用型材（热轧或冷拉圆钢）作为毛坯。

2）对于直径相差较大的阶梯轴或要承受冲击载荷和交变应力的重要轴，均应采用锻件作为毛坯。生产批量较小时采用自由锻件，生产批量较大时采用模锻件。

3）对于结构形状复杂的大型轴类零件，其毛坯可采用砂型铸造件、焊接结构件或铸-焊结构毛坯。

3.2.2 盘套类零件毛坯的选择

盘套类零件的结构特征是轴向尺寸小于径向尺寸，或者两个方向的尺寸相差不大。属于这类零件的有各种齿轮、带轮、飞轮、模具、套环、轴承环等。这类零件在各种机械中有不同的工作条件和使用要求，因此它们所用的材料和毛坯也各不相同。

下面主要讨论几种常见的盘套类零件的毛坯选择。

1．带轮的毛坯选择

带轮是通过中间挠性件（各种带）传递运动和动力的，一般载荷比较平稳。因此，对于中小带轮多采用 HT150 制造，故其毛坯一般采用砂型铸造。生产批量较小时采用手工造型，生产批量较大时可采用机器造型。对于结构尺寸很大的带轮，为减小质量可采用钢板焊接毛坯。

2．链轮的毛坯选择

链轮是通过链条作为中间挠性件来传递动力和运动的，其工作过程中的载荷有一定的冲击，且链齿的磨损较快。链轮的材料大多使用钢材，常用的毛坯为锻件。单件小批量生产时，采用自由锻造；生产批量较大时采用模锻；对于新产品试制或修配件，可使用型材；对于齿数大于 50 的从动链轮可采用强度高于 HT150 的铸铁，其毛坯可采用砂型铸造，造型方法由生产批量决定。

3．齿轮的毛坯选择

齿轮的毛坯选择取决于齿轮的选材、结构形状、尺寸大小、使用条件及生产批量等因素。对于钢制齿轮，如果尺寸较小且性能要求不高，可直接采用热轧棒料，除此之外，一般采用锻造毛坯。生产批量较小或尺寸较大的齿轮采用自由锻造；生产批量较大的中小尺寸齿轮采用模锻。对于直径比较大，结构比较复杂的不便于锻造的齿轮，采用铸钢毛坯或焊接组合毛坯。

3.2.3　箱体类零件毛坯的选择

箱体类零件包括各种机械的床身、底座、支架、横梁、工作台、齿轮箱、轴承座、阀体等。箱体类零件的特点是形状不规则，结构复杂，质量从几千克到数十吨不等，工作条件相差很大，受力状态一般以承压为主，有些同时承受压、拉和弯曲应力的联合作用，还有些同时承受冲击载荷作用和摩擦力作用，多要求其具有良好的刚度、密封性和减振性。

因此，箱体类零件毛坯往往以铸造性良好，价格低廉，并有良好耐压、减摩和减振性能的灰铸铁为主。为达到结构形状方面的要求，常见的毛坯是砂型铸造的铸件。在单件小批量生产、新产品试制或结构尺寸很大时，也可采用钢板焊接毛坯。

思考与练习

3-1　常用的毛坯形式有哪几类？选择毛坯应遵循的基本原则是什么？

3-2　影响毛坯生产成本的主要因素有哪些？根据不同的生产规模，如何降低毛坯的生产成本？

3-3　轴杆类零件的常用毛坯有哪几种？在生产实际中应如何选择？

3-4　箱体类零件的常用毛坯有哪几种？在生产实际中应如何选择？

4 单元 公差与配合

◎ **单元导读**

机械产品由若干个零部件装配而成，每一个零件都存在尺寸误差及各种几何形状误差，各几何要素之间又存在相互位置误差。要提高产品的质量，就要对尺寸、形状和位置规定恰当的公差。对零件表面也要限定其粗糙度。本单元主要讨论这三方面的几何参数，即几何量的误差与公差，从“误差”或“精度”的观点出发来分析机械产品的质量。通过本单元的学习，应掌握识图、材料分析、公差配合、粗糙度、零件检测技术等基础知识及基本技能，为后续专业课程的学习打下基础。

◎ **能力目标**

1．会识读机械零件图。
2．掌握公差配合技术基本知识。
3．了解极限与配合的基本术语。
4．掌握极限与配合的选用原则。
5．掌握几何公差的含义、分类及标注方法。
6．掌握表面粗糙度的含义、选用及标注方法。

◎ **思政目标**

1．培养科学严谨、认真细致、求真务实的工作作风，养成善于思考和总结的良好习惯。
2．培养集体意识、团队合作精神和甘于奉献的精神。
3．树立质量意识，培养精益求精、一丝不苟的工作作风。

工程案例：轴的公差与配合的标注

1. 工作任务

轴类零件是典型零件之一，按结构形式不同，一般可分为光轴、阶梯轴和异形轴三类。它们在机器中用来支承齿轮、带轮、轴承等传动零部件，以传递转矩或运动。轴类零件是旋转体零件，其长度大于直径，一般由同心轴的外圆柱面、圆锥面、内孔、螺纹及相应的端面组成。

本任务要完成常用减速器传动轴的加工制作。减速器传动轴是常见的支承、传动零件，如图 4-1 所示。通过本任务的学习，应能进行车台常用零件的尺寸公差、几何公差、粗糙度和精度检测。

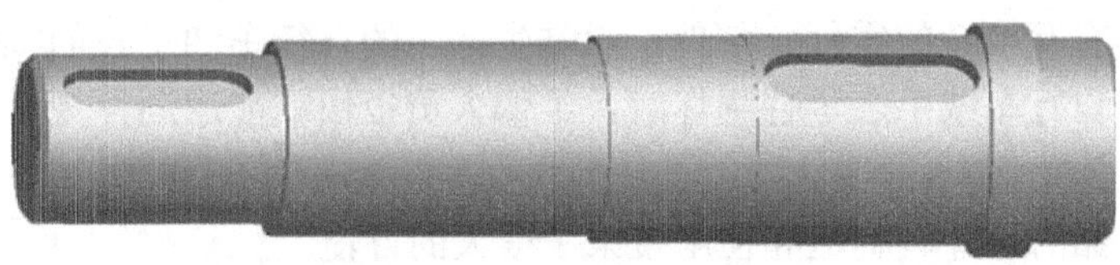

（a）外形图

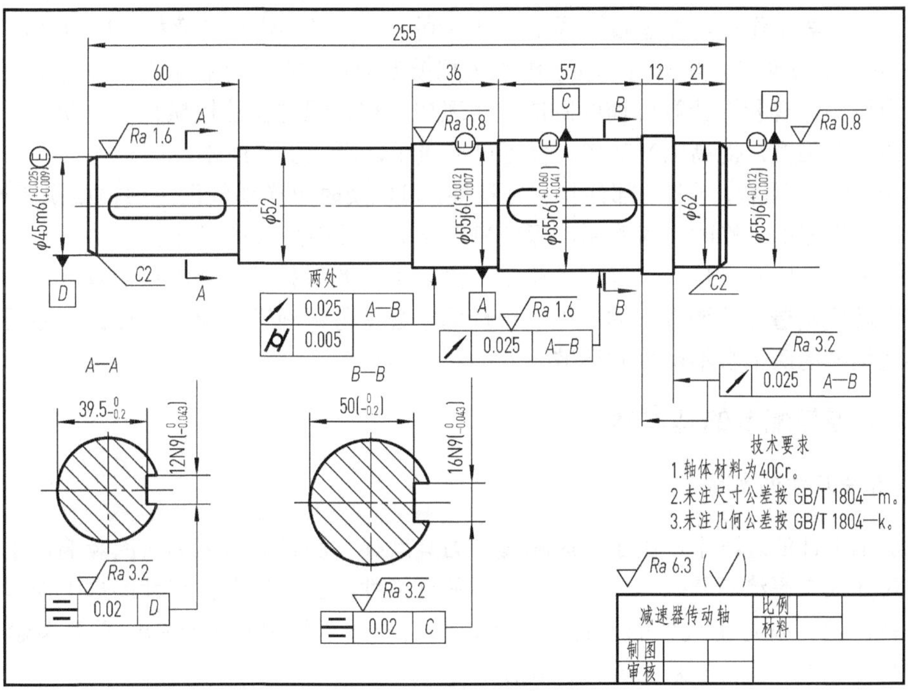

（b）内部结构图样

图 4-1 减速器传动轴

2. 任务分析

根据实际工作的需要，该零件材料为 40Cr，因此毛坯种类选择合金钢，合金钢的抗拉强度、塑性和韧性远高于灰铸铁，抗压强度与灰铸铁相近。该零件在加工过程中要满足尺寸精度、几何精度、几何公差、位置公差、表面粗糙度、公差配合等技术要求。

4.1 尺寸公差与配合

4.1.1 互换性概述

在机械和仪器制造业中，在同一规格的一批零件或部件中，任取其一，不需进行挑选或附加修配（如钳工修配）就能安装到机器上，且满足规定的功能要求，这样的一批零件或部件就称为具有互换性的零件、部件。日常生活中的自行车和手表的零件就是按互换性要求生产的。当自行车或手表零件损坏时，维修人员很快就能用同样规格的零件换上，恢复自行车或手表的功能。

互换性给产品的设计、制造和使用带来了很大的方便。

1）从设计方面看，按互换性进行设计，可以最大限度地采用标准件、通用件，大大减少绘图、计算等工作量，缩短设计周期，并有利于产品多样化和计算机辅助设计。

2）从制造方面看，互换性有利于组织大规模专业化生产，有利于采用先进工艺和高效率的专用设备，有利于计算机辅助制造，实现加工和装配过程的机械化、自动化，从而降低工人的劳动强度，提高生产效率，保证产品质量，降低生产成本。

3）从使用方面看，零件、部件具有互换性，可以及时更换那些已经磨损或损坏的零件、部件，减少机器的维修时间和费用，保证机器能够连续而持久地运转。

零件和部件的互换性对保证产品质量、提高生产效率和增加经济效益具有重要意义，它已成为现代制造业普遍遵守的原则。合理确定公差与正确进行检测是保证产品质量、实现互换性生产的两个必不可少的环节。

4.1.2 极限与配合的基本术语

1. 有关尺寸的术语

在加工零件的过程中，由于机床精度、刀具磨损、测量等诸多因素的影响，不可能把零件的尺寸加工得绝对精确。为了保证零件的互换性，必须将零件尺寸的加工误差限制在一定的范围内，规定出尺寸的允许变动量，从而形成了极限与配合的一系列概念。现以图 4-2 为例，介绍极限与配合的基本术语。

公称尺寸：根据零件的强度和结构要求，在设计时给定的尺寸，如 $\phi 50\text{mm}$。它是基于产品的使用要求，根据零件的强度、刚度等计算或试验、类比等经验确定，并按标准直径或标准长度圆整后所得尺寸，是计算偏差的起始尺寸。相互配合的孔、轴公称尺寸相同。

实际尺寸：通过测量所得的某一孔、轴尺寸。由于测量误差的存在，实际尺寸并非尺寸的真值。同时，由于几何误差等影响，同一零件表面的不同位置、不同方向的实际尺寸往往也是不等的。

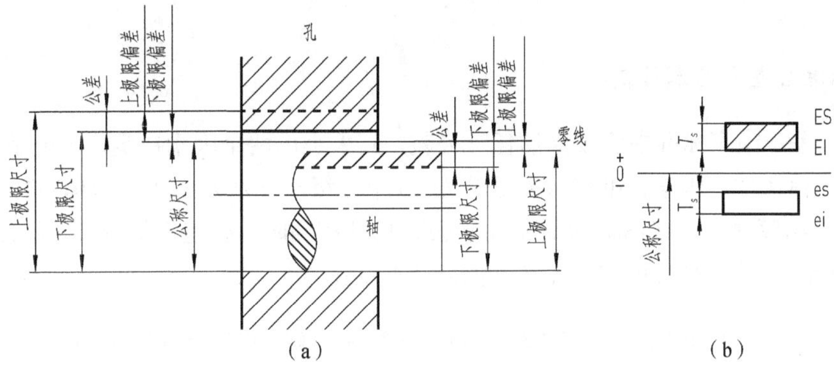

图 4-2　极限与配合的基本概念

极限尺寸：一个孔、轴允许尺寸的两个极限值。实际尺寸应位于其中，因为它也可以达到极限尺寸。孔或轴允许的最大尺寸为上极限尺寸（$D_{\max}$、$d_{\max}$），孔或轴允许的最小尺寸为下极限尺寸（$D_{\min}$、$d_{\min}$）。

偏差：某一尺寸（实际尺寸、极限尺寸）减去其公称尺寸所得的代数差。

极限偏差：包括上极限偏差和下极限偏差。孔的上、下极限偏差代号用大写字母 ES、EI 表示，轴的上、下极限偏差代号用小写字母 es、ei。上极限尺寸减去其公称尺寸所得的代数差称为上极限偏差；下极限尺寸减去其公称尺寸所得的代数差称为下极限偏差。

孔的上、下极限偏差：

$$\mathrm{ES}=D_{\max}-D\text{，}\quad \mathrm{EI}=D_{\min}-D$$

轴的上、下极限偏差：

$$\mathrm{es}=d_{\max}-d\text{，}\quad \mathrm{ei}=d_{\min}-d$$

实际偏差：实际尺寸减去其公称尺寸所得的代数差，应位于极限偏差范围之内。由于极限尺寸可以大于、等于或小于公称尺寸，所以偏差可以为正、零或负值。偏差除零外，应标上相应的“+”号或“−”号。极限偏差用于控制实际偏差。

尺寸公差（简称公差）：上极限尺寸减下极限尺寸之差，或上极限偏差减下极限偏差之差。尺寸公差是允许尺寸的变化量。尺寸公差是绝对值，无正负之分。

孔的公差：

$$T_{\mathrm{h}}=|D_{\max}-D_{\min}|=|\mathrm{ES}-\mathrm{EI}|$$

轴的公差：

$$T_{\mathrm{s}}=|d_{\max}-d_{\min}|=|\mathrm{es}-\mathrm{ei}|$$

偏差与公差是两个不同的概念，不能混淆。

零线：在极限与配合图解中，表示公称尺寸的一条直线，以其为基准确定偏差和公差。

公差带：在公差带图解中，由代表上极限偏差和下极限偏差或上极限尺寸和下极限尺寸的两条直线所限定的区域，如图 4-2（b）所示。

公差带是由其大小和位置两个要素确定的。公差带大小是指公差带在零线垂直方向的宽度，由标准公差确定；公差带位置是指公差带沿零线垂直方向的坐标位置，由基本偏差确定。

2．标准公差与基本偏差

标准公差：国家标准中所规定的任一公差，其大小由两个因素决定：一个是公差等级，另一个是公称尺寸。国家标准将公差划分为 20 个等级，分别为 IT01、IT0、IT1……IT18，其中，IT01 精度最高，IT18 精度最低。当公称尺寸相同时，公差等级越高，标准公差值越小。国家标准公差等级及标准公差数值如表 4-1 所示。

表 4-1　国家标准公差等级及标准公差数值（摘自 GB/T 1800.1—2020）

公称尺寸/mm	标准公差等级																			
	IT01	IT0	IT1	IT2	IT3	IT4	IT5	IT6	IT7	IT8	IT9	IT10	IT11	IT12	IT13	IT14	IT15	IT16	IT17	IT18
	标准公差数值/μm														标准公差数值/mm					
≤3	0.3	0.5	0.8	1.2	2	3	4	6	10	14	25	40	60	0.10	0.14	0.25	0.40	0.60	1.00	1.40
>3～6	0.4	0.6	1	1.5	2.5	4	5	8	12	18	30	48	75	0.12	0.18	0.30	0.48	0.75	1.20	1.80
>6～10	0.4	0.6	1	1.5	2.5	4	6	9	15	22	36	58	90	0.15	0.22	0.36	0.58	0.90	1.50	2.20
>10～18	0.5	0.8	1.2	2	3	5	8	11	18	27	43	70	110	0.18	0.27	0.43	0.70	1.10	1.80	2.70
>18～30	0.6	1	1.5	2.5	4	6	9	13	21	33	52	84	130	0.21	0.33	0.52	0.84	1.30	2.10	3.30
>30～50	0.6	1	1.5	2.5	4	7	11	16	25	39	62	100	160	0.25	0.39	0.62	1.00	1.60	2.50	3.90
>50～80	0.8	1.2	2	3	5	8	13	19	30	46	74	120	190	0.30	0.46	0.74	1.20	1.90	3.00	4.60
>80～120	1	1.5	2.5	4	6	10	15	22	35	54	87	140	220	0.35	0.54	0.87	1.40	2.20	3.50	5.40
>120～180	1.2	2	3.5	5	8	12	18	25	40	63	100	160	250	0.40	0.63	1.00	1.60	2.50	4.00	6.30
>180～250	2	3	4.5	7	10	14	20	29	46	72	115	185	290	0.46	0.72	1.15	1.85	2.90	4.60	7.20
>250～315	2.5	4	6	8	12	16	23	32	52	81	130	210	320	0.52	0.81	1.30	2.10	3.20	5.20	8.10
>315～400	3	5	7	9	13	18	25	36	57	89	140	230	360	0.57	0.89	1.40	2.30	3.60	5.70	8.90
>400～500	4	6	8	10	15	20	27	40	63	97	155	250	400	0.63	0.97	1.55	2.50	4.00	6.30	9.70

基本偏差：确定公差带相对零线位置的极限偏差。它可以是上极限偏差或下极限偏差，一般为靠近零线的极限偏差，如图 4-3 所示。

GB/T 1800.1—2020 对孔和轴分别规定了 28 种公称偏差，其代号用拉丁字母表示，大写表示孔，小写表示轴。这 28 种基本偏差代号反映了 28 种公差位置，构成了基本偏差系列。

从图 4-3 可以看出，孔的偏差从 A 到 H 为下极限偏差 EI，从 J 到 ZC 为上极限偏差 ES。轴的基本偏差从 a 到 h 为上极限偏差 es，从 j 到 zc 为下极限偏差 ei。

公差带的宽度取决于标准公差等级，公差带的位置取决于基本偏差。因此，任何一个公差带都用基本偏差代号和公差等级数字表示。例如，ϕ50 H7，ϕ50 是公称尺寸，H 是基本偏差代号，大写表示孔，公差等级为 IT7。又如，ϕ50 f8，ϕ50 是公称尺寸，f 是基本偏差代号，小写表示轴，公差等级为 IT8。

基本偏差中的 H 和 h 的基本偏差为零，H 代表基准孔，h 代表基准轴。

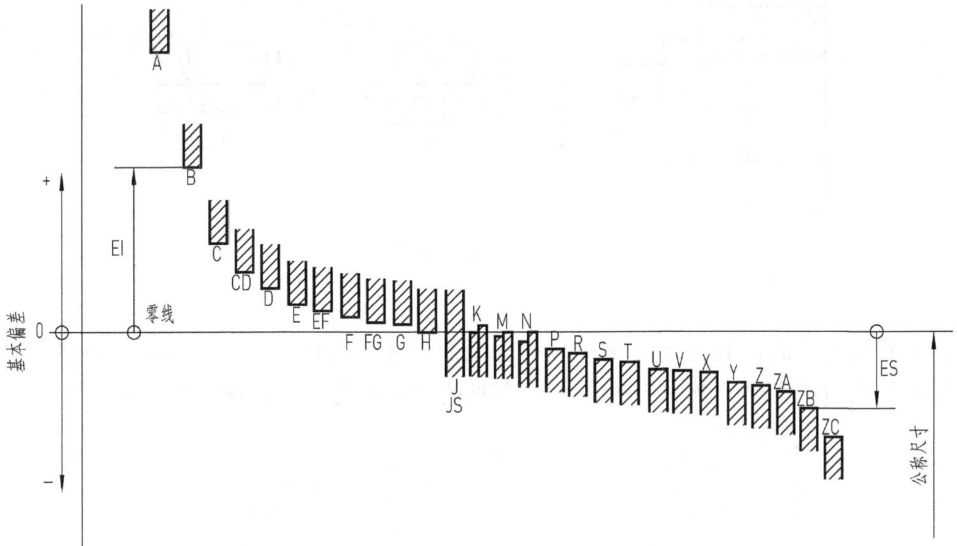

（a）孔（内尺寸要素）

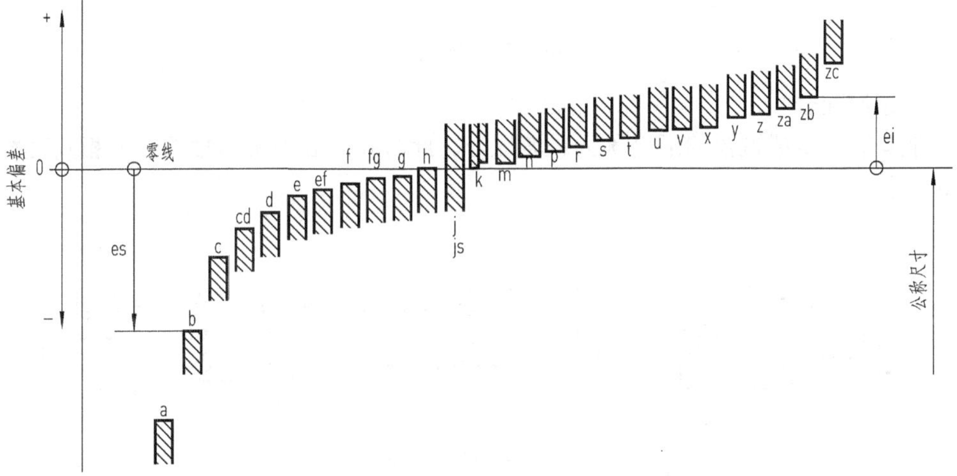

（b）轴（外尺寸要素）

图 4-3　基本偏差相对于公称尺寸位置的示意说明

3．有关配合的术语

在机器装配中，公称尺寸相同的、相互配合的孔和轴公差带之间的关系，称为配合。根据机器的设计要求、工艺要求和生产实际需要，国家标准将配合分为三大类，即间隙配合、过盈配合和过渡配合。

（1）间隙与过盈

孔的尺寸减去相配合的轴的尺寸所得的代数差，其值大于零时称为间隙，小于零时称为过盈。一般用 X 表示间隙量，用 Y 表示过盈量。

（2）间隙配合

当孔与轴配合时，具有间隙（包括最小间隙等于零）的配合称为间隙配合。此时孔的公差带在轴的公差带之上，如图 4-4 所示。

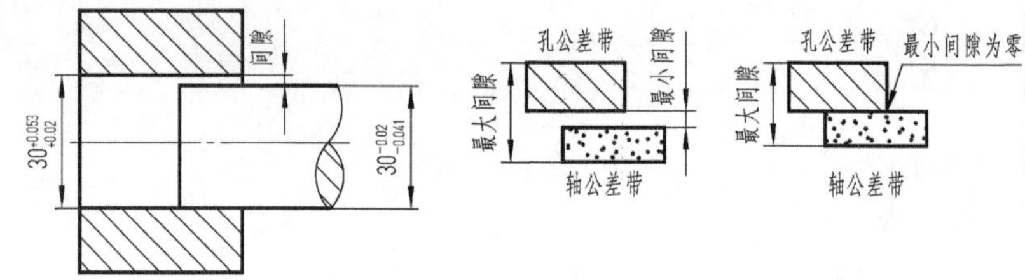

图 4-4 间隙配合

（3）过盈配合

当孔和轴配合时，孔的尺寸减去相配合轴的尺寸，其代数差是负值时为过盈。具有过盈的配合称为过盈配合。此时孔的公差带在轴的公差带之下，如图 4-5 所示。

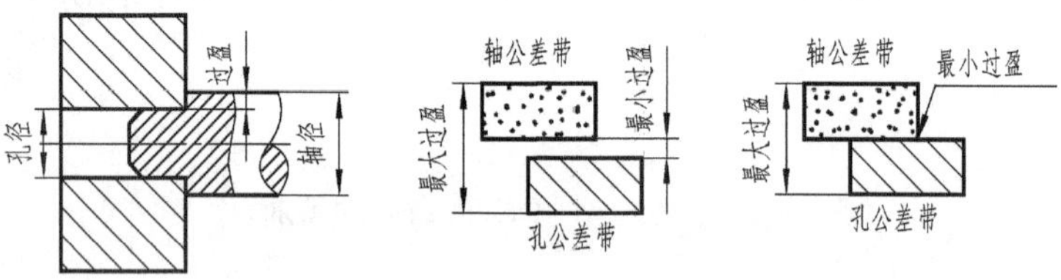

图 4-5 过盈配合

（4）过渡配合

可能具有间隙或过盈的配合称为过渡配合。此时孔的公差带与轴的公差相互交叠，如图 4-6 所示。

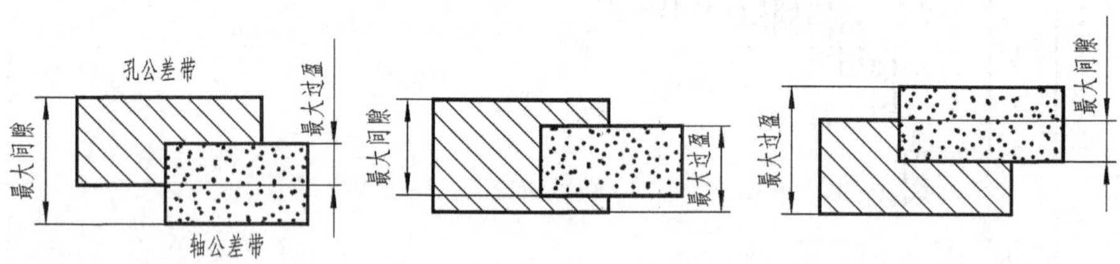

图 4-6 过渡配合

（5）配合制度

国家标准规定了基孔制和基轴制两种配合制度。

1）基孔制。基孔制是指基本偏差为一定的孔的公差带与不同基本偏差的轴的公差带形成的各种配合的一种制度。基孔制配合的孔称为基准孔，其基本偏差代号为 H，下极限偏差为零，即它的下极限尺寸等于公称尺寸。

在基孔制中，基准孔 H 与轴配合，a～h（共 11 种）用于间隙配合；j～n（共 5 种）主要用于过渡配合；n、p、r 可能为过渡配合，也可能为过盈配合；p～zc（共 12 种）主要用于过盈配合。

2）基轴制。基轴制是指基本偏差为一定的轴的公差带与不同基本偏差的孔的公差带形成的各种配合的一种制度。基轴制配合的轴称为基准轴，其基本偏差代号为 h，上极限偏差为零，即它的上极限尺寸等于公称尺寸。

在基轴制中，基准轴 h 与孔配合，A～H（共 11 种）用于间隙配合；J～N（共 5 种）

主要用于过渡配合；N、P、R 可能为过渡配合，也可能为过盈配合；P～ZC（共 12 种）主要用于过盈配合。

4.1.3　极限与配合的选择

正确、合理地选择极限与配合，对产品的使用性能和制造成本是非常重要的。极限与配合的选择主要包括基准制、配合类别和公差等级三项内容。

1．基准制的选择

基准制的选择主要是从经济方面考虑，同时兼顾功能、结构、工艺条件和其他方面的要求。国家标准规定一般优先选择基孔制。因为从工艺上看，加工中等尺寸的孔通常要用价格较高的定制刀具，而加工不同尺寸的轴则用一把车刀或砂轮即可。因此，采用基孔制可以减少备用刀具和量具的规格数量，降低成本，提高可加工性和经济性。

但在以下特殊情况下，选择基轴制更适宜。

1）由冷拉棒材制造的零件，其配合表面不经过切削加工。

2）与标准件相配合的孔和轴，应以标准件为基准来选择基准制。例如，与滚动轴承配合时，因滚动轴承是标准件，所以滚动轴承内圈与轴颈配合是基孔制配合，外圈与机座孔的配合是基轴制配合。

3）同一根轴（公称尺寸相同）与几个零件孔配合，且有不同配合性质，如图 4-7 所示。

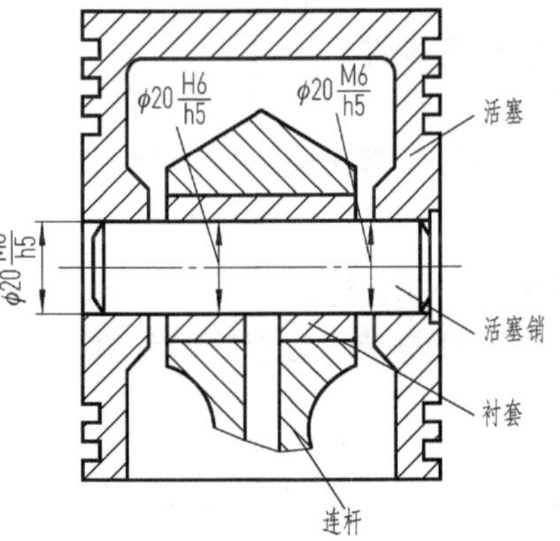

图 4-7　基轴制配合选择示例

2．配合类别的选择

国家标准中规定了优先、常用和一般用途的孔、公差带，应根据配合特性和使用功能，尽量选择优先和常用配合。当零件之间具有相对转动或移动时，必须选择间隙配合；当零件之间无键、销等紧固件，只依靠结合面之间的过盈实现传动时，必须选择过盈配合；当零件之间不要求有相对运动，同轴度要求较高，且不是依靠该配合传递动力时，通常选择过渡配合。

（1）基孔制优先配合

间隙配合：H7/g6、H7/h6、H8/f7、H8/h7、H9/d9、H9/h9、H11/c11、H11/h11。过渡配合：H7/k6。过盈配合：H7/n6、H7/p6、H7/s6、H7/u6。

（2）基轴制优先配合

间隙配合：G7/h6、H7/h6、F8/h7、H8/h7、D9/h9、H9/h9、C11/h11、H11/h11。过渡配合：K7/h6。过盈配合：N7/h6、P7/h6、S7/h6、U7/h6。

3．公差等级的选用

在保证零件使用要求的前提下，应尽量选用比较低的公差等级，以减少零件的制造成本。由于加工孔比加工轴困难，当公差等级高于 IT8 时，在公称尺寸至 500mm 的配合中，应选择孔的标准公差等级比轴低一级（如孔为 8 级、轴为 7 级）来加工孔。当标准公差等级低时，轴和孔可选择相同的公差等级。

4.1.4 极限与配合的标注

1．在零件图中的标注

极限与配合在零件图中的标注一般有三种方法，如图 4-8 所示。

（1）标注公差带代号

在公称尺寸后标注所要求的公差带，如 40H8、80P7、$\phi 50g6$ 。这种标注法适用于大量生产的零件及采用专用量具检验的零件。

（2）标注极限偏差数值

在公称尺寸后标注所要求的公差带对应的偏差值，如 $\phi 50^{+0.025}_{0}$ 。这种标注法适用于单件、小批量生产的零件。

（3）公差带代号与极限偏差一起标注

在公称尺寸后标注所要求的公差带和对应的偏差值，如 $\phi 50H7(^{+0.025}_{0})$ 。这种标注法适用于转产频繁的产品。

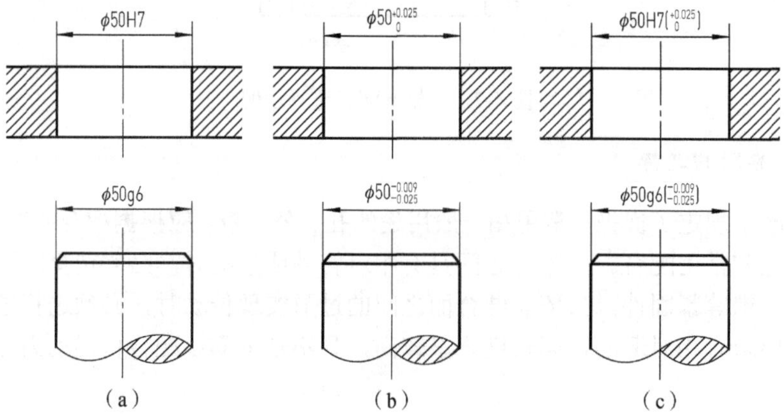

图 4-8　零件图中的公差标注

2. 在装配图中的标注

在装配图中标注配合代号，配合代号用分数形式表示，分子为轴的公差带代号，分母为孔的公差带代号。在装配图中标注配合代号有三种形式，如图 4-9 所示。

1）标注孔和轴的配合代号，如图 4-9（a）所示，这种标注法应用最多。

2）当需要标注孔和轴的极限偏差时，孔的公称尺寸和极限偏差标注在尺寸线上方，轴的公称尺寸和极限偏差标注在尺寸线下方，如图 4-9（b）和图 4-9（c）所示。

3）零件与标准件或外购件配合时，在装配图中可以只标注该零件的公差带代号，如图 4-9（d）所示。

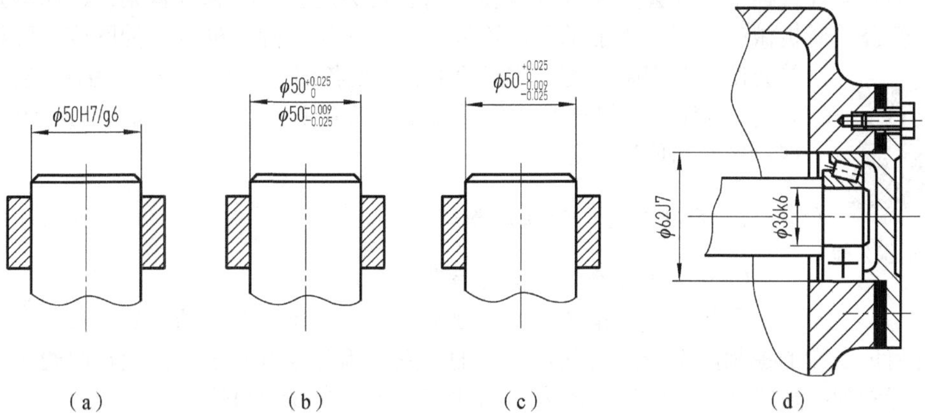

图 4-9　装配图中配合图的标注

4.1.5　极限与配合应用举例

例 4-1　查表确定 ϕ50H7/f6 中的孔和轴的极限偏差。

解：此配合是公称尺寸为 ϕ50 mm 的基孔制配合。孔的公差代号为 ϕ50 H7，其公差等级为 IT7，基本偏差代号为 H；轴的公差代号为 ϕ50 f6，其公差等级为 IT6，基本偏差代号为 f，属间隙配合。从国家标准手册中查得孔的极限偏差为 $\phi50(^{+0.025}_{0})$ mm，轴的极限偏差（上极限偏差）为−0.025mm，根据标准公差与上下极限偏差的关系，得出其下极限偏差为−0.041mm，公差带图如图 4-10 所示。

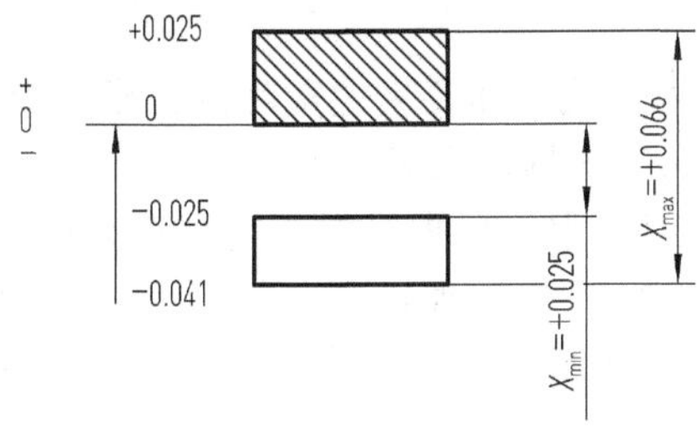

图 4-10　公差带图

4.2 几何公差

4.2.1 形状和位置公差的基本概念

在加工零件过程中不仅会产生尺寸误差，而且还会产生形状和位置误差，简称几何公差。几何公差对机械产品工作性能的影响不容忽视。例如，圆柱形零件的圆度、圆柱度误差会使配合间隙不均，使磨损加剧，或各部分过盈不一致，影响连接强度。因此，为保证机械产品的质量和零件的互换性，必须对几何公差加以控制，规定形状和位置公差。

微课：形状公差和位置公差

1. 形状公差与形状误差

（1）形状公差与形状公差带

形状公差是指单一实际要素的形状所允许的变动全量。形状公差是对自身几何量要素的控制，不表达与其他要素的关系，因此没有基准，是设计时给定的。形状公差有六项：直线度、平面度、圆度、圆柱度、线轮廓度和面轮廓。

形状公差带是限制实际被测要素变动的一个区域，由公差带大小、公差带形状、公差带方向和公差带位置四个要素决定。

（2）形状误差及其评定

形状误差是指被测实际要素的形状对其理想要素的变动量。形状误差值不大于相应的公差值被认为是合格的。

被测实际要素与其理想要素进行比较时，理想要素相对于实际要素的位置不同，评定的形状误差值也不同。为了使评定结果唯一，国家标准规定，最小条件是评定形状误差的基本准则。所谓最小条件，即被测实际要素对其理想要素的最大变动量为最小。

2. 位置公差与位置误差

（1）位置公差

位置公差是指零件上的点、线、面要素的实际位置相对于理想位置的允许变动量。位置公差包括定向公差、定位公差和跳动公差三类。

1）定向公差。定向公差是关联实际要素对其具有确定方向的理想要素的允许变动量。理想要素的方向由基准及理论正确角度确定。当理论正确角度为 0° 时，称为平行度公差；理论正确角度为 90° 时，称为垂直度公差；理论正确角度为其他任意角度时，称为倾斜度公差。

2）定位公差。定位公差是关联实际要素对其具有确定位置的理想要素的允许变动量。理想要素的位置由基准及理论正确尺寸（长度或角度）确定。当理论正确尺寸为零，且基准要素和被测要素均为轴线时，称为同轴度公差；当理论正确尺寸为零，基准要素或（和）

被测要素为其他中心要素（中心平面）时，称为对称度公差；在其他情况下均称为位置度公差。

3）跳动公差。与定向公差、定位公差不同，跳动公差是针对特定的检测方式而定义的公差特征项目。它是被测要素绕基准要素回转过程中所允许的最大跳动量，也就是指示器在给定方向上指示的最大读数与最小读数之差的允许值。跳动可分为圆跳动和全跳动。

圆跳动是控制被测要素在某个测量截面内相对于基准轴线的变动量。圆跳动又分为径向圆跳动、轴向圆跳动和斜向圆跳动三种。

全跳动是控制整个被测要素在连续测量时相对于基准轴线的跳动量。全跳动又分为径向全跳动和端面全跳动两种。

（2）位置误差及其评定

位置误差是关联实际要素对其理想要素的变动量，理想要素的方向或位置由基准确定。

判断位置误差的大小时，常采用定向或定位最小包容区域包容被测实际要素。这里的最小包容区域与形状误差的最小包容区域有所不同，区别在于：这里的最小包容区域必须在与基准保持给定几何关系的前提下使包容区域的宽度或直径最小。

3．几何公差项目及符号

国家标准规定了几何公差项目，如表 4-2 所示。

表 4-2 几何公差项目及其符号

<table>
<tr><th>公差类别</th><th>几何特征</th><th>公差符号</th><th>有无基准要求</th><th>公差类别</th><th>几何特征</th><th>公差符号</th><th>有无基准要求</th></tr>
<tr><td rowspan="6">形状公差</td><td>直线度</td><td>—</td><td rowspan="6">无</td><td rowspan="9">位置公差</td><td>位置度</td><td>⌖</td><td>有或无</td></tr>
<tr><td>平面度</td><td>▱</td><td rowspan="2">同轴度
（用于轴线）</td><td rowspan="5">◎</td><td rowspan="8">有</td></tr>
<tr><td>圆度</td><td>○</td></tr>
<tr><td>圆柱度</td><td>⌭</td><td rowspan="3">同心度
（用于中心点）</td></tr>
<tr><td>线轮廓度</td><td>⌒</td></tr>
<tr><td>面轮廓度</td><td>⌓</td></tr>
<tr><td rowspan="5">方向公差</td><td>平行度</td><td>//</td><td rowspan="5">有</td><td>对称度</td><td>⌯</td></tr>
<tr><td>垂直度</td><td>⊥</td><td>线轮廓度</td><td>⌒</td></tr>
<tr><td>倾斜度</td><td>∠</td><td>面轮廓度</td><td>⌓</td></tr>
<tr><td>线轮廓度</td><td>⌒</td><td rowspan="2">跳动公差</td><td>圆跳动</td><td>↗</td><td rowspan="2">有</td></tr>
<tr><td>面轮廓度</td><td>⌓</td><td>全跳动</td><td>⌰</td></tr>
</table>

4.2.2 几何公差的注法及图例

1．几何公差框格及其内容

国家标准 GB/T 1182—2018 规定，几何公差在图样中应采用代号标注。代号由公差项目符号、框格、指引线、公差数值和其他有关符号组成。

几何公差框格用细实线绘制，可画两格或多格，可水平或垂直放置，框格的高度是图样中尺寸数字高度的两倍，框格的长度根据需要而定。框格中的数字、字母和符号与图样中的数字同高，框格内从左到右（或从上到下）填写的内容：第一格为几何公差项目符号，第二格为几何公差数值及其有关符号，后边的各格为基准代号的字母及有关符号，如图 4-11 所示。

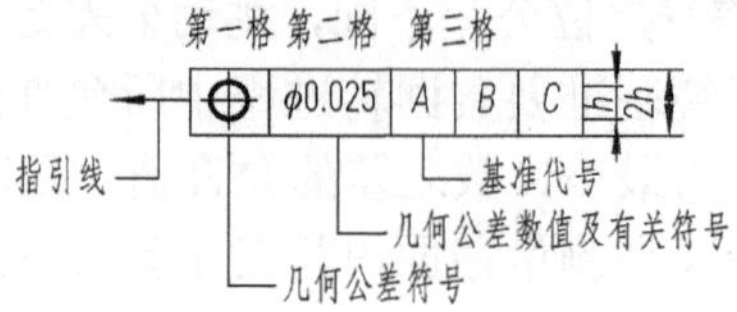

图 4-11 几何公差框格代号（一）

2．被测要素的注法

用带箭头的指引线将被测要素与公差框格的一端相连。指引线箭头应指向公差带的宽度方向或直径方向。指引线用细实线绘制，可以不转折或转折一次（通常为垂直转折）。

指引线箭头按下列方法与被测要素相连。

1）当被测要素为线或表面时，指引线箭头应指在该要素的轮廓线或其延长线上，并应明显地与该要素的尺寸线错开，如图 4-12 所示。

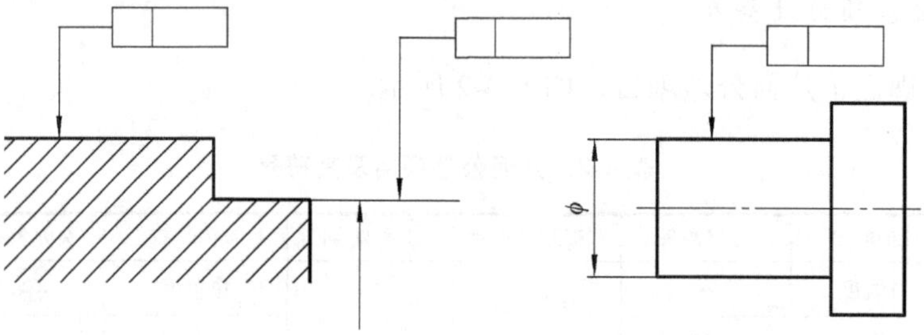

图 4-12 几何公差框格代号（二）

2）当被测要素为轴线、球心或中心平面时，指引线箭头应与该要素的尺寸线对齐，如图 4-13 所示。

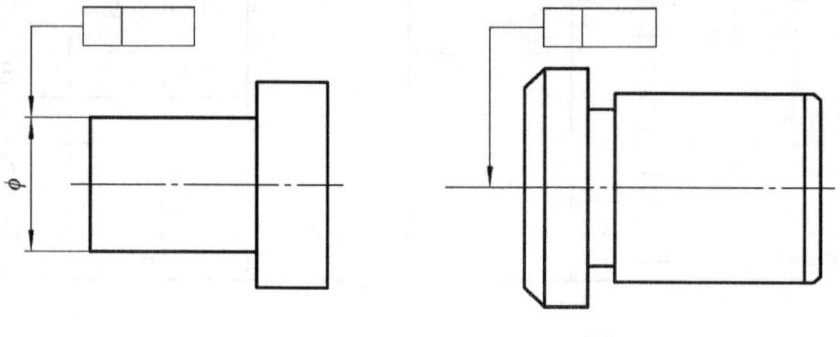

图 4-13 几何公差框格代号（三）

3．基准要素的标注

标注基准要素时，用带基准符号的指引线将基准要素与公差框格的另一端相连。基准符号的连线必须与基准要素垂直，如图 4-14（a）所示。

当基准符号不便与公差框格直接相连时，采用基准代号标注，并在公差框格的第三格内填写与基准代号相同的字母，如图 4-14（b）所示。

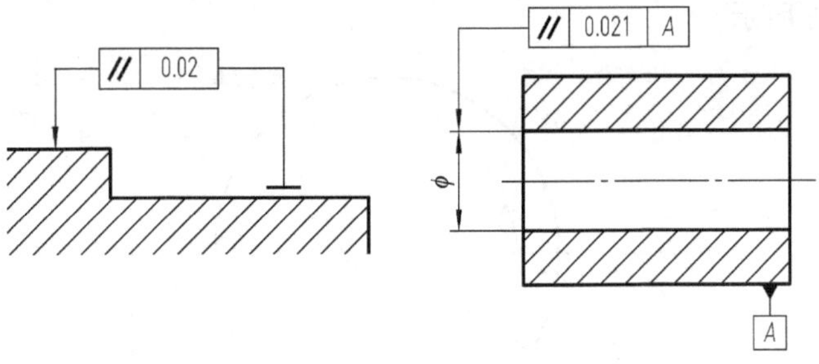

（a）　　　　（b）

图 4-14　基准要素的注法

4．几何公差的标注图例

例 4-2　解释如图 4-15 所示的几何公差所表示的含义。

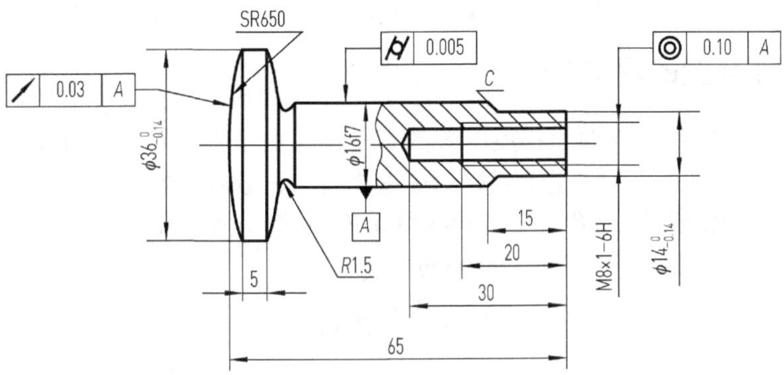

图 4-15　几何公差标注举例

解：图 4-15 中，⌭ 0.005 表示该阀杆杆身 $\phi16$ 的圆柱度公差为 0.005mm。

◎ 0.10 A 表示 M18×1-6H 螺纹孔的轴线对于 $\phi16$ 轴线的同轴度公差为 $\phi0.10$ mm；

↗ 0.03 A 表示 SR650 的球面对于 $\phi16$ 轴线的圆跳动公差为 0.03mm。

零件图上除有表面粗糙度、几何公差和尺寸公差外，还有零件的材料、热处理工艺等技术要求。

4.3 表面粗糙度

4.3.1　表面粗糙度的概念

在加工零件时，由于切削变形和机床振动等因素的影响，零件的实际加工表面存在着微观的高低不平，这种微观的高低不平程度称为表面

微课：表面粗糙度

粗糙度，如图 4-16 所示。

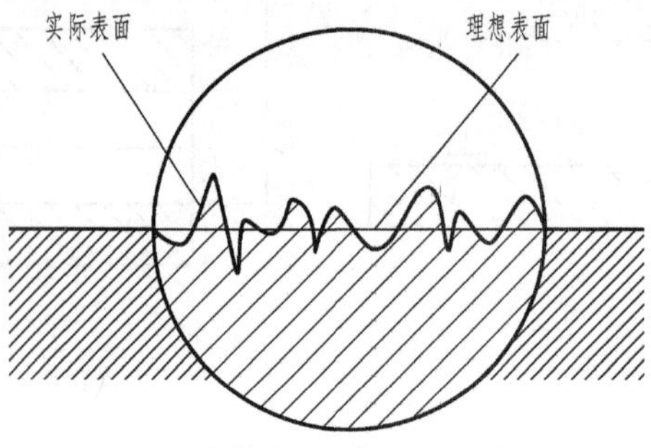

图 4-16　表面粗糙度的概念

表面粗糙度是衡量零件质量的重要指标之一。表面粗糙度对零件的配合性质、耐磨性、强度、耐腐蚀性、密封性、外观要求等影响很大，因此，不同零件表面粗糙度的要求也不同。一般来说，凡零件上有配合要求或有相对运动的表面，表面粗糙度参数值要小。

4.3.2　表面粗糙度的评定参数

国家标准规定的评定表面粗糙度的参数有轮廓算术平均偏差 *Ra* 、轮廓最大高度 *Rz* 和轮廓单元的平均宽度 *Rsm* 。这里主要介绍最重要的也是最常用的轮廓算术平均偏差 *Ra* 。

轮廓算术平均偏差 *Ra* 是在一个取样长度 *lr* 内，轮廓上各点至轮廓中线的距离 y_i 的绝对值的算术平均值，如图 4-17 所示。*Ra* 的数学表达式为

$$Ra = \frac{1}{lr}\int_0^{lr} Z(x)\mathrm{d}x \tag{4-1}$$

测得的 *Ra* 值越大，零件表面越粗糙。*Ra* 参数能充分反映表面高低不平的特征，一般用电动轮廓仪进行测量。

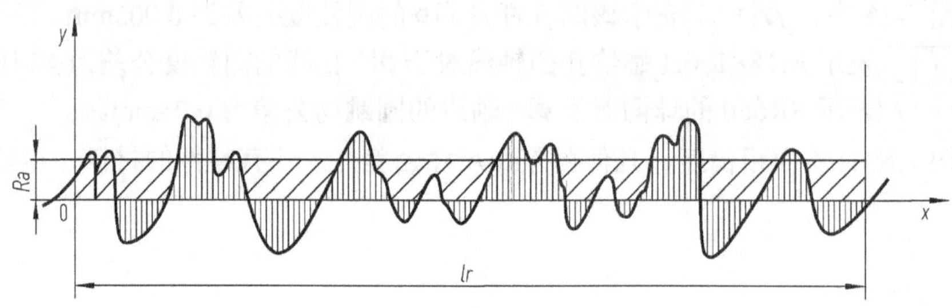

图 4-17　轮廓算术平均偏差 *Ra*

常用的轮廓算术平均偏差 *Ra* 的数值系列如表 4-3 所示。

表 4-3　轮廓算术平均偏差 *Ra* 的数值系列　（单位：μm）

基本系列	补充系列	基本系列	补充系列	基本系列	补充系列	基本系列	补充系列
	0.008						
	0.010						
0.012			0.125		1.25	12.5	

续表

基本系列	补充系列	基本系列	补充系列	基本系列	补充系列	基本系列	补充系列
	0.016		0.16	1.60			16.0
	0.020	0.20			2.0		20
0.025			0.25		2.5	25	
	0.032		0.32	3.2			32
	0.040	0.40			4.0		40
0.050			0.50		5.0	50	
	0.063		0.63	6.3			63
	0.080	0.80			8.0		80
0.100			1.00		10.0	100	

4.3.3　表面粗糙度的符号及其标注

1．表面粗糙度的符号

表面粗糙度的符号是由规定的符号和有关参数值组成的。GB/T 131—2006 规定了五种表面粗糙度符号，如表 4-4 所示。当仅需要加工对除表面粗糙度外的其他指标没有要求的零件时，允许只标注表面粗糙度符号。

表 4-4　表面粗糙度的符号及其意义

符号	意义及说明
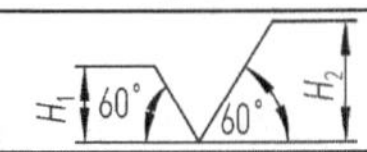	基本符号，表示表面可用任意方法获得。当不加注粗糙度参数值或有关说明时，仅适用于简化代号标注（$H_1=1.4h$， $H_2=2.1h$，符号线宽为 1/10h，h 为字高）
	基本符号加一短划，表示表面是用去除材料的方法获得的，如车、铣、钻、磨、剪切、气割、抛光、腐蚀、电火花加工等
	基本符号加一小圆，表示表面是用不去除材料的方法获得的，如铸、锻、冲压、热轧、冷轧、粉末冶金等
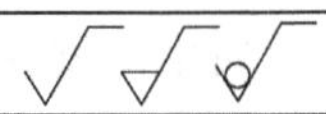	在上述三种符号的长边上均可加一横线，用于标注有关参数和说明
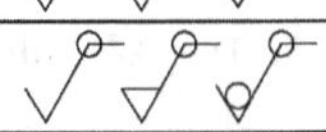	在上述三种符号上均可加一小圆，表示所有表面具有相同的表面粗糙度要求

2．表面结构的图形代号

表面粗糙度完整图形符号，是指在表面粗糙度符号周围按功能要求标注表面粗糙度或有关其他文字，其注写位置如图 4-18 所示。

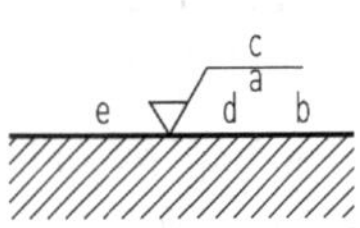

图 4-18　表面粗糙度补充要求的注写位置

a——注写表面粗糙度的单一要求，包括表面结构参数代号、极限值或限样长度，μm。

b——注写两个或多个表面结构要求。

c——标注加工方法、表面处理、涂层或其他加工工艺要求等，如车、磨、镀等加工表面。

d——注写表面纹理和方向，如“=”“X”“M”等。

e——注写加工余量，以毫米为单位给出数值。

由于 Ra 值是目前生产上最常用的一种表面粗糙度高度参数，所以在标注时可只标注高度参数的数值，省略参数前的 Ra。常用的 Ra 值与加工方法如表 4-5 所示。

表 4-5　常用的 Ra 与加工方法

表面特征		示例	加工方法	适用范围
加工面	粗加工面	100　50　25	粗车、刨、铣等	非接触表面，如倒角、钻孔等
	半光面	12.5　6.3　3.2	粗铰、粗磨、扩孔、精镗、精车、精铣等	精度要求不高的接触表面
	光面	1.6　0.8　0.4	铰、研、刮、精车、精磨、抛光等	高精度的重要配合表面
	最光面	0.2　0.1　0.05	研磨、镜面磨、超精磨等	重要的装饰面
毛坯面		√（带圆圈）	经表面清理过的铸、锻件表面及轧制件表面	不需要加工的表面

4.3.4　表面粗糙度参数值的选择

表面粗糙度参数值的选择原则：在满足功能要求的前提下，尽量选择较大的表面粗糙度参数值，以减小加工难度，降低生产成本。

具体选择时，可参照生产中的实例，用类比法确定，同时注意以下几点。

1）同一零件上，工作表面比非工作表面的粗糙度参数值小。

2）摩擦表面要比非摩擦表面的粗糙度参数值小，滚动摩擦表面比滑动摩擦表面的粗糙度参数值小。

3）承受交变载荷的表面及易引起应力集中的部分（如圆角、沟槽），表面粗糙度参数值应小一些。

4）配合要求高的结合面，配合间隙小的配合表面，要求连接可靠、受重载的过盈配合表面，都应取较小的表面粗糙度参数值。

5）表面粗糙度与尺寸及形状公差应协调。通常，尺寸及形状公差小，表面粗糙度参数值也要小；同一尺寸公差，小尺寸比大尺寸、轴比孔的表面粗糙度参数值要小。设表面形状公差为 t，尺寸公差为 T，则有下列要求。

若 $t \approx 0.6T$，则 $Ra \leqslant 0.05T$，$Rz \leqslant 0.2T$。

若 $t \approx 0.4T$，则 $Ra \leqslant 0.025T$，$Rz \leqslant 0.1T$。

若 $t \approx 0.25T$，则 $Ra \leqslant 0.012T$，$Rz \leqslant 0.05T$。

若 $t < 0.25T$，则 $Ra \leqslant 0.15T$，$Rz \leqslant 0.6T$。

特殊说明：机器、仪器上的手轮、手柄、外壳的表面，其尺寸和形状公差要求并不高，但表面粗糙度却要求较小。

6）密封性、防腐性要求高的表面或外形美观的表面，其表面粗糙度参数值都应小一些。

7）凡有关标准已对表面粗糙度要求做出规定者（如轴承、量规、齿轮），均应按标准规定选取表面粗糙度参数值。

表 4-6 列出了孔和轴的表面粗糙度参数推荐值，表 4-7 列出了表面粗糙度参数值与所适应的零件表面，供选用时参考。

表 4-6 孔和轴的表面粗糙度参数推荐值

<table>
<tr><td colspan="4">应用场合</td><td colspan="6">Ra /μm</td></tr>
<tr><td rowspan="2">示例</td><td colspan="2" rowspan="2">公差等级</td><td rowspan="2">表面</td><td colspan="6">公称尺寸/mm</td></tr>
<tr><td colspan="3">≤50</td><td colspan="3">＞50～500</td></tr>
<tr><td rowspan="8">经常装拆的配合表面</td><td colspan="2" rowspan="2">IT5</td><td>轴</td><td colspan="3">≤0.2</td><td colspan="3">≤0.4</td></tr>
<tr><td>孔</td><td colspan="3">≤0.4</td><td colspan="3">≤0.8</td></tr>
<tr><td colspan="2" rowspan="2">IT6</td><td>轴</td><td colspan="3">≤0.4</td><td colspan="3">≤0.8</td></tr>
<tr><td>孔</td><td colspan="3">0.4～0.8</td><td colspan="3">0.8～1.6</td></tr>
<tr><td colspan="2" rowspan="2">IT7</td><td>轴</td><td colspan="3">0.4～0.8</td><td colspan="3">0.8～1.6</td></tr>
<tr><td>孔</td><td colspan="3">≤0.8</td><td colspan="3">≤1.6</td></tr>
<tr><td colspan="2" rowspan="2">IT8</td><td>轴</td><td colspan="3">≤0.8</td><td colspan="3">≤1.6</td></tr>
<tr><td>孔</td><td colspan="3">0.8～1.6</td><td colspan="3">1.6～3.2</td></tr>
<tr><td rowspan="10">过盈配合的配合表面</td><td colspan="2" rowspan="2">公差等级</td><td rowspan="2">表面</td><td colspan="6">公称尺寸/mm</td></tr>
<tr><td colspan="2">≤50</td><td colspan="2">＞50～120</td><td colspan="2">＞120～500</td></tr>
<tr><td rowspan="6">压力机装配</td><td rowspan="2">IT5</td><td>轴</td><td colspan="2">0.1～0.2</td><td colspan="2">≤0.4</td><td colspan="2">≤0.4</td></tr>
<tr><td>孔</td><td colspan="2">0.2～0.4</td><td colspan="2">≤0.8</td><td colspan="2">≤0.8</td></tr>
<tr><td rowspan="2">IT6～IT7</td><td>轴</td><td colspan="2">≤0.4</td><td colspan="2">≤0.8</td><td colspan="2">≤1.6</td></tr>
<tr><td>孔</td><td colspan="2">≤0.8</td><td colspan="2">≤1.6</td><td colspan="2">≤1.6</td></tr>
<tr><td rowspan="2">IT8</td><td>轴</td><td colspan="2">≤0.8</td><td colspan="2">0.8～1.6</td><td colspan="2">1.6～3.2</td></tr>
<tr><td>孔</td><td colspan="2">≤1.6</td><td colspan="2">1.6～3.2</td><td colspan="2">1.6～3.2</td></tr>
<tr><td colspan="2" rowspan="2">热孔法装配</td><td>轴</td><td colspan="6">≤1.6</td></tr>
<tr><td>孔</td><td colspan="6">1.6～3.2</td></tr>
<tr><td rowspan="6">滑动轴承表面</td><td colspan="2" rowspan="2">IT6～IT9</td><td>轴</td><td colspan="6">0.4～0.8</td></tr>
<tr><td>孔</td><td colspan="6">0.8～1.6</td></tr>
<tr><td colspan="2" rowspan="2">IT10～IT12</td><td>轴</td><td colspan="6">0.8～3.2</td></tr>
<tr><td>孔</td><td colspan="6">1.6～3.2</td></tr>
<tr><td colspan="2" rowspan="2">流体润滑</td><td>轴</td><td colspan="6">0.1～0.4</td></tr>
<tr><td>孔</td><td colspan="6">0.2～0.8</td></tr>
<tr><td rowspan="4">定心精度高的配合表面</td><td colspan="2" rowspan="2">公差等级</td><td rowspan="2">表面</td><td colspan="6">径向圆跳动公差/μm</td></tr>
<tr><td>2.5</td><td>4</td><td>6</td><td>10</td><td>16</td><td>25</td></tr>
<tr><td colspan="2" rowspan="2">IT5～IT8</td><td>轴</td><td>≤0.05</td><td>≤0.1</td><td>≤0.1</td><td>≤0.2</td><td>≤0.4</td><td>≤0.8</td></tr>
<tr><td>孔</td><td>≤0.1</td><td>≤0.2</td><td>≤0.2</td><td>≤0.4</td><td>≤0.8</td><td>≤1.6</td></tr>
</table>

表 4-7 表面粗糙度参数值与所适应的零件表面

Ra /μm	适应的零件表面
12.5	粗加工非配合表面，如轴端面、倒角、钻孔、键槽非工作面、垫圈接触面、不重要的安装支承面、螺钉、铆钉孔表面
6.3	半精加工表面。不重要的零件的非配合表面，如支柱、轴、支架、外壳、衬套、盖等的端面；螺钉、螺母和螺栓的自由表面；不要求定心和配合特性的表面，如螺栓孔、螺钉通孔、铆钉孔；飞轮、带轮、离合器、联轴节、凸轮、偏心轮的侧面；平键及键槽的上下面，花键非定心表面，齿顶圆表面；所用轴和孔的退刀槽；不重要的连接配合表面

续表

Ra /μm	适应的零件表面
3.2	半精加工表面。外壳、箱体、盖、套筒、支架等和其他零件连接而不形成配合的表面；不重要的紧固螺纹表面，非传动用梯形螺纹、锯齿螺纹表面；燕尾槽表面；键和键槽工作面；需要发蓝处理的表面；需滚花的预加工表面；低速滑动轴承和轴的摩擦面；张紧链轮、导向滚轮与轴的配合表面
1.6	要求有定心及配合特性的固定支承、衬套、轴承和定位销的压入孔表面；不要求定心及配合特性的活动支承面、活动关节及花键结合面；8 级齿轮的齿面、齿条齿面；传动螺纹工作面；低速传动的轴颈表面；楔形键及键槽上下面；轴承盖凸肩（对中用）工作面；三角带轮槽表面；电镀前金属表面
0.8	要求保证定心及配合特性的表面；锥销和圆柱销表面；与 G 级和 E 级滚动轴承相配合的孔和轴颈表面；中速转动的轴颈表面；过盈配合的孔 IT7；间隙配合的孔 IT8；花键轴定心表面；滑动导轨面
0.4	不要求保证定心及配合特性的活动支承面；高精度的活动球状接头、支承垫圈、榨油机螺旋榨辊表面
0.2	要求能长期保持配合特性的 IT6、IT5；6 级精度齿轮齿面；蜗杆齿面（6～7 级）；与 D 级滚动轴承配合的孔和轴颈表面；要求保证定心及配合特性的表面；滚动轴承轴瓦工作表面；分度盘表面；工作时受交变应力的重要零件表面；受力螺栓的圆柱表面；曲轴和凸轮轴工作表面；发动机气门圆锥面；与橡胶油封相配合的轴表面
0.1	工作时受较大交变应力的重要零件表面；保证疲劳强度、防腐性及在活动接头工作中耐久性的表面；精密机床主轴箱与套筒配合的孔表面；活塞销的表面；液压传动用孔的表面；阀的工作表面；气缸内表面；保证精确定心的锥体表面；仪器中承受摩擦的表面，如导轨、槽面
0.05	滚动轴承套圈滚道、滚珠及滚柱表面；摩擦离合器的摩擦表面；工作量规的测量表面；精密刻度盘表面；精密机床主轴套筒外圆面
0.025	特别精密的滚动轴承套圈滚道、滚珠及滚柱表面；量仪中较高精度间隙配合零件的工作表面；柴油机高压泵中柱塞副的配合表面；保证高度气密的接合表面
0.012	仪器的测量面；量仪中高精度间隙配合零件的工作表面；尺寸超过 100mm 量块的工作表面

思考与练习

4-1 加工完成的零件尺寸越接近公称尺寸，其精度也就越高。这种说法正确吗？

4-2 尺寸公差有没有零公差和负公差？

4-3 当公称尺寸和基本偏差代号相同，而公差等级不同时，它们的上极限偏差、下极限偏差是否都相同？

4-4 根据国家标准规定，标准公差共分为几个等级？基本偏差的代号共有几个？

4-5 H7/g6、H7/n6 各属于哪种基准制？哪一类配合？

4-6 表面粗糙度的评定方法有哪几种？

5 单元 机械零件切削加工与工艺装备

◎ 单元导读

通过对本单元的学习，完成减速器底座的加工制作，了解零件切削加工的相关知识，掌握切削机床与切削要素、常用材料的切削加工性能、常用材料切削条件的选择方法。根据车工职业规范，完成减速器支承套的车削加工参数的选择，并初步具备操作车床完成套类零件加工的岗位能力。

◎ 能力目标

1．了解金属切削加工的基本规律，掌握切削运动和切削用量的概念。

2．理解车刀角度及其作用，熟悉常用切削刀具的特点及应用，了解车刀几何角度的定义，以及车刀的材料、结构、类型及选用方法。

3．了解常用金属切削机床的基本原理和分类的方法。

4．掌握常用机械零件的典型表面的加工方法及零件结构的切削加工工艺性。

5．了解车床、车削加工的特点，掌握套筒在车床上的装夹方法。

6．了解刨床、铣床、镗床的基本结构及工艺范围。

7．掌握车削、钻削、镗削、刨削、铣削、拉削及磨削加工的基础。

8．掌握游标卡尺、内径百分表的使用方法。

◎ 思政目标

1．培养科学严谨、认真细致、求真务实的工作作风。

2．树立质量意识和效益意识，培养工程思维，提升工程实践技能。

3．培养吃苦耐劳的优良品质、良好的人际交流能力、团队合作能力和环保意识。

4．客观认识我国制造业与发达国家存在的差距，尤其是在技术创新能力和企业核心竞争力方面的差距，增强责任感、使命感和紧迫感。

工程案例：减速器底座的加工

1．工作任务

本任务要完成常用减速器底座的加工制作。减速器底座是典型的箱体类零件，如图 5-1 所示。装配减速器时，常以底座为基准，将一些轴、套、轴承和齿轮等零件装配起来，使其保持正确的相互位置关系，以传递转矩或改变转速来完成规定的运动。箱体类零件的加工质量对机器的工作精度、使用性能和寿命都有直接影响。通过对减速器底座的加工制作，应掌握金属切削加工原理、切削加工过程的切削运动的基本规律；了解常用机床的结构、分类和特点；掌握零件各种表面的常用加工方法、特点和选用原则；掌握车削、钻削、镗削、刨削、铣削、拉削及磨削加工的基本方法。

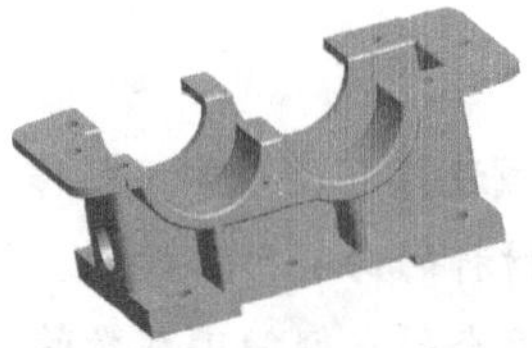

（a）外形图

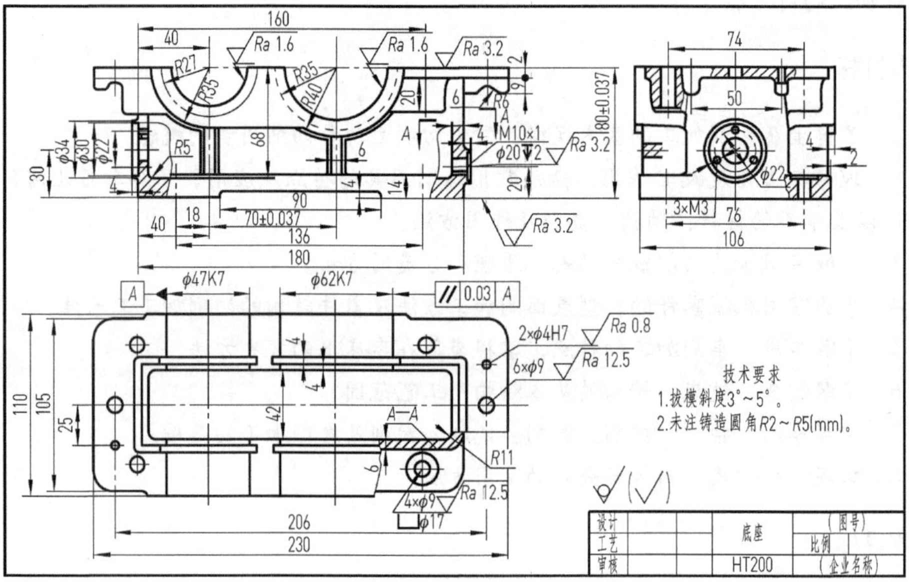

（b）内部结构图样

图 5-1　减速器底座

2．任务分析

单元 3 完成了减速器底座的毛坯选择，采用铸造的方法生产毛坯。按照机械制造的要求，下一道工序将进行减速器底座的切削加工。切削加工通常指金属的切削加工，即用切削刀具从金属材料（毛坯）或工件上切除多余的金属层，从而使工件具有一定形状、尺寸精度和表面粗糙度的加工方法，如车削、钻削、铣削、刨削、磨削、拉削等。

本任务的切削加工需要完成减速器底座零件图要求的尺寸精度、几何公差、位置公差、表面粗糙度和热处理等内容，最后还要检验和涂防锈漆。

5.1 金属切削加工的基础知识

5.1.1 金属切削加工概述

利用刀具和工件之间的相对运动，从毛坯或半成品上切去多余的金属材料，从而获得所需要的几何形状、尺寸精度和表面粗糙度的零件，这种加工方法称为金属切削加工，即金属冷加工。

微课：金属切削加工基础知识

常用的切削加工分为钳工和机械加工两类：钳工由工人手持工具进行切削加工；机械加工是靠刀具和工件的相对运动来完成的，这个过程是通过金属切削机床来实现的。

1．金属切削加工的分类

金属切削加工方式有很多，一般可分为车削加工、铣削加工、钻削加工、镗削加工、刨削加工、磨削加工、齿轮加工及钳工加工等。

2．金属切削加工的特点及应用

金属切削加工工件精度高、生产效率高、适应性好，凡要求具有一定几何尺寸精度和表面粗糙度的零件，通常均采用切削加工方法来完成。

5.1.2 切削运动和切削用量

1．切削运动

切削加工时，为了获得各种形状的零件，刀具与工件必须有一定的相对运动，即切削运动。切削运动按其作用不同可分为主运动和进给运动。

（1）主运动

切下切屑所必需的基本运动称为主运动。在切削运动中，主运动的速度最高，消耗功率最大。例如，车削时，主运动是工件的回转运动，如图 5-2 所示；牛头刨床刨削时，主运动是刀具的往复直线运动，如图 5-3 所示。

（2）进给运动

使被切削的金属层不断投入切削的运动称为进给运动。例如，车削外圆时，进给运动是刀具的纵向移动；车削端面时，进给运动是刀具的横向移动；牛头刨床刨削时，进给运动是工作台的移动。

主运动的运动形式可以是旋转运动，也可以是直线运动；主运动可以由工件完成，也可以由刀具完成；主运动和进给运动可以同时进行，也可以间歇进行；主运动通常只有一个，而进给运动可以有一个或多个。

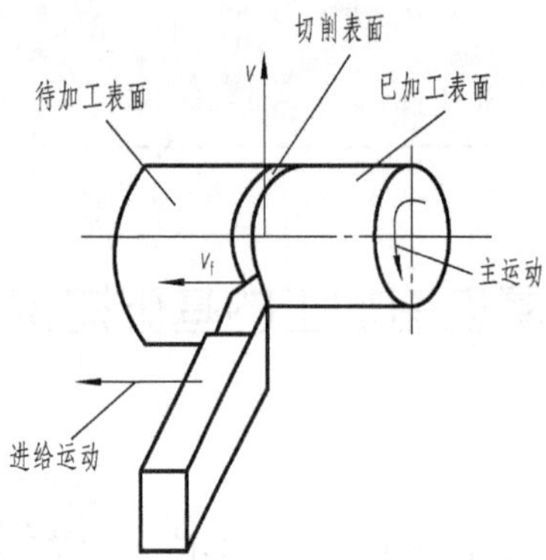

图 5-2　车削运动和工件上的表面

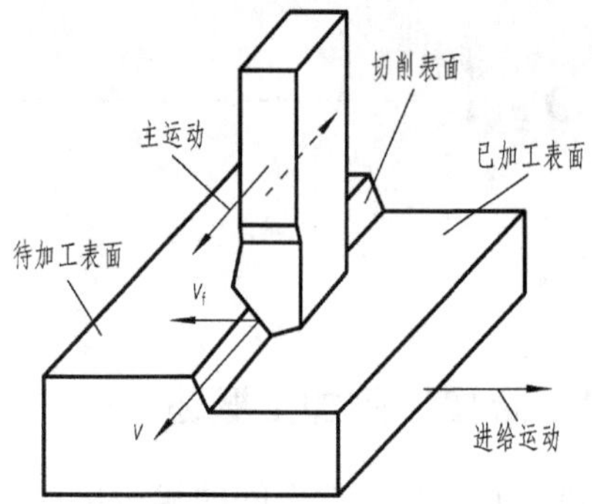

图 5-3　刨削运动和工件上的表面

（3）主运动和进给运动的合成

当主运动和进给运动同时进行时，切削刃上某一点相对于工件的运动为合成运动，常用合成速度向量$\boldsymbol{v}_e$来表示，如图 5-4 所示。

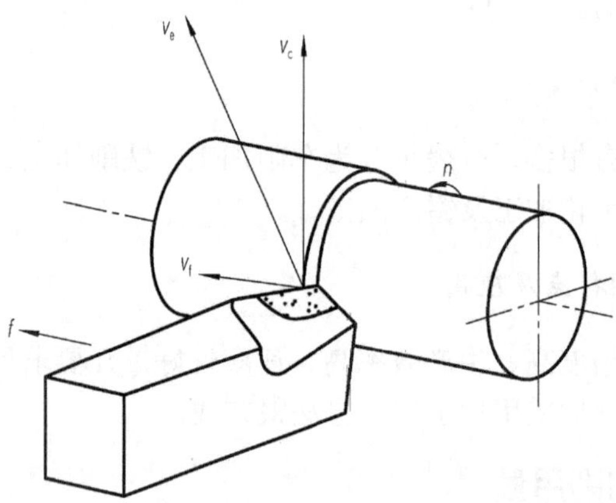

图 5-4　合成速度

2. 工件表面

在切削加工过程中，在切削运动的作用下，工件表面金属不断地被切下变为切屑，从而加工出所需要的新表面。在新表面的形成过程中，工件上有三个依次变化着的表面，它们分别是待加工表面、切削表面和已加工表面，如图 5-2 和图 5-3 所示。

（1）待加工表面

待加工表面即将被切去的金属层的表面。

（2）切削表面

切削表面即切削刃正在切削而形成的表面，又称加工表面或过渡表面。

（3）已加工表面

已加工表面即已经切去多余金属层而形成的新表面。

3．切削用量

切削用量是用来表示切削加工中主运动和进给运动参数的数量。切削用量包括切削速度（v_c）、进给量（f）、背吃刀量（a_p）三个要素。

（1）切削速度

在切削加工时，切削刃选定点相对于工件主运动的瞬时速度称为切削速度。它表示在单位时间内工件和刀具沿主运动方向相对移动的距离，单位为 m/min 或 m/s。

当主运动为旋转运动时，切削速度计算公式为

$$v_c = \frac{\pi d n}{1000} \tag{5-1}$$

式中：v_c——切削速度，m/min 或 m/s；

d——工件直径，mm；

n——工件或刀具每分（秒）的转数，r/min 或 r/s。

当主运动为往复运动时，平均切削速度为

$$v_c = \frac{2Ln_r}{1000} \tag{5-2}$$

式中：v_c——平均切削速度，m/min 或 m/s；

L——往复运动行程长度，mm；

n_r——主运动每分钟的往复次数，往复次数/min。

（2）进给量

进给量是刀具在进给运动方向上相对工件的位移量，可用刀具或工件每转或每行程的位移量来表示或度量。车削时进给量的单位是 mm/r，即工件每转一圈，刀具沿进给运动方向移动的距离。刨削的主运动为往复直线运动，其间歇进给的进给量 f 单位为 mm/双行程，即每个往复行程刀具与工件之间的相对横向移动距离。

单位时间的进给量称为进给速度，它是切削刃选定点相对于工件进给运动的瞬时速度。车削时的进给速度 v_f 计算公式为

$$v_f = n \times f \tag{5-3}$$

式中：v_f——车削时的进给速度，mm/min 或 mm/s；

n——工件或刀具每分（秒）的转数，r/min 或 r/s；

f——刀具或工件每转或每行程的位移量，mm/r。

铣削时，由于铣刀是多齿刀具，因此还规定了每齿进给量，用 a_z 表示，单位是 mm/z，v_f、f、a_z 三者之间的关系为

$$v_f = n \times f = n \times a_z \times z \tag{5-4}$$

式中：v_f——车削时的进给速度，mm/min 或 mm/s；

n——工件或刀具每分（秒）的转数，r/min 或 r/s；

a_z——刀具每齿进给量，mm/z；

z——多齿刀具的齿数。

（3）背吃刀量（切削深度）

背吃刀量（a_p）是指主切削刃工作长度（在基面上的投影）沿垂直于进给运动方向上

的投影值。对于外圆车削，背吃刀量 a_p 等于工件已加工表面和待加工表面之间的垂直距离，如图 5-2 所示，单位为 mm，即

$$a_p = \frac{d_w - d_m}{2} \tag{5-5}$$

式中：a_p ——背吃刀量，mm；

d_w ——待加工表面直径，mm；

d_m ——已加工表面直径，mm。

5.2 刀具切削部分的几何角度

切削刀具种类有很多，如车刀、刨刀、铣刀和钻头等。它们的几何形状各异，复杂程度不等，但它们切削部分的结构和几何角度具有很多共同的特征，其中，车刀是最常用、简单和基本的切削工具，最具有代表性。其他刀具都可以看作是车刀的组合或变形，如图 5-5 所示。因此，研究金属切削刀具时，通常以车刀为例进行研究和分析。

微课：刀具基础知识

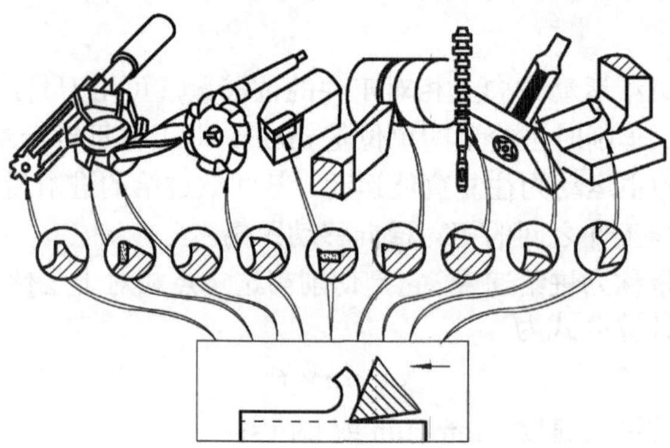

图 5-5　各种刀具切削部分的形状

5.2.1　车刀的组成

车刀由切削部分和刀柄组成。切削部分承担切削加工任务，刀柄用以装夹在机床刀架上。切削部分由一些面和切削刃组成。常用的外圆车刀是由一个刀尖、两个切削刃、三个刀面组成的，如图 5-6 所示。

（1）前刀面（A_r）

前刀面是刀具上切屑流过的表面。

（2）后刀面（A_α）

后刀面是与工件上切削表面相对的刀面。

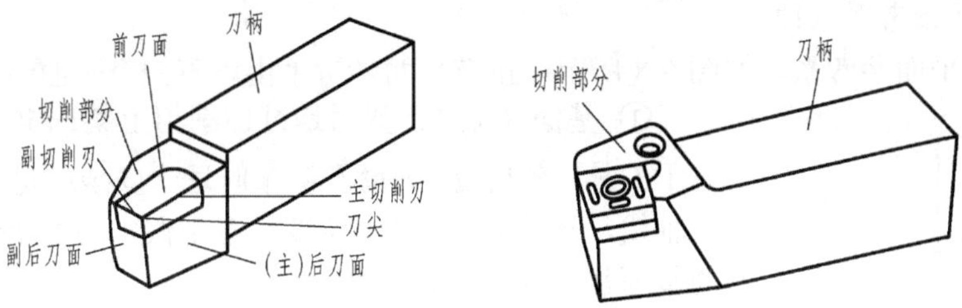

图 5-6 车刀的组成

（3）副后刀面（$A_{\alpha'}$）

副后刀面是与已加工表面相对的刀面。

（4）主切削刃（S）

主切削刃是前刀面与主后刀面的交线，承担主要的切削工作。

（5）副切削刃（S′）

副切削刃是前刀面与副后刀面的交线，承担少量的切削工作。

（6）刀尖

刀尖是主、副切削刃的相交点，实际上该点由一段折线或小圆弧组成，小圆弧的半径称为刀尖圆弧半径，用 r_ε 表示，如图 5-7 所示。

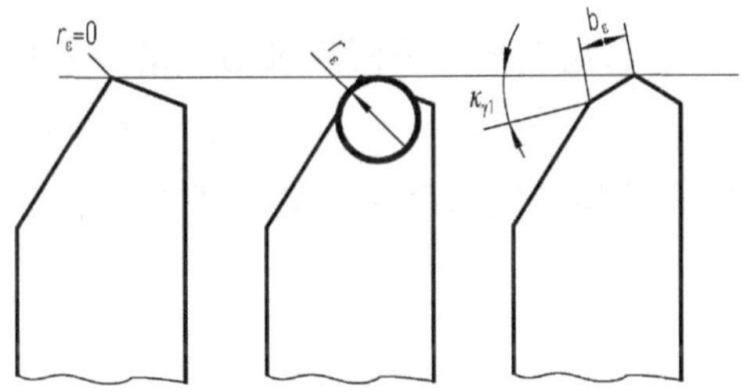

图 5-7 刀尖形状

5.2.2 刀具几何角度参考系

为了便于确定车刀上的几何角度，常选择某一参考系作为基准，通过测量刀面或切削刃相对于参考系坐标平面的角度值来反映它们的空间方位。

刀具几何角度参考系有两类：刀具标注角度参考系和刀具工作角度参考系。

1. 刀具标注角度参考系

（1）假设条件

刀具标注角度参考系是刀具设计时标注、刃磨和测量角度的基准，在此基准下定义的刀具角度称刀具标注角度。为了使参考系中的坐标平面与刃磨、测量基准面一致，特别规定了如下假设条件。

1）假设运动条件。用主运动向量 $\boldsymbol{v}_c$ 近似地代替相对运动合成速度向量 $\boldsymbol{v}_e$，即 $v_f = 0$。

2）假设安装条件。规定刀杆中心线与进给运动方向垂直；刀尖与工件中心等高。

（2）刀具标注角度参考系种类

根据 ISO 3002/1:1997 标准，刀具标注角度参考系有正交平面参考系、法平面参考系和假定工作平面参考系三种。

1）正交平面参考系。如图 5-8 所示，正交平面参考系由以下三个平面组成。

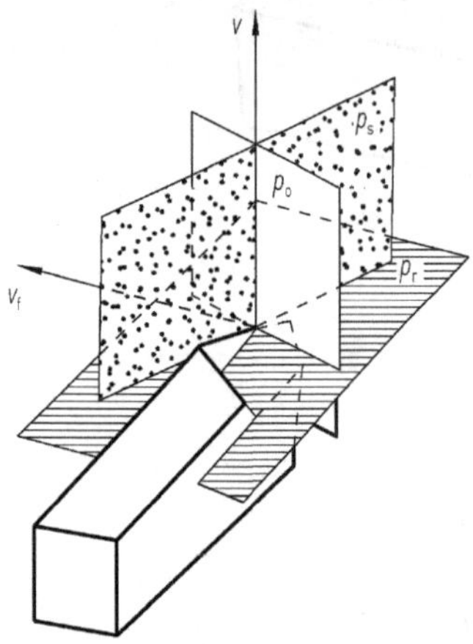

图 5-8 正交平面参考系图

① 基面（p_r）。基面是过切削刃上某选定点，平行或垂直于刀具，在制造、刃磨及测量时适于安装或定位的一个平面或轴线，一般来说，其方位要垂直于假定的主运动方向。车刀的基面都平行于它的底面。

② 主切削平面（p_s）。主切削平面是过切削刃某选定点与主切削刃相切并垂直于基面的平面。

③ 正交平面（p_o）。正交平面是过切削刃某选定点并同时垂直于基面和切削平面的平面。

过主、副切削刃某选定点都可以建立正交平面参考系。基面 p_r、主切削平面 p_s、正交平面 p_o 三个平面在空间上相互垂直。

2）法平面参考系。如图 5-9 所示，法平面参考系由 p_r、p_s 和法平面 p_n 组成。其中，法平面 p_n 是过切削刃某选定点垂直于切削刃的平面。

3）假定工作平面参考系。如图 5-10 所示，假定工作平面参考系由 p_r、 p_f 和 p_p 组成。假定工作平面 p_f 是过切削刃某选定点平行于假定进给运动并垂直于基面的平面。背平面 p_p 是过切削刃某选定点既垂直于假定进给运动平面又垂直于基面的平面。

刀具设计时标注、刃磨、测量角度时最常用的是正交平面参考系。

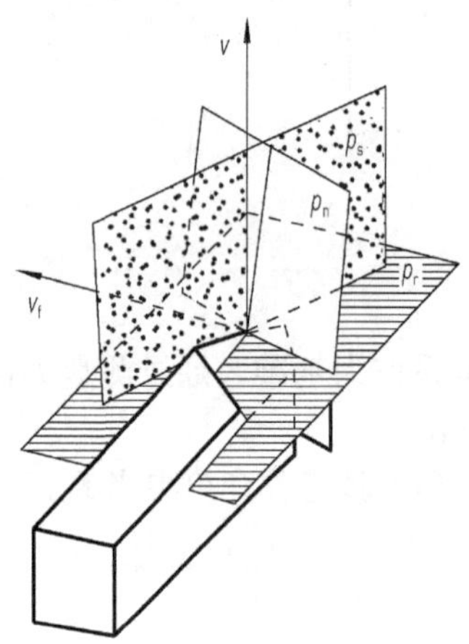

图 5-9 法平面参考系

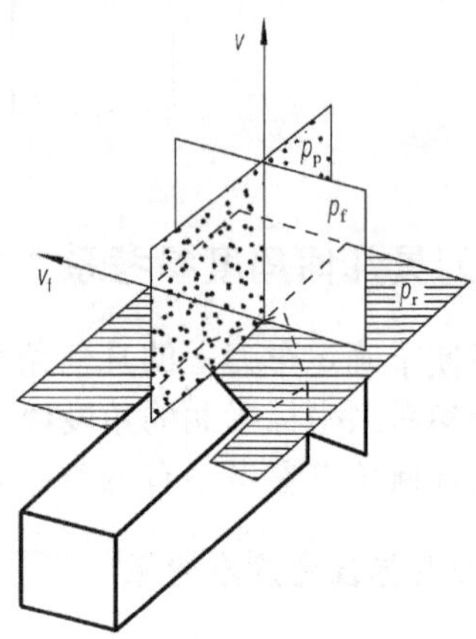

图 5-10 假定工作平面参考系

2．刀具工作角度参考系

刀具工作角度参考系是刀具切削加工时的角度基准（不考虑假设条件），在此基准下定义的刀具角度称为刀具工作角度。它同样有正交平面参考系、法平面参考系和假定工作平面参考系。

（1）刀具标注角度

车刀的几何角度如图 5-11 所示。

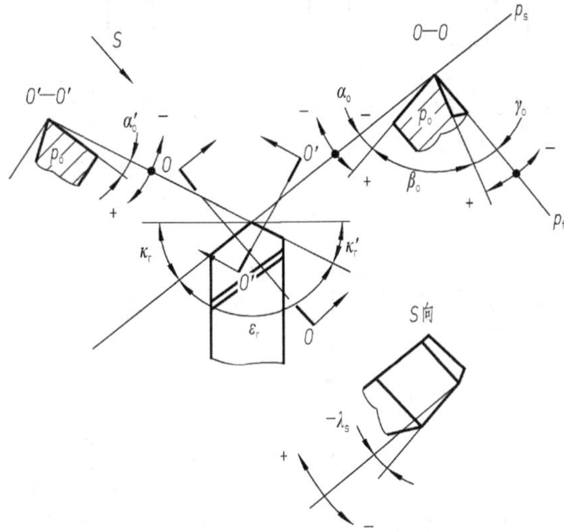

图 5-11　车刀的几何角度

1）在基面内测量的角度。

主偏角 κ_r：主切削刃与进给运动方向间的夹角。

副偏角 κ_r'：副切削刃与进给运动反方向间的夹角。

刀尖角 ε_r：主切削刃与副切削刃间的夹角。刀尖角会影响刀具切削部分的强度和导热性能。它与主偏角和副偏角的关系为

$$\varepsilon_r = 180^\circ - (\kappa_r + \kappa_r') \qquad (5\text{-}6)$$

2）在主切削刃正交平面内（O—O）测量的角度。

前角 γ_o：前刀面与基面间的夹角。当前刀面与基面平行时，前角为零；当基面在前刀面以内时，前角为负；当基面在前刀面以外时，前角为正。

后角 α_o：主后刀面与切削平面间的夹角。

楔角 β_o：前刀面与主后刀面间的夹角。

楔角的大小将影响切削部分截面的大小，决定着切削部分的强度，它与前角 γ_o 和后角 α_o 的关系为

$$\beta_o = 90^\circ - (r_o + \alpha_o) \qquad (5\text{-}7)$$

3）在切削平面内（P_s）测量的角度。

刃倾角 λ_s：主切削刃与基面间的夹角。刃倾角正负的规定如图 5-12 所示。刀尖处于最高点时，刃倾角为正；刀尖处于最低点时，刃倾角为负；切削刃平行于底面时，刃倾角为零。$\lambda_s = 0$ 的切削称为直角切削，此时主切削刃与切削速度方向垂直，切屑沿切削刃的法向流出。$\lambda_s \neq 0$ 的切削称为斜角切削，此时主切削刃与切削速度方向不垂直，切屑的流向与切削刃的法向成一定角度，如图 5-13 所示。

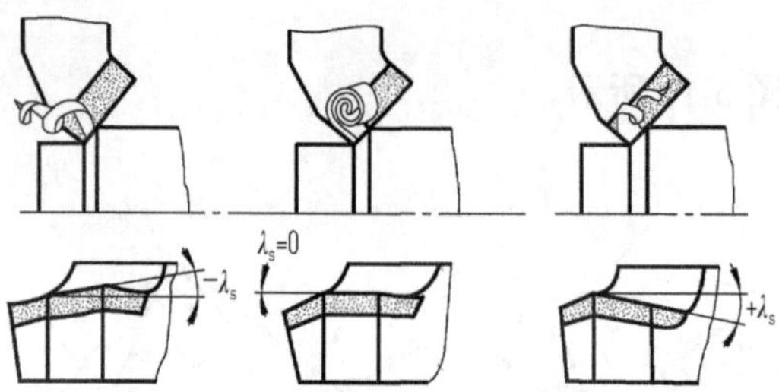

图 5-12　刃倾角正负的规定

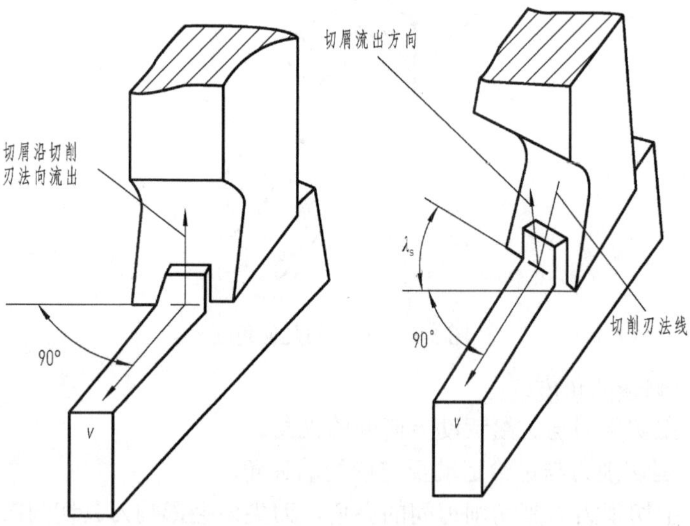

图 5-13　直角切削与斜角切削

4）在副切削刃正交平面内（$O'-O'$）测量的角度。

副后角 α_o'：副后刀面与副切削刃切削平面间的夹角。

上述的几何角度中，常用的是前角（γ_o）、后角（α_o）、主偏角（κ_r）、刃倾角（λ_s）、副偏角（κ_r'）和副后角（α_o'），通常称之为基本角度，在刀具切削部分的几何角度中，上述基本角度能完整地表达车刀切削部分的几何形状，反映刀具的切削特点。ε_r、β_o 为派生角度。

（2）刀具工作角度

在切削过程中，由于刀具的安装位置、刀具与工件间相对运动情况的变化，实际起作用的角度与标注角度有所不同，称这些角度为工作角度。下面介绍刀具安装位置对角度的影响。

1）当刀柄中心线与进给方向不垂直时，对主、副偏角的影响。当车刀刀柄与进给方向不垂直时，实际工作的主偏角 κ_{re} 和副偏角 κ_{re}' 将发生变化，如图 5-14 所示。

$$\kappa_{re}=\kappa_r+G \qquad \kappa_{re}'=\kappa_r'-G$$

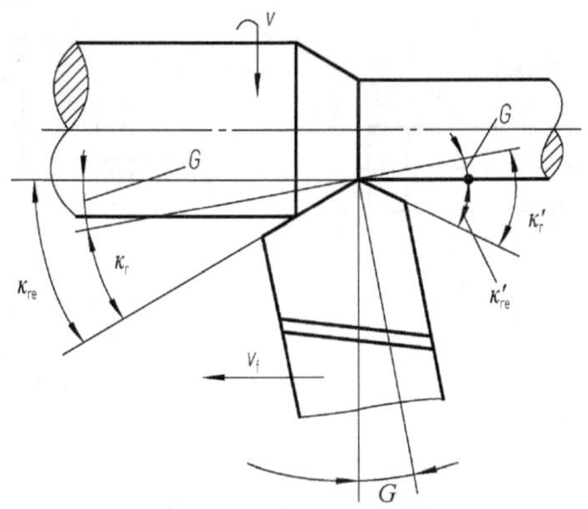

图 5-14　刀柄中心线不垂直进给方向图

2）当切削刃安装高于或低于工件中心时，对前、后角的影响。切削刃安装高于或低于工件中心时，根据参考平面定义，按照切削刃的实际运动，切削平面 p_{se}、基面 p_{re} 将发生变化，所以刀具实际工作前角 γ_{oe} 和后角 α_{oe} 也随之发生变化，如图 5-15 所示。

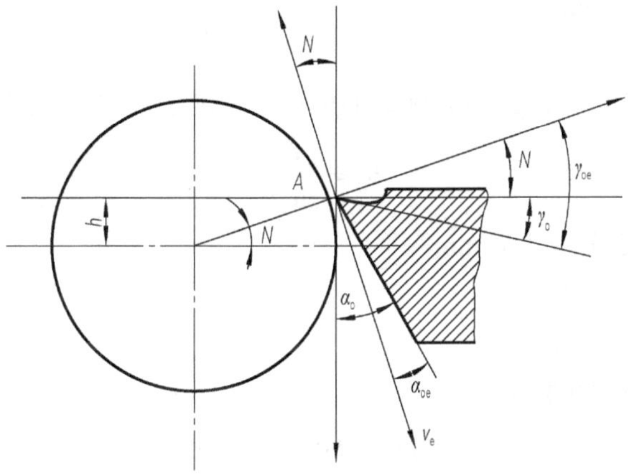

图 5-15　车刀安装高低对前角、后角的影响

切削刃安装高于工件中心时：

$$\gamma_{oe} = \gamma_o + N \qquad \alpha_{oe} = \alpha_o - N$$

切削刃安装低于工件中心时：

$$\gamma_{oe} = \gamma_o - N \qquad \alpha_{oe} = \alpha_o + N$$

（3）切削层参数

切削层是刀具切削部分切过工件的一个单程所切除的工件材料层。切削层参数是指这个切削层的截面尺寸。为了简化计算，规定切削层形状、尺寸在刀具的基面中度量，切削层的形状和尺寸将直接影响刀具切削部分所承受的载荷和切屑尺寸的大小。如图 5-16 所示，车外圆时，当主、副切削刃为直线，且刃倾角为零时，切削层就是车刀由位置 I 移动到位置 II 的距离，即刀具正在切削的金属层，可见，切削层的形状是平行四边形。

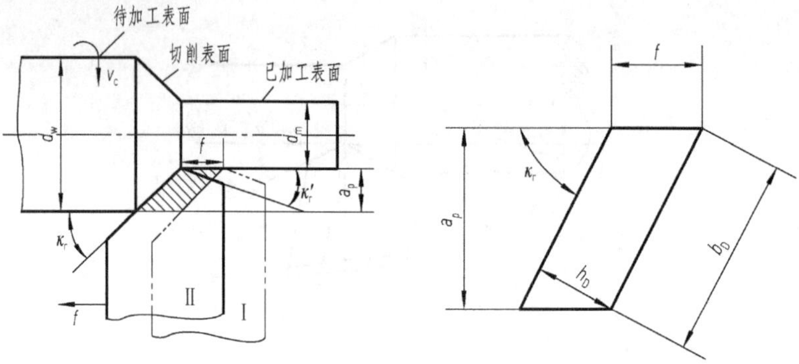

图 5-16　切削层参数

1）切削层公称厚度 h_D 是指垂直于切削表面度量的切削层尺寸，简称切削厚度，可表示为

$$h_D = f \times \sin \kappa_r \tag{5-8}$$

式中：h_D——切削层公称厚度，mm；

f——进给量，mm；

κ_r——主偏角，(°)。

2）切削层公称宽度 b_D 是指沿切削表面度量的切削层尺寸，简称切削宽度，可表示为

$$b_D = \frac{a_p}{\sin \kappa_r} \tag{5-9}$$

式中：b_D——切削层公称宽度，mm；

a_p——背吃刀量，mm；

κ_r——主偏角，(°)。

3）切削层公称横截面面积 A_D。

$$A_D = f \times a_p = h_D \times b_D \tag{5-10}$$

式中：A_D——切削层公称横截面面积，mm^2；

a_p——背吃刀量，mm。

5.3 刀具材料

5.3.1 刀具材料应具备的性能

在切削加工时，刀具切削部分与切屑、工件相互接触的表面承受了很大的压力和强烈的摩擦，刀具在高温下进行切削的同时，还承受着切削力、冲击和振动，因此要求刀具切削部分的材料应具备以下性能。

1．高硬度

刀具材料的硬度必须高于工件材料的硬度，常温硬度应在 60HRC 以上。

2．高耐磨性

耐磨性表示刀具抵抗磨损的能力。通常，刀具材料硬度越高，耐磨性越好；材料中硬质点的硬度越高，数量越多，颗粒越小，分布越均匀，耐磨性越好。

3．足够的强度和韧性

为了承受切削力、冲击和振动，刀具材料应具有足够的强度和韧性。一般用抗弯强度和冲击韧度值表示。

4．高耐热性

刀具材料应在高温下保持较高的硬度、耐磨性、强度和韧性，并有良好的抗扩散、抗氧化的能力，即刀具材料应具有较高的耐热性，它是衡量刀具材料综合切削性能的主要指标。

5．较好的工艺性

为了便于加工刀具，要求刀具材料有较好的工艺性，包括锻、轧、焊接、切削加工、磨削加工和热处理等工艺性能。此外，在选用刀具材料时，还要考虑经济性。经济性差的刀具材料难以推广使用。

刀具材料种类有很多，常用的有碳素工具钢、合金工具钢、高速钢、硬质合金、陶瓷、金刚石（天然和人造）和立方氮化硼（CBN）等。碳素工具钢（如 T10A、T12A）和合金工具钢（9SiCr、CrWMn），因其耐热性较差，仅用于低速、手工工具。陶瓷、金刚石和立方氮化硼由于质地较脆、工艺性差及价格高等原因，使用范围较小。目前用得最多的是高速钢和硬质合金。

5.3.2　高速钢

高速钢是一种加入了钨（W）、钼（Mo）、铬（Cr）、钒（V）等合金元素的高合金工具钢，其耐热性较碳素工具钢和合金工具钢显著提高，允许的切削速度比碳素工具钢和合金工具钢高两倍以上。高速钢具有较高的强度、韧性和耐磨性，耐温度为 540～600℃。虽然高速钢的硬度和耐热性不如硬质合金，但用其制作的刀具的刃口强度和韧性比用硬质合金制作的高，能承受较大的冲击载荷，而且高速钢的工艺性能较好，容易磨出锋利的刃口，因此，高速钢仍是应用较广泛的刀具材料，尤其用于制造结构复杂的刀具，如成形车刀、铣刀、钻头、铰刀、拉刀、齿轮刀具、螺纹刀具等。高速钢刀具可用于刚性较差的机床。

高速钢按其用途和性能可分为通用高速钢、高性能高速钢两类。

1．通用高速钢

通用高速钢是指加工一般金属材料用的高速钢，按其化学成分不同，可分为钨系高速钢和钼系高速钢。

W18Cr4V 属于钨系高速钢，其淬火后的硬度为 63～66HRC，耐热性可达 620℃，抗弯强度σ_b=3430MPa，磨削性能好，热处理工艺控制方便，是我国高速钢中用得比较多的一种。W6Mo5Cr4V2 属于钼系高速钢，与 W18Cr4V 相比，它的抗弯强度、冲击韧度和高温塑性较高，可用于制造热轧刀具，如麻花钻等。

2．高性能高速钢

高性能高速钢是在通用高速钢中加入一些合金元素，以进一步提高它的耐热性和耐磨性。这种高速钢的切削速度可达 50～100m/min，具有比通用高速钢更高的生产效率与刀具使用寿命，同时还能切削不锈钢、耐热钢、高强度钢等难加工的材料。

高钒高速钢（W12Cr4V4Mo）由于含钒（V）量、含碳（C）量的增加，提高了耐磨性，刀具寿命比通用高速钢提高 2～4 倍，但是，随着钒质量分数的增加，磨削性能变差，刃磨困难。

高钴高速钢和高铝高速钢是近年来为了加工高温合金、钛合金、难熔合金、超高强度钢、奥氏体不锈钢等难加工材料而发展起来的。它们的常温硬度、高温硬度、耐热性和耐磨性都比通用高速钢 W18Cr4V 高，虽然其抗弯强度和冲击韧度比较低，但仍是综合性能较好的材料，可以制作各种刀具，常用牌号有 W2Mo9Cr4VCo8、W6Mo5Cr4V2Al 等。

5.3.3 硬质合金

硬质合金是用粉末冶金法制造的合金材料，它是由硬度和熔点很高的碳化物（称为硬质相）和金属（称黏结相）组成的。

硬质合金的硬度较高，常温下可达 74～81HRC，并且其耐磨性较好，耐热性较高，能耐 800～1000℃的高温，因此能采用比高速钢高几倍甚至十几倍的切削速度；它的不足之处是抗弯强度和冲击韧度较高速钢低，刃口不能磨得像高速钢刀具那样锋利。

常用硬质合金按其化学成分和使用特性可分为四类：钨钴类（YG）、钨钛钴类（YT）、钨钛钽钴类（YW）和碳化钛基类（YN）。

1．钨钴类硬质合金（GB/T 2075—2007 标准中 K 类）

钨钴类硬质合金是由硬质相碳化钨（WC）和黏结剂钴（Co）组成的，其韧性、磨削性能和导热性好。这类硬质合金刀具主要用于加工脆性材料，如铸铁、有色金属及非金属材料。这类硬质合金常用牌号和应用范围如表 5-1 所示，牌号 YG 后的数值表示钴（Co）的含量。合金含钴量越高，其韧性越好，适用于粗加工；含钴量少的，适用于精加工。

2．钨钛钴类硬质合金（GB/T 2075—2007 标准中 P 类）

钨钛钴类硬质合金是由硬质相碳化钨（WC）、碳化钛（TiC）和黏结剂钴（Co）组成的，由于在合金中加入了碳化钛（TiC），所以提高了合金的硬度和耐磨性，但是其抗弯强度、耐磨性和导热性有所下降，且低温脆性较大，不耐冲击，因此，这类合金刀具主要用于加工塑性材料，如高速切削一般钢材。钨钛钴类硬质合金常用牌号和应用范围如表 5-1 所示，牌号 YT 后的数值表示碳化钛（TiC）的含量。当刀具在切削过程中承受冲击、振动而容易引起崩刃时，应选用碳化钛（TiC）含量少的刀具；当切削条件比较平稳，要求强度和耐磨性高时，应选用碳化钛（TiC）含量多的刀具。

表 5-1　硬质合金常用牌号和应用范围

牌号	应用范围	
YG3X	硬度、耐磨性、切削速度（↑）；抗弯强度、韧性、进给量（↓）	铸铁、有色金属及其合金的精加工和半精加工，不能承受冲击载荷
YG3		铸铁、有色金属及其合金的精加工和半精加工，不能承受冲击载荷
YG6X		普通铸铁、冷硬铸铁、高温合金的精加工和半精加工
YG6		铸铁、有色金属及其合金的半精加工和粗加工
YG8		铸铁、有色金属及其合金、非金属材料的粗加工，也可用于断续切削
YG6A		冷硬铸铁、有色金属及其合金的半精加工，也可用于高锰钢、淬硬钢的半精加工和精加工
YT30	硬度、耐磨性、切削速度（↑）；抗弯强度、韧性、进给量（↓）	碳素钢、合金钢的精加工
YT15		碳素钢、合金钢在连续切削时的粗加工和半精加工，也可用于断续切削时的精加工
YT14		碳素钢、合金钢在连续切削时的粗加工和半精加工，也可用于断续切削时的精加工
YT5		碳素钢、合金钢的粗加工，可用于断续切削
YW1	硬度、耐磨性、切削速度（↑）；抗弯强度、韧性、进给量（↓）	高温合金、高锰钢、不锈钢等难加工材料及普通钢料、铸铁、有色金属及其合金的半精加工和精加工
YW2		高温合金、不锈钢、高锰钢等难加工材料及普通钢料、铸钢、有色金属的粗加工和半精加工

3．钨钛钽钴类硬质合金（GB/T 2075—2007 标准中 M 类）

在钨钛钴类硬质合金中加入适量的碳化钽（TaC）或碳化铌（NbC）等稀有难熔金属碳化物，可提高合金的高温硬度、强度、耐磨性、黏结温度和抗氧化性，并且也会使合金的韧性有所增加，使合金具有较好的综合切削性能，所以人们常称它为“万能合金”。但是，这类合金的价格比较高，主要用于加工难切削的材料。

4．碳化钛基类硬质合金（GB/T 2075—2007 标准中 P01 类）

碳化钛基类硬质合金是由碳化钛作为硬质相，镍、钼作为黏结剂而组成的，硬度高达 90～95HRA。这类硬质合金具有高的耐磨性，在 1000℃以上的高温下，仍能进行切削加工，适合对较高硬度的合金钢、工具钢、淬硬钢等进行切削加工。

随着科学技术的发展，新的工程材料不断出现，对刀具材料的要求也不断提高，在进行切削加工时，必须根据具体情况综合考虑，合理地选择刀具材料，既要充分发挥刀具材料的特性，又要合理地满足切削加工的要求。

5.4 金属切削过程

金属切削过程是工件上多余的金属材料不断被刀具切下切屑，形成已加工表面的过程。这一过程会发生一系列的物理现象（切削热、刀具磨损等），直接或间接影响工件的加工质量和生产效率。

5.4.1 切屑的形成和切屑种类

微课：材料的切削加工性及切削条件的选择

1. 切屑的形成过程

试验研究表明，金属切削与非金属切削不同，金属切削的特点是被切金属层在刀具的挤压、摩擦作用下产生变形后转变为切屑，形成已加工表面。

如图 5-17 所示，根据金属切削试验绘制的金属切削过程中的变形滑移线和流线，工件上的被切削层在刀具的挤压作用下，沿切削刃附近的金属首先产生弹性变形，当应力达到金属材料的屈服极限时，切削层金属沿倾斜的剪切面变形区滑移，产生塑性变形，在沿前刀面流出去的过程中，受摩擦力作用再次发生滑移变形，最后形成切屑。为了进一步分析切削层变形的规律，通常把被切削刃作用的金属层划分为三个变形区。第Ⅰ变形区位于切削刃和前刀面的前方，面积在三个变形区中最大，为主变形区；第Ⅱ变形区是与前刀面相接触的附近区域，切屑沿前刀面流出时，受到前刀面的挤压和摩擦，靠近前刀面的切屑底层会进一步发生变形；第Ⅲ变形区是已加工表面靠近切削刃处的区域，这一区域金属受到切削刃钝圆部分和后刀面的挤压、摩擦与回弹，发生变形造成加工硬化。这三个变形区各有特点，又相互联系、相互影响，在切削刃的直接作用下，是应力集中、变形比较复杂的区域。

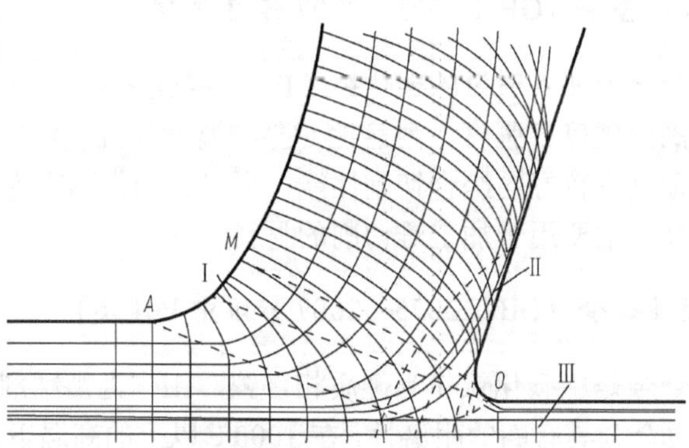

图 5-17　金属切削过程中的变形滑移线和流线

2．切屑的类型

当工件材料的性能不同或切削条件不同时，会产生不同类型的切屑，并对切削加工产生不同的影响，常见的切屑种类有四类，如图 5-18 所示。

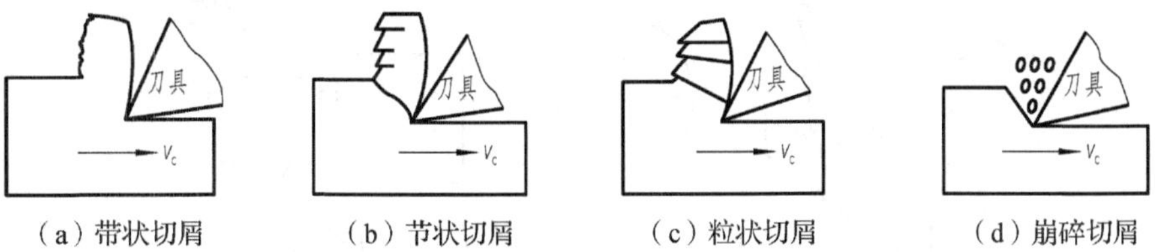

图 5-18　切屑类型

1）带状切屑：在切削过程中，切削层变形终了时，若金属的内应力还没有达到强度极限，就会形成连绵不断的切屑，切屑靠近前刀面的一面很光滑，另一面呈毛茸状，称为带状切屑。当切削塑性较大的金属材料（如碳素钢、合金钢、铜和铝合金）或刀具前角较大，切削速度较高时，经常出现带状切屑。

2）节状切屑：在切屑形成过程中，当切屑变形较大，其剪切面上局部所受的剪应力达到材料的强度极限时，剪切面上的局部材料就会破裂成节状，但与前刀面接触的一面互相连接而未被折断，这就是节状切屑。工件材料塑性较差或用较大进给量低速切削钢材时，较容易得到节状切屑。

3）粒状切屑：在切屑形成过程中，当整个剪切面上所受的剪应力均超过材料的破裂强度时，切屑就成为粒状切屑（又称单元切屑），形状似梯形。

4）崩碎切屑：当切削铸铁、黄铜等脆性材料时，切削层几乎不经过塑性变形阶段就产生崩裂，得到的切屑呈现不规则的粒状，工件加工后的表面也极为粗糙。

前三种切屑是切削塑性金属时得到的，形成带状切屑时切削过程最平稳，切削力波动较小，已加工表面粗糙度较小，但带状切屑不易折断，常缠在工件上，损坏已加工表面，影响生产，甚至伤人。因此要采取断屑措施，如在前刀面上磨出断屑槽等。形成粒状切屑时，切削力波动最大。

在生产中常见的是带状切屑，当进给量增大，切削速度降低时，可由带状切屑转化为节状切屑。在形成节状切屑的情况下，如果进一步减小前角，或加大进给量，降低切削速度，就可以得到粒状切屑；反之，如果加大前角，减小进给量，提高切削速度，就可得到带状切屑。这说明切屑的形态是可以随切削条件而转化的。

5.4.2　切削力

金属切削时，刀具切入工件，使被切金属层发生变形成为切屑所需要的力称为切削力。研究切削力对刀具、机床、夹具的设计和使用都具有重要的意义。

1．切削力的来源、合力及其分力

金属切削时，切削力来源于两个方面：一是克服在切屑形成过程中，工件材料对弹性变形和塑性变形的变形抗力；二是克服切屑与前刀面和后刀面的摩擦阻力。变形力和摩擦力形成了作用在刀具上的合力 F，在切削时，合力 F 作用在切削刃空间某个方向，由于其大小与方向都不易确定，因此为了便于测量、计算和反映实际作用的需要，常将合力 F 分解为互相垂直的 F_c、F_f 和 F_p 三个分力，如图 5-19 所示。

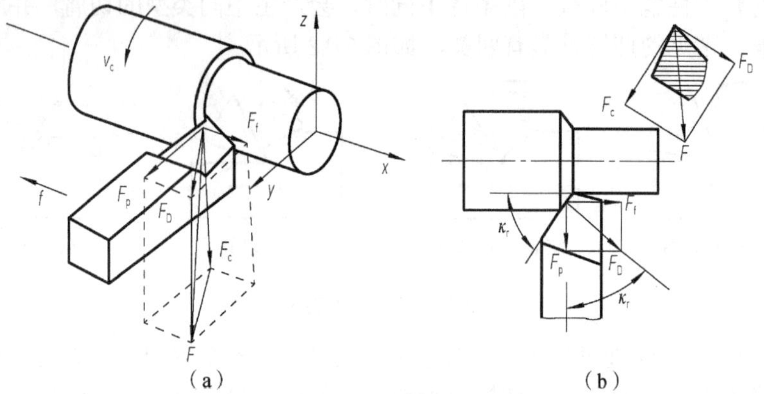

图 5-19　切削合力及其分力

切削力 F_c：在主运动方向上的分力，它与加工表面相切，并与基面垂直。F_c 是计算刀具强度、设计机床零件、确定机床功率等的主要依据。

进给力 F_f：在进给运动方向上的分力，它处于基面内，与进给方向相反。F_f 是设计机床进给机构和确定进给功率的主要依据。

背向力 F_p：在切深方向上的分力，它处于基面内并垂直于进给运动方向。F_p 是计算工艺系统刚度等的主要依据，也是使工件在切削过程中产生振动的力。

由图 5-19 可以看出，进给力 F_f 和背向力 F_p 的合力 F_D 作用在基面上且垂直于主切削刃。

F、F_D、F_f、F_p 之间的关系为

$$F=\sqrt{F_c^2+F_D^2}=\sqrt{F_c^2+F_f^2+F_p^2}$$

$$F_f=F_D\sin\kappa_r \qquad F_p=F_D\cos\kappa_r$$

2．影响切削力的主要因素

（1）工件材料

工件材料的强度、硬度越高，剪切屈服强度越高，切削时产生的切削力就越大。例如，加工 60 钢的切削力 F_c 比 45 钢增大 4%，加工 35 钢的切削力 F_c 比 45 钢减小 13%。

工件材料的塑性、冲击韧度越高，切削变形越大，切屑与刀具间摩擦越大，切削力也越大。例如，不锈钢 1Cr18Ni9Ti 的伸长率是 45 钢的四倍，切削时变形大，切屑不易折断，加工硬化严重，产生的切削力比 45 钢增大 25%。加工脆性材料时，因塑性变形小，切屑与刀具间摩擦小，切削力较小。

（2）刀具几何参数

前角 γ_o 增大，切削变形减小，切削力减小。主偏角对切削力 F_c 的影响较小，而对进给力 F_f 和背向力 F_p 影响较大，如图 5-20 所示，当主偏角增大时，F_f 增大，F_p 减小。

实践证明，当刃倾角 λ_s 在很大范围（−40°～+40°）内变化时，对 F_c 没有太大影响，但 λ_s 增大时，F_f 增大，F_p 减小。

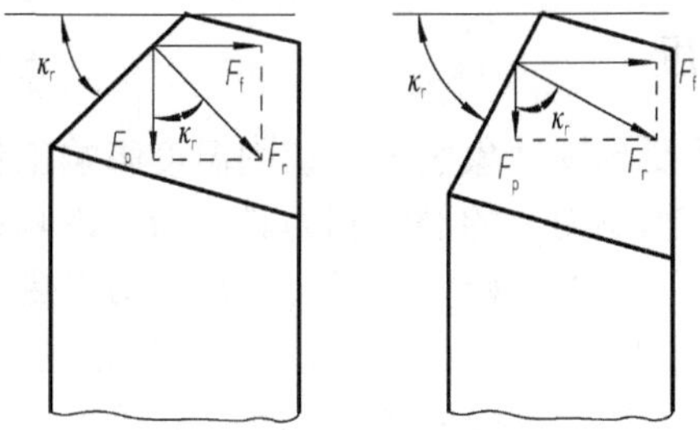

图 5-20 主偏角对 F_f 和 F_p 的影响

（3）切削用量

切削用量对切削力的影响较大。当背吃刀量和进给量增加时，切削面积 A_D 成正比增加，变形抗力和摩擦力加大，切削力随之增大。当背吃刀量增大一倍时，切削力近似成正比增加；当进给量 f 增大一倍时，切削面积 A_D 也成正比增加，但变形程度减小，切削层单位面积切削力减小，切削力只增大 70%～80%。

当切削塑性材料时，切削速度对切削力的影响分为有积屑瘤阶段和无积屑瘤阶段。如图 5-21 所示：在低速范围内，随着切削速度的增加，积屑瘤逐渐长大，刀具实际前角增大，切削力逐渐减小；在中速范围内，积屑瘤逐渐减小并消失，切削力逐渐增至最大；在高速阶段，由于切削温度升高，摩擦力逐渐减小，切削力平稳下降。

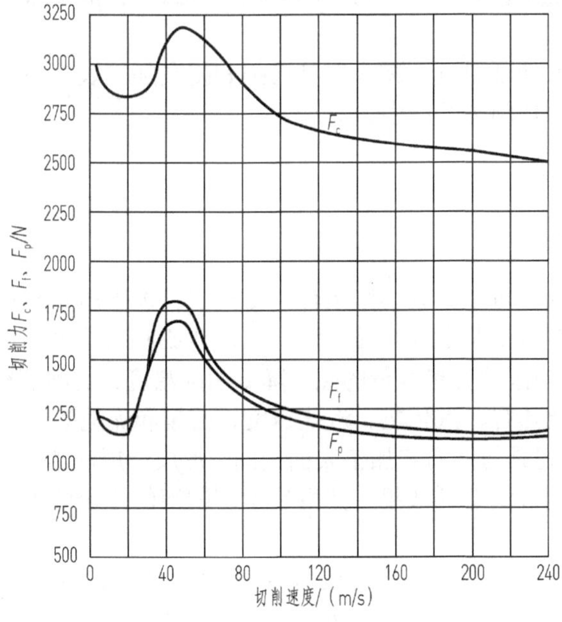

图 5-21 切削速度对切削力的影响

（4）其他因素

刀具材料与工件材料之间的摩擦系数 μ 会直接影响切削力的大小。一般按立方碳化硼刀具、陶瓷刀具、涂层刀具、硬质合金刀具、高速钢刀具的顺序，切削力依次增大。

切削液有润滑作用，可以通过减小摩擦系数使切削力降低。切削液的润滑作用越好，切削力的降低越明显。在较低的切削速度下，切削液的润滑作用更为突出。

5.4.3 切削热和切削温度

切削热是切削过程的重要物理现象之一。切削温度影响工件材料的性能、前刀面上的摩擦系数和切削力的大小，影响刀具的磨损和刀具寿命，影响积屑瘤的产生和加工表面质量，也影响工艺系统的热变形和加工精度。因此，研究切削热和切削温度具有重要意义。

在切削过程中，由于切削层变形及刀具与工件、切屑之间的摩擦产生的热称为切削热。切削热产生后是通过切屑、工件、刀具及周围介质（如空气、切削液）传导和辐射出去的。

切削热的产生与传导影响切削区的温度，切削区的平均温度称为切削温度。切削温度过高是刀具磨损的主要因素；工件的热变形则影响工件的尺寸精度和表面质量。实际上，切削热对加工的影响是通过切削温度体现的。

切削时消耗的功越多，产生的切削热就越多，因此提高工件的强度、硬度或增加切削用量，都会使切削温度上升。但是切削用量的增加也增加了散热条件，如切削速度 v_c 增加一倍，切削温度升高 20%～30%；进给量 f 增加一倍，切削温度升高 10%；背吃刀量 a_p 增加一倍，切削温度只升高 3%。为了有效地控制切削温度，选用大的背吃刀量和进给量比选用大的切削速度有利。在刀具角度中，增大前角可使变形和摩擦减小，减小主偏角可增加主切削刃的工作长度，改善散热条件，两者均可降低切削温度。但前角不可过大，以免刀头散热面积减小，不利于降低切削温度。

切削热对切削加工的影响：加快刀具的磨损；导致工件的膨胀，引起工件变形，影响加工精度。

浇注切削液对降低切削温度、减少刀具磨损和提高加工表面质量有明显的作用。切削液可以减小摩擦、减少切削热的产生。

5.4.4 切削液的选择

1．切削液的作用

切削液进入切削区，可以改善切削条件，提高工件加工质量和切削效率。与切削液有相似功效的还有某些气体和固体，如压缩空气、二硫化铝和石墨等。切削液的主要作用如下。

1）切削液能从切削区域带走大量的热，降低切削温度。切削液冷却性能的好与差，取决于它的导热系数、比热容、汽化热、汽化速度、流量和流速等。

2）切削液能渗入刀具与切屑和加工表面之间，形成一层润滑膜或化学吸附膜，能减小它们之间的摩擦。切削液润滑的效果主要取决于切削液的渗透能力、吸附成膜的能力和润滑膜的强度等。

3）切削液大量地流动，可以带走切削区域和机床上的切屑及脱落的磨粒。清洗性能的好与差，主要取决于切削液的流动性、使用压力和油性。

4）在切削液中加入防锈剂，可在金属表面形成一层保护膜，对工件、机床、刀具和夹具等都能起到防锈作用。防锈作用的强弱取决于切削液本身的成分和添加剂的作用。

2．切削液添加剂

为改善切削液的性能，常在其中加入添加剂。常用的添加剂有以下几种。

1）油性添加剂，含有极性分子，能在金属表面形成牢固的吸附膜，在较低的切削速度下起较好的润滑作用。常用的油性添加剂有动物油、植物油、脂肪酸、胶类、醇类和脂类等。

2）极压添加剂，含有硫、磷、氯等元素的有机化合物，在高温下可与金属表面发生化学反应，形成耐较高温度和压力化学吸附膜，能防止金属界面直接接触，从而减小摩擦。

3）活化剂，是使矿物油和水乳化，形成稳定乳化液的添加剂。活化剂是一种有机化合物，由可溶于水的极性基团和可溶于油的非极性基团组成，可定向地排列并吸附在油水两相界面上，极性端向水，非极性端向油，将水和油连接起来，使油以微小的颗粒稳定地分散在水中，形成乳化液。活化剂还能吸附在金属表面上，形成润滑膜，起到润滑作用。常用的活化剂有石油磺酸钠、油酸钠皂等。

4）防锈添加剂，是一种极性很强的化合物，与金属表面有很强的附着力，可吸附在金属表面形成保护膜，或与金属表面化合形成钝化膜，起防锈作用。常用的防锈添加剂有碳酸钠、三乙醇胺、石油磺酸钡等。

3．常用切削液的种类与选用

1）水溶液的主要成分是水，其中加入了少量具有防锈和润滑作用的添加剂。水溶液的冷却效果良好，多用于普通磨削加工。

2）乳化液是将乳化油（由矿物油、活化剂和其他添加剂配成）用水稀释而成，用途广泛。低浓度的乳化液冷却效果较好，主要用于磨削、粗车、钻孔加工等。高浓度的乳化液润滑效果较好，主要用于精车、攻螺纹、铰孔、插齿加工等。

3）切削油主要是矿物油（如机械油、轻柴油、煤油等），少数采用动植物油或复合油。普通车削、攻螺纹时，可选用机油；精加工有色金属或铸铁时，可选用煤油；加工螺纹时，可选用植物油。在矿物油中加入一定量的油性添加剂和极压添加剂，能提高其高温、高压下的润滑性能，可用于精铣、铰孔、攻螺纹及齿轮加工。

5.4.5　刀具磨损和刀具寿命

进行金属切削加工时，刀具一方面将切屑切离工件，另一方面自身也发生磨损或破损。磨损是连续、逐渐的发展过程；而破损一般是随机、突发的破坏（包括脆性破损和塑性破损）。下面仅分析刀具的磨损。

1．刀具的磨损形式

刀具的磨损形式有以下三种，如图 5-22 所示。

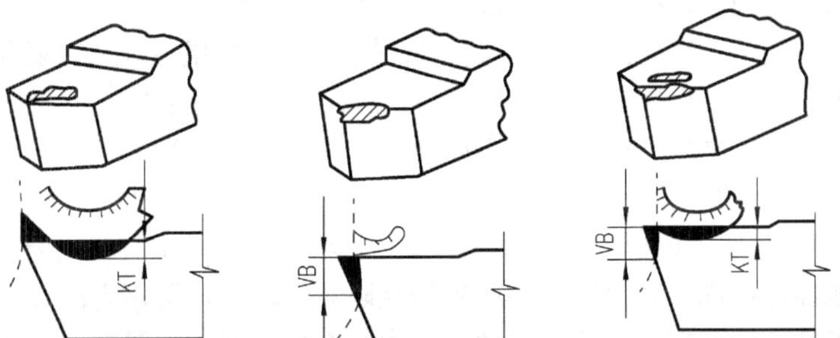

（a）前刀面磨损　（b）后刀面磨损　（c）前后刀面同时磨损

图 5-22　刀具的磨损形式

1）切削塑性材料时，如果切削速度和切削厚度较大，刀具前刀面上会形成月牙洼磨损。它以切削温度最高点的位置为中心开始发生，然后逐渐向前向后扩展，深度不断增加。当月牙洼发展到前缘与切削刃之间的棱边变得很窄时，切削刃强度降低，容易导致切削刃破损。前刀面月牙洼磨损值以其最大深度 KT 表示。

2）后刀面与工件表面实际接触面积很小，所以接触压力很大，同时存在弹性变形和塑性变形，因此，磨损就发生在这个接触面上。在切铸铁和以较小的切削厚度切削塑性材料时，主要发生后刀面磨损。后刀面磨损带宽度往往是不均匀的，可划分为三个区域，如图 5-23 所示。

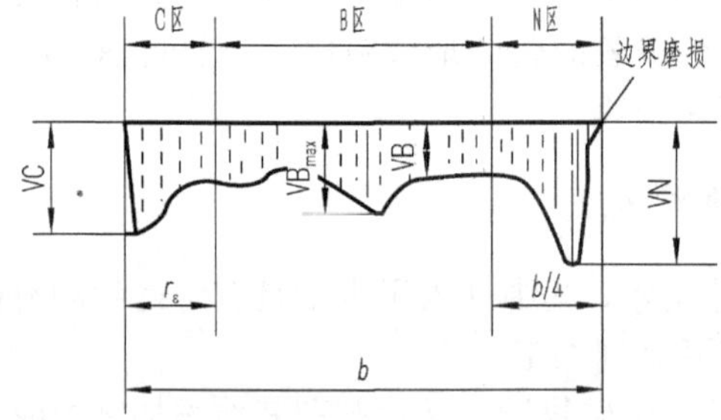

图 5-23　后刀面磨损情况

C 区刀尖磨损：强度较低，散热条件差，磨损比较严重，其最大值为 VC。

N 区边界磨损：切削钢材时主切削刃靠近工件待加工表面处的后刀面（N 区）上，磨成较深的沟，沟深用 VN 表示。该磨损主要是工件在边界处的加工硬化层和刀具在边界处较大的应力梯度和温度梯度所造成的。

B 区中间磨损：在后刀面磨损带的中间部位磨损比较均匀，其平均宽度用 VB 表示，而其最大宽度用 VB_{max} 表示。

3）在常规条件下，加工塑性金属常常出现图 5-22（c）所示的前后刀面同时磨损的情况。

2．*刀具磨损的原因*

刀具磨损不同于一般的机械零件的磨损，因为与刀具表面接触的切屑底面是活性很高的新鲜表面，刀面上的接触压力很大（可达 2～3GPa）、接触温度很高（如硬质合金加工钢材，可达 800℃以上），所以刀具磨损存在着机械、热和化学的作用，既有工件材料硬质点的刻划作用引起的磨损，也有黏结、扩散、腐蚀等引起的磨损。

1）磨料磨损是由于工件材料中的杂质、材料基体组织中的碳化物、氮化物、氧化物等硬质点对刀具表面的刻划作用引起的机械磨损。在各种切削速度下，刀具都存在磨料磨损。在低速切削时，其他各种形式的磨损还不明显，磨料磨损便成为刀具磨损的主要原因。一般可以认为磨料磨损量与切削路程成正比。

2）黏结磨损是在切削过程中，当刀具与工件材料的摩擦面上具备高温、高压和新鲜表面的条件，接触面达到原子间距离时，产生的吸附黏结现象，又称为冷焊。在刀具和工件相对运动时，黏结点受到较大的剪切或拉伸应力会产生破裂，一般破坏点总是发生在硬度较低的工件材料或切屑一方。但是刀具材料往往也存在组织不均匀、残余应力、微裂纹、空隙、局部软点等缺陷，所以刀具表面也可能发生破裂而被工件材料带走，形成黏结磨损。

各种刀具材料都会发生黏结磨损，磨损的程度主要取决于工件材料与刀具材料的亲和力和硬度比、切削温度、压力及润滑条件等。黏结磨损是硬质合金刀具在中等偏低切削速度时磨损的主要原因。

3）扩散磨损是当切削温度很高时，刀具与工件材料中的某些化学元素互相扩散，使两者的化学成分发生变化。扩散磨损削弱了刀具材料的性能，加速了磨损进程。扩散磨损是硬质合金刀具在高温（800～1000℃）下切削产生磨损的主要原因之一。一般从 800℃开始，硬质合金中的钴（Co）、碳（C）和钨（W）等元素会扩散到切屑中被带走，同时切屑中的铁（Fe）也会扩散到硬质合金中，使刀面的硬度和强度下降，脆性增加，磨损加剧。不同元素的扩散速度不同。例如，钛（Ti）的扩散速度比碳（C）、钴（Co）、钨（W）等元素低得多，故钨钛钴类硬质合金抗扩散能力比钨钴类强。

4）氧化磨损是当切削温度达 700～800℃时，空气中的氧与硬质合金中的钴、碳化钨、碳化钛等发生氧化作用，生成松脆多孔的氧化物。这些氧化物容易被运动着的切屑和工件带走，加速了刀具磨损。

5）相变磨损是用高速钢刀具切削的过程中，当切削温度超过其相变温度（500～600℃）时，刀具材料的金相组织发生变化。相变磨损会使刀具材料硬度降低，加速刀具的磨损。

3．刀具的磨损过程及磨钝标准

刀具的磨损过程如图 5-24 所示，可分为初期磨损、正常磨损和急剧磨损三个阶段。

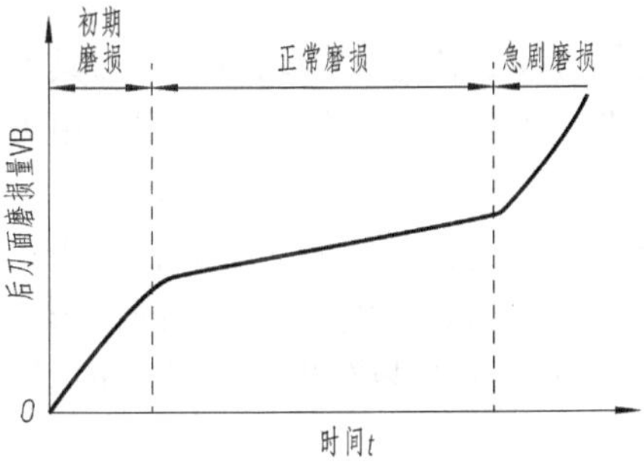

图 5-24　刀具的磨损过程

（1）初期磨损阶段

初期磨损阶段的磨损速度较快，这是因为新刃磨的刀具表面较粗糙，并存在显微裂纹、氧化或脱碳等缺陷，而且切削刃较锋利，后刀面与加工表面接触面积较小，压应力较大，容易磨损。

（2）正常磨损阶段

经过初期磨损后，刀具粗糙表面已经被磨平，缺陷减少，刀具后刀面与加工表面接触面积变大，压强减小，进入比较缓慢的正常磨损阶段。后刀面的磨损量与切削时间近似地成比例增加。正常切削时，这个阶段时间较长，是刀具的有效工作时间。

（3）急剧磨损阶段

当刀具的磨损带达到一定程度，后刀面与工件摩擦过大时，将导致切削力与切削温度迅速升高，磨损速度急剧增加。生产中为了合理使用刀具，保证加工质量，应该在发生急剧磨损之前及时换刀。

当刀具磨损到一定限度后便不能继续使用，这个磨损限度称为磨钝标准。由于多数切削情况下都可能出现后刀面的均匀磨损量，而 VB 值比较容易测得和控制，因此常用 VB 值来研究磨损过程，并作为刀具的磨钝标准。ISO 标准统一规定以 1/2 背吃刀量处的后刀面上测定的磨损带宽度 VB 作为刀具的磨钝标准。自动化生产中的精加工刀具，常以沿工件径向的刀具磨损尺寸作为刀具的磨钝标准，称为径向磨损量 NB。

国家标准 GB/T 16461—2016 中规定了高速钢刀具、硬质合金刀具的磨钝标准，如表 5-2 所示。

表 5-2　高速钢刀具、硬质合金刀具的磨钝标准

工件材料	加工性质	磨钝标准 VB/mm	
		高速钢	硬质合金
碳钢、合金钢	粗车	1.5～2.0	1.0～1.4
	精车	1.0	0.4～0.6
灰铸铁、可锻铸铁	粗车	2.0～3.0	0.8～1.0
	半精车	1.5～2.0	0.6～0.8
耐热钢、不锈钢	粗车、精车	1.0	1.0

4．刀具寿命

在实际生产中，为了更加方便、快速、准确地判断刀具的磨损情况，一般以刀具寿命来间接地反映刀具的磨钝标准。刀具寿命 T 的定义：刀具由刃磨后开始切削，一直到磨损量达到刀具的磨钝标准所经过的总切削时间，单位为 min。

刀具寿命反映了刀具磨损的快慢程度。刀具寿命长表明刀具磨损速度慢；反之，表明刀具磨损速度快。影响切削温度和刀具磨损的因素均同样影响刀具寿命。切削用量对刀具寿命的影响较为明显，通过切削试验，可以得出 v_c、f、a_p 对刀具寿命 T 的影响关系为

$$T = \frac{C_T}{v_c^x f^y a_p^z} \tag{5-11}$$

式中：T——刀具寿命，min；

C_T——耐用度系数，与刀具、工件材料和切削条件有关；

v_c——切削速度，m/min；

f——进给量，mm/r；

a_p——切削深度，mm；

x、y、z——指数，分别表示各切削用量对刀具寿命影响的程度。

用 YT5 硬质合金车刀切削 $\sigma_b = 0.637\text{GPa}$（$f > 0.7$ mm/r）的碳钢时，切削用量与刀具寿命的关系为

$$T = \frac{C_T}{v_c^5 f^{2.25} a_p^{0.75}} \tag{5-12}$$

由式（5-12）可以看出，切削速度对刀具寿命影响最大，进给量次之，背吃刀量最小。

这与三者对切削温度的影响顺序完全一致，说明切削温度对刀具寿命有重要的影响。

刀具寿命是一个具有多种用途的重要参数，如确定换刀时间、衡量工件材料切削加工性和刀具材料切削性能优劣、判定刀具几何参数及切削用量的选择是否合理等，都可用刀具寿命来表示和说明。

5.4.6　提高切削加工质量的途径

零件的加工质量包括加工精度和表面质量两部分。加工精度是指经过加工的零件，其尺寸、形状及相互位置等参数的实际值与其理想值的符合程度；表面质量是指零件经过加工后的表面粗糙度、表面层的加工硬化及表面残余应力的性质和大小。

切削加工时，影响零件加工质量的因素有很多，以下主要讨论刀具及切削用量对加工质量的影响。

1. 合理选用刀具角度

1）前角对刀具的切削影响最大。增大前角使刃口锋利，但会使刃口强度削弱。选择前角的原则是既要保证刃口锋利，也要保证其强度。用硬质合金车削钢材时可取 10°～25°；车削灰铸铁可取 5°～15°；车削铝合金可取 30°～35°。强力切削时，为增强刀具的强度，须采用负的前角。

2）后角用来减小主后面与工件切削表面之间的摩擦，并与前角共同影响刃口的锋利程度与强度。

后角的选择原则是在保证加工质量和刀具寿命的前提下，尽可能取小值。一般粗加工时切削力较大，为保证刃口的强度，后角应小些（可取 6°～8°）；精加工时切削力较小，为减小摩擦提高表面加工质量，应取较大的后角（10°～12°）。

3）主偏角间接影响刀具的耐用度，也直接决定径向分力的大小。减小主偏角能增大刀尖的强度，改善散热条件，增加切削刃的工作长度，从而有利于提高刀具的耐用度；而增大主偏角有利于减小径向分力，可避免引起加工中的振动和工件变形。较小的主偏角适用于刚度较好的工艺系统，以延长刀具寿命；而工艺系统刚性差时，必须选用较大的主偏角。一般主偏角在 30°～75° 选取，加工细长轴类的工件时要选用 90° 的主偏角。

4）副偏角的主要作用是减小副切削刃与已加工表面的摩擦。减小副偏角有利于减小已加工表面的残留高度，降低已加工表面的粗糙度。外圆车刀的副偏角常取 6°～10°，粗加工时可取得大一些，精加工时可取得小一些。为了降低已加工表面的粗糙度，有时还可磨出一段副偏角为零的修光刃。

5）刃倾角主要作用是影响刀尖的强度和控制切屑的流向。当刃倾角为正时，刀尖的强度较差，切屑流向待加工表面；当刃倾角为负时，刀尖强度较高，切屑流向已加工表面；当刃倾角为零时，切屑从垂直切削刃的方向流出。当粗车一般钢材和灰铸铁时，常取 $\lambda_s = -5° \sim 0°$，以提高刀尖强度；精车时常取 $\lambda_s = 0° \sim 5°$，以防止切屑划伤已加工表面。刃倾角对切屑流向的控制如图 5-25 所示。

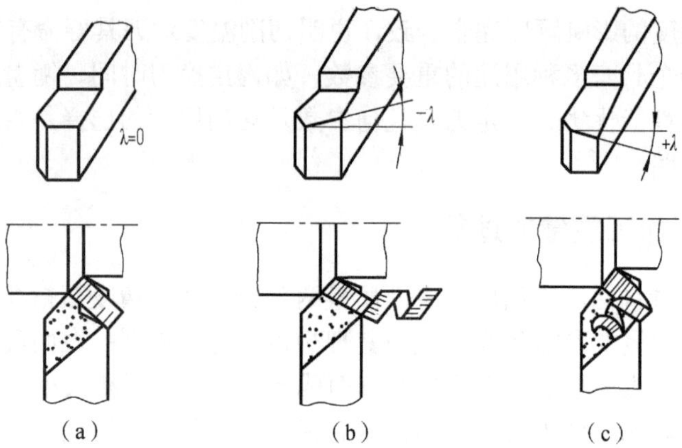

图 5-25　刃倾角对切屑流向的控制

2．合理选择切削用量

在生产中应合理选择切削用量，在保证加工质量和刀具使用寿命的前提下，提高切削生产效率，降低加工成本。以车削为例，其选择原则如下。

（1）粗加工

粗加工主要目的是尽快切除加工余量，以提高生产效率，降低成本。因此，在生产中应首先根据工件的加工余量合理选择背吃刀量。若工艺系统刚度好，应尽可能选大值；若工艺系统刚度差，应按刚度选取。然后，根据加工条件选择尽可能大的进给量，再按刀具寿命的要求选择一个合适的切削速度。

（2）精加工

精加工的目的是保证加工精度和表面质量。为保证表面质量，首先，应确定合理的切削速度：硬质合金刀具耐热性好，可选用较高切削速度；高速钢刀具耐热性差，多选用较低的切削速度。其次，根据加工精度和表面粗糙度的要求，选择合适的进给量和背吃刀量。

5.5 金属切削机床

微课：金属切削机床和外圆表面加工（1）

金属切削机床是用切削的方法将金属毛坯加工成机器零件的一种机器，人们习惯上称为机床。切削加工是机械制造过程中，获取具有一定尺寸、形状和精度的零件的主要加工方法，所以机床是机械制造系统中最重要的组成部分，它为加工过程提供刀具与工件之间的相对位置和相对运动，为改变工件形状、质量提供能量。

5.5.1　机床的分类

目前金属切削机床的品种和规格繁多，为便于区别、使用和管理，需对机床进行分类。

根据国家标准 GB/T 15375—2008，按其工作原理，机床可分为十一大类：车床、钻床、镗床、磨床、齿轮加工机床、螺纹加工机床、铣床、刨插床、拉床、锯床和其他机床。

除上述基本分类方法外，根据机床的其他特征，还有其他分类方法。

按机床通用性程度，可分为通用机床（或称万能机床）、专门化机床和专用机床三类。通用机床适用于单件、小批量生产，加工范围较广，可以加工多种零件的不同工序，如卧式车床、卧式镗床、万能升降台铣床等；专门化机床用于大批量生产中，加工范围较窄，可加工不同尺寸的一类或几类零件的某一种（或几种）特定工序，如精密丝杠车床、曲轴轴颈车床等；专用机床通常应用于成批及大量生产中，这类机床是根据工艺要求专门设计制造的，专门用于加工某一种（或几种）零件的某一特定工序，如加工车床导轨的专用磨床、加工车床主轴箱的专用镗床等。

在同一种机床中，按加工精度的不同，可分为普通精度级机床、精密级机床和高精度级机床。

按机床的质量和尺寸不同，可分为仪表机床、中型（一般）机床、大型机床（质量达 10t）、重型机床（质量在 30t 以上）、超重型机床（质量在 100t 以上）。

按机床自动化程度，可分为手动机床、机动机床、半自动机床和自动机床。

此外，机床还可以按主要工作器件的数目进行分类，如单刀机床、多刀机床、单轴机床、多轴机床等。

目前，机床正在向数控化方向发展，而且其功能也在不断增加，除了数控加工功能，还增加了自动换刀、自动装卸工件等功能。因此也可按机床具有的数控功能将其分为一般数控机床、加工中心、柔性制造单元等。

随着新品种机床不断出现，机床的分类也会越来越丰富。

5.5.2　机床型号的编制方法

机床的型号是用来表示机床的类别、主要参数和主要特性的代号。目前，机床型号的编制采用汉语拼音字母和阿拉伯数字按一定规律组合表示。例如，CM6132 型精密卧式车床，型号中的代号及数字的含义如下。

微课：金属切削机床和外圆表面加工（2）

C——机床类别代号（车床类）；

M——机床通用特性代号（精密机床）；

6——机床组别代号（落地及卧式车床组）；

1——机床系别代号（卧式车床系）；

32——主参数代号（床身上最大回转直径 320mm）。

1．通用机床型号的编制方法

（1）机床的类代号

机床的类代号用大写的汉语拼音字母表示，并按相应的汉字字意读音。当需要时，每类又可分为若干分类，分类代号用阿拉伯数字表示，放在类代号之前，但第一分类不予表示。机床的类代号、分类代号及其读音如表 5-3 表示。

表 5-3　机床的类代号、分类代号及其读音

类别	车床	钻床	镗床	磨床			齿轮加工机床	螺纹加工机床	铣床	刨插床	拉床	锯床	其他机床
代号	C	Z	T	M	2M	3M	Y	S	X	B	L	G	Q
读音	车	钻	镗	磨	二磨	三磨	牙	丝	铣	刨	拉	割	其

（2）机床的通用特性和结构特性代号

通用特性代号位于类代号之后，用大写汉语拼音字母表示。当某种类型机床除有普通型外，还有如表 5-4 所示的某种通用特性时，在类代号之后还要加上相应特性代号。例如，“CK”表示数控车床。当机床同时具有两种通用特性时，可按重要程度排列，用两个代号表示。例如，“MBG”表示半自动高精度磨床。

表 5-4　机床通用特性代号

通用特性	高精度	精密	自动	半自动	数控	加工中心（自动换刀）	仿形	轻型	加重型	简式或经济型	柔性加工单元	数显	高速
代号	G	M	Z	B	K	H	F	Q	C	J	R	X	S
读音	高	密	自	半	控	换	仿	轻	重	简	柔	显	速

对于主参数相同，而结构、性能不同的机床，在型号中用结构特性区分。结构特性代号在型号中无统一含义，它只是在同类型机床中起区分结构、性能的作用。当机床具有通用特性代号时，结构特性代号位于通用特性代号之后，用大写汉语拼音字母表示。例如，CA6140 中的“A”和 CY6140 中的“Y”均为结构特性代号，它们分别表示沈阳第一机床厂和云南机床厂生产的基本型号的卧式车床。为了避免混淆，通用特性代号已用的字母和“L”“O”都不能作为结构特性代号使用。

（3）机床的组别、系别代号

机床的组别、系别代号用两位阿拉伯数字表示，前一位表示组别，后一位表示系别。每类机床按其结构性能及使用范围划分为用数字 0～9 表示的 10 个组。在同一组机床中，又按主参数、主要结构及布局形式划分为用数字 0～9 表示的 10 个系。金属切削机床的类、组、系划分表（摘录）如表 5-5 所示，详细划分情况可查阅国家标准 GB/T 15375—2008。

表 5-5　机床的类、组、系划分表（摘录）

<table>
<tr><td colspan="2">车床组、系含义</td><td>0</td><td>1</td><td>2</td><td>3</td><td>4</td><td>5</td><td colspan="10">6</td><td>7</td><td>8</td><td>9</td></tr>
<tr><td rowspan="3">I 机床</td><td rowspan="3">C</td><td rowspan="3">仪表车床</td><td rowspan="3">单轴自动车床</td><td rowspan="3">多轴自动、半自动车床</td><td rowspan="3">回轮、转塔车床</td><td rowspan="3">曲轴及凸轮轴车床</td><td rowspan="3">立式车床</td><td colspan="10">落地及卧式车床</td><td rowspan="3">仿形及多刀车床</td><td rowspan="3">轮、轴、锭、辊及铲齿车床</td><td rowspan="3">其他车床</td></tr>
<tr><td>0</td><td>1</td><td>2</td><td>3</td><td>4</td><td>5</td><td>6</td><td>7</td><td>8</td><td>9</td></tr>
<tr><td>落地车床</td><td>卧式车床</td><td>马鞍车床</td><td>无丝杠车床</td><td>卡盘车床</td><td>球面车床</td><td></td><td></td><td></td><td></td></tr>
</table>

（4）机床主参数、设计顺序号及第二主参数

机床主参数是表示机床规格大小的一种尺寸参数。在机床型号中，用阿拉伯数字给出主参数的折算值，位于机床组、系代号之后。折算系数一般是 1/10 或 1/100，也有少数是 1。

例如，CA6140 型卧式机床中主参数的折算值为 40（折算系数是 1/10），其主参数表示在床身导轨面上能车削工件的最大回转直径为 400mm。各类主要机床的主参数名称及折算系数如表 5-6 所示。

表 5-6　各类主要机床的主参数名称和折算系数

机床	主参数名称	折算系数
卧式车床	床身上最大回转直径	1/10
立式车床	最大车削直径	1/100
摇臂钻床	最大钻孔直径	1/1
卧式镗床	镗轴直径	1/10
坐标镗床	工作台面宽度	1/10
外圆磨床	最大磨削直径	1/10
内圆磨床	最大磨削孔径	1/10
矩台平面磨床	工作台面宽度	1/10
齿轮加工机床	最大工件直径	1/10
龙门铣床	工作台面宽度	1/100
升降台铣床	工作台面宽度	1/10
龙门刨床	最大刨削宽度	1/100
插床及牛头刨床	最大插削及刨削长度	1/10
拉床	额定拉力（吨）	1/1

某些通用机床，当无法用一个主参数表示时，可用设计顺序号来表示。

第二主参数是对主参数的补充，如最大工件长度、最大跨距、工作台工作面长度等，第二主参数一般不予给出。

（5）机床的最大改进顺序号

当机床的性能及结构有重大改进，并按新产品重新设计、试制和鉴定时，在原机床型号尾部加重大改进顺序号，即汉语拼音字母 A、B、C 等。

（6）其他特性代号与企业代号

其他特性代号用以反映各类机床的特性。例如，对于数控机床，可用来反映不同的数控系统；对于一般机床，可用以反映同一型号机床的变型；等等。其他特性代号可用汉语拼音字母或阿拉伯数字或二者的组合来表示。企业代号与其他特性代号表示方法相同，位于机床型号尾部，用“—”与其他特性代号分开，读作“至”。若机床型号中无其他特性代号，仅有企业代号，则不加“—”，企业代号直接写在“/”后面。

根据通用机床型号编制方法，举例如下。

1432A：高精度万能外圆磨床，最大磨削直径为 320mm，经过第一次重大改进，无企业代号。

Z3040×16/S2：摇臂钻床，最大钻孔直径为 40mm，最大跨距为 1600mm，沈阳第二机床厂生产。

CKM1116/NG：数控精密单轴纵切自动车床，最大车削棒料直径为 16mm，宁江机床厂生产。

2. 专用机床型号的编制方法

专用机床型号由设计单位代号和设计顺序号组成，具体如下。

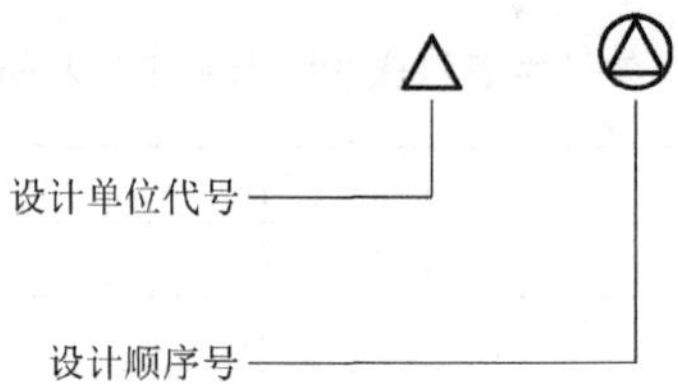

设计单位代号同通用机床型号中的企业代号。设计顺序号按各单位设计制造专用机床的先后顺序排列。例如，B1-015 表示北京第一机床厂设计制造的第 15 种专用机床。

5.5.3 零件表面的切削加工成形方法和机床的运动

1. 零件表面的切削加工成形方法

在切削加工过程中，机床上的刀具和工件按一定的规律做相对运动，通过刀具对工件毛坯的切削作用，切除毛坯上多余金属，从而得到所需要的零件表面形状。机械零件的任何表面都可以看作一条线（称为母线）沿另一条线（称为导线）运动的轨迹。如图 5-26 所示，平面是由一条直线（母线）沿另一条直线（导线）运动而形成的；圆柱面和圆锥面是由一条直线（母线）沿着一个圆（导线）运动而形成的；普通螺纹的螺旋面是由“∧”形线（母线）沿螺旋线（导线）运动而形成的；直齿圆柱齿轮的渐开线齿廓表面是渐开线（母线）沿直线（导线）运动而形成的；等等。

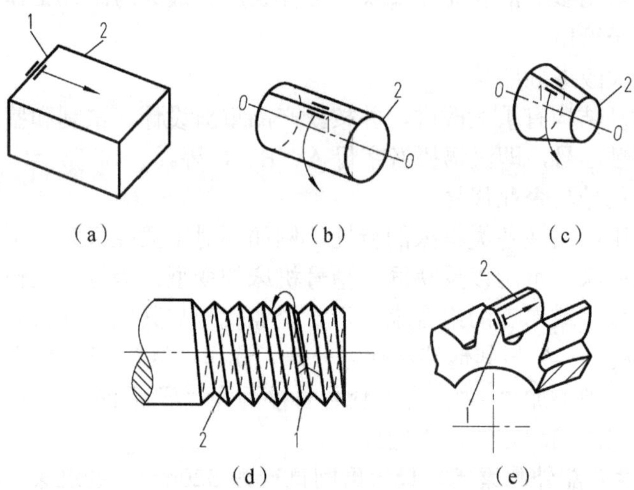

1—母线；2—导线。

图 5-26 零件表面的形成

母线和导线统称为发生线。切削加工中发生线是由刀具的切削刃与工件间的相对运动得到的。一般情况下，由切削刃本身或与工件相对运动配合形成一条发生线（一般是母线），而另一条发生线则完全是由刀具和工件之间的相对运动得到的。刀具和工件之间的相对运动都是由机床提供的。

2．机床的运动

机床在加工过程中，只有形成一定形状的发生线（母线和导线），才能获得所需工件表面形状。因此，机床必须完成一定的运动，这种运动称为表面成形运动。此外，还有多种辅助运动。

（1）表面成形运动

表面成形运动按其组成情况不同，可分为简单成形运动和复合成形运动两种。

如果一个独立的成形运动是单独的旋转运动或直线运动，则此成形运动称为简单成形运动。例如，用车刀车削外圆柱面时［图 5-27（a）］，工件的旋转运动 B_1 产生圆导线，刀具纵向直线运动 A_2 产生直线母线，即加工出圆柱面。运动 B_1 和运动 A_2 是两个相互独立的表面成形运动，因此，用车刀车削外圆柱面时属于简单成形运动。

如果一个独立的成形运动是由两个以上的旋转运动或（和）直线运动按某种确定的运动关系组合而成的，则此成形运动称为复合成形运动。例如，用螺纹车刀车削螺纹表面时［图 5-27（b）］，工件的旋转运动 B_{11} 和车刀的直线运动 A_{12} 按规定做相对运动，形成螺旋线导线，三角形母线（由切削刃形成，不需成形运动）沿螺旋线运动，形成了螺旋面。形成螺旋线导线的两个简单运动 B_{11} 和运动 A_{12}，由于螺纹导程限定而不能彼此独立，它们必须保持严格的运动关系，所以 B_{11} 和 A_{12} 这两个简单运动组成了一个复合成形运动。又如，用滚齿刀加工直齿圆柱齿轮时［图 5-27（c）］，它需要一个复合成形运动 B_{11}、B_{12}（范成运动），形成渐开线母线，又需要一个简单直线成形运动 A_2，才能得到整个渐开线齿面。

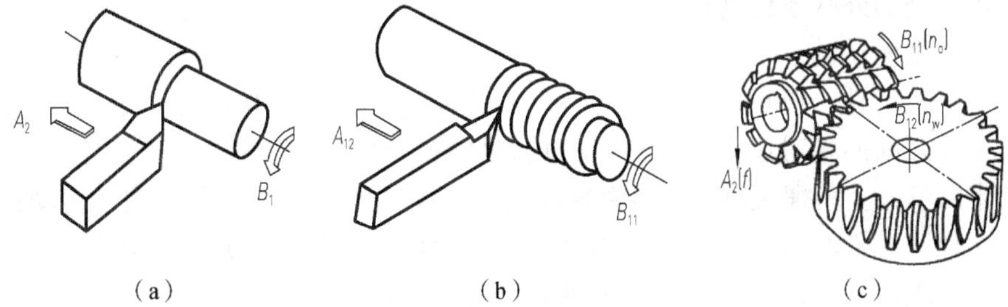

图 5-27　成形运动的组成

成形运动中各单元运动根据其在切削中所起的作用不同，又可分为主运动和进给运动。

（2）辅助运动

机床在加工过程中还需一系列辅助运动，其功能是实现机床的各种辅助动作，为表面成形运动创造条件。它的种类有很多，如进给运动前后的快进和快退，调整刀具和工件之间正确相对位置的调位运动，切入运动，分度运动，工件夹紧、松开等操纵控制运动。

5.5.4　机床传动的基本组成和传动原理图

1．机床传动的基本组成部分

机床传动必须具备以下三个基本部分。

（1）运动源

运动源是为执行件提供动力和运动的装置，通常为电动机，如交流异步电动机、直流电动机、直流和交流伺服电动机、步进电动机、交流变频调速电动机等。

（2）传动件

传动件是传递动力和运动的零件，如齿轮、链轮、带轮、丝杠、螺母等。除机械传动件外，还有液压传动件和电气传动件等。

（3）执行件

执行件是夹持刀具或工件执行运动的部件。常用执行件有主轴、刀架、工作台等，是传递运动的末端件。

2．机床的传动链

为了在机床上得到所需要的运动，必须通过一系列的传动件把运动源和执行件，或把执行件与执行件联系起来，以构成传动联系。构成一个传动联系的一系列传动件，称为传动链。根据传动链的性质，传动链可分为外联系传动链和内联系传动链两类。

（1）外联系传动链

联系运动源与执行件的传动链，称为外联系传动链。它的作用是使执行件得到预定速度的运动，并传递一定的动力。此外，还起执行件变速、换向等作用。外联系传动链传动比的变化，只影响生产效率或表面粗糙度，不影响加工表面的形状。因此，外联系传动链不要求两末端件之间有严格的传动关系。例如，在卧式车床中，从主电动机到主轴之间的传动链就是典型的外联系传动链。

（2）内联系传动链

联系两个执行件，以形成复合成形运动的传动链，称为内联系传动链。它的作用是保证两个末端件之间的相对速度或相对位移具有严格的比例关系，以保证被加工表面的性质。例如，在卧式车床上车螺纹时，连接主轴和刀具之间的传动链就属于内联系传动链。此时，必须保证主轴（工件）每转一转，车刀移动工件螺纹一个导程，这样才能得到要求的螺纹导程。又如，滚齿机的范成运动传动链也属于内联系传动链。

（3）机床传动原理图

在机床的运动分析中，为了便于分析机床运动和传动的联系，常用一些简明的符号来表示运动源与执行件、执行件与执行件之间的传动联系，这就是传动原理图。图 5-28 所示为传动原理图中常用的部分符号。

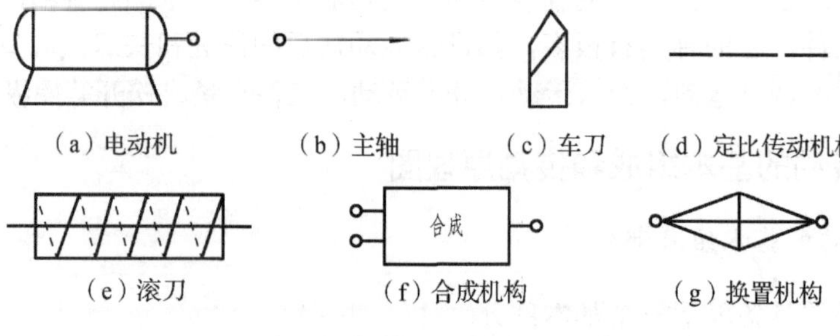

图 5-28　传动原理图中常用的部分符号

下面以卧式车床的传动原理图为例，说明传动原理图的画法和所表示的内容。如图 5-29 所示，从电动机至主轴（电动机—1—2— u_v —3—4—主轴，也称主运动传动链）的传动属于外联系传动链，它为主轴提供运动和动力。其中，1—2 和 3—4 段为传动比固定不变的定比传动结构，2—3 段是传动比可变的换置机构 u_v，调整 u_v 值用以改变主轴的转速。由主轴—4—5— u_f —6—7—丝杠—刀具，得到刀具和工件间的复合成形运动（螺旋运动），这是一条内联系传动链。其中，4—5 和 6—7 段为定比传动机构，5—6 段是换置机构 u_f，调整 u_f 值可得到不同的螺纹导程。在车削外圆或端面时，主轴和刀具之间的传动联系无严格的传动比要求，二者的运动是两个独立的简单成形运动，因此，除从电动机到主轴的主传动链外，另一条传动链可视为电动机—1—2— u_v —3—5— u_f —6—7—刀具（通过光杠），此时，这条传动链是一条外联系传动链。

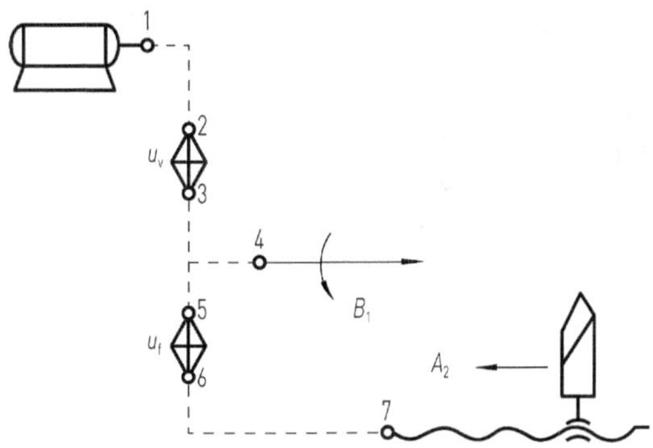

图 5-29　卧式车床的传动原理图

传动原理图反映了机床传动的基本特征。因此，用它来分析、研究机床运动时，最容易找出两种不同类型机床的最根本区别，对于同一类型机床来说，不管它们的具体结构有何差异，其传动原理图都是完全相同的。

5.5.5　机床的传动系统图和运动计算

1．机床的传动系统图

机床的传动系统图是表示机床全部运动传动关系的示意图。它比传动原理图更准确、更清楚、更全面地反映了机床的传动关系。在图中用简单的规定符号代表各种传动元件（我国的机床传动系统图规定符号详见 GB/T 4460—2013《机械制图　机械运动简图用图形符号》）。

机床的传动系统画在一个能反映机床外形和各主要部件相互位置的投影面上，并尽可能绘制在机床外形的轮廓线内。图中的各传动元件是按照运动传递的先后顺序，以展开图的形式画出来的。该图只表示传动关系，并不代表各传动元件的实际尺寸和空间位置。在图中通常注明齿轮及蜗轮的齿数、带轮直径、丝杠的导程和头数、电动机功率和转数、传动轴的编号等。传动轴的编号，通常从运动源（电动机）开始，按运动传递顺序，依次用罗马数字Ⅰ、Ⅱ、Ⅲ、Ⅳ……表示。图 5-30 所示为中型卧式车床主传动系统图。

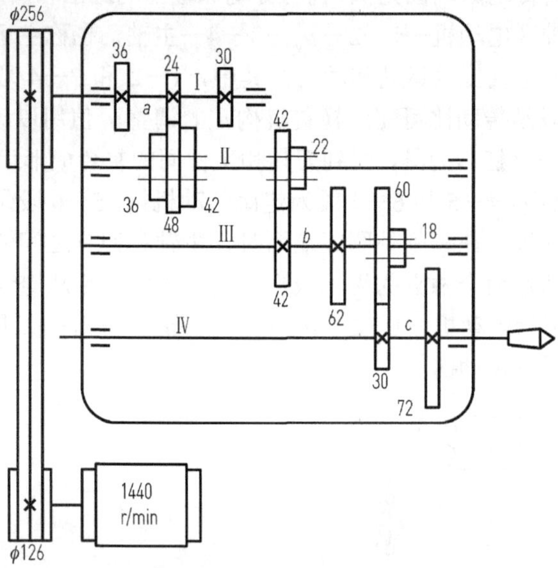

图 5-30　中型卧式车床主传动系统图

2．传动路线表达式

为便于说明机床的传动路线，通常把传动系统图数字化，用传动路线表达式（传动结构式）来表达机床的传动路线。图 5-30 所示车床主传动路线表达式为

$$\text{电动机（1440r/min）}—\frac{\phi 126}{\phi 256}—\text{I}—\begin{bmatrix}\frac{36}{36}\\ \frac{24}{48}\\ \frac{30}{42}\end{bmatrix}—\text{II}—\begin{bmatrix}\frac{42}{42}\\ \frac{22}{62}\end{bmatrix}—\text{III}—\begin{bmatrix}\frac{60}{30}\\ \frac{18}{72}\end{bmatrix}—\text{IV（主轴）}$$

3．主轴转数级数计算

根据前述主传动路线表达式，当主轴正转时，利用各滑移齿轮组齿轮轴向位置的各种不同组合，主轴可得 3×2×2=12 级正转转速。同理，当电动机反转时，主轴可得 12 级反转转速。

4．运动计算

机床运动计算通常有两种情况：

1）根据传动路线表达式提供的有关数据，确定某些执行件的运动速度或位移量。

2）根据执行件所需的运动速度、位移量，或有关执行件之间需要保持的运动关系，确定相应传动链中换置机构的传动比，以便进行调整。

主轴各级转速数值可应用下列运动平衡式进行计算：

$$n_{主} = n_{电} \times \frac{D}{D'}(1-\varepsilon) \times \frac{Z_{\mathrm{I-II}}}{Z'_{\mathrm{I-II}}} \times \frac{Z_{\mathrm{II-III}}}{Z'_{\mathrm{II-III}}} \times \frac{Z_{\mathrm{III-IV}}}{Z'_{\mathrm{III-IV}}} \tag{5-13}$$

式中：$n_{主}$——主轴转速，r/min；

$n_{电}$——电动机转速，r/min；

D、D'——主动、被动带轮直径，mm；

ε——三角带传动的滑动系数，可近似地取 $\varepsilon = 0.02$；

$Z_{\mathrm{I-II}}$、$Z_{\mathrm{II-III}}$、$Z_{\mathrm{III-IV}}$ 及 $Z'_{\mathrm{I-II}}$、$Z'_{\mathrm{II-III}}$、$Z'_{\mathrm{III-IV}}$——Ⅰ-Ⅱ、Ⅱ-Ⅲ、Ⅲ-Ⅳ轴之间主动和被动齿轮齿数。

例 5-1　根据图 5-30 所示的主传动系统，计算主轴转速。

解：主轴各级转速均可由运动平衡式（5-13）计算出来。分别计算主轴最高转速和最低转速：

$$n_{主\max} = 1400 \times \frac{126}{256} \times (1-0.02) \times \frac{36}{36} \times \frac{42}{42} \times \frac{60}{30} \approx 1351 \text{ (r/min)}$$

$$n_{主\min} = 1400 \times \frac{126}{256} \times (1-0.02) \times \frac{24}{48} \times \frac{22}{62} \times \frac{18}{72} \approx 30 \text{ (r/min)}$$

根据图 5-31 所示的车削螺纹进给传动链，确定挂轮变速机构的换置公式。

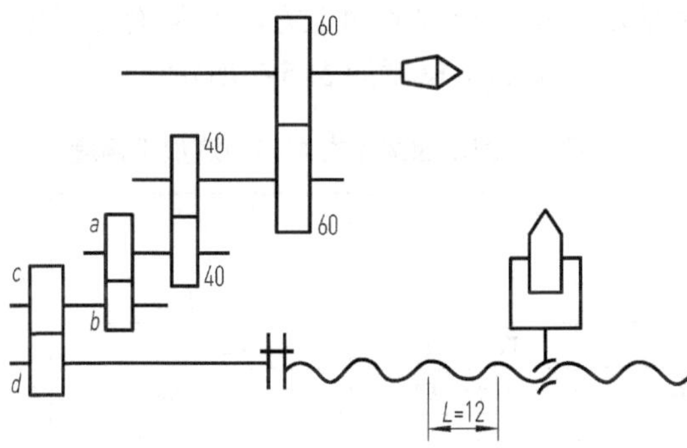

图 5-31　车削螺纹进给传动链

由图示得到的运动平衡式为

$$1 \times \frac{60}{60} \times \frac{40}{40} \times \frac{a}{b} \times \frac{c}{d} \times 12 = L_{工} \tag{5-14}$$

式中：$L_{工}$——被加工螺纹的导程，mm。

将式（5-14）化简后，得到挂轮的换置公式为

$$u_{挂} = \frac{a}{b} \times \frac{c}{d} = \frac{L_{工}}{12} \tag{5-15}$$

应用换置公式（5-15），适当地选择挂轮 a、b、c、d 的齿数，就可车削出导程为 $L_{工}$ 的螺纹。

5.6 外圆表面加工

5.6.1 外圆表面加工概述

微课：金属切削机床和外圆表面加工（3）

1．外圆表面的加工方法

轴类、套类和盘类零件是具有外圆表面的典型零件。外圆表面常用的机械加工方法有车削、磨削和各种光整加工等。车削加工是外圆表面最经济有效的加工方法，但就其经济加工精度来说，一般作为外圆表面粗加工和半精加工；磨削加工是外圆表面的主要精加工方法，特别适合各种高硬度和淬火后零件的精加工；光整加工是精加工之后进行的超精加工方法（如滚压、抛光、研磨等），适合某些精度和表面质量要求很高的零件。

由于各种加工方法所能达到的经济加工精度、表面粗糙度、生产效率和生产成本各不相同，因此必须根据具体情况，选用合理的加工方法，从而加工出满足零件图样要求的合格零件。外圆表面加工方案和经济加工精度如表 5-7 所示。

表 5-7　外圆表面加工方案和经济加工精度

序号	加工方法	经济加工精度（公差等级）	表面粗糙度 Ra/μm	使用范围
1	粗车	IT13～IT11	50～12.5	适用于淬火钢以外的各种金属
2	粗车—半精车	IT10～IT8	6.3～3.2	
3	粗车—半精车—精车	IT8～IT7	1.6～0.8	
4	粗车—半精车—精车—滚压	IT8～IT7	0.2～0.0255	
5	粗车—半精车—磨削	IT8～IT7	0.8～0.4	主要用于淬火钢，也可用于未淬火钢，但不适用于有色金属
6	粗车—半精车—粗磨—精磨	IT7～IT6	0.4～0.1	
7	粗车—半精车—粗磨—精磨—超精加工（或轮式超精磨）	IT5	0.1～0.012（或 Rz 0.1）	
8	粗车—半精车—精车—精细车（金刚车）	IT7～IT6	0.4～0.025	主要用于要求较高的有色金属
9	粗车—半精车—粗磨—精磨—超精磨（或镜面磨）	IT5 以上	0.025～0.006（或 Rz 0.1）	用于极高精度的外圆加工
10	粗车—半精车—粗磨—精磨—研磨	IT5 以上	0.1～0.012（或 Rz 0.1）	

2．外圆表面的车削加工

（1）外圆车削的形式和加工精度

车外圆是一种常见、基本的车削方法，其主要形式如图 5-32 所示。

车外圆一般可分为荒车、粗车、半精车、精车和精细车，各种车削方案所能达到的加

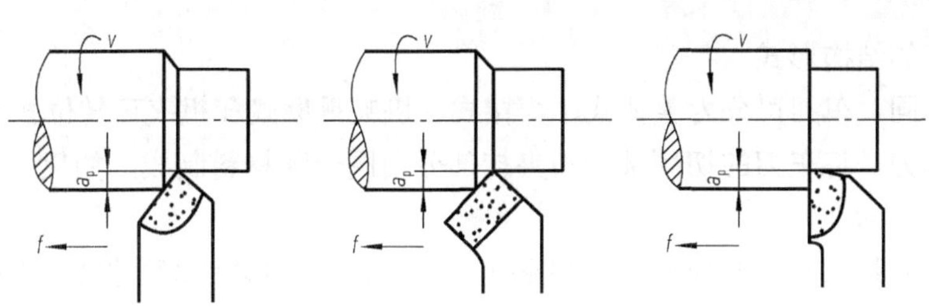

（a）75°外圆车刀　　（b）45°弯头车刀　　（c）90°外圆车刀

图 5-32　车外圆

工精度和表面粗糙度各不相同，必须合理地选用，如表 5-7 所示。

（2）外圆车削工件的装夹方法

外圆车削加工时，最常见的车削装夹方法如表 5-8 所示。

表 5-8　最常见的车削装夹方法

名称	装夹简图	装夹特点	应用
自定心卡盘	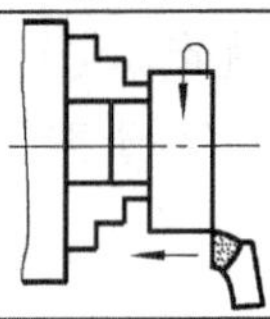	三个卡爪可同时移动，自动定心，装夹迅速方便	长径比小于 4，截面为圆形，六方体的中小型工件加工
四爪单动卡盘	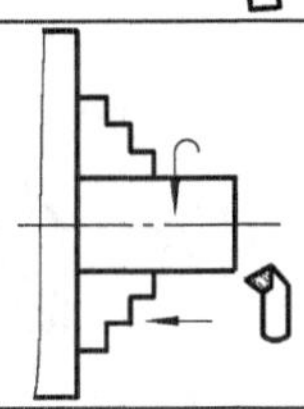	四个卡爪都可单独移动，装夹工件需要找正	长径比小于 4，截面为方形、椭圆形的较大、较重的工件
花盘	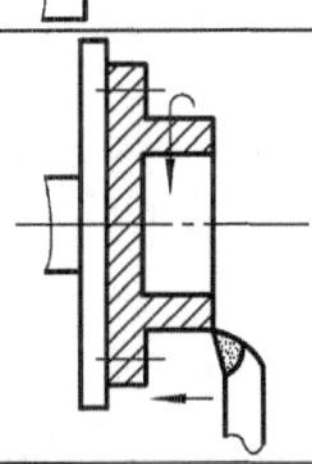	盘面上多通槽和 T 形槽，使用螺钉、压板装夹，装夹前需找正	形状不规则的工件、孔或外圆与定位基面垂直的工件的加工
双顶尖	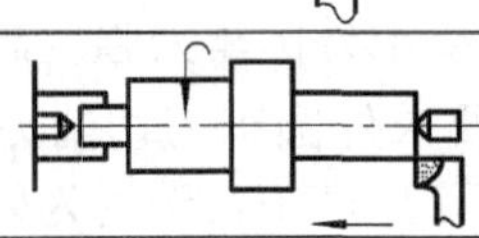	定心正确，装夹稳定	长径比为 4～15 的实心轴类零件加工
双顶尖中心架	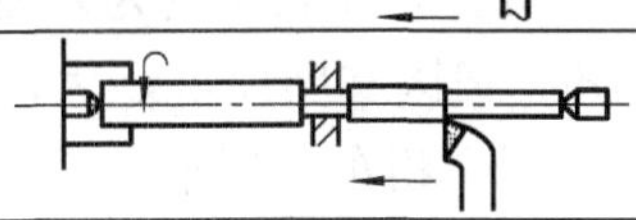	支爪可调，增加工件刚性	长径比大于 15 的细长轴工件粗加工
一夹一顶跟刀架	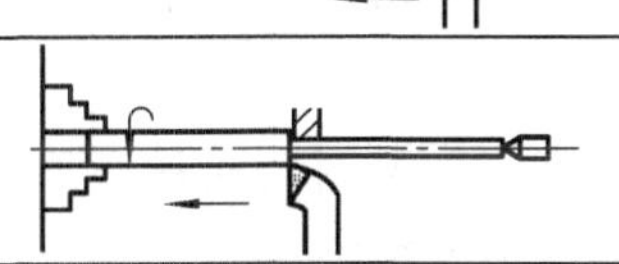	支爪随刀具一起运动，无接刀痕	长径比大于 15 的细长轴工件半精加工、精加工
心轴	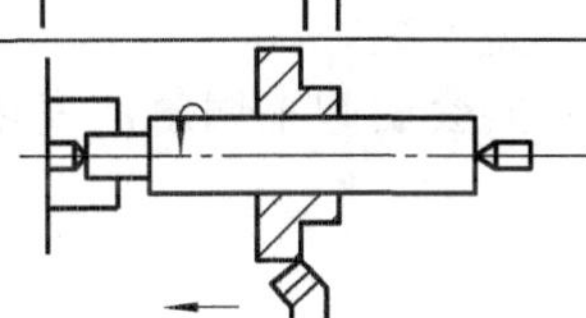	能保证外圆、端面对内孔的位置精度	以孔为定位基准的套类零件的加工

（3）车刀的结构形式

按结构不同，车刀可分为整体式、焊接式、机夹重磨式和机夹可转位式等。

整体式车刀是将车刀的切削部分与夹持部分用同一种材料制成，如尺寸不大的高速钢车刀。

焊接式车刀是在碳钢刀杆（常用 45 钢）上根据刀片的形状和尺寸铣出刀槽后将硬质合金刀片钎焊在刀槽中，然后刃磨出所需的几何参数。焊接式车刀结构简单、紧凑、刚性好、灵活性大，可根据切削要求较方便地刃磨出所需角度，故应用广泛。但经高温钎焊的硬质合金刀片，易产生应力和裂纹，切削性能有所下降，并且刀杆不能重复使用，浪费较大。

机夹重磨式车刀的刀片与刀杆是两个可拆的独立元件，切削时靠夹紧元件将它们紧固在一起，由于避免了因焊接产生的缺陷，所以可提高刀具的切削性能，刀杆可多次使用。

机夹可转位式车刀是将压制成具有合理的几何参数、断屑槽、有多个切削刃的多边形刀片，用机械夹固的方法装夹在标准刀杆上，实现切削的一种刀具。当刀片的一个切削刃磨钝后，松开夹紧元件，把刀片转位换成另一新切削刃，便可继续使用。与焊接式车刀相比，机夹可转位式车刀具有切削效率高、刀片使用寿命长、刀具消耗费用低等优点。可转位车刀的刀杆可重复使用，节省了刀杆材料。刀杆和刀片可实现标准化、系列化，有利于刀具的管理工作。

图 5-33 为常用车刀的结构示意图。

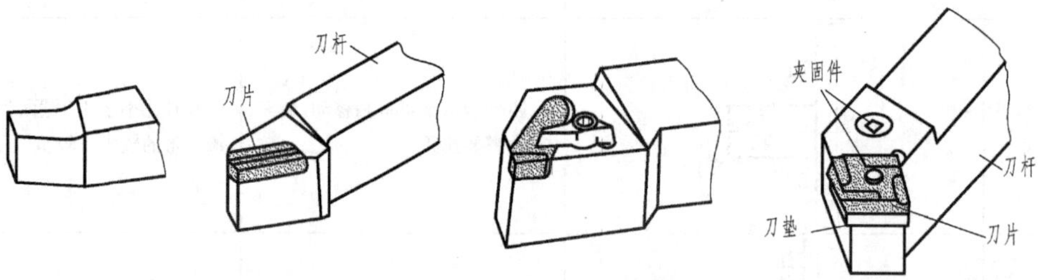

（a）整体式车刀　（b）焊接式车刀　（c）机夹重磨式车刀　（d）机夹可转位式车刀

图 5-33　常用车刀的结构示意图

（4）外圆车刀的选择和装夹

外圆车刀应根据外圆表面加工方案选择。粗车外圆要求外圆车刀强度高，能在切削深度大或走刀速度快的情况下保持刀头坚固。精车外圆要求外圆车刀切削刃锋利、光洁。如图 5-32 所示，主偏角 $\kappa_r = 75°$ 的外圆车刀刀头强度高，生产中常选用为外圆粗车刀；主偏角 $\kappa_r = 45°$ 弯头车刀使用方便，还可以车端面和倒角，但因其副偏角 κ_r' 大，工件表面加工粗糙，不适于精加工；主偏角 $\kappa_r = 90°$ 的外圆车刀可用于粗车或精车，还可车削有垂直台阶的外圆和细长轴。

车刀安装在刀架上，应使刀尖与工件旋转轴线等高。安装时可用尾座顶尖作为标准，或在工件端面车一印痕，就可知道轴线位置，把车刀调整安装好。

车刀在刀架上的位置，应垂直于工件旋转轴线，否则会引起主偏角 κ_r 变化，还可能使刀尖扎入工件已加工表面或影响表面粗糙度数值。

3．车床

（1）车床的用途

车床主要用于加工零件的各种回转面，如内外圆柱面、内外圆锥面、成形回转表面和回转体的端面等，有些车床还能车削螺纹。由于大多数机器零件都具有回转表面，需要车床来加工，因此，车床是机器制造厂中应用较广泛的一类机床，占机床总数的 35%～50%。

在车床上，除使用车刀进行加工之外，还可以使用孔的各种加工刀具（如钻头、铰刀、镗刀等）进行加工，或者使用螺纹刀具（丝锥、板牙）进行内、外螺纹加工。

（2）车床的运动

为形成工件加工表面形状，车床必须具备以下运动：工件的旋转运动是车床的主运动，其功用是使工件得到所需的切削速度，特点是速度较高，消耗功率较大；刀具的直线移动是车床的进给运动，其功用是使毛坯上新的金属层连续进入切削，以便切削出整个加工表面。

上述运动是车床形成加工表面形状所需的表面成形运动。在车床上车削螺纹时，工件的旋转运动和刀具的直线移动形成螺旋运动，是一种复合成形运动。

（3）车床的分类

为适应不同的加工要求，车床分为很多种类。按其结构和用途不同，可分为卧式车床（图 5-34）、立式车床（图 5-35）、转塔车床、回轮车床、落地车床、液压仿形及多刀自动和半自动车床、各种专用车床（如曲轴车床、凸轮车床等）、数控车床和车削加工中心等。

（4）CA6140 型卧式车床

1）机床的工艺范围及其组成。CA6140 型卧式车床的工艺范围很广，能适用于各种回转表面的加工，如车削内、外圆柱面、圆锥面、环槽及成形回转面；车削端面及各种常用螺纹；还可以进行钻孔、扩孔、铰孔、滚花、攻螺纹和套螺纹等工作。CA6140 型卧式车床加工的典型表面如图 5-36 所示。CA6140 型卧式车床的通用性较强，但机床的结构复杂且自动化程度低，加工过程中辅助时间较长，适用于单件、小批量生产及修理车间。CA6140 型卧式车床的布局及组成如图 5-34 所示。

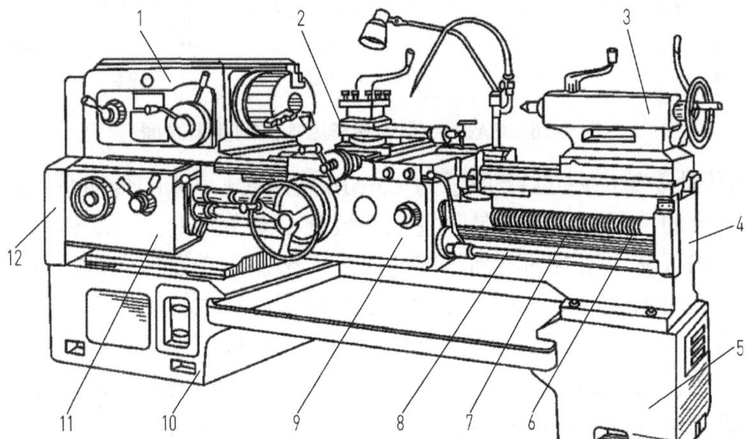

1—主轴箱；2—刀架；3—尾座；4—床身；5、10—床脚；6—丝杠；7—光杠；8—操纵杆；9—溜板箱；11—进给箱；12—交换齿轮箱。

图 5-34　CA6140 型卧式车床

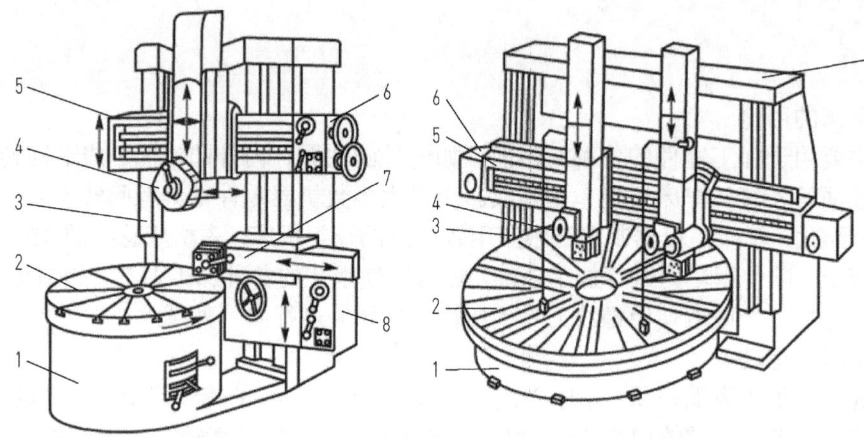

1—底座；2—工作台；3—立柱；4—垂直刀架；5—横梁；6—垂直刀架进给箱；7—侧刀架；8—侧刀架进给箱；9—顶梁。

图 5-35　立式车床

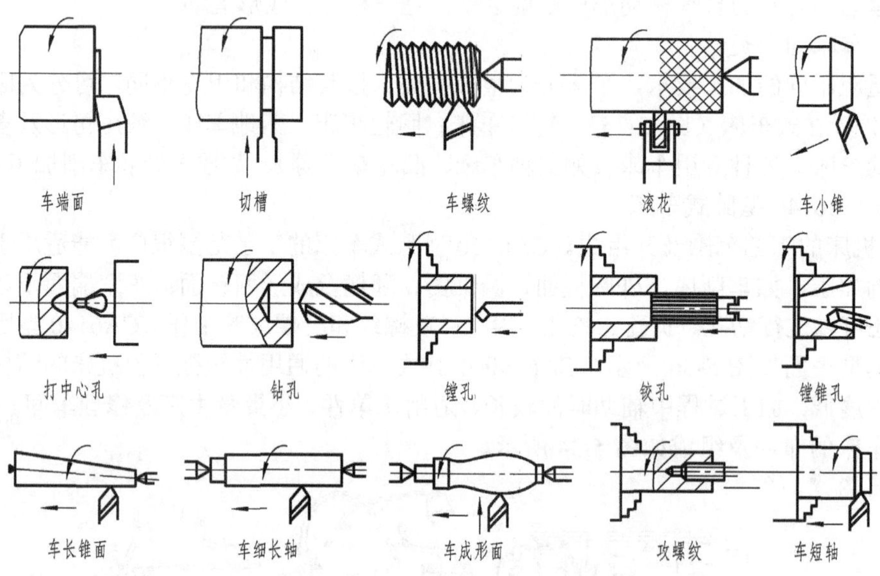

图 5-36　CA6140 型卧式车床加工的典型表面

2）机床的传动系统。图 5-37 所示为 CA6140 型卧式车床的传动系统图。图中左上方的方框内表示机床的主轴箱，框中是从主电动机到车床主轴的主运动传动链。传动链中的滑移齿轮变速机构可使主轴得到不同的转速；片式摩擦离合器换向机构可使主轴得到正反向转速。左下方框表示进给箱，右下方框表示溜板箱。从主轴箱中下半部分传动件，到左外侧的挂轮机构、进给箱中的传动件、丝杠或光杠及溜板箱中的传动件，构成了从主轴到刀架的进给传动链。进给换向机构位于主轴箱下部，用于切削左旋或右旋螺纹，挂轮或进给箱中的变换机构用来决定将运动传给丝杠还是光杠。若传给丝杠，则经过丝杠和溜板箱中的开合螺母，把运动传给刀架，实现切削螺纹传动链；若传给光杠，则通过光杠和溜板箱中的转换机构传给刀架，形成机动进给传动链。溜板箱中的转换机构用来确定是纵向进给还是横向进给。

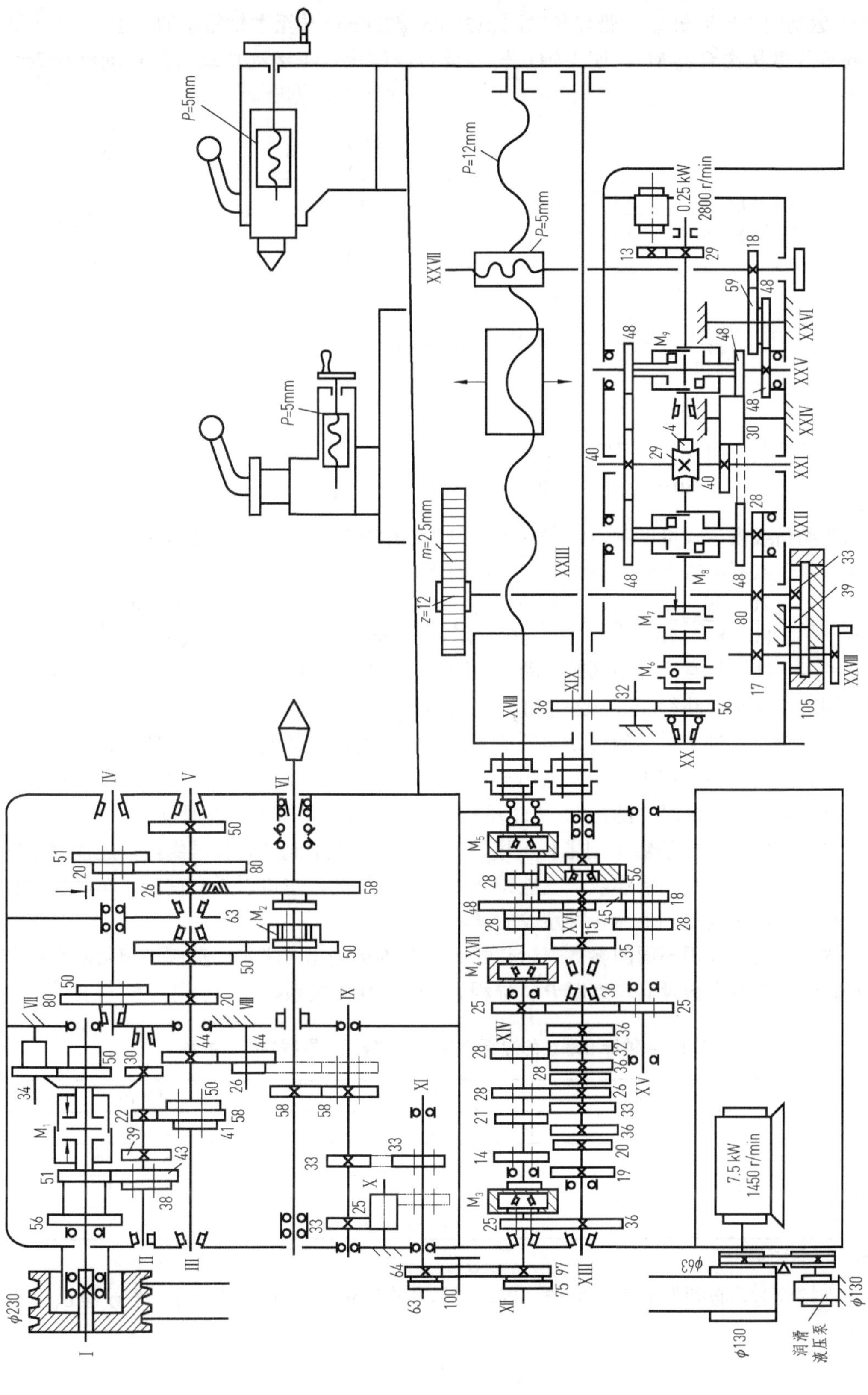

图 5-37　CA6140 型卧式车床的传动系统图

① 运动由主电动机经 V 带轮传动副 ϕ130mm/ϕ230mm 传至主轴箱中的轴 Ⅰ，轴 Ⅰ 上装有双向多片摩擦离合器 M_1，使主轴正转、反转或停止。主运动传动链的传动路线表达式为

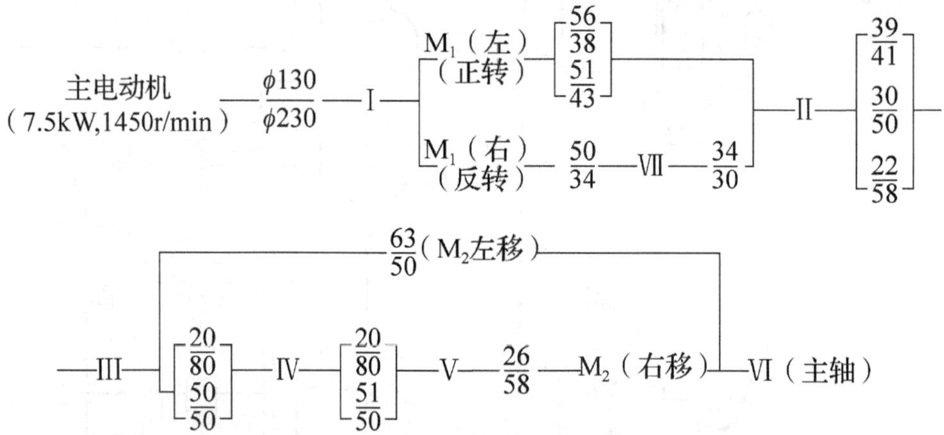

由传动路线表达式可以看出，主轴可获得 2×3×[(2×2)+1]=30 级正转转速，由于轴Ⅲ至轴Ⅴ间的两组双联滑移齿轮变速组的四种传动比为

$$u_1=\frac{20}{80}\times\frac{20}{80}=\frac{1}{16}\text{；}\quad u_2=\frac{20}{80}\times\frac{51}{50}\approx\frac{1}{4}\text{；}\quad u_3=\frac{50}{50}\times\frac{20}{80}=\frac{1}{4}\text{；}\quad u_4=\frac{50}{50}\times\frac{50}{50}=1$$

其中 $u_2=u_3$，实际只有三种不同的传动比，因此主轴只能获得 2×3×[(2×2−1)+1]=24 级正转转速。同理，主轴可获得 3×[(2×2−1)+1]=12 级反转转速。

主轴反转时，轴 Ⅰ－Ⅱ 间传动比的值大于正转时传动比的值，所以反转转速大于正转转速。主轴反转一般不用于切削，当用于车削螺纹时，切削完一刀后，可使车刀沿螺旋线退回，以免下一次切削时“乱扣”。主轴反转时转速较高，可节省辅助时间。

② CA6140 型车床能够车削米制、模数制、英制和径节制四种标准螺纹，还能够车削大导程、非标准和较精密的螺纹，这些螺纹可以是左旋的，也可以是右旋的。车削螺纹传动链的作用，就是要得到上述各种螺纹的导程。

不同标准的螺纹用不同的参数表示其螺距，表 5-9 列出了米制、英制、模数制和径节制四种螺纹的螺距参数及其与螺距 P、导程 L 之间的换算关系。

表 5-9　各种标准螺纹的螺距参数及其与螺距、导程的换算关系

螺纹种类	螺距参数	螺距/mm	导程/mm
米制	螺距 P/mm	$P=P$	$L=KP$
模数制	模数 m/mm	$P_m=\pi m$	$L_m=KP_m=K\pi m$
英制	每英寸牙数 a（牙/in）	$P_a=25.4/a$	$L_a=KP_a=25.4K/a$
径节制	径节 DP（牙/in）	$P_{DP}=25.4\pi/DP$	$L_{DP}=KP_{DP}=25.4K\pi/DP$

注：K 为螺纹线数。

车削螺纹时，必须保证主轴每转一周，刀具准确地移动被加工螺纹的一个导程 $L_工$，其运动平衡式为

$$1_{(主轴)}\times u\times L_{丝}=L_{工} \tag{5-16}$$

式中：u——从主轴到丝杠之间的总传动比；

$L_{丝}$——机床丝杠的导程（CA6140 型车床 $L_{丝}$=12mm）；

$L_{工}$——被加工螺纹的导程；mm。

在平衡式（5-16）中，通过改变传动链中的传动比 u，就可以得到要加工的螺纹导程。CA6140 型车床车削上述各种螺纹时传动路线表达式为

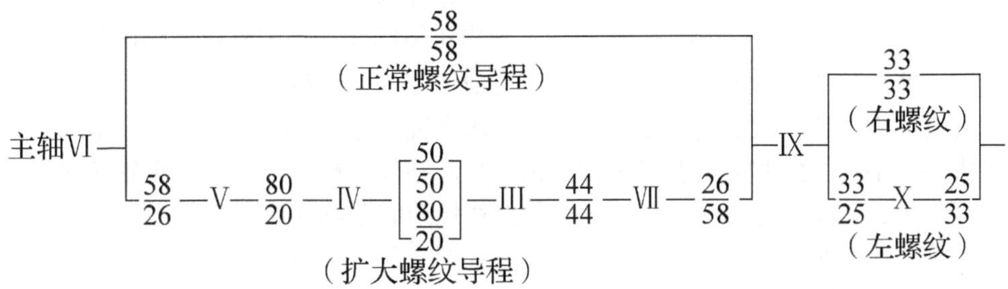

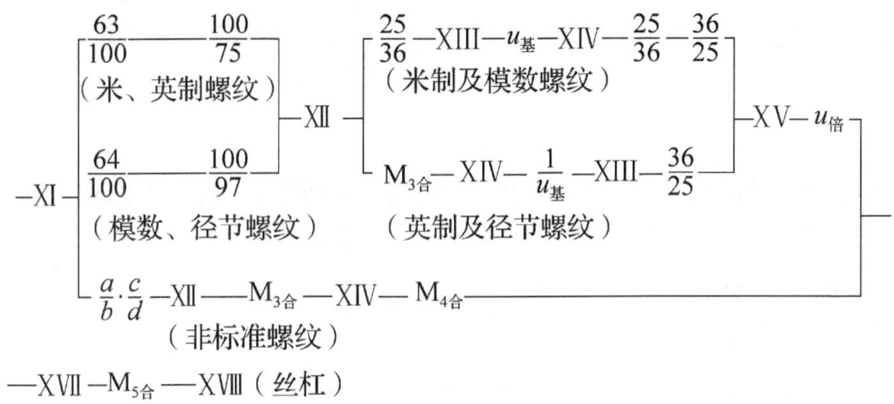

其中，$u_{基}$ 是轴 ⅩⅢ 至轴 ⅩⅣ 之间变速机构的八种传动比，即

$$u_{基1}=\frac{26}{28}=\frac{6.5}{7};\quad u_{基2}=\frac{28}{28}=\frac{7}{7};\quad u_{基3}=\frac{32}{28}=\frac{8}{7};\quad u_{基4}=\frac{36}{28}=\frac{9}{7}$$

$$u_{基5}=\frac{19}{14}=\frac{9.5}{7};\quad u_{基6}=\frac{20}{14}=\frac{10}{7};\quad u_{基7}=\frac{33}{21}=\frac{11}{7};\quad u_{基8}=\frac{36}{21}=\frac{12}{7}$$

上述变速机构是获得各种螺纹的基本机构，称为基本螺距机构或基本组。$u_{倍}$ 是轴 ⅩⅤ 至轴 ⅩⅦ 之间变速机构的四种传动比，即

$$u_{倍1}=\frac{18}{45}\times\frac{15}{48}=\frac{1}{8};\quad u_{倍2}=\frac{28}{35}\times\frac{15}{48}=\frac{1}{4}$$

$$u_{倍3}=\frac{18}{45}\times\frac{35}{28}=\frac{1}{2};\quad u_{倍4}=\frac{28}{35}\times\frac{35}{28}=1$$

上述四种传动比按倍数关系排列，用于扩大机床车削螺纹导程的种数，这个变速机构称为增倍机构或增倍组。

在加工正常螺纹导程时，主轴Ⅵ至传动轴Ⅸ间的传动比 $u_{正常}=\frac{58}{58}=1$，此时能加工的最大螺纹导程 $L=12\text{mm}$。当需要车削导程更大的螺纹时，可将轴Ⅸ的滑移齿轮 58 向右移动，

使之与轴Ⅷ上的齿轮 26 啮合，此时从主轴Ⅵ至轴Ⅸ间的传动比为

$$u_{扩1}=\frac{58}{26}\times\frac{80}{20}\times\frac{50}{50}\times\frac{44}{44}\times\frac{26}{58}=4\text{；}\quad u_{扩2}=\frac{58}{26}\times\frac{80}{20}\times\frac{80}{20}\times\frac{44}{44}\times\frac{26}{58}=16$$

这表明，当车削螺纹传动链其他部分不变时，只做上述调整，便可使螺纹导程比正常导程相应地扩大 4 倍或 16 倍。通常把上述传动机构称为扩大螺距机构。在 CA6140 型卧式车床上，通过扩大螺距机构所能车削的最大米制螺纹导程为 192mm。

必须指出，扩大螺距机构的传动比 $u_{扩}$，是由主运动传动链中背轮机构齿轮的啮合位置确定的，而背轮机构一定的齿轮啮合位置，又对应一定的主轴转速，因此，当主轴转速一定时，螺纹导程可能扩大的倍数是确定的。具体来说，当主轴转速是 10～32r/min 时，导程可扩大 16 倍；当主轴转速是 40～125r/min 时，导程可扩大 4 倍；当主轴转速更高时，导程不能扩大。这也正好符合大导程螺纹只能在低速时车削的实际需要。

当需要车削非标准螺纹和精密螺纹时，需将进给箱中的齿式离合器 M_3、M_4 和 M_5 全部接合上，此时，轴Ⅻ、XIV、XVII和丝杠XVIII联成一体，运动由挂轮直接传给丝杠，被加工螺纹的导程 $L_{工}$ 可通过选配挂轮来实现，因此可以车削任意导程的非标准螺纹。同时，由于传动链大大地缩短，减少了传动件制造和装配误差对螺纹螺距精度的影响，若选用高精度的齿轮作为挂轮，则可加工精密螺纹。挂轮换置公式为

$$u_{挂}=\frac{a}{b}\times\frac{c}{d}=\frac{L_{工}}{12} \tag{5-17}$$

③ 纵向进给一般用于外圆车削，而横向进给用于端面车削。为了减少丝杠的磨损和便于操纵，机动进给是由光杠经溜板箱传动的，其传动路线表达式为

$$\text{主轴}-\begin{bmatrix}\text{米制螺纹传动路线}\\ \text{英制螺纹传动路线}\end{bmatrix}-\text{XVII}-\frac{28}{56}-\text{XIX（光杠）}-\frac{36}{32}\times\frac{32}{56}-$$

$$-M_6\text{（超载离合器）}-M_7\text{（安全离合器）}-\text{XX}-\frac{4}{29}-\text{XXI}$$

$$-\begin{bmatrix}-\begin{bmatrix}-\frac{40}{48}M_8\uparrow-\\ -\frac{40}{30}\times\frac{30}{48}M_8\downarrow-\end{bmatrix}-\text{XXII}-\frac{28}{80}-\text{XXIII}-\text{齿轮（}Z12\text{）}-\text{齿条}-\text{刀架（纵向进给）}\\ -\begin{bmatrix}-\frac{40}{48}M_9\uparrow-\\ -\frac{40}{30}\times\frac{30}{48}M_9\downarrow-\end{bmatrix}-\text{XXV}-\frac{48}{48}\times\frac{59}{18}-\text{XXVII}-\text{刀架（横向进给）}\end{bmatrix}$$

CA6140 型卧式车床纵向机动进给量有六十四级。其中，当进给运动由主轴经正常螺距米制螺纹传动路线时，可获得范围为 0.08～1.22mm/r 的三十二级正常进给量；当进给运动由主轴经正常螺距英制螺纹传动路线时，可获得 0.86～1.59mm/r 的八级较大进给量；若接通扩大螺距机构，选用米制螺纹传动路线，并使 $u_{倍}$=1/8，可获得 0.028～0.054mm/r 的八级用于高速精车的小进给量；而接通扩大螺距机构，采用英制螺纹传动路线，并适当调整增倍机构，可获得范围为 1.71～6.33mm/r 的十六级供强力切削或宽刃精车之用的加大进给量。

分析可知，当主轴箱及进给箱中的传动路线相同时，所得到的横向机动进给量级数与

纵向相同，且横向进给量 $f_{横}=1/2f_{纵}$。这是因为横向进给经常用于切槽或切断，容易产生振动，切削条件差，故使用较小进给量。

④ 刀架的快速移动是由装在溜板箱内的快速电动机（0.25kW，2800r/min）驱动的。按下快速移动按钮，启动快速电动机后，可由溜板箱中的双向离合器 M_8 和 M_9 控制其纵横双向快速移动。

刀架快速移动时，可不必脱开机动进给传动链，在齿轮 56 与轴XX之间装有超越离合器 M_6，可保证光杠和快速电动机同时传给轴XX运动而不相互干涉。

5.6.2　外圆表面的磨削加工

用磨具以较高的线速度对工件表面进行加工的方法称为磨削。磨削加工是一种多刀多刃的高速切削方法，它适用于零件精加工和硬表面的加工。

磨削的工艺范围很广，可以分为粗磨、精磨、细磨及镜面磨。各种磨削方案所能达到的经济加工精度和表面粗糙度如表 5-7 所示。

磨削加工采用的磨具（或磨料）具有颗粒小、硬度高、耐热性好等特点，可以加工较硬的金属材料和非金属材料，如淬硬钢、硬质合金刀具、陶瓷等。磨削加工过程中同时参与切削运动的颗粒多，能切除极薄极细的切屑，因而加工精度高，表面粗糙度小。磨削加工作为一种精加工方法，在生产中得到广泛应用。目前，由于强力磨削的发展，也可以直接将毛坯磨削到所需要的尺寸和精度，从而获得较高的生产效率。

1. 砂轮的特性与选择

砂轮是磨削加工中最主要的一类磨具。砂轮是在磨料中加入结合剂，经压坯、干燥和焙烧而制成的多孔体。由于磨料、结合剂及制造工艺等不同，砂轮的特性差别很大，因此对磨削的加工质量、生产效率和经济性有着重要影响。砂轮的特性主要是由磨料、粒度、结合剂、硬度、组织、形状和尺寸等因素决定的。

（1）磨料

磨料是砂轮的主要组成成分，它应具有很高的硬度、耐磨性、耐热性和一定的韧性，以承受磨削时的切削热和切削力，同时还应具备锋利的尖角，以利磨削金属。常用磨料的代号、特点及适用范围如表 5-10 所示。

表 5-10　常用磨料的代号、特性及适用范围

系别	名称	代号	主要成分及含量	显微硬度（HV）	颜色	特性	适用范围
氧化物系	棕刚玉	A	Al_2O_3，91%～96%	2200～2280	棕褐色	硬度高，韧性好，价格低廉	磨削碳钢、合金钢、可锻铸铁、硬青铜
	白刚玉	WA	Al_2O_3 97%～99%	2200～2300	白色	硬度高于棕刚玉，磨粒锋利，韧性差	磨削淬硬的碳钢、高速钢
碳化物系	黑碳化硅	C	SiC>95%	2840～3320	黑色带光泽	硬度高于刚玉，性脆而锋利，有良好的导热性和导电性	磨削铸铁、黄铜、铝及非金属
	绿碳化硅	GC	SiC>99%	3280～3400	绿色带光泽	硬度和脆性高于黑碳化硅，有良好的导热性和导电性	磨削硬质合金、宝石、陶瓷、光学玻璃、不锈钢

续表

系列	名称	代号	主要成分及含量	显微硬度（HV）	颜色	特性	适用范围
高硬磨料	立方氮化硼	CBN	立方氮化硼	8000～9000	黑色	硬度仅次于金刚石，耐磨性和导电性好，发热量小	磨削硬质合金、不锈钢、高合金钢等难加工材料
	人造金刚石	MBD	碳结晶体	10000	乳白色	硬度极高，韧性很差，价格昂贵	磨削硬质合金、宝石、陶瓷等高硬度材料

（2）粒度

粒度是指磨料颗粒尺寸的大小。粒度分为磨粒和微粉两类。颗粒尺寸大于 40μm 的磨料，称为磨粒。用筛选法分级，粒度号以磨粒通过的筛网上每英寸长度内的孔眼数表示。例如，60 号的磨粒表示其大小刚好能通过每英寸长度上有 60 孔眼的筛网。颗粒尺寸小于 40μm 的磨料，称为微粉。用显微测量法分级，用 W 和后面的数字表示粒度号，W 后的数值代表微粉的实际尺寸。例如，W20 表示微粉实际尺寸为 20μm。

砂轮的粒度对磨削表面的粗糙度和磨削效率影响很大。磨粒粗，磨削深度大，生产效率高，但表面粗糙度值大；反之，磨削深度均匀，表面粗糙度值小。所以粗磨时，一般选粗粒度，精磨时选细粒度。磨削软金属时，多选用粗磨粒；磨削硬而脆的材料时，选用较细的磨粒。磨料粒度的选用如表 5-11 所示。

表 5-11　磨料粒度的选用

粒度号	颗粒尺寸范围/μm	适用范围	粒度号	颗粒尺寸范围/μm	适用范围
12～36	2000～1600 500～400	粗磨、荒磨、切断钢坯、打磨毛刺	W40～W20	40～28 20～14	精磨、超精磨、螺纹磨、珩磨
46～80	400～315 200～160	粗磨、半精磨、精磨	W14～W10	14～10 10～7	精磨、精细磨、超精磨、镜面磨
100～280	165～125 50～40	精磨、成形磨、刀具刃磨、珩磨	W7～W3.5	7～5 3.5～2.5	超精磨、镜面磨、制作研磨剂等

（3）结合剂

结合剂是把磨粒黏结在一起组成磨具的材料。砂轮的强度、抗冲击性、耐热性及耐腐蚀性，主要取决于结合剂的种类和性质。常用结合剂的种类、性能及适用范围如表 5-12 所示。

表 5-12　常用结合剂的种类、性能及适用范围

种类	代号	性能	适用范围
陶瓷	V	耐热性、耐腐蚀性好，气孔率大、易保持轮廓、弹性差	应用最广，适用于 $v<35\text{m/s}$ 的各种成形磨削、磨齿轮、磨螺纹等
树脂	B	强度高、弹性大、耐冲击，坚固性和耐热性差、气孔率小	适用于 $v>50\text{m/s}$ 的高速磨削，可制成薄片砂轮，用于磨槽、切割等
橡胶	R	强度和弹性更高、气孔率小、耐热性差、磨粒易脱落	适用于无心磨的砂轮和导轮、开槽和切割的薄片砂轮、抛光砂轮等
金属	M	韧性和成型性好、强度大，自锐性差	可制造各种金刚石磨具

（4）硬度

砂轮硬度是指砂轮工作时，磨粒在外力作用下脱落的难易程度。砂轮硬，表示磨粒难以脱落；砂轮软，表示磨粒容易脱落。砂轮的硬度等级及代号如表 5-13 所示。

表 5-13　砂轮的硬度等级及代号

硬度等级	大级	超软			软			中软		中		中硬			硬		超硬
	小级	超软			软 1	软 2	软 3	中软 1	中软 2	中 1	中 2	中硬 1	中硬 2	中硬 3	硬 1	硬 2	超硬
代号		D	E	F	G	H	J	K	L	M	N	P	Q	R	S	T	Y

砂轮的硬度与磨料的硬度是两个完全不同的概念。硬度相同的磨料可以制成硬度不同的砂轮，砂轮的硬度主要决定于结合剂性质、数量和砂轮的制造工艺。例如，结合剂与磨粒黏固程度越高，砂轮硬度越高。

砂轮硬度的选用原则：工件材料硬，砂轮硬度应选用软一些，以便砂轮磨钝磨粒及时脱落，露出锋利的新磨粒继续正常磨削；工件材料软，因易于磨削，磨粒不易磨钝，砂轮应选硬一些。但对于有色金属、橡胶、树脂等软材料磨削时，由于切屑容易堵塞砂轮，应选用较软砂轮。粗磨时，应选用较软砂轮；而精磨、成形磨削时，应选用硬一些的砂轮，以保持砂轮必要的形状精度。机械加工中常用砂轮硬度等级为 H 至 N（软 2～中 2）。

（5）组织

砂轮的组织是指组成砂轮的磨粒、结合剂、气孔三部分体积的比例关系。通常以磨粒所占砂轮体积的百分比来分级。砂轮有三种组织状态：紧密、中等、疏松；细分成 0～14 号，共 15 级。组织号越小，磨粒所占比例越大，砂轮越紧密；反之，组织号越大，磨粒比例越小，砂轮越疏松，如表 5-14 所示。

表 5-14　砂轮组织分类

组织号	0	1	2	3	4	5	6	7	8	9	10	11	12	13	14
磨粒率/%	62	60	58	56	54	52	50	48	46	44	42	40	38	36	34
类别	紧密				中等				疏松						
应用	精磨、成形磨				淬火工件、刀具				韧性大和硬度低的金属						

（6）形状与尺寸

砂轮的形状和尺寸是根据磨床类型、加工方法及工件的加工要求确定的。常用砂轮名称、形状简图、代号和主要用途如表 5-15 所示。

表 5-15　常用砂轮名称、形状简图、代号和主要用途

砂轮名称	代号	形状简图	主要用途
平行砂轮	1	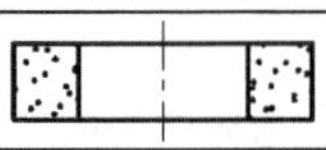	外圆磨、内圆磨、平面磨、无心磨、工具
薄片砂轮	41	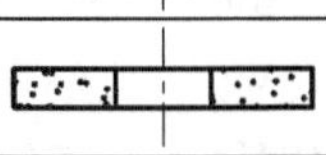	切断及切槽
筒形砂轮	2	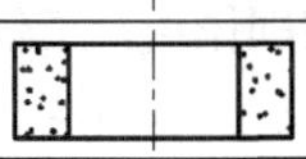	端磨平面

续表

砂轮名称	代号	形状简图	主要用途
碗形砂轮	11	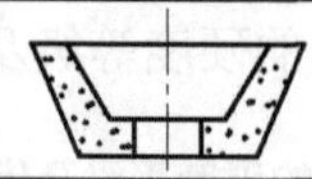	刃磨刀具、磨导轨
蝶形 1 号砂轮	12a	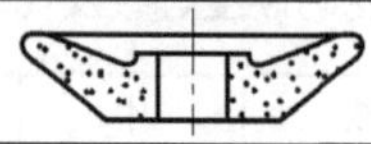	磨铣刀、铰刀、拉刀、磨齿轮
双斜边砂轮	4	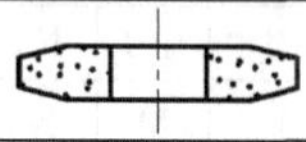	磨齿轮及螺纹
杯形砂轮	6	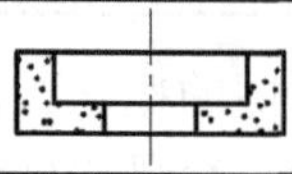	磨平面、内圆、刃磨刀具

砂轮的特性均标记在砂轮的侧面，其顺序为：形状代号、尺寸、磨料、粒度号、硬度、组织号、结合剂、线速度。例如，外径为 300mm，厚 50mm，孔径为 75mm，棕刚玉，粒度为 60，硬度为 L，5 号组织，陶瓷结合剂，最高工作线速度为 35 m/s 的平行砂轮，其标记为砂轮 1-300×50×75-A60L5V-35m/s　GB/T 2484—2018。

2．外圆磨床的磨削方法

外圆表面磨削一般在外圆磨床或无心外圆磨床上进行，也可采用砂带磨床磨削。在外圆磨床上磨削工件时，轴类零件常用顶尖装夹，其方法与车削时基本相同，但磨床所用顶尖不随工件一起转动。这样，主轴与轴承的制造误差、轴承间隙、顶尖的同轴度误差等就不会反映到工件上，可提高加工精度。盘套类工件则用心轴和顶尖装夹，所用心轴和车削心轴基本相同，只是形状和位置精度及表面粗糙度要求较严格。磨削短又无中心孔的轴类工件时，可用自定心卡盘或四爪单动卡盘装夹。

下面介绍在外圆磨床上常用的磨削方法，如图 5-38 所示。

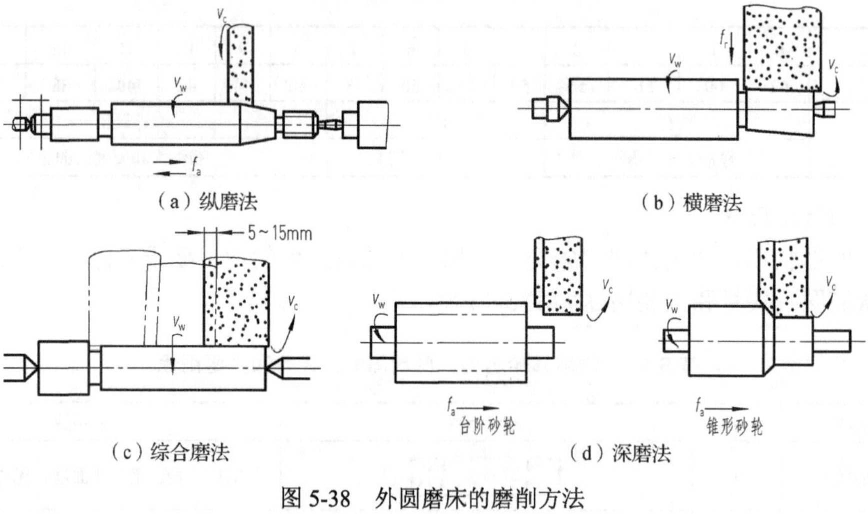

（a）纵磨法　（b）横磨法

（c）综合磨法　（d）深磨法

图 5-38　外圆磨床的磨削方法

（1）纵磨法

如图 5-38（a）所示，砂轮高速旋转起切削作用，工件旋转做圆周进给运动，并和工作台一起做纵向往复直线进给运动。工作台每往复一次，砂轮沿磨削深度方向完成一次横向进给，每次进给（吃刀量）都很小，全部磨削余量是在多次往复行程中完成的。当工件磨削接近最终尺寸时（尚有余量0.005～0.01mm），应无横向进给光磨多次，直到火花消失为止。纵磨法加工精度和表面质量较高，适应性强，用同一砂轮可磨削直径和长度不同的工件，但生产效率低，在单件、小批量生产及精磨中应用广泛，特别适用于磨削细长轴等刚性差的工件。

（2）横磨法（切入法）

如图5-38（b）所示，磨削时，工件不做纵向往复运动，砂轮以缓慢的速度连续或间断地做横向进给运动，直到磨去全部余量。横磨时，工件与砂轮的接触面积大，磨削力大，发热量大且集中，所以易发生工件变形、烧刀和退火。横磨法生产效率高，适用于成批或大量生产，磨削长度短、刚性好、精度低的外圆表面及两侧都有台肩的轴颈。若将砂轮修整成形，则可直接磨削成形面。

（3）综合磨法

如图5-38（c）所示，先用横磨法将工件分段进行粗磨，相邻之间有5～15mm的搭接，每段上留有0.01～0.03mm的精磨余量，精磨时采用纵磨法。这种磨削方法综合了纵磨和横磨法的优点，适用于磨削余量较大（0.6～0.7mm）的工件。

（4）深磨法

如图5-38（d）所示，磨削时，采用较小的纵向进给量（1～2mm/r）和较大的吃刀量（0.2～0.6mm）在一次走刀中磨去全部余量。为避免切削载荷集中和砂轮外圆棱角迅速磨钝，应将砂轮修整成锥形或台阶形，外径小的台阶起粗磨作用，可修粗些；外径大的起精磨作用，可修细些。深磨法可获得较高精度和生产效率，表面粗糙度较小，适用于大批量生产中加工刚性好的短轴。

3．无心外圆磨床的磨削方法

在无心磨床磨削工件外圆时，工件不用顶尖来定心和支承，而是直接将工件放在砂轮和导轮（用橡胶结合剂做的粒度较粗的砂轮）之间，由托板支承，工件被磨削的外圆面作定位面，如图5-39（a）所示。无心外圆磨床有贯穿磨削法［图5-39（b）］和切入磨削法［图5-39（c）］两种磨削方式。

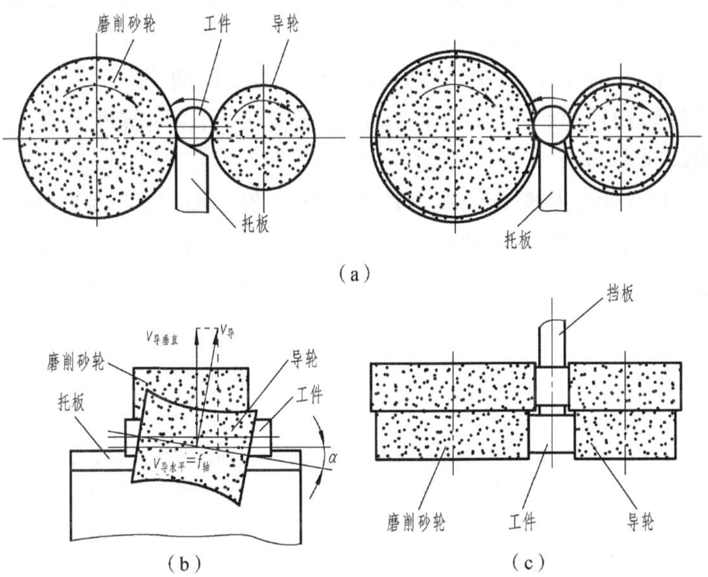

图5-39　无心外圆磨削的加工示意图

（1）贯穿磨削法（纵磨法）

如图 5-39（b）所示，磨削时将工件从机床前面放到托板上，推入磨削区，由于导轮轴线在垂直平面内为倾斜状态（倾斜角 $\alpha=1°\sim6°$），导轮与工件接触处的线速度 $v_{导}$ 可以分解成水平和垂直两个方向的分速度 $v_{导水平}$ 和 $v_{导垂直}$，$v_{导垂直}$ 控制工件的圆周进给运动；$v_{导水平}$ 使工件做纵向进给。所以工件进入磨削区后，既做旋转运动，又做轴向移动，穿过磨削区，工件就磨削完毕。α 增大时，生产效率高，但表面粗糙度值增大；反之，情况相反。为保证导轮与工件呈线接触状态，须将导轮形状修整成回转双曲面形。这种磨削方法不适用于带台阶的圆柱形工件。

（2）切入磨削法（横磨法）

先将工件放在托板和导轮之间，然后由工件（连同导轮）或磨削砂轮横向切入进给，磨削工件表面。这时导轮的中心线仅倾斜很小角度（约 30′），以便对工件产生一微小的轴向推力，使它靠住挡板，得到可靠轴向定位，如图 5-39（c）所示。切入磨削法适用于磨削有阶梯或成形回转表面的工件，但磨削表面长度不能大于磨削砂轮宽度。

在磨床上磨削外圆表面时，应采用充足的切削液，一般磨钢件多用苏打水或乳化液；铝件加少量矿物煤油；铸铁、青铜件一般不用切削液，而用吸尘器清除尘屑。

4．M1432A 型万能外圆磨床

M1432A 型万能外圆磨床主要用于磨削内外圆柱面、内外圆锥面、阶梯轴轴肩及端面、简单的成形回转表面等。它属于普通精度级机床，磨削精度可达 IT7～IT6，表面粗糙度 *Ra* 为 1.25～0.08μm。这种机床万能性强，但自动化程度较低，磨削效率不高，适用于工具车间，维修车间和单件、小批量生产。其主参数最大磨削直径为 320mm。

图 5-40 所示为 M1432A 型万能外圆磨床外形图。由图 5-40 可见，在床身 1 的纵向导轨上装有工作台，台面上装有头架 2 和尾架 5，用以夹持不同长度的工件，头架带动工件旋转。工作台由液压传动沿床身导轨往复移动，使工件实现纵向进给运动。工作台由上、下两层组成，其上部可相对下部在水平面内偏转一定的角度（一般不大于±10°），以便磨削锥度不大的圆锥面。砂轮架 4 安装在床鞍 6 上，转动横向进给手轮，通过横向进给机构带动床鞍及砂轮架做快速进退或周期性自动切入进给运动。内圆磨具 3 放下时用以磨削内圆（图示处于抬起状态）。

图 5-41 所示为万能外圆磨床的典型加工方法。图 5-41（a）为纵磨法磨削外圆柱面，图 5-41（b）为扳转工作台用纵磨法磨削长圆锥面，图 5-41（c）为扳动砂轮架用切入法磨削短圆锥面，图 5-41（d）为扳动头架用纵磨法磨削圆锥面，图 5-41（e）为用内圆磨具磨削圆柱孔。

分析 M1432A 型万能外圆磨床的典型加工方法可知，机床必须具备的运动：外圆磨和内圆磨砂轮的旋转主运动；工件圆周进给运动；工件（工作台）往复纵向进给运动；砂轮横向进给运动。此外，机床还应有两个辅助运动，即砂轮横向快速进退和尾架套筒缩回，以便装卸工件。

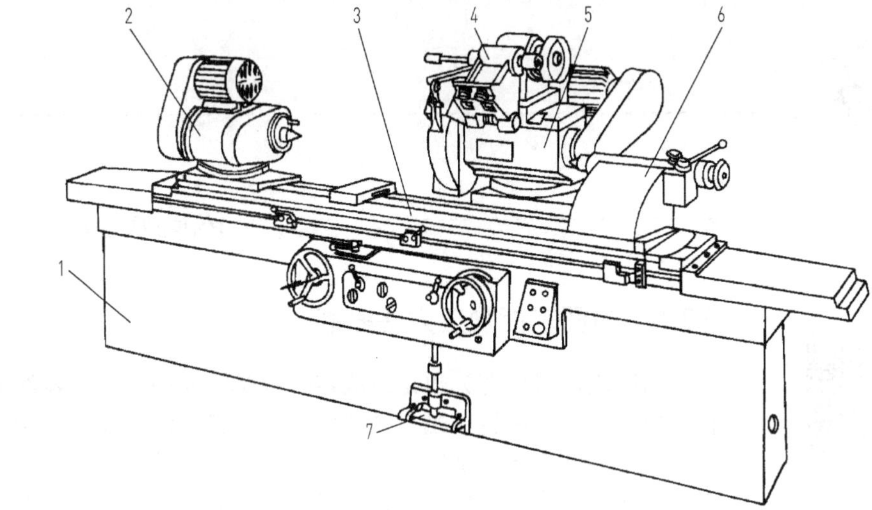

1—床身；2—头架；3—内圆磨具；4—砂轮架；5—尾架；6—床鞍；7—脚踏操纵板。

图 5-40 M1432A 型万能外圆磨床外形图

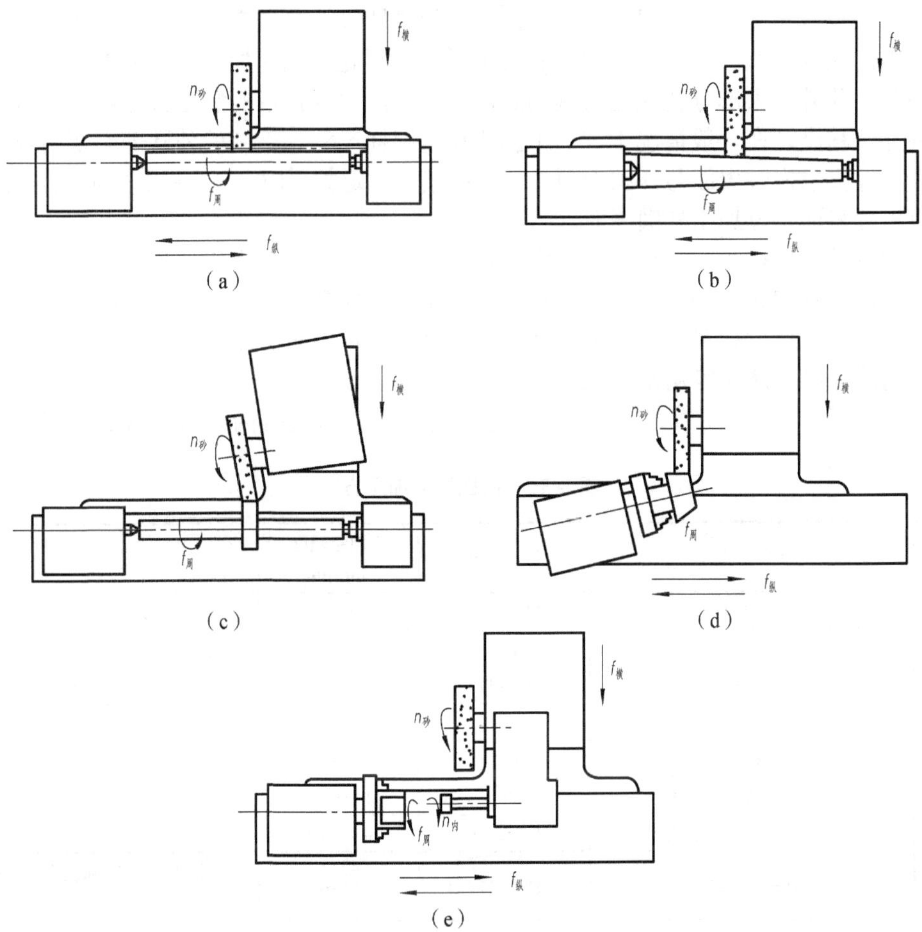

图 5-41 万能外圆磨床的典型加工方法

5.7 内圆表面加工

5.7.1 内圆表面加工方法概述

微课：内圆表面加工（1）

内圆表面（内孔）也是组成零件的基本表面之一。零件上有多种多样的孔，如螺钉、螺栓的紧固孔，套筒、法兰盘及齿轮等回转体零件上的孔，箱体类零件上的主轴及传动轴的轴承孔，炮筒、空心轴内的深孔［一般l/d（孔深/直径）≥10］，以及常用于保证零件间配合准确性的圆锥孔等。

与外圆表面的加工相比，内圆表面的加工条件差，因为孔加工刀具或磨具的尺寸（直径、长度）受被加工孔本身尺寸的限制，刀具的刚性差，容易产生弯曲变形及振动；在切削过程中，孔内排屑、散热、冷却、润滑条件差。因此，孔的加工精度和表面粗糙度都不容易控制。此外，大部分孔加工刀具为定尺寸刀具，刀具直径的制造误差和磨损将直接影响孔的加工精度。在一般情况下，加工孔比加工同样尺寸、精度的外圆表面要困难一些。当一个零件要求内圆表面与外圆表面必须保持某种确定关系时，一般总是先加工内圆表面，然后以内圆表面定位加工外圆表面。

内圆表面可以在车床、钻床、镗床、拉床、磨床上进行。常用的加工方法有钻孔、扩孔、铰孔、镗孔、拉孔和磨孔等。选择加工方法时，应考虑孔径大小、深度、精度、工件形状、尺寸、质量、材料、生产批量及设备等具体条件。对于精度要求较高的孔，最后还须经珩磨或研磨及滚压等精密加工。

内圆表面的各种加工方案及其所达到的经济加工精度和表面粗糙度如表5-16所示。

表5-16　内圆表面加工方案

序号	加工方案	经济精度	表面粗糙度 Ra /μm	适用范围
1	钻	IT12～IT11	12.5	加工未淬火钢及铸铁实心毛坯，也可加工有色金属（但表面粗糙度稍粗糙，孔径小于15～20mm）
2	钻—铰	IT9	3.2～1.6	
3	钻—铰—精铰	IT8～IT7	1.6～0.8	
4	钻—扩	IT11～IT10	12.5～6.3	加工未淬火钢及铸铁实心毛坯，也可加工有色金属（但表面粗糙度稍粗糙，孔径大于15～20mm）
5	钻—扩—铰	IT9～IT8	3.2～1.6	
6	钻—扩—粗铰—精铰	IT7	1.6～0.8	
7	钻—扩—机铰—手铰	IT7～IT6	0.4～0.1	
8	钻—扩—拉	IT9～IT7	1.6～0.1	大批大量生产（精度由拉刀精度决定）
9	粗镗（或扩孔）	IT12～IT11	12.5～6.3	除淬火钢外的各种材料，毛坯有铸出孔或锻出孔
10	粗镗（粗扩）—半精镗（精扩）	IT9～IT8	3.2～1.6	

续表

序号	加工方案	经济精度	表面粗糙度 Ra /μm	适用范围
11	粗镗（扩）—半精镗（精扩）—精镗（铰）	IT8～IT7	1.6～0.8	除淬火钢外的各种材料，毛坯有铸出孔或锻出孔
12	粗镗（扩）—半精镗（精扩）—精镗—浮动镗刀精镗	IT7～IT6	0.8～0.4	
13	粗镗（扩）—半精镗—磨孔	IT8～IT7	0.8～0.2	主要用于淬火钢，也可用于未淬火钢，但不宜用于有色金属
14	粗镗（扩）—半精镗—粗磨—精磨	IT7～IT6	0.2～0.1	
15	粗镗—半精镗—精镗—金刚镗	IT7～IT6	0.4～0.05	主要用于精度要求高的有色金属
16	钻—（扩）—粗铰—精铰—珩磨；钻—（扩）—拉—珩磨；粗镗—半精镗—精镗—珩磨	IT7～IT6	0.2～0.025	精度要求很高的孔
17	以研磨代替上述方案中的珩磨	IT6 及以上		

5.7.2　钻削加工

用钻头在实体材料上加工孔的方法称为钻孔；用扩孔钻对已有孔进行扩大再加工的方法称为扩孔。它们统称为钻削加工。钻削加工主要在钻床上进行。钻削加工操作简便，适用性强，应用广泛。

1．钻孔

钻孔最常用的刀具是麻花钻，用麻花钻钻孔的尺寸精度为 IT13～IT11，表面粗糙度 Ra 为 50～12.5μm，属于粗加工。钻孔主要用于质量要求不高的孔的终加工，如螺栓孔、油孔等，也可作为质量要求较高孔的预加工。

麻花钻由工具厂专业生产，其常备规格为 ϕ0.1～ϕ80 mm。麻花钻的结构主要由柄部、颈部及工作部分组成，如图 5-42 所示。

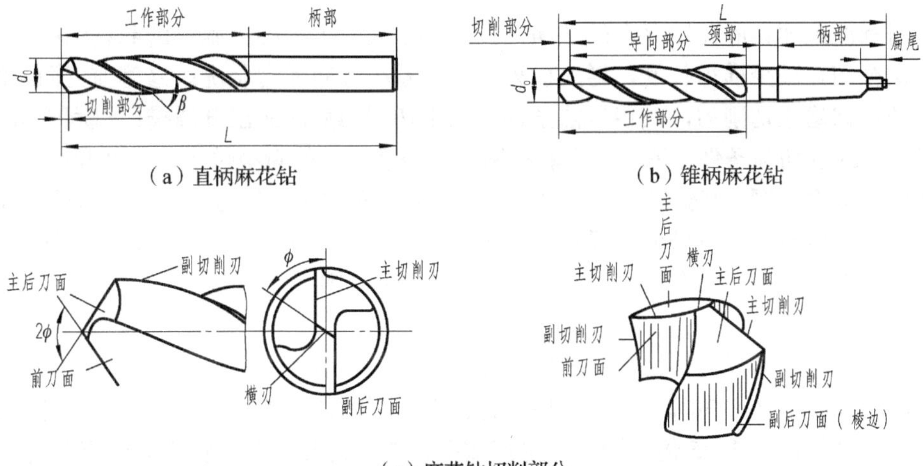

（a）直柄麻花钻　（b）锥柄麻花钻

（c）麻花钻切削部分

图 5-42　麻花钻的结构

柄部是钻头的夹持部分，用以传递转矩和进给力。柄部有直柄和锥柄两种形式，钻头直径小于 12mm 时制成直柄，如图 5-42（a）所示；钻头直径大于 12mm 时制成莫氏锥度的圆锥柄，如图 5-42（b）所示。锥柄后端的扁尾可插入钻床主轴的长方孔中，以传递较大的转矩。

颈部是柄部和工作部分的连接部分，是磨削柄部时砂轮的退刀槽，也是打印商标和钻头规格的地方。直柄钻头一般不制有颈部。

钻头的工作部分包括切削部分和导向部分。切削部分担负主要切削工作，如图 5-42（c）所示，切削部分由两条主切削刃、两条副切削刃和一条横刃及两个前刀面和两个后刀面组成。螺旋槽的一部分为前刀面，钻头的顶锥面为主后刀面。导向部分的作用是当切削部分切入工件后起导向作用，也是切削部分的后备部分。导向部分有两条螺旋槽和两条棱边，螺旋槽起排屑和输送切削液作用，棱边起导向、修光孔壁作用。导向部分有微小的倒锥度，即从切削部分向柄部每 100mm 长度上钻头直径 d_o 减少 0.03～0.12mm，以减小与孔壁的摩擦。

麻花钻的主要几何角度有顶角 2ϕ 、螺旋角 β 、前角 γ_o、后角 α_o 和横刃斜角 ψ 等。这些几何角度对钻削加工的性能、切削力大小、排屑情况等都有直接影响，使用时要根据不同加工材料和切削要求来选取。

麻花钻虽然是孔加工的主要刀具，长期以来一直被广泛使用，但是由于麻花钻在结构上存在比较严重的缺陷，致使钻孔的质量和生产效率受到很大影响，这主要表现在如下方面。①钻头主切削刃上各点的前角变化很大，钻孔时，外缘处的切削速度最大，而该处的前角最大，切削刃强度最薄弱，因此钻头在外缘处的磨损特别严重。②钻头横刃较长，横刃及其附近的前角为负值，为$-55°$～$-60°$。钻孔时，横刃处于挤刮状态，轴向抗力较大。同时横刃过长，不利于钻头定心，易产生引偏，致使加工孔的孔径增大、孔不圆或孔的轴线歪斜等。③钻削加工过程是半封闭状态。钻孔时，主切削刃全长同时参加切削，切削刃长，切屑宽，而各点切屑的流出方向和速度各异，切屑呈螺卷状，而容屑槽又受钻头本身尺寸的限制，因而排屑困难，切削液也不易注入切削区域，冷却和散热不良，大大降低了钻头的使用寿命。

针对标准高速钢麻花钻存在的缺陷，在实践中采取了多种措施修磨麻花钻的结构。例如，修磨横刃，减少横刃长度，增大横刃前角，减小轴向受力状况；修磨前刀面，增大钻心处前角；修磨主切削刃，改善散热条件；在主切削刃后面磨出分屑槽，以利于排屑和切削液注入，改善切削条件；等等。用麻花钻综合修磨而成的新型钻头，即“群钻”，适于钻削碳素钢和低合金钢。其修磨主要特征如下：①将横刃磨短、磨低，改善横刃处切削条件。②将靠近钻心附近主刃修磨成一段顶角较大的内直刃和一段圆弧刃，以增大该段切削刃前角。同时，对称的圆弧刃在钻削过程中起定心及分屑作用。③在外直刃上磨出分屑槽，改善断屑、排屑情况。

经过综合修磨而成的群钻，切削性能显著改善。钻削进给力比标准麻花钻降低 35%～50%，转矩降低 10%～30%，切削轻快省力；改善了散热、断屑及冷却润滑条件，耐用度比标准麻花钻提高了 3～5 倍；同时，生产效率、加工精度、表面质量都有所提高。

2．钻深孔

对于孔的深度与直径之比 l/d =5～10 的普通深孔，可以用加长麻花钻加工；对于孔的深度与直径之比 l/d >5～10 的深孔，必须采用特殊结构的深孔钻才能加工。

深孔加工难度大，技术要求高，这是由深孔的特点决定的。因此，设计和使用深孔钻时应注意钻头的导向，防止偏斜；保证可靠的断屑和排屑；采取有效的冷却和润滑措施。下面介绍几种常见深孔钻的工作原理与结构特点。

（1）单刃外排屑深孔钻

单刃外排屑深孔钻又称枪钻，主要用于加工直径 $d = 3 \sim 20$mm，孔深与直径之比 $l/d > 100$ 的小深孔，其工作原理如图 5-43 所示。切削时高压切削液（压力为 3.5～10MPa）从钻杆和切削部分的进液孔注入切削区域，以冷却、润滑钻头，切屑经钻杆与切削部分的 V 形槽冲出，因此称为外排屑。

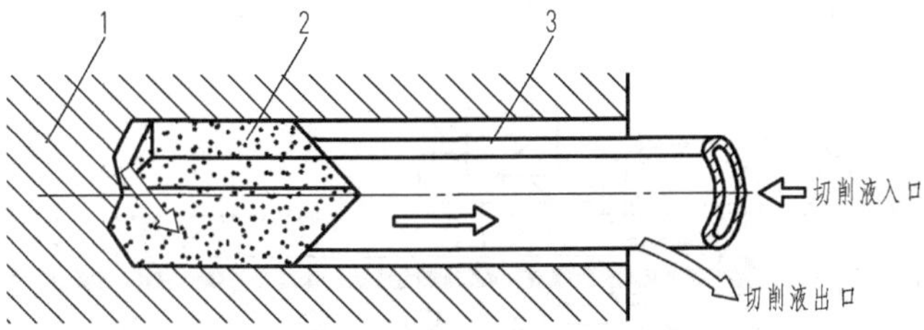

1—工件；2—切削部分；3—钻杆。

图 5-43　单刃外排屑深孔钻工作原理

枪钻的特点是结构较简单，钻头背部圆弧支承面在切削过程中起导向定位作用，切削稳定，孔的加工直线性好。

（2）错齿内排屑深孔钻

错齿内排屑深孔钻适于加工直径 $d > 20$mm，孔深与直径比 $l/d < 100$ 的直径较大的深孔，其工作原理如图 5-44 所示。切削时高压切削液（2～6MPa）由工件孔壁与钻杆的表面之间的间隙进入切削区，以冷却、润滑钻头切削部分，并利用高压切削液把切屑从钻头和钻管的内孔中冲出。

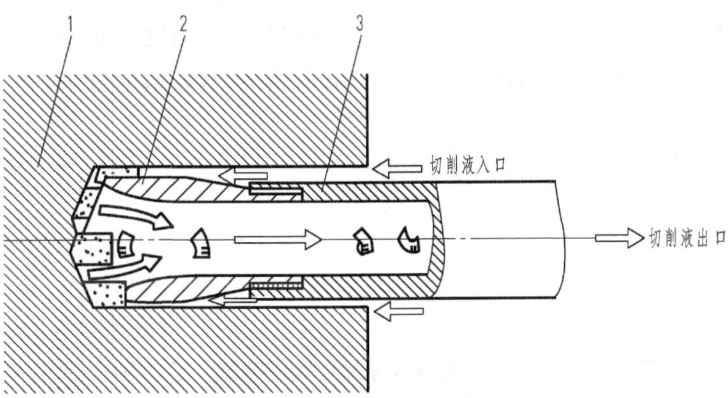

1—工件；2—钻头；3—钻杆。

图 5-44　错齿内排屑深孔钻工作原理

错齿内排屑深孔钻的切削部分由数块硬质合金刀片交错排列焊接在钻体上，实现了分屑，便于切屑排出；切屑是从钻杆内部排出而不与工件已加工表面接触，所以可获得好的加工表面质量；分布在钻头前端的硬质合金导向条，使钻头支承在孔壁上，实现了切削过程中的导向，增加了切削过程的稳定性。

（3）喷吸钻

喷吸钻适用于加工直径 $d=16\sim65$mm，孔深与直径比 $l/d<100$ 的中等直径一般深孔。喷吸钻主要由钻头、内钻管、外钻管三部分组成，钻头部分的结构与错齿内排屑深孔钻的基本相同，其工作原理如图 5-45 所示。工作时，切削液以一定的压力（一般为 0.98～1.96MPa）从内外钻管之间输入，其中 2/3 的切削液通过钻头上的小孔压向切削区，对钻头切削部分及导向部分进行冷却与润滑；另外，1/3 的切削液则通过内钻管上月牙形槽喷嘴喷入内钻管，由于月牙形槽缝隙很窄，喷入的切削液流速增大而形成一个低压区，切削区的高压与内钻管内的低压形成压力差，使切削液和切屑一起被迅速"吸"出，提高了冷却和排屑效果，所以喷吸钻是一种效率高、加工质量好的内排屑深孔钻。

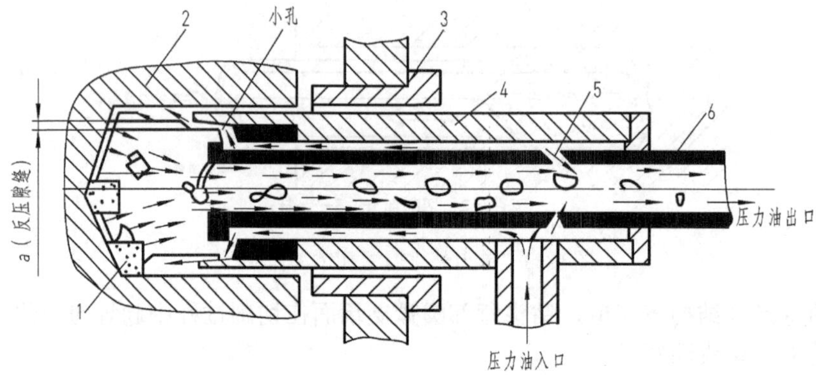

1—钻头；2—工件；3—钻套；4—外钻管；5—月牙形槽喷嘴；6—钻管。

图 5-45 喷吸钻工作原理

3．扩孔

扩孔是用扩孔钻对工件上已钻出、铸出或锻出的孔进行扩大加工。扩孔可在一定程度上校正原孔轴线的偏斜，扩孔的精度可达 IT10～IT9，表面粗糙度 Ra 为 3.2～6.3μm，属于半精加工。扩孔常用作铰孔前的预加工，对于质量要求不高的孔，扩孔也可作孔加工的最终工序。

扩孔用的扩孔钻结构型式分为带柄和套式两类，如图 5-46 所示。带柄的扩孔钻由工作部分及柄部组成，套式扩孔钻由工作部分及 1∶30 锥孔组成。

扩孔钻与麻花钻相比，容屑槽浅窄，可在刀体上做出 3～4 个切削刃，可以提高生产效率。同时，切削刃增多了，棱带也会增多，从而使扩孔钻的导向作用增强，故切削较稳定。此外，扩孔钻没有横刃，钻芯粗大，进给力小，刚性较好，可采用较大的进给量。

选用扩孔钻时应根据被加工孔及机床夹持部分的型式，选用相应直径及型式的扩孔钻。通常直柄扩孔钻适用范围为 $d=3\sim20$mm；锥柄扩孔钻适用范围为 $d=7.5\sim50$mm；套式扩孔钻主要用于大直径及较深孔的扩孔加工，其适用范围为 $d=20\sim100$mm。扩孔余量一般为 0.5～4mm（直径）。

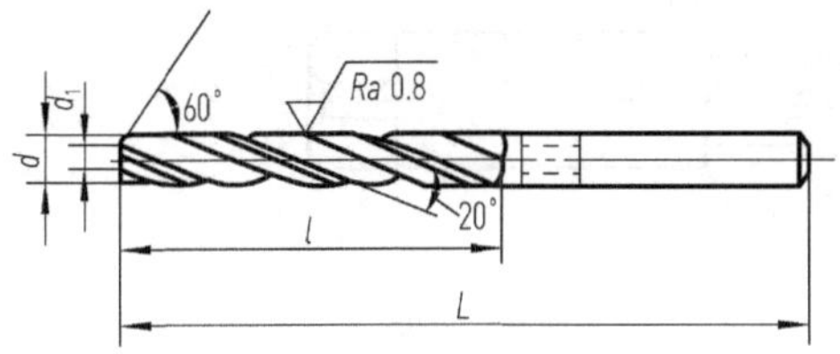

（a）直柄式

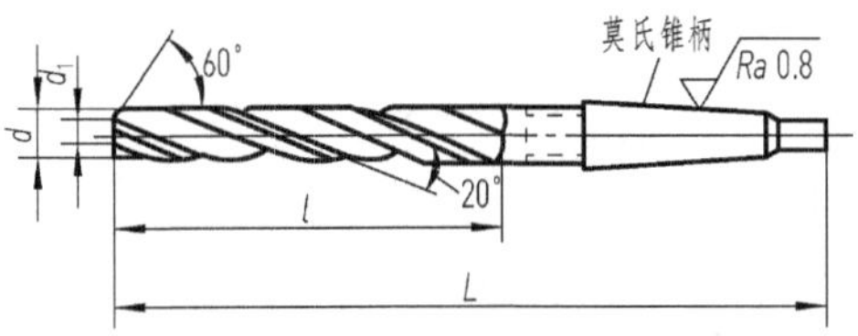

（b）锥柄式

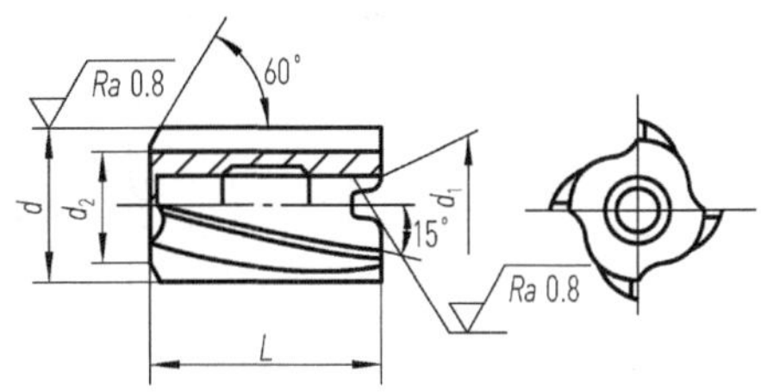

（c）套式

图 5-46　扩孔钻类型

4．铰孔

用铰刀从被加工孔的孔壁上切除微量金属，使孔的精度和表面质量得到提高的加工方法，称为铰孔。铰孔是应用较普遍的对中小直径孔进行精加工的方法之一，它是在扩孔或半精镗孔的基础上进行的。根据铰刀的结构不同，铰孔可以加工圆柱孔、圆锥孔；可以手工操作，也可以在机床上进行。铰孔后孔的精度可达 IT9～IT7，表面粗糙度 *Ra* 为 1.6～0.4μm。

铰刀的结构如图 5-47 所示，由柄部、颈部和工作部分组成。工作部分包括切削部分和修光部分（标准部分）。切削部分为锥形，担负主要切削工作。修光部分起校正孔径、修光孔壁和导向作用。为减小修光部分刀齿与已加工孔壁的摩擦，并防止孔径扩大，修光部分的后端为倒锥形状。

铰刀可分为手用铰刀和机用铰刀两种。手用铰刀为直柄，如图 5-47（a）所示，其工作部分较长，导向性好，可防止铰孔时铰刀歪斜。机用铰刀又分为直柄、锥柄和套式三种，分别如图 5-47（b）、图 5-47（c）所示。

选用铰刀时，应根据被加工孔的特点及铰刀的特点正确选用。一般手用铰刀用于小批量生产或修配工作，以及对未淬硬孔进行手工操作的精加工。手用铰刀适用范围为 $d=1～71$mm。

机用铰刀适于在车床、钻床、数控机床上使用，主要对钢、合金钢、铸铁、铜、铝等工件的孔进行半精加工和精加工。一般机用铰刀的适用范围为 $d=50～150$mm，套式机用铰刀适于较大孔径的加工，其范围为 $d=23.6～100$mm。

另外，铰刀分为三个精度等级，分别用于不同精度孔（H7、H8、H9）的加工。在选用时，应根据被加工孔的直径、精度和机床夹持部分的型式来选用相应的铰刀。

铰孔生产效率高，容易保证孔的精度和表面粗糙度，但铰刀是定值刀具，一种规格的铰刀只能加工一种尺寸和精度的孔，且不宜铰削非标准孔、台阶孔和盲孔。对于中等尺寸以下较精密的孔，钻—扩—铰是生产中经常采用的典型工艺方案。

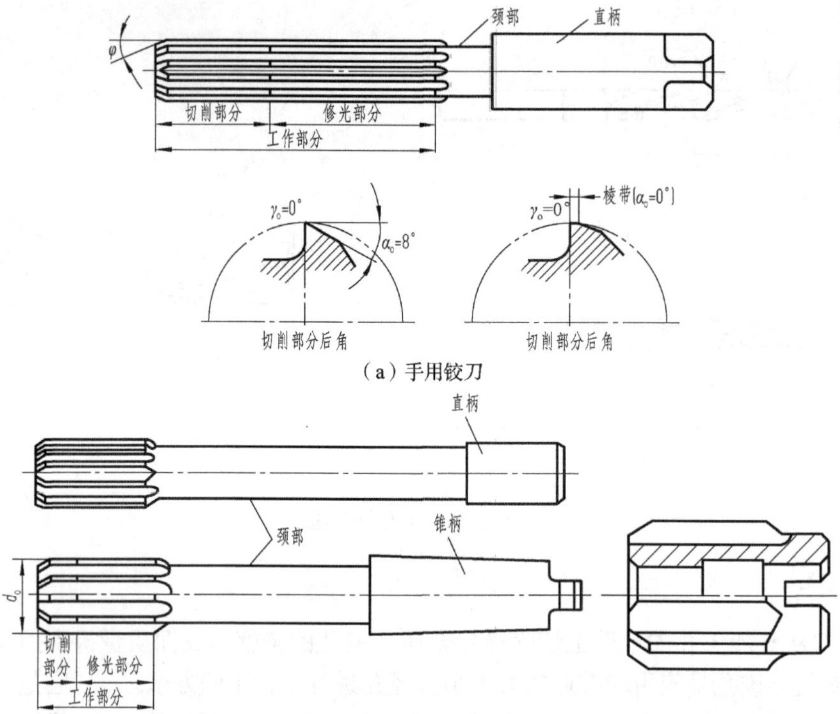

（a）手用铰刀

（b）直柄、锥柄机用铰刀　　（c）套式机用铰刀

图 5-47　铰刀的结构

5．钻床

钻床主要是用钻头钻削直径不大、精度要求较低的孔，此外，还可以进行扩孔、铰孔、攻螺纹等加工。加工时，工件固定不动，刀具旋转形成主运动，同时沿轴向移动完成进给运动。钻床的应用广泛，其主要加工方法如图 5-48 所示。

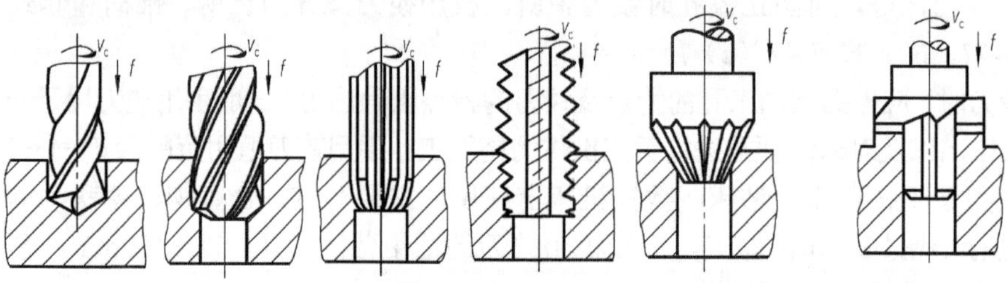

（a）钻孔　（b）扩孔　（c）铰孔　（d）攻螺纹　（e）锪孔　（f）锪平面（孔的端面）

图 5-48　钻床的加工方法

钻床的主要类型有立式钻床和摇臂钻床等。

（1）立式钻床

立式钻床是应用较广的一种机床，其主参数是最大钻孔直径，常用的有 25mm、35mm、40mm、50mm 等。

立式钻床的特点是主轴轴线垂直布置，而且位置是固定的。加工时，为使刀具旋转中心线与被加工孔的中心线重合，必须移动工件，因此立式钻床只适用于加工中小工件上直径 $d \leqslant 50$mm 的孔。

图 5-49 所示为立式钻床的外形图。变速箱中装有主运动变速传动机构，进给箱中装有进给运动变速机构及操纵机构。加工时，进给箱固定不动，转动操纵手柄，由主轴随主轴套筒在进给箱中做直线移动来完成进给运动。工作台和进给箱都装在立柱的垂直导轨上，并可上下调整位置，以便加工不同高度的工件。

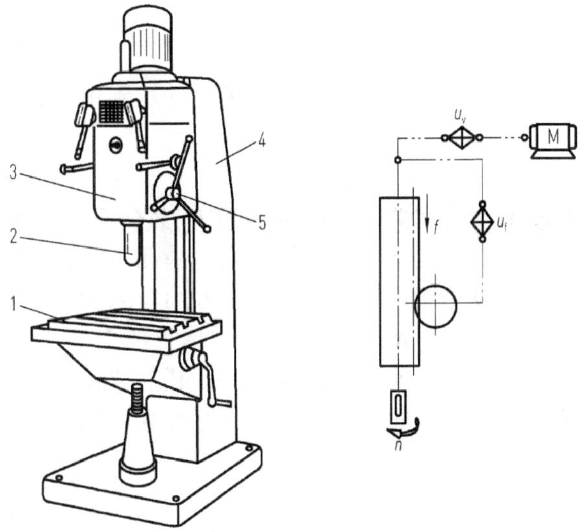

1—工作台；2—主轴；3—进给箱；4—立柱；5—操纵手柄。

（a）立式钻床外形　　（b）立式钻床传动原理

图 5-49　立式钻床的外形图

（2）摇臂钻床

摇臂钻床广泛用于大中型零件上直径 $d \leqslant 80$mm 孔的加工，其外形如图 5-50 所示。主轴箱可以在摇臂上水平移动，摇臂既可绕立柱转动，又可沿立柱垂直升降。加工工件时，工件在工作台或机座上安装固定，通过调整摇臂和主轴箱的位置，使主轴中心线与被加工孔的中心线重合。

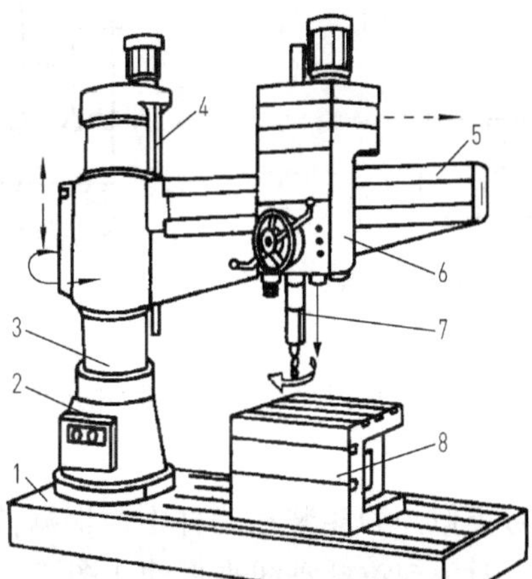

1—底座；2—外立柱；3—内立柱；4—升降丝杆；5—摇臂；6—主轴箱；7—主轴；8—工作台。

图 5-50　摇臂钻床的外形图

（3）其他钻床

台钻是一种加工小型工件上孔径 $d = 0.1 \sim 13\text{mm}$ 的立式钻床；多轴钻床可同时加工工件上的很多孔，生产效率高，广泛用于大批量生产；中心孔钻床用来加工轴类零件两端面上的中心孔；深孔钻床用于加工孔深与直径比 $l/d > 5$ 的深孔。

5.7.3 镗削加工

镗孔是用镗刀在已加工孔的工件上，使孔径扩大并达到精度和表面粗糙度要求的加工方法。

镗孔是常用的加工孔的方法，其加工范围广泛。一般镗孔的精度可达 IT8～IT7，表面粗糙度 Ra 可达 1.6～0.8μm；精细镗时，精度可达 IT7～IT6，表面粗糙度 Ra 为 0.8～0.1μm。根据工件的尺寸形状、技术要求及生产批量的不同，镗孔可以在镗床、车床、铣床、数控机床和组合机床上进行。一般回旋体零件上的孔，多用车床加工；而箱体类零件上的孔或孔系（要求相互平行或垂直的若干孔），则可以在镗床上加工。

镗孔不但能校正原有孔的轴线偏斜，而且能保证孔的位置精度，因而镗削加工适用于加工机座、箱体、支架等外形复杂的大型零件上尺寸较大、尺寸精度要求较高、有位置要求的孔和孔系。

微课：内圆表面加工（2）

1．镗刀

镗刀有多种类型，按其切削刃数量可分为单刃镗刀、双刃镗刀和多刃镗刀；按其加工表面可分为通孔镗刀、盲孔镗刀、阶梯孔镗刀和端面镗刀；按其结构可分为整体式、装配式和可调式。图 5-51 所示为单刃镗刀和多刃镗刀的结构。

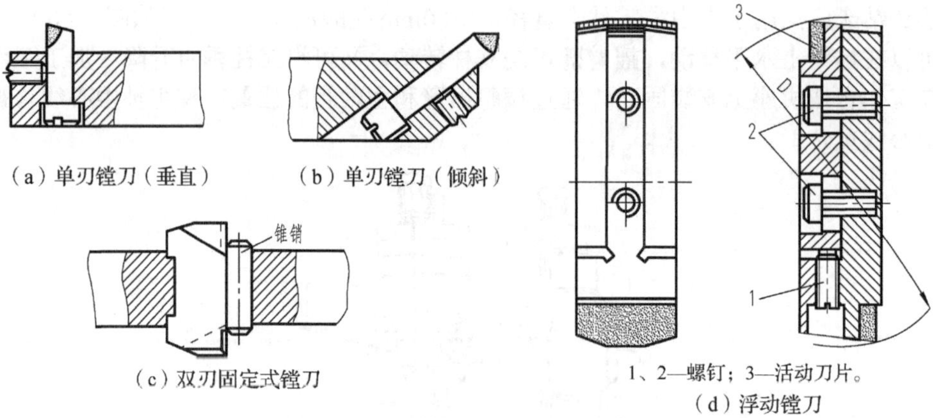

（a）单刃镗刀（垂直）

（b）单刃镗刀（倾斜）

（c）双刃固定式镗刀

1、2—螺钉；3—活动刀片。

（d）浮动镗刀

图 5-51　单刃镗刀和多刃镗刀的结构

（1）单刃镗刀

单刃镗刀刀头结构与车刀类似，刀头装在刀杆中，根据被加工孔的大小，通过手工操纵，用螺钉固定刀头的位置。刀头与镗杆轴线垂直的［图 5-51（a）］可镗通孔，倾斜安装的［图 5-51（b）］可镗盲孔。

单刃镗刀结构简单，可以校正原有孔轴线偏斜和小的位置偏差，适用性较广，可用来进行粗加工、半精加工或精加工。但是，所镗孔径尺寸的大小要靠人工调整刀头的悬伸长度来保证，较为麻烦，加之仅有一个主切削刃参加切削，生产效率较低，多用于单件小批量生产。

（2）双刃镗刀

双刃镗刀有两个对称的切削刃，切削时背向力可以相互抵消，工件孔径尺寸和精度由镗刀径向尺寸保证。

图 5-51（c）所示为双刃固定式镗刀。工作时，镗刀块可通过斜楔、锥销或螺钉装夹在镗杆上，镗刀块相对于轴线的位置偏差会造成孔径误差。固定式双刃镗刀是定尺寸刀具，适用于粗镗或半精镗直径较大的孔。

图 5-51（d）所示为浮动镗刀。调节时，先松开螺钉 2，转动螺钉 1，改变活动刀片 3 的径向位置至两切削刃之间尺寸等于所要加工孔径尺寸，最后拧紧螺钉 2。工作时，镗刀块在镗杆的径向槽中不紧固，能在径向自由滑动，镗刀块在切削力的作用下保持平衡对中，可以减少镗刀块安装误差及镗杆径向圆跳动所引起的加工误差，从而获得较高的加工精度。但它不能校正原有孔轴线偏斜或位置误差，其使用应在单刃镗之后进行。浮动镗削适于精加工批量较大、孔径较大的孔。

2．镗床

镗床主要用于加工尺寸较大且精度要求较高的孔，特别是分布在不同表面上、孔距和位置精度要求很严格的孔系，如箱体、汽车发动机缸体等零件上的孔系加工。镗床工作时，由刀具做旋转主运动，进给运动则根据机床类型和加工条件的不同，或者由刀具完成，或者由工件完成。镗床主要类型有卧式镗床、坐标镗床等。

（1）卧式镗床

卧式镗床的外形如图 5-52 所示，它主要由床身 10、主轴箱 8、工作台 3、平旋盘 5、前立柱 7、后立柱 2 等组成。主轴箱中装有镗轴 6、平旋盘 5 及主运动和进给运动的变速、操纵机构。加工时，镗轴 6 带动镗刀旋转形成主运动，并可沿其轴线移动实现轴向进给运动；平旋盘 5 只做旋转运动，装在平旋盘端面燕尾导轨中的径向刀架 4 除随平旋盘一起旋转外，还可带动刀具沿燕尾导轨做径向进给运动；主轴箱 8 可沿前立柱 7 的垂直导轨做上下移动，以实现垂直进给运动。工件装夹在工作台 3 上，工作台下面装有下滑座 11 和上滑座 12，下滑座可沿床身 10 的水平导轨做纵向移动，实现纵向进给运动；工作台还可在上滑座的环形导轨上绕垂直轴回转，进行转位；上滑座沿下滑座的导轨做横向移动，实现横向进给，再利用主轴箱上、下位置调节，可使工件在一次装夹中对工件上相互平行或成一定角度的平面或孔进行加工。后立柱 2 可沿床身导轨做纵向移动，支架 1 可在后立柱垂直导轨上进行上下移动，用以支承悬伸较长的镗杆，以增加其刚性。

综上所述，卧式镗床的主运动有镗轴和平旋盘的旋转运动（二者是独立的，分别由不同的传动机构驱动）；进给运动有镗轴的轴向进给运动，平旋盘上径向刀架的径向进给运动，主轴箱的垂直进给运动，工作台的纵向、横向进给运动；此外，辅助运动有工作台转位，后立柱纵向调位，后立柱支架的垂直方向调位，主轴箱沿垂直方向、工作台沿纵横方向的快速调位运动。

卧式镗床结构复杂，通用性较好，除可进行镗孔外，还可钻孔、加工各种形状沟槽、铣平面、车削端面、螺纹等。卧式镗床的主参数是镗轴直径。卧式镗床广泛用于机修和工具车间，适用于单件小批量生产。

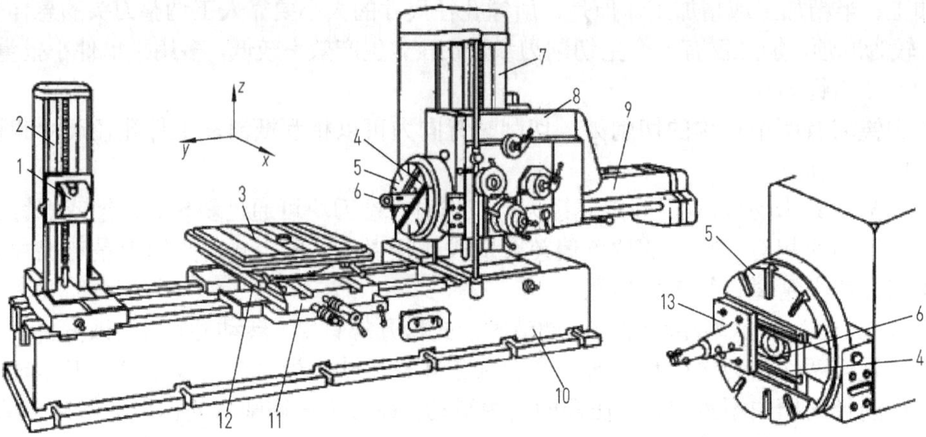

1—支架；2—后立柱；3—工作台；4—径向刀架；5—平旋盘；6—镗轴；7—前立柱；8—主轴箱；9—后尾筒；10—床身；11—下滑座；12—上滑座；13—刀座。

图 5-52　卧式镗床

图 5-53 所示为卧式镗床的典型加工方法。其中，图 5-53（a）为利用装在镗轴上的镗刀镗孔，纵向进给运动 f_1 由镗轴移动完成；图 5-53（b）为利用后立柱支架支承长镗杆镗削同轴孔，纵向进给运动 f_3 由工作台移动完成；图 5-53（c）为利用平旋盘上的刀具镗削大直径孔，纵向进给运动 f_3 由工作台完成；图 5-53（d）为利用装在镗轴上的面铣刀铣平面，垂直进给运动 f_2 由主轴箱完成；图 5-53（e）、（f）为利用装在平旋盘径向刀架上的刀具车内沟槽和端面，径向进给运动 f_4 由径向刀架完成。

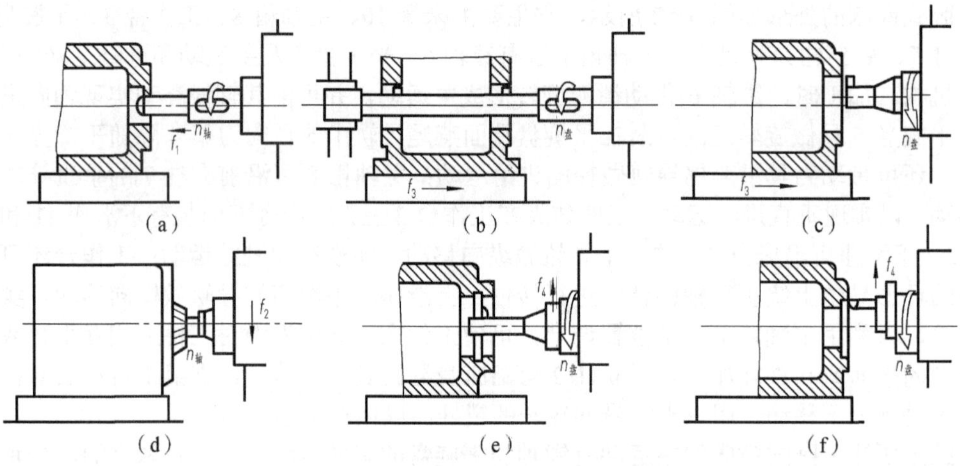

图 5-53　卧式镗床的典型加工方法

（2）坐标镗床

坐标镗床上具有坐标位置的精密测量装置，加工孔时，按直角坐标精密定位，所以称为坐标镗床。坐标镗床是一种高精度机床，主要用于镗削高精度的孔，特别适用于相互位置精度很高的孔系，如钻模、镗模等的孔系。坐标镗床还可以进行钻孔、扩孔、铰孔及精铣加工。此外，坐标镗床还可以做精密刻线、样板划线、孔距及直线尺寸的精密测量等工作。

5.7.4　拉削加工

在拉床上用拉刀加工工件的工艺过程，称为拉削加工。拉削工艺范围广，不但可以加工各种形状的通孔，还可以拉削平面及各种组合成形表面。图 5-54 所示为适用于拉削加工的典型工件截面形状。由于受拉刀制造工艺及拉床动力的限制，过小或过大尺寸的孔均不适宜拉削加工（拉削孔径一般为 10～100mm，孔的深径比一般不超过 5），盲孔、台阶孔和薄壁孔也不适宜拉削加工。

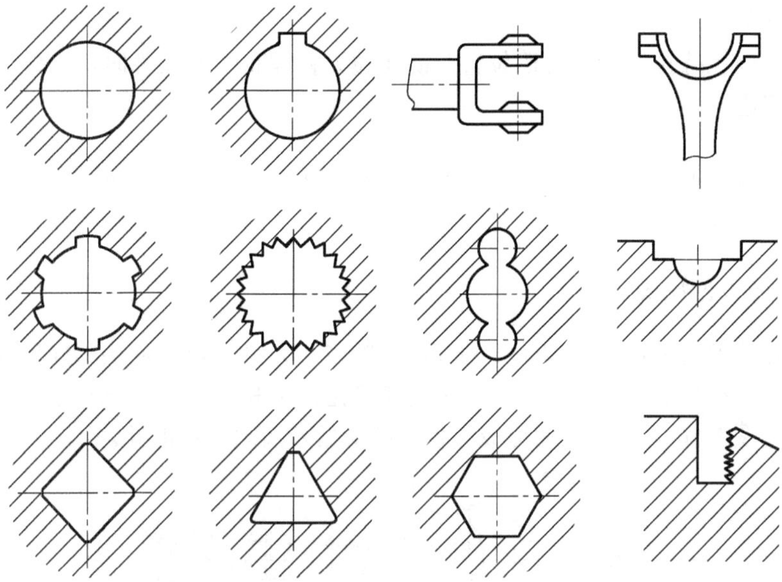

图 5-54　拉削加工的典型工件截面形状

1．拉刀

根据工件加工面及截面形状的不同，拉刀有多种形式。圆孔拉刀的结构如图 5-55 所示。

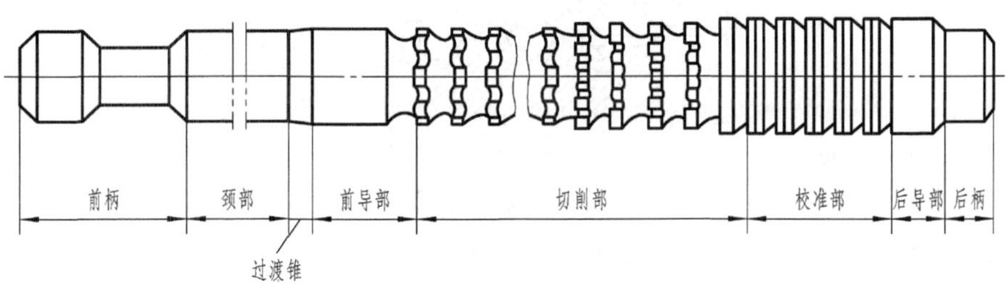

图 5-55　圆孔拉刀的结构

（1）前柄

拉床夹头夹持拉刀前柄，带动拉刀进行拉削。

（2）颈部

颈部是前柄与过渡锥的连接部分，可在此处打标记。

（3）过渡锥

过渡锥起对准中心的作用，使拉刀顺利进入工件预制孔中。

（4）前导部

前导部起导向和定心作用，防止拉孔歪斜，并可检查拉削前的孔径尺寸是否过小，以免拉刀第一个切削齿载荷太重而损坏。

（5）切削部

切削部承担全部余量的切除工作，由粗切齿、过渡齿和精切齿组成。

（6）校准部

校准部用以校正孔径，修光孔壁，并作为精切齿的后备齿。

（7）后导部

后导部用以保持拉刀最后正确位置，防止拉刀在即将离开工件时，工件下垂而损坏已加工表面或刀齿。

（8）后柄

后柄用作直径大于 60mm 既长又重的拉刀的后支承，防止拉刀下垂。直径较小的拉刀可不设后柄。

2．拉孔的工艺特点

根据圆孔拉刀的结构，拉刀是一种高精度的多齿刀具。拉刀从头部向尾部方向其刀齿高度逐齿递增，在拉削过程中，通过拉刀与工件之间的相对运动，分别逐层从工件孔壁上切除金属，如图 5-56 所示，从而形成与拉刀的最后刀齿同形状的孔。

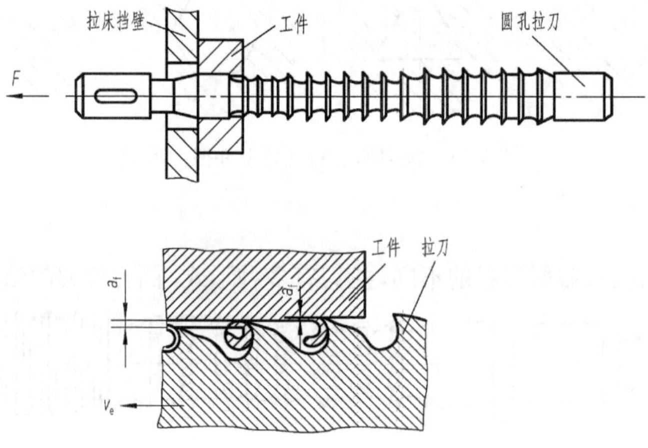

图 5-56　拉刀拉孔过程

与其他孔加工方法相比，拉孔具有以下特点。

（1）生产效率高

拉削时，拉刀同时工作的刀齿数多，切削刃总长度长，在一次工作行程中就能完成粗加工、半精加工及精加工，机动时间短，因此生产效率很高。

（2）可以获得较高的加工质量

拉刀为定尺寸刀具，有校准齿对孔壁进行校准、修光；拉孔切削速度低（$v_c = 2 \sim 8\text{m/min}$），拉削过程平稳，可获得较高的加工质量。一般拉孔精度可达 IT8～IT7，表面粗糙度 Ra 为 1.6～0.1μm。

（3）拉刀使用寿命长

由于拉削速度低，切削厚度小，在每次拉削过程中，每个刀齿工作时间短，拉刀磨损慢，因此拉刀耐用度高，使用寿命长。

（4）拉削运动简单

拉削的主运动是拉刀的轴向移动，而进给运动是由拉刀各刀齿的齿升量来完成的。因此，拉床只有主运动，没有进给运动，结构简单，操作方便。但拉刀结构较复杂，制造成本高。拉削多用于大批量生产中。

3．拉床

拉床按用途可分为内拉床和外拉床，按机床布局可分为卧式拉床和立式拉床。其中，以卧式内拉床应用最为普遍。

图 5-57 所示为卧式内拉床的外形结构。液压缸 1 固定于床身内，工作时，液压泵供给压力油驱动活塞，活塞带动拉刀 4，连同拉刀尾部活动支承 5 一起沿水平方向左移，装在固定支承上的工件 3 即被拉制出符合精度要求的内孔，其拉力通过压力表 2 显示。

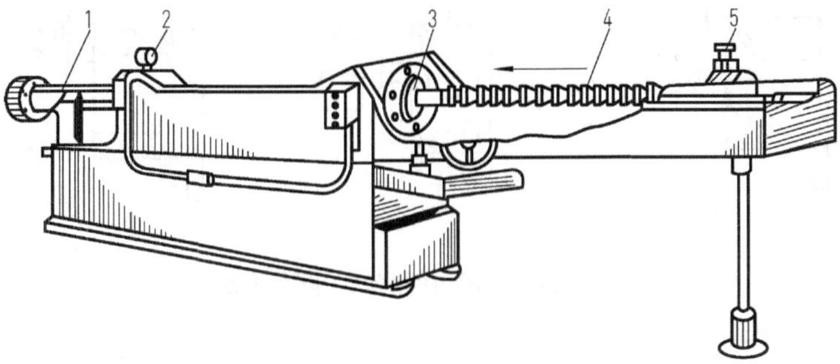

1—液压缸；2—压力表；3—工件；4—拉刀；5—活动支承。

图 5-57 卧式内拉床的外形结构

拉削圆孔时，工件一般无须夹紧，只以工件端面支承，因此，工件孔的轴线与端面之间应有一定的垂直度。当孔的轴线与端面不垂直时，需将工件的端面紧贴在一个球面垫板上，如图 5-58 所示，在拉削力作用下，工件 2 连同球面垫板 1 在固定支承板上进行微量转动，以使工件轴线自动调整到与拉刀轴线一致的方向。

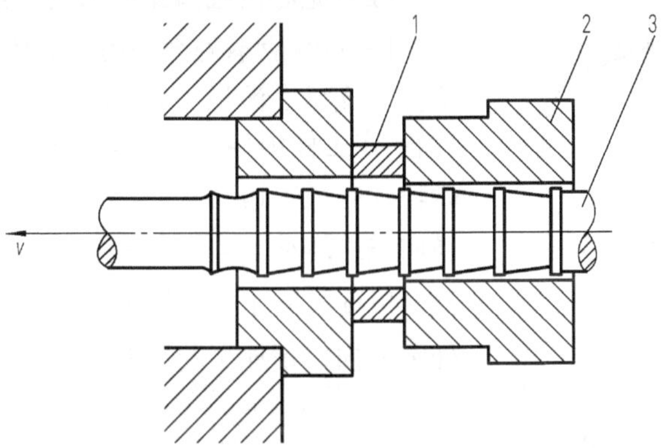

1—球面垫板；2—工件；3—拉刀。

图 5-58 拉圆孔的方法

5.7.5 内圆表面的磨削加工

内圆表面的磨削可以在内圆磨床上进行，也可以在万能外圆磨床上进行。内圆磨床的主要类型有普通内圆磨床、无心内圆磨床和行星内圆磨床。不同类型的内圆磨床的磨削方法是不相同的。

1．内圆表面的磨削方法

（1）普通内圆磨床的磨削方法

普通内圆磨床是生产中应用较广的一种，图 5-59 所示为普通内圆磨床的磨削方法。磨削时，根据工件的形状和尺寸不同，可采用纵磨法［图 5-59（a）］、横磨法［图 5-59（b）］。有些普通内圆磨床上备有专门的端磨装置，可在一次装夹中磨削内孔和端面，如图 5-59（c）所示，这样不仅容易保证内孔和端面的垂直度，而且生产效率较高。

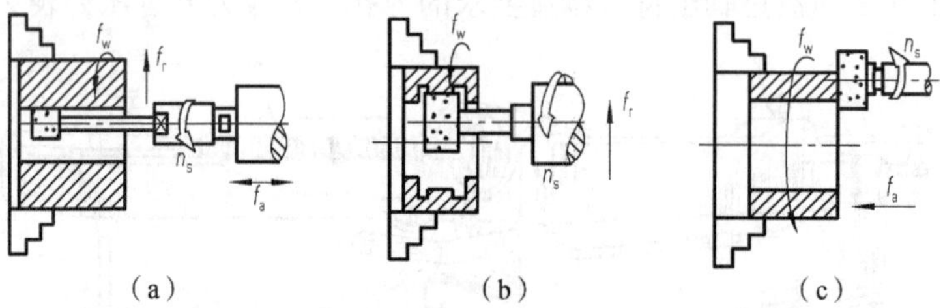

图 5-59　普通内圆磨床的磨削方法

如图 5-59（a）所示，纵磨法机床的运动：砂轮的高速旋转做主运动 n_s；头架带动工件旋转做圆周进给运动 f_w；砂轮或工件沿其轴线往复做纵向进给运动 f_a；在每次（或几次）往复行程后，工件沿其径向做一次横向进给运动 f_r。这种磨削方法适用于形状规则、便于旋转的工件。

横磨法无须纵向进给运动 f_a，如图 5-59（b）所示，横磨法适用于磨削带有沟槽表面的孔。

（2）无心内圆磨床的磨削方法

图 5-60 所示为无心内圆磨床的磨削方法。磨削时，工件 4 支承在滚轮 1 和导轮 3 上，压紧轮 2 使工件紧靠导轮 3，工件由导轮 3 带动旋转，实现圆周进给运动 f_w。砂轮除完成主运动 n_s 外，还做纵向进给运动 f_a 和周期性横向进给运动 f_r。加工结束时，压紧轮沿箭头 A 方向摆开，以便装卸工件。这种磨削方法适用于大批量生产、外圆表面已精加工的薄壁工件，如轴承套等。

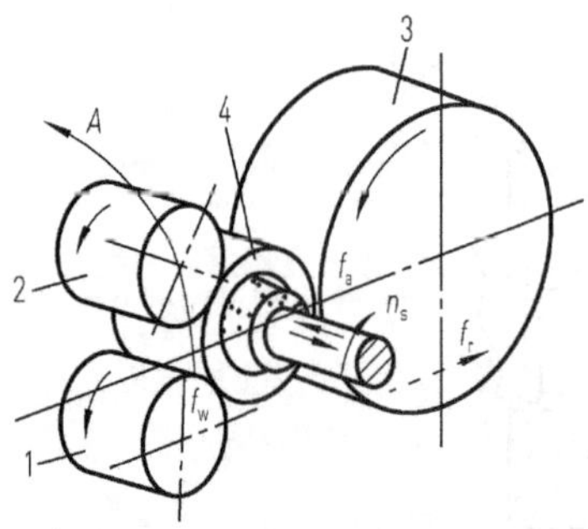

1—滚轮；2—压紧轮；3—导轮；4—工件。

图 5-60　无心内圆磨床的磨削方法

2．内圆磨削的工艺特点及应用范围

与外圆磨削相比，内圆磨削加工条件较差。内圆磨削有如下特点。

1）砂轮直径受被加工孔径的限制，直径较小。砂轮很容易磨钝，需要经常修整和更换，增加了辅助时间，降低了生产效率。

2）砂轮直径小，即使砂轮转速高达每分几万转，要使砂轮圆周速度达到 25～30m/s 也是十分困难的，由于磨削速度低，因此内圆磨削比外圆磨削效率低。

3）砂轮轴的直径尺寸较小，而且悬伸较长，刚性差，磨削时容易发生弯曲和振动，从而影响加工精度和表面粗糙度。内圆磨削精度可达 IT8～IT6，表面粗糙度 *Ra* 为 0.8～0.2μm。

4）切削液不易进入磨削区，磨屑排出较外圆磨削困难。

虽然内圆磨削比外圆磨削加工条件差，但仍然是一种常用的精加工孔的方法，特别适用于淬硬的孔、断续表面的孔（带键槽或花键槽的孔）和长度较短的精密孔加工。磨孔不仅能保证孔本身的尺寸精度和表面质量，还能提高孔的位置精度和轴线的直线度；用同一砂轮可以磨削不同直径的孔，灵活性大。内圆磨削可以磨削圆柱孔（通孔、盲孔、阶梯孔）、圆锥孔及孔端面等。

3．普通内圆磨床

图 5-61 所示为普通内圆磨床的外形图。它主要由床身 1、工作台 2、头架 3、砂轮架 4 和床鞍 5 组成。磨削时，砂轮轴的旋转为主运动，头架带动工件的旋转运动为圆周进给运动，工作台带动头架完成纵向进给运动，横向进给运动由砂轮架沿床鞍的横向移动来实现。磨锥孔时，需将头架转过相应角度。

普通内圆磨床的另一种形式为砂轮架安装在工作台上做纵向进给运动。

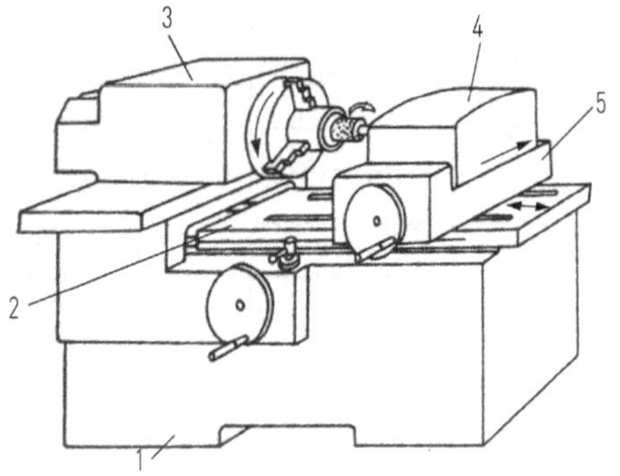

1—床身；2—工作台；3—头架；4—砂轮架；5—床鞍。

图 5-61　普通内圆磨床的外形图

5.8 平面加工

5.8.1 平面加工方法

平面是基础类零件（如箱体、工作台、床身及支架等）的主要表面，也是回旋体零件的重要表面（如端面、台肩面等）之一。根据平面所起的作用不同，可以将其分为非接合面、接合面、导向面、测量工具的工作平面等。平面的加工方法有车削、铣削、刨削、磨削、拉削、研磨、刮研等。其中，刨削、铣削、磨削是平面的主要加工方法。

微课：平面加工（1）

平面作用不同，技术要求也不同，在采用不同的加工方案时，应根据工件的技术要求、毛坯种类、原材料状况及生产规模等因素进行合理选用，以保证平面加工质量。常用的平面加工方案如表 5-17 所示。

表 5-17　常用的平面加工方案

序号	加工方案	经济精度	表面粗糙度 Ra /μm	适用范围
1	粗车—半精车	IT9	6.3～3.2	回转体零件的端面
2	粗车—半精车—精车	IT8～IT7	1.6～0.8	
3	粗车—半精车—磨削	IT8～IT6	0.8～0.2	
4	粗刨（或粗铣）—精刨（或精铣）	IT10～IT8	6.3～1.6	精度不太高的不淬硬平面
5	粗刨（或粗铣）—精刨（或精铣）—刮研	IT7～IT6	0.8～0.1	精度要求较高的不淬硬平面
6	粗刨（或粗铣）—精刨（或精铣）—磨削	IT7	0.8～0.2	精度要求较高的淬硬或不淬硬平面
7	粗刨（或粗铣）—精刨（或精铣）—粗磨—精磨	IT7～IT6	0.4～0.02	
8	粗铣—拉削	IT9～IT7	0.8～0.2	大量生产，较小平面（精度与拉刀精度有关）
9	粗铣—精铣—精磨—研磨	IT5 以上	0.1～0.06	高精度平面

5.8.2 刨削与插削加工

1．刨削加工

在刨床上使用刨刀对工件进行切削加工，称为刨削加工。刨削加工主要用于加工各种平面（如水平面、垂直面、斜面）和沟槽（如 T 形槽、燕尾槽、V 形槽）。刨削加工的典型表面如图 5-62（图中的切削运动是按牛头刨床加工时标注的）所示。

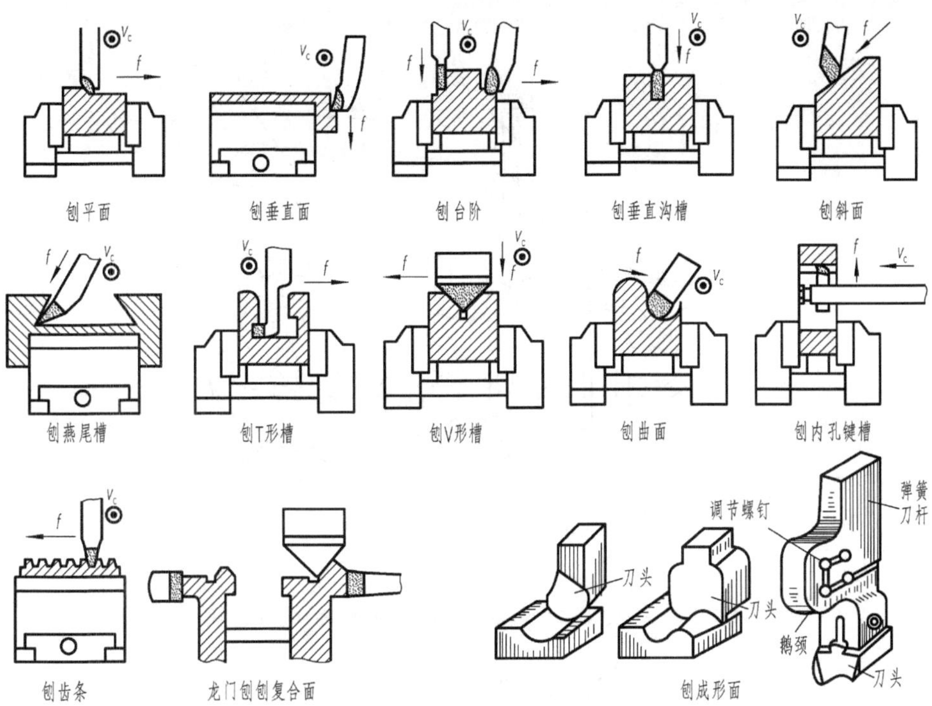

图 5-62　刨削加工的典型表面

（1）刨削加工常见的机床

1）牛头刨床。如图 5-63 所示，牛头刨床主要由床身、横梁、工作台、滑枕、刀架等组成，因其滑枕和刀架形似牛头而得名。牛头刨床工作时，装有刀架 1 的滑枕 3 由床身 4 内部的摆杆带动，沿床身顶部的导轨做直线往复运动，由刀具实现切削过程的主运动。夹具或工件则安装在工作台 6 上，加工时，工作台 6 带动工件沿横梁 5 上导轨做间歇横向进给运动。横梁 5 可沿床身的垂直导轨上下移动，以调整工件与刨刀的相对位置。刀架 1 还可以沿刀架座上的导轨上下移动（一般为手动），以调整刨削深度。在加工垂直平面和斜面做进给运动时，调整转盘 2，可以使刀架左右旋转，以便加工斜面和斜槽。

牛头刨床的刀具只在一个运动方向上进行切削，刀具在返回时不进行切削，空行程损失大，滑枕在换向的瞬间，有较大的冲击惯性，因此主运动速度不能太高；加工时通常只能单刀加工，因此它的生产效率比较低。牛头刨床的主参数是最大刨削长度。牛头刨床适用于单件小批量生产或机修车间，多用于加工中小型工件的平面或沟槽。

2）龙门刨床。图 5-64 所示为龙门刨床的外形图，它因具有一个龙门式的框架而得名。龙门刨床工作时，工件装夹在工作台 9 上，随工作台沿床身 10 的水平导轨做直线往复运动以实现切削过程的主运动。装在横梁 2 上的垂直刀架 5、6 可沿横梁导轨做间歇式横向进给运动，用以刨削工件的水平面，垂直刀架的溜板还可使刀架上下移动，做切入运动或刨竖直平面。此外，刀架溜板还能绕水平轴调整至一定角度，以加工斜面或斜槽。横梁 2 可沿左右立柱 3、7 的导轨做垂直升降以调整垂直刀架位置，适应不同高度工件的加工需要。装在左右立柱上的侧刀架可沿立柱导轨做垂直方向的间歇进给运动，以刨削工件竖直平面。

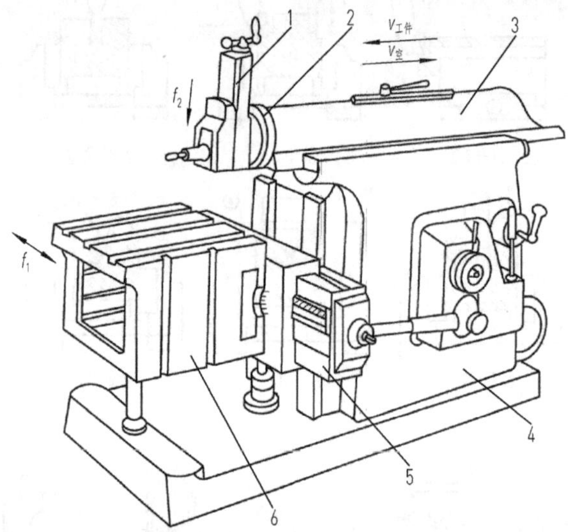

1—刀架；2—转盘；3—滑枕；4—床身；5—横梁；6—工作台。

图 5-63　牛头刨床的外形图

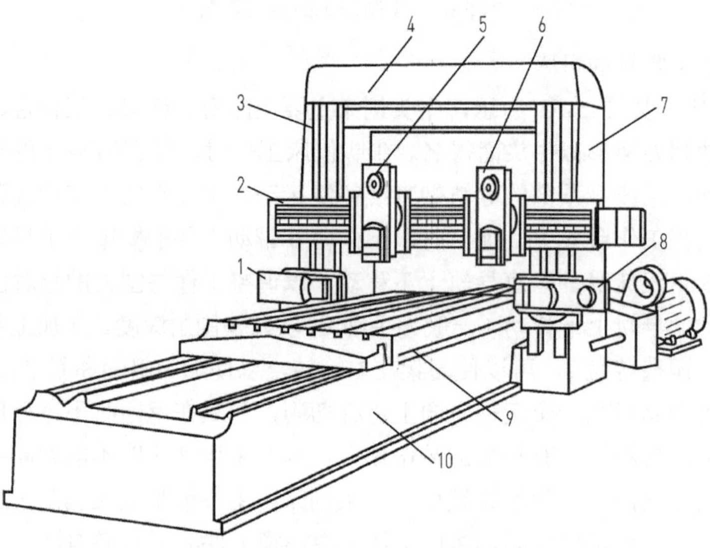

1—左侧刀架；2—横梁；3—左立柱；4—顶梁；
5、6—垂直刀架；7—右侧立柱；8—右侧刀架；9—工作台；10—床身。

图 5-64　龙门刨床的外形图

与牛头刨床相比，龙门刨床具有形体大、动力大、结构复杂、刚性好、工作稳定、工作行程长、适应性强和加工精度高等特点。龙门刨床的主参数是最大刨削宽度。龙门刨床主要用来加工大型零件的平面，尤其是窄而长的平面，也可加工沟槽或在一次装夹中同时加工数个中小型工件的平面。

（2）刨刀

刨刀的结构与车刀相似，其几何角度的选取原则也与车刀基本相同。但因刨削过程中有冲击，所以刨刀的前角比车刀小5°～6°；而且刨刀的刃倾角也应取较大的负值，以使刨刀切入工件时产生的冲击力作用在离刀尖稍远的切削刃上。刨刀的刀杆截面比较大，可以增加刀杆刚性和防止折断。如图5-65所示，刨刀刀杆有直杆和弯杆之分。直杆刨刀刨削时，遇到加工余量不均或工件上的硬点时，切削力的突然增大将增加刨刀的弯曲变形，造成切削刃扎入已加工表面，降低已加工表面的精度和表面质量，也容易损坏切削刃，如图5-65（a）所示。若采用弯杆刨刀，当切削力突然增大时，刀杆产生的弯曲变形可以使刀尖离开工件，避免扎入工件，如图5-65（b）所示。

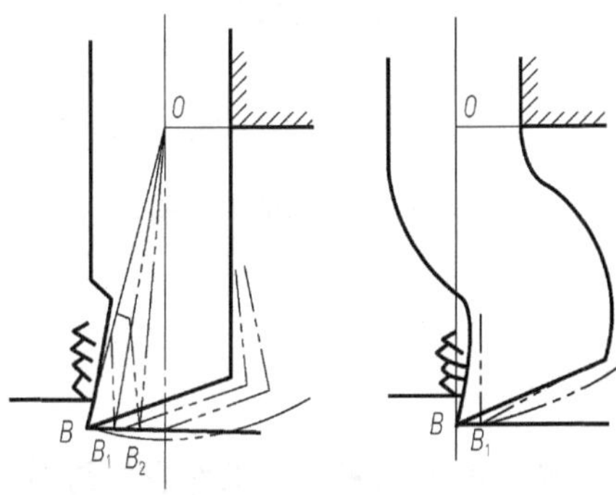

（a）直杆刨刀　　（b）弯杆刨刀

图5-65　刨刀刀杆形状

（3）刨削加工的工艺特点

1）刨床结构简单，调整、操作方便；刨刀制造、刃磨、安装容易，加工费用低。

2）刨削加工速度低，加之空行程所造成的损失，生产效率一般较低。但在加工窄长的平面和进行多件或多刀加工时，刨削的生产效率并不比铣削低。

3）刨削特别适宜加工尺寸较大的T形槽、燕尾槽及窄长的平面。

2. 插削加工

插削和刨削的切削方式基本相同，不同之处在于插削是在竖直方向上进行的。因此，可以认为插床是一种立式的刨床。图5-66所示为插床的外形图。插削加工时，滑枕8带动插刀沿垂直方向做直线往复运动，实现切削过程的主运动。工件安装在圆工作台9上，圆工作台可实现纵向、横向和圆周方向的间歇进给运动。此外，利用分度装置4，圆工作台还可进行圆周分度。滑枕导轨座7和滑枕一起可以绕销轴6在垂直平面内相对立柱倾斜0°～8°，以插削斜槽和斜面。

插床的主参数是最大插削长度。插削主要用于单件、小批量生产中加工工件的内表面，如方孔、多边形孔、键槽等。用插床加工内表面比用刨床方便，但插刀刀杆刚性差，为防止“扎刀”，前角不宜过大，因此其加工精度比刨削的低。

微课：平面加工（2）

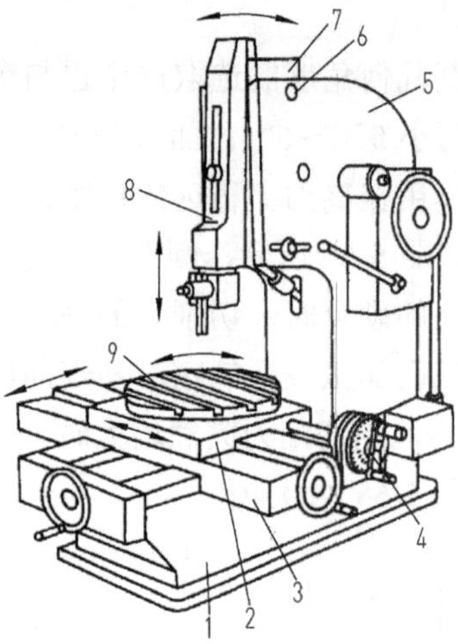

1—床身；2—溜板；3—床鞍；4—分度装置；5—立柱；6—销轴；7—滑枕导轨座；8—滑枕；9—圆工作台。

图 5-66　插床的外形图

5.8.3　铣削加工

1．铣削加工的工艺范围及特点

铣削加工是利用多刃回转体刀具在铣床上对工件表面进行加工的一种切削加工方法。铣削可以加工水平面、垂直面、斜面、沟槽、成形表面、螺纹和齿形等，也可以用来切断材料。铣削加工的工艺范围相当广泛，也是平面加工的主要方法之一。铣削加工的典型表面如图 5-67 所示。

与其他平面加工方法相比，铣削加工的工艺特点如下。

1）铣刀是典型的多刃刀具，加工过程有多个刀齿同时参与切削，总的切削宽度较大；铣削时的主运动是铣刀的旋转，有利于进行高速切削，故铣削的生产效率高于刨削加工。

2）铣削加工范围广，可以加工刨削无法完成或难以加工的表面。例如，可铣削周围封闭的凹平面、圆弧形沟槽、具有分度要求的小平面和沟槽。

3）铣削过程中，每个刀齿依次参加切削，刀齿在离开工件的一段时间内，可以得到一定的冷却。因此，刀齿散热条件好，有利于减少铣刀的磨损，延长使用寿命。

4）由于铣削加工是断续切削，刀齿在切入和切出工件时会产生冲击，而且每个刀齿的切削厚度也时刻在变化，这就引起切削面积和切削力的变化。因此，铣削过程不平稳，容易产生振动。

5）因为铣床、铣刀比刨床、刨刀结构复杂，铣刀的制造与刃磨比刨刀困难，所以铣削成本比刨削高。

6）铣削与刨削的加工质量大致相当，经粗、精加工后都可达到中等精度。但在加工大平面时，刨削后无明显接刀痕，而用直径小于工件宽度的面铣刀铣削时，各次走刀间有明显的接刀痕，影响表面质量。

铣削加工既适于单件小批量生产，也适于大批量生产。

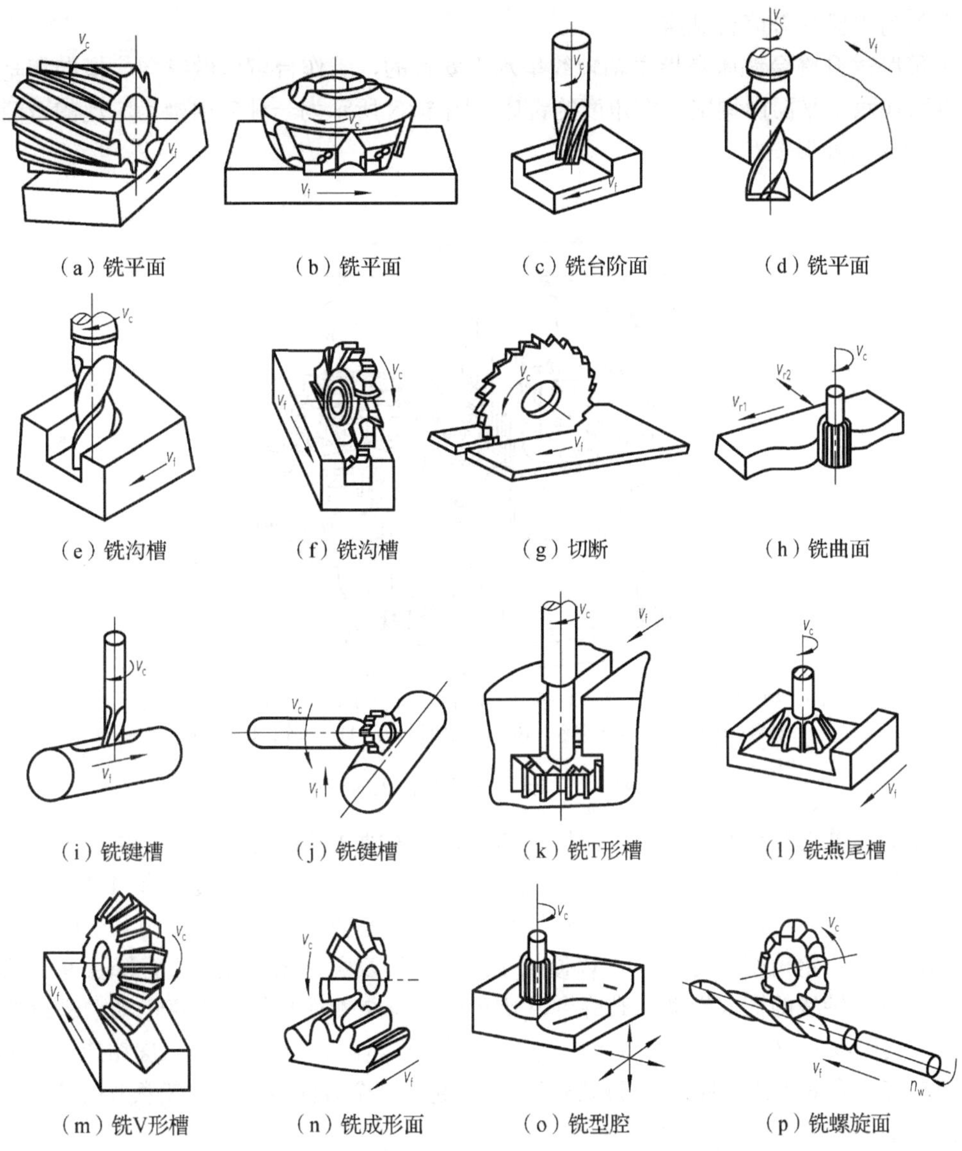

图 5-67　铣削加工的典型表面

2. 铣床及附件

铣床是用铣刀进行切削加工的机床，它的用途极为广泛。在铣床上采用不同类型的铣刀，配备万能分度头、回转工作台等附件，可以完成如图 5-67 所示的各种典型表面加工。

铣床工作时的主运动是主轴部件带动铣刀的旋转运动，进给运动是由工作台在三个互相垂直方向的直线运动实现的。铣床上使用的是多齿刀具，切削过程中存在冲击和振动，这就要求铣床在结构上应具有较高的静刚度和动刚度。

铣床的类型有很多，主要有卧式升降台铣床、立式升降台铣床、工作台不升降铣床、龙门铣床、工具铣床；此外，还有仿形铣床、仪表铣床和各种专门化铣床（如键槽铣床、曲轴铣床）。随着机床数控技术的发展，数控铣床、镗铣加工中心的应用也越来越普遍。

（1）万能卧式升降台铣床

万能卧式升降台铣床是指主轴轴线呈水平安置的，工作台可以做纵向、横向和垂直运动，并可在水平平面内调整一定角度的铣床。图 5-68 所示为一种应用极为广泛的万能卧式升降台铣床的外形图。

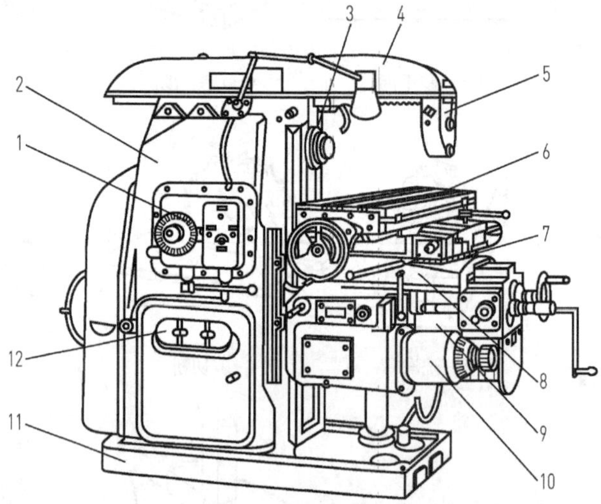

1—主轴变速手柄；2—床身；3—主轴；4—横梁；5—刀杆支架；6—纵向工作台；7—回转盘；8—床鞍；9—升降台；10—进给变速机构；11—底座；12—电源开关。

图 5-68　万能卧式升降台铣床的外形图

加工时，铣刀装夹在刀杆上，刀杆一端安装在主轴 3 的锥孔中，另一端由横梁 4 右端的刀杆支架 5 支承，以提高其刚度。驱动铣刀做旋转主运动的主轴变速手柄 1 安装在床身 2 上。纵向工作台 6 可沿回转盘 7 上的燕尾导轨做纵向运动，回转盘 7 可相对于床鞍 8 绕垂直轴线调整至一定角度（±45°），以便加工螺旋槽等表面。床鞍 8 可沿升降台 9 上的导轨做平行于主轴轴线的横向运动，升降台 9 则可沿床身 2 侧面导轨做垂直运动。进给变速机构 10 及其操纵机构都置于升降台内。这样，用螺栓、压板、机床用平口虎钳或专用夹具装夹在纵向工作台 6 上的工件，便可以随工作台一起在三个方向实现其中任意方向的位置调整或进给运动。

卧式升降台铣床结构与万能卧式升降台铣床基本相同，但卧式升降台铣床在工作台和床鞍之间没有回转盘，因此工作台不能在水平面内调整角度。这种铣床除不能铣削螺旋槽外，可以完成和万能卧式升降台铣床一样的各种铣削加工。万能卧式升降台铣床及卧式升降台铣床的主参数是工作台面宽度。它们主要用于中小零件的加工。

（2）立式升降台铣床

立式升降台铣床与卧式升降台铣床的主要区别仅在于它的主轴是垂直安置的，可用各种面铣刀或立铣刀加工平面、斜面、沟槽、台阶、齿轮、凸轮及封闭的轮廓表面。图 5-69 所示为一种常见的立式升降台铣床的外形图，其工作台 3、床鞍 4 及升降台 5 与卧式升降台铣床相同。立铣头 1 可在垂直平面内旋转一定的角度，以扩大加工范围，主轴 2 可沿轴线方向进行调整或做进给运动。

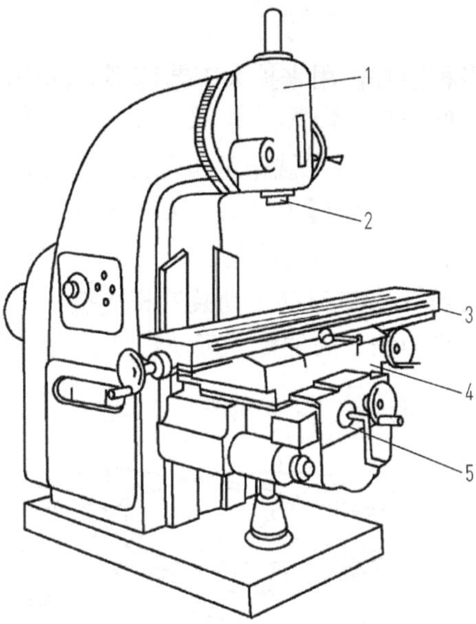

1—立铣头；2—主轴；3—工作台；4—床鞍；5—升降台。

图 5-69　立式升降台铣床的外形图

（3）龙门铣床

龙门铣床是一种大型高效能通用机床，主要用于加工各类大型工件上的平面、沟槽。它对工件不仅可以进行粗铣、半精铣，也可以进行精铣加工。图 5-70 所示为具有四个铣头的中型龙门铣床。四个铣头分别安装在横梁和立柱上，并可单独沿横梁或立柱的导轨做调整位置的移动。每个铣头即一个独立的主运动部件，又能由铣头主轴套筒带动铣刀主轴沿轴向实现进给运动和调整位置的移动，根据加工需要，每个铣头还能旋转一定的角度。加工时，工作台带动工件做纵向进给运动，其余运动均由铣头实现。龙门铣床的刚性和抗振性比龙门刨床好，它允许采用较大切削用量，并可用多个铣头同时从不同方向加工多个表面，机床生产效率高，在大批量生产中得到了广泛应用。龙门铣床的主参数是工作台面宽度。

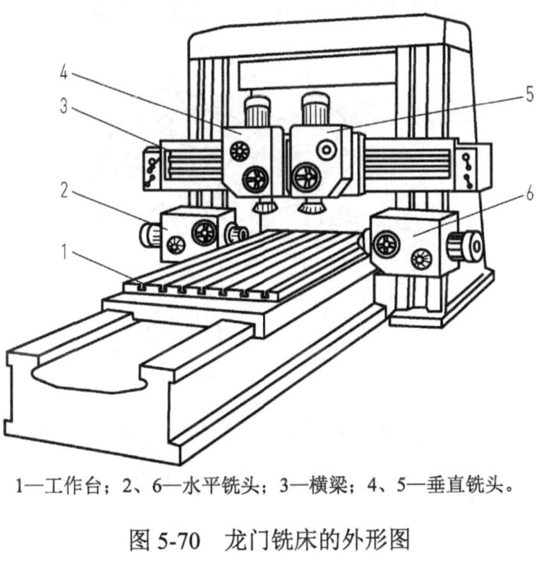

1—工作台；2、6—水平铣头；3—横梁；4、5—垂直铣头。

图 5-70　龙门铣床的外形图

（4）铣床附件

升降台式铣床配备有多种附件，用来扩大工艺范围。其中回转工作台（圆工作台）和万能分度头是常用的两种附件。

1）回转工作台。回转工作台安装在铣床工作台上，用来装夹工件，以铣削工件上的圆弧表面或沿圆周分度。如图 5-71 所示，用手轮转动方头 5，通过回转工作台内部的蜗杆蜗轮机构，使转盘 1 转动，转盘的中心为圆锥孔，供工件定位用。利用 T 形槽、螺钉和压板将工件夹紧在转盘上。传动轴 3 和铣床的传动装置相连接，可进行机动进给。扳动手柄 4 可接通或断开机动进给。调整挡铁 2 的位置，可使转盘自动停止在所需的位置上。

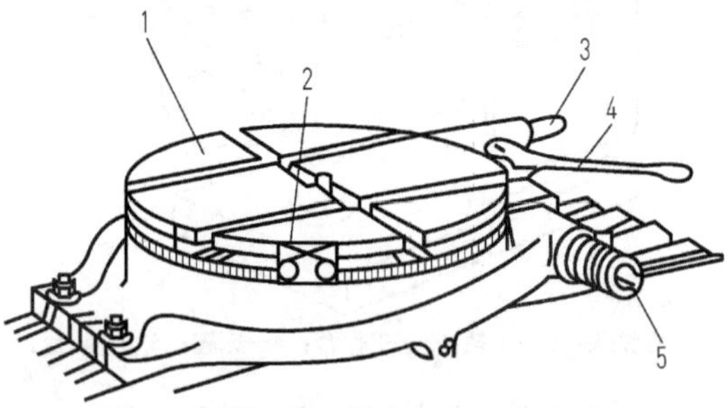

1—转盘；2—挡铁；3—传动轴；4—手柄；5—方头。

图 5-71　回转工作台的外形图

2）万能分度头。图 5-72 所示为 FW250 型万能分度头的外形图，夹持工件最大直径为 250mm。万能分度头的基本功能是使装夹在分度头主轴顶尖与尾座顶尖之间或夹持在卡盘上的工件，依次转过所需的角度，以达到规定的分度要求。它可以完成以下工作：由分度头主轴带动工件绕其自身轴线回转一定角度，完成等分或不等分的分度工作，用以铣削方头、六角头、直齿圆柱齿轮、键槽、花键等；通过配备挂轮，将分度头主轴与工作台丝杠联系起来，组成一条以分度头主轴和铣床工作台纵向丝杠为两末端件的内联系传动链，用以铣削各种螺旋表面、阿基米德螺线凸轮等；用卡盘夹持工件，使工件轴线相对于铣床工作台倾斜一定角度，以铣削与工件轴线相交成一定角度的沟槽、平面、直齿锥齿轮、齿轮离合器等。

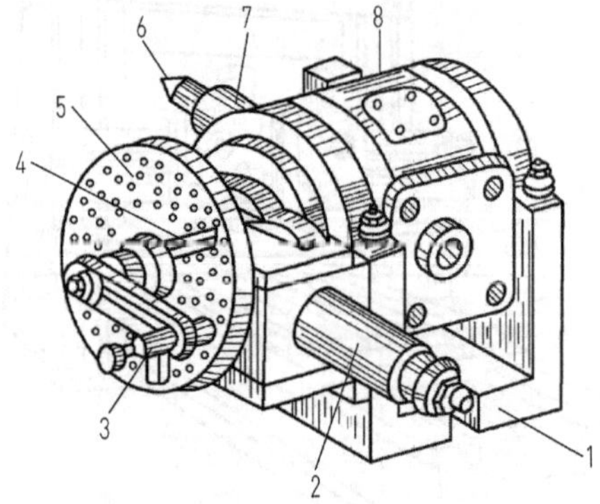

1—基座；2—侧轴；3—手柄；4—分度尺；5—分度盘；6—顶尖；7—主轴；8—回转体。

图 5-72　FW250 型万能分度头的外形图

3．铣刀的类型及应用

铣刀为多齿回转刀具，其每一个刀齿都相当于一把车刀固定在铣刀的回转面上。铣刀刀齿的几何角度和切削过程都与车刀或刨刀基本相同。铣刀的类型有很多，结构不一，应用范围很广，是金属切削刀具中种类较多的刀具之一。铣刀按其用途可分为加工平面用铣刀、加工沟槽用铣刀、加工成形面用铣刀等。通用规格的铣刀已标准化，一般均由专业工具厂制造。以下介绍几种常用铣刀的特点及适用范围。

（1）圆柱铣刀

圆柱铣刀一般是用高速钢整体制造，直线或螺旋线切削刃分布在圆周表面上，没有副切削刃。螺旋形的刀齿切削时是逐渐切入和脱离工件的，所以切削过程较平稳，主要用于卧式铣床铣削宽度小于铣刀长度的狭长平面。

（2）面铣刀

如图 5-67（b）所示，面铣刀主切削刃分布在圆柱或圆锥面上，端面切削刃为副切削刃。面铣刀按刀齿材料可分为高速钢和硬质合金两大类，多制成套式镶齿结构。镶齿面铣刀刀盘直径一般为 $\phi75 \sim \phi300$mm，最大可达 $\phi600$mm，主要用于立式或卧式铣床上铣削台阶面或平面，特别适合较大平面的铣削加工。用面铣刀加工平面，同时参加切削的刀齿较多，又有副切削刃的修光作用，使加工表面粗糙度小。硬质合金镶齿面铣刀可实现高速（100～150 m/min）切削，生产效率高，应用广泛。

（3）立铣刀

如图 5-67（c）～图 5-67（e）所示，立铣刀一般由 3～4 个刀齿组成，圆柱面上的切削刃是主切削刃，端面上分布着副切削刃，工作时只能沿着刀具的径向进给，不能沿着铣刀轴线方向做进给运动。它主要用于铣削凹槽、台阶面和小平面，还可以利用靠模铣削成形表面。

（4）三面刃铣刀

三面刃铣刀可分为直齿三面刃和错齿三面刃，它主要用于卧式铣床上铣削台阶面和凹槽。如图 5-67（f）所示，三面刃铣刀除圆周有主切削刃外，两侧面也有副切削刃，从而改善两端面切削条件，提高切削效率，减小表面粗糙度值。错齿三面刃铣刀，圆周上刀齿呈左右交错分布，与直齿三面刃铣刀相比，它切削较平稳、切削力小、排屑容易，应用较广。

（5）锯片铣刀

如图 5-67（g）所示，锯片铣刀很薄，只有圆周上有刀齿，侧面无切削刃，用于铣削窄槽和切断工件。为了减小摩擦和避免夹刀，其厚度由边缘向中心减薄，使两侧面形成副偏角。

（6）键槽铣刀

如图 5-67（i）所示，它的外形与立铣刀相似，不同的是它在圆周上只有两个螺旋刀齿，其端面刀齿的切削刃延伸至中心，因此在铣两端不通的键槽时，可做适量的轴向进给。它主要用于加工圆头封闭键槽。铣削加工时，先径向进给达到槽深，然后沿键槽方向铣出键槽全长。

其他还有角度铣刀［图 5-67（m）］、成形铣刀［图 5-67（n）、（p）］、T 形槽铣刀［图 5-67（k）］、燕尾槽铣刀［图 5-67（l）］，以及头部形状根据加工需要可以是圆柱形球头或圆锥形球头的模具铣刀［图 5-67（o）］。

4. 铣削用量

(1) 铣削用量要素

铣削时调整机床用的参量称为铣削要素，也称铣削用量要素，具体内容如下。

1) 铣削速度（v_c）。铣削速度是铣刀最大直径处切削刃的线速度，单位为 m/min，计算公式为

$$v_c = \pi dn / 1000 \tag{5-18}$$

式中：v_c——铣削速度，m/min；

d——铣刀直径，mm；

n——铣刀转速，r/min。

2) 铣削进给量的三种表示方法。

每齿进给量 f_z：铣刀每转过一个刀齿时，工件与铣刀沿进给方向的相对位移量，单位为 mm/齿。

每转进给量 f：铣刀每转一转时，工件与铣刀沿进给方向的相对位移量，单位为 mm/r。

进给速度 v_f：单位时间（每分）内，工件与铣刀沿进给方向的相对位移量，单位为 mm/min。

f_z、f、v_f 三者的关系为

$$v_f = fn = f_z zn \tag{5-19}$$

式中：z——铣刀刀齿数。

铣削加工规定三种进给量是由于生产的需要，其中，v_f 用以机床调整及计算加工工时，每齿进给量 f_z 则用来计算切削力、验算刀齿强度。一般铣床铭牌上进给量是用进给速度 v_f 标注的。

3) 背吃刀量（a_p）。背吃刀量是指平行于铣刀轴线测量的切削层尺寸，单位为 mm。周铣时，a_p 是已加工表面宽度；端铣时，a_p 是切削层深度。

4) 侧吃刀量（a_e）。侧吃刀量是指垂直于铣刀轴线测量的切削层尺寸，单位为 mm。周铣时，a_e 是切削层深度；端铣时，a_e 是已加工表面宽度。

(2) 铣削用量的选择

铣削用量应根据工件材料、加工精度、铣刀耐用度、机床刚度等因素进行选择。首先选定铣削深度（背吃刀量 a_p），其次是每齿进给量 f_z，最后确定铣削速度 v_c。

表 5-18 和表 5-19 分别为粗铣每齿进给量和铣削速度的推荐值，以供参考。

表 5-18 粗铣每齿进给量 f_z 的推荐值 （单位：mm/齿）

刀具		材料	推荐进给量 f_z
高速钢铣刀	圆柱铣刀	钢	0.1～0.15
		铸铁	0.12～0.20
	面铣刀	钢	0.04～0.06
		铸铁	0.15～0.20
	三面刃铣刀	钢	0.04～0.06
		铸铁	0.15～0.25

续表

刀具	材料	推荐进给量 f_z
硬质合金铣刀	钢	0.1～0.20
	铸铁	0.15～0.30

表 5-19　铣削速度 v_c 的推荐值　　（单位：mm/齿）

工件材料	铣削速度 v_c		说明
	高速钢铣刀	硬质合金铣刀	
20 钢	20～45	150～190	① 粗铣时取小值，精铣时取大值。 ② 工件材料强度和硬度高时取小值，反之取大值。 ③ 刀具材料耐热性好时取大值，反之取小值
45 钢	20～35	120～150	
40Cr 钢	15～25	60～90	
HT150	14～22	70～100	
黄铜	30～60	120～200	
铝合金	112～300	400～600	
不锈钢	16～25	50～100	

5．铣削方式

（1）周铣

用圆柱铣刀的圆周齿进行铣削的方式，称为周铣。周铣有逆铣和顺铣之分。

1）逆铣。如图 5-73（a）所示，铣削时，铣刀每一刀齿在工件切入处的速度方向与工件进给方向相反，这种铣削方式称为逆铣。逆铣时，刀齿的切削厚度从零逐渐增大至最大。刀齿在开始切入时，由于刀齿刃口有圆弧，刀齿在工件表面打滑，产生挤压与摩擦，使这段表面产生冷硬层，滑行一定程度后，刀齿方能切下一层金属层。下一个刀齿切入时，又在冷硬层上挤压、滑行，这样不仅加速了刀具磨损，同时也使工件表面粗糙度增大。

铣床工作台纵向进给运动是用丝杠螺母副实现的，螺母固定，由丝杠带动工作台移动，如图 5-73（a）所示，逆铣时，铣削力 F 的纵向铣削分力 F_x 与驱动工作台移动的纵向力方向相反，这使得工作台丝杠螺纹的左侧与螺母齿槽左侧始终保持良好接触，工作台不会发生窜动，铣削过程平稳。但在刀齿切离工件的瞬时，铣削力 F 的垂直铣削分力 F_z 是向上的，对工件夹紧不利，易引起振动。

2）顺铣。如图 5-73（b）所示，铣削时，铣刀每一刀齿在工件切入处的速度方向与工件进给方向相同，这种切削方式称为顺铣。顺铣时，刀齿的切削厚度从最大逐步递减至零，没有逆铣时的滑行现象，已加工表面的加工硬化程度大为减轻，表面质量较高，铣刀的耐用度比逆铣高。同时铣削力 F 的垂直分力 F_z 始终压向工作台，避免了工件的振动。

顺铣时，切削力 F 的纵向分力 F_x 始终与驱动工作台移动的纵向力方向相同。如果丝杠螺母副存在轴向间隙，当纵向切削力 F_x 大于工作台与导轨之间的摩擦力时，会使工作台带动丝杠出现左右窜动，造成工作台进给不均匀，严重时会出现打刀现象。粗铣时，如果采用顺铣方式加工，则铣床工作台进给丝杠螺母副必须有消除轴向间隙的机构，否则宜采用逆铣方式加工。

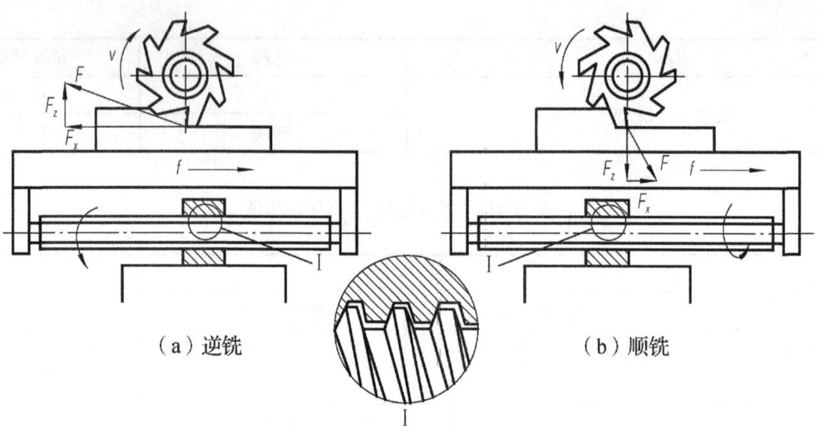

图 5-73　周铣方式

（2）端铣

用面铣刀的端面齿进行铣削的方式，称为端铣。如图 5-74 所示，铣削加工时，根据铣刀与工件相对位置的不同，端铣分为对称铣和不对称铣两种。不对称铣又分为不对称逆铣和不对称顺铣。

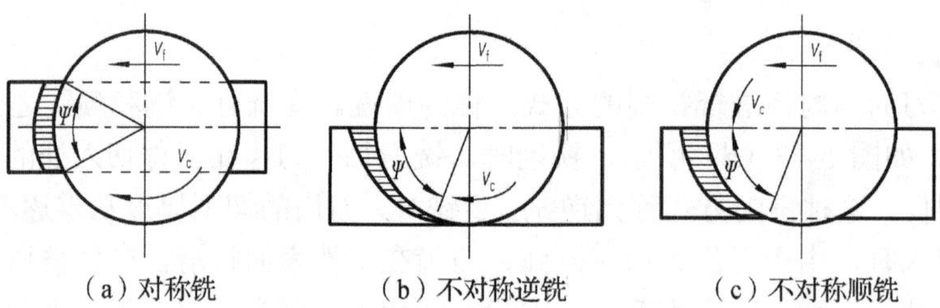

图 5-74　端铣方式

1）对称铣。如图 5-74（a）所示，铣刀轴线位于铣削弧长的对称中心位置，铣刀每个刀齿切入和切离工件时切削厚度相等，称为对称铣。对称铣削具有最大的平均切削厚度，可避免铣刀切入时对工件表面的挤压、滑行，铣刀耐用度高。对称铣适用于工件宽度接近面铣刀的直径，且铣刀刀齿较多的情况。

2）不对称逆铣。如图 5-74（b）所示，铣刀轴线偏置于铣削弧长的对称位置，且逆铣部分大于顺铣部分的铣削方式，称为不对称逆铣。不对称逆铣切削平稳，切入时切削厚度小，减小了冲击，从而使刀具寿命延长和加工表面质量得到提高。不对称逆铣适于加工碳钢和低合金钢及较窄的工件。

3）不对称顺铣。如图 5-74（c）所示，其特征与不对称逆铣正好相反。这种切削方式一般很少采用，但用于铣削不锈钢和耐热合金钢时，可减小硬质合金刀具剥落磨损。

周铣和端铣是铣削过程中采用不同类型的铣刀而产生的不同铣削方式。与周铣相比，端铣具有铣削较平稳、加工质量及刀具寿命均较高的优点，且端铣用的面铣刀易镶硬质合金刀齿，可采用大的切削用量，实现高速切削，生产效率高，但端铣适应性差，主要用于平面铣削。周铣的铣削性能虽然不如端铣，但周铣能利用多种铣刀，铣平面、沟槽、齿形和成形表面等，适应范围广，因此在生产中应用较多。

5.8.4　平面磨削加工

对于精度要求高的平面及淬火零件的平面加工，需要采用平面磨削方法。平面磨削主要在平面磨床上进行。平面磨削时，对于形状简单的铁磁性材料工件，采用电磁吸盘装夹工件，操作简单方便，能同时装夹多个工件，而且能保证定位面与加工面的平行度要求；对于形状复杂或非铁磁性材料的工件，可采用精密平口虎钳或专用夹具装夹，然后用电磁吸盘或真空吸盘吸牢。

1. 平面磨削方式

根据砂轮工作面的不同，平面磨削分为周磨和端磨两类。

（1）周磨

如图 5-75（a）和图 5-75（b）所示，它是采用砂轮的圆周面对工件平面进行磨削的。采用这种磨削方式，砂轮与工件的接触面积小，磨削力小，磨削热小，冷却和排屑条件较好，而且砂轮磨损均匀。

（2）端磨

如图 5-75（c）和图 5-75（d）所示，它是采用砂轮端面对工件平面进行磨削的。采用这种磨削方式，砂轮与工件的接触面积大，磨削力大，磨削热多，冷却和排屑条件差，工件受热变形大。此外，由于砂轮端面径向各点的圆周速度不相等，因此砂轮磨损不均匀。

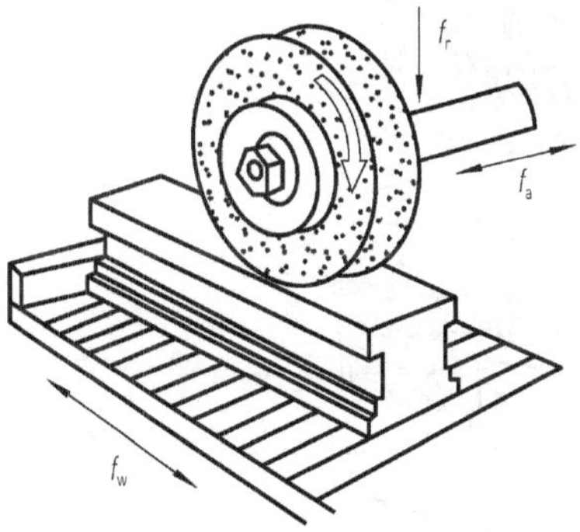

（a）卧轴矩台式平面磨削

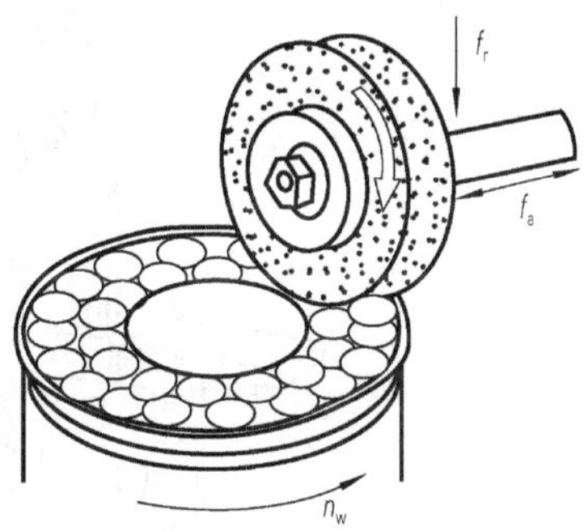

（b）卧轴圆台式平面磨削

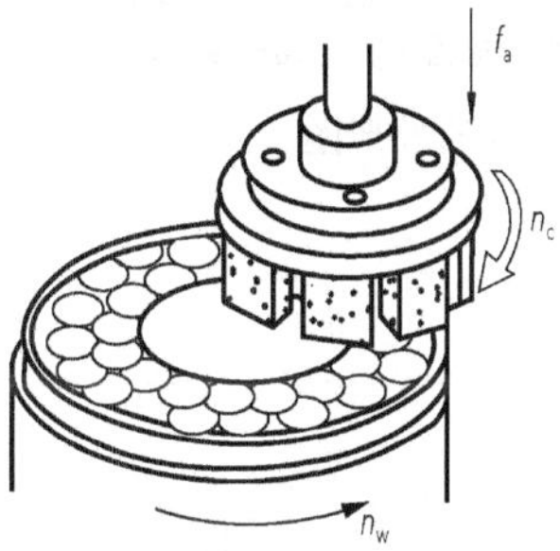

（c）立轴圆台式平面磨削

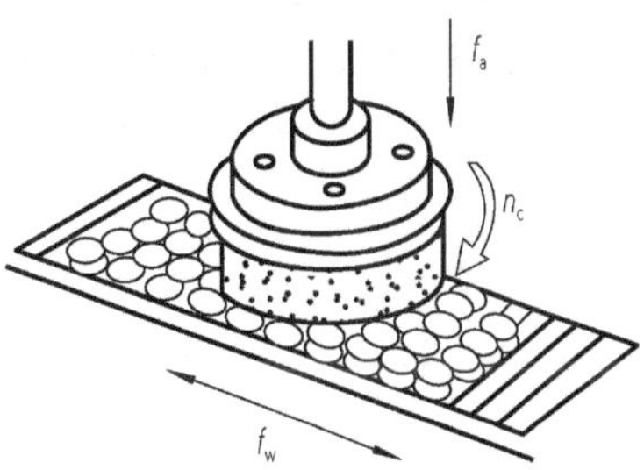

（d）立轴矩台式平面磨削

图 5-75　平面磨床加工示意图

2．平面磨床的类型及特点

根据平面磨床工作台的形状与砂轮工作面的不同，普通平面磨床可分为四种类型：卧轴矩台式平面磨床［图 5-75（a）］、卧轴圆台式平面磨床［图 5-75（b）］、立轴圆台式平面磨床［图 5-75（c）］、立轴矩台式平面磨床［图 5-75（d）］。

在上述四种平面磨床中，与用砂轮圆周面磨削的平面磨床相比，用砂轮端面磨削的平面磨床由于端面磨削的砂轮直径往往比较大，能同时磨削出工件的宽度和面积大，同时砂轮悬伸长度短，刚性好，可采用较大的磨削用量，故生产效率较高。但砂轮散热、冷却、排屑条件差，所以加工精度和表面质量不高，一般用于粗磨。而用圆周面磨削的平面磨床，加工质量较高，但这种平面磨床生产效率低，仅适于精磨。圆台式平面磨床与矩台式平面磨床相比，由于圆台式是连续进给，生产效率高，故适用于磨削小零件和大直径的环形零件端面，而不能磨削长零件。矩台式平面磨床可方便磨削各种常用零件，包括直径小于工作台面宽度的环形零件。生产中常用的是卧轴矩台式平面磨床和立轴圆台式平面磨床。图 5-76 所示为卧轴矩台式平面磨床的外形图。工作台 8 沿床身 10 的纵向导轨做往复直线进给运动，由液压传动或手动进行调整。工件用电磁吸盘式夹具装夹在工作台上。砂轮架可沿滑座的燕尾导轨做横向间歇进给运动（手动或液动）。滑座和砂轮架一起可沿立柱 6 的导轨做间歇的垂直切入运动（手动）。砂轮主轴由内装式异步电动机直接驱动。

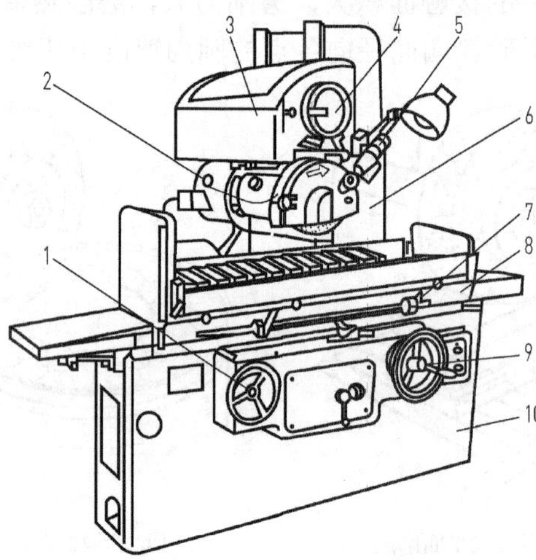

1—驱动工作台手轮；2—磨头；3—滑板；4—横向进给手轮；5—砂轮修整器；6—立柱；7—行程挡块；8—工作台；9—垂直进给手轮；10—床身。

图 5-76　卧轴矩台式平面磨床的外形图

5.9 圆柱齿轮加工

齿轮是用来传递运动和动力的重要零件，目前大多数机械都应用它。常用的齿轮有圆柱齿轮、圆锥齿轮及蜗轮等，以圆柱齿轮应用最广。

齿轮齿形的加工，按加工原理不同分为成形法和展成法。成形法是用与被切齿轮齿间形状相符的成形铣刀切出齿轮齿形的方法，用这种方法制造出来的齿轮精度较低，只能用于低速的齿轮传动。展成法是利用齿轮刀具与被切齿轮的啮合运动而切出齿轮齿形的方法，用这种方法制造出来的齿轮精度高，但需要专用机床，常见的有滚齿机、插齿机、刨齿机、磨齿机等。

微课：齿轮加工（1）

5.9.1　成形法加工齿轮

在万能铣床上铣制圆柱齿轮，这种铣齿方法属于成形法。铣制时，工件安装在铣床的分度头上，用一定模数的盘状（或指状）铣刀对齿轮齿间进行铣削。当加工完一个齿间后，进行分度，再铣下一个齿间，如图 5-77 所示。

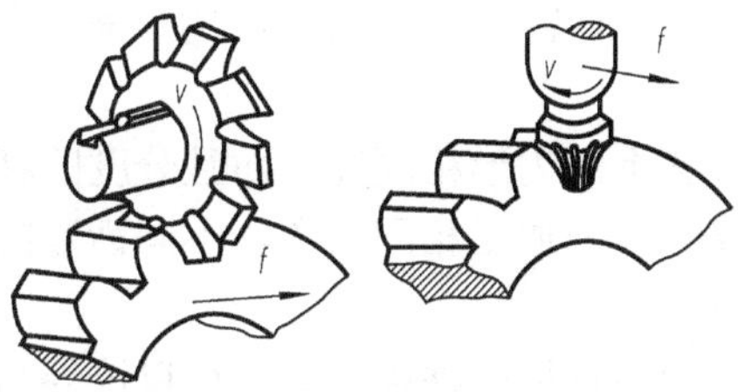

图 5-77　用成形法加工齿轮示意图

成形法加工方法的特点：设备简单（用普通的铣床即可），刀具成本低；生产效率低，这是因为铣刀每切一齿都要重复消耗一段切入、切出、退刀、分度等辅助时间；加工齿轮的精度低，这是因为铣制同一模数不同齿数的齿轮所用的铣刀，一般只有 8 个刀号，每个刀号的铣刀有相应规定的铣齿范围，如表 5-20 所示。

表 5-20　齿轮铣刀分号

铣刀号数	1	2	3	4	5	6	7	8
能铣制的齿数/齿	12～13	14～16	17～20	21～55	26～34	35～54	55～134	135 以上

5.9.2　展成法加工齿轮

展成法是利用齿轮刀具与被切齿轮的啮合运动而切出齿轮齿形的方法。利用这种方法制造出来的齿轮精度高，但需要专用机床，常见的有滚齿机、插齿机、刨齿机、磨齿机等。

微课：齿轮加工（2）

1. 在滚齿机上加工圆柱齿轮

滚齿加工是根据展成形原理——类似于蜗杆与蜗轮的啮合来加工齿轮的。所用的刀具称为滚刀，滚刀的轮廓形状与蜗杆相似，它是围绕刀具圆柱面上形成的螺旋槽及垂直于螺旋槽方向切出的沟槽相交而形成切削刃的，该切削刃近似于齿条的齿形。

齿条与同模数的任何齿数的齿轮都能正确啮合，因此用滚刀滚切同一模数任何齿数的齿轮时，都能获得要求的齿形。

当把齿条当作刀具来切齿轮时，存在被切齿轮齿数较多和齿条长度有限的矛盾。将齿条刀的刀齿有规律地分布在圆柱体的螺旋面上（图 5-78），即可得到滚刀的外形。

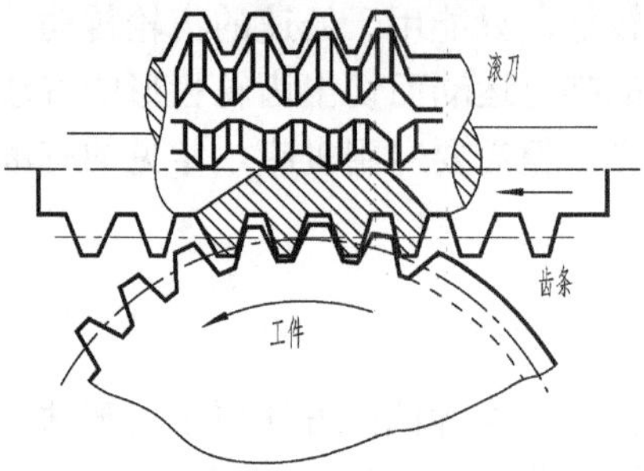

图 5-78　滚刀的外形图

滚齿法是齿形加工中生产效率较高、应用较广的一种齿轮加工方法。它的主要特点如下。

1）与铣齿法相比，滚齿法不但齿形精度高，而且分度的精度也高。

2）滚齿法可用同一模数的滚刀加工相同模数、不同齿数的圆柱齿轮。

3）连续切削，生产效率高。

4）应用范围广泛，不但能滚直齿圆柱齿轮，还可以滚斜齿圆柱齿轮、蜗轮等。

滚齿法一般不能加工内齿轮和相距太近的多联齿轮。

2. 在插齿机上加工圆柱齿轮

（1）插齿原理与插齿刀

利用一对齿轮啮合的原理，实现插齿加工，所图 5-79（a）所示。插齿刀就是一个在轮齿上磨出前角和后角而具有切削刃的齿轮，齿形的包络过程如图 5-79（b）所示。

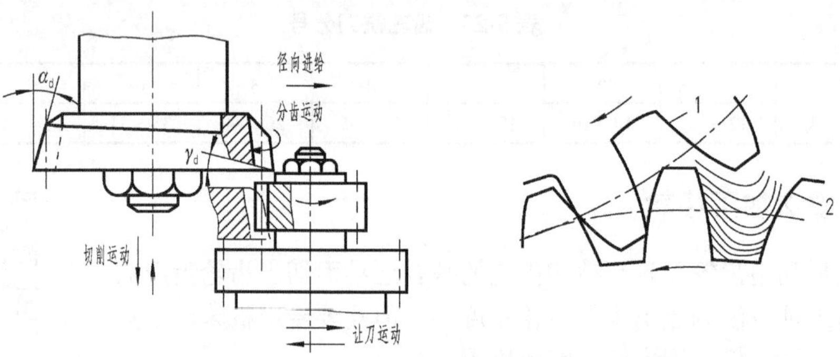

γ_d—前角；α_d—后角

（a）插齿

1—插齿刀；2—毛坯。

（b）齿形的包络过程

图 5-79　插齿加工

根据插齿原理，插齿刀与工件相当于一对平行轴的圆柱直齿轮啮合，把其中一个齿轮磨出前角和后角，形成切削刃的齿轮，而齿坯则作为另一个齿轮，插齿时刀具沿工件轴线做高速的往复直线运动，形成切削加工的主运动，同时还与工件做无间隙的啮合运动，在工件上加工出全部轮齿的齿廓。在加工过程中，刀具每往复一次仅切出工件齿槽的很小一部分，工件齿槽的齿面曲线是由插齿刀切削刃多次切削的包络线所组成的。

（2）插齿加工的特点

插齿加工具有如下工艺特点。

1）插齿加工精度较高。由于插齿刀的制造、刃磨和检验均较滚刀简便，易于保证制造精度，故可保证插齿的齿形精度高。

2）插齿生产效率比滚齿低。插齿刀的切削速度受往复运动惯性限制难以提高，且空行程损失大，因此生产效率低于滚齿加工。

3）插齿加工的齿面粗糙度较小。由于插齿刀是沿轮齿全长连续切下切屑，因此插齿加工的齿面粗糙度优于滚齿。

4）同一模数所用的插刀可加工模数相同、齿数不同的圆柱齿轮。

插齿加工可用于加工滚齿难以加工的内齿轮、双联或多联齿轮，但加工斜齿轮不如滚齿方便。滚齿和插齿加工的齿轮精度较低，对于高精度的齿轮，或者淬火后的硬齿面加工，往往需要在滚齿、插齿之后经热处理再进行精加工，常用的齿面精加工方法有剃齿、珩齿、磨齿等。其中，对不淬火的较软齿轮，可以用剃齿做精加工；对需要淬火的较硬齿轮，可用珩齿、磨齿等做精加工。

5.10 螺纹加工

在各种机械零件中，螺纹的应用很广泛。根据用途不同，螺纹分为两大类：一类是连接螺纹，用于零件间的固定连接，常用的有普通螺纹和管螺纹等，螺纹牙型一般为三角形，如各种螺栓和螺钉的螺纹等；另一类是传动螺纹，用于传递动力、运动或位移，螺纹牙型一般为梯形或锯齿形，如丝杠和测微螺杆的螺纹等。

微课：螺纹加工

螺纹的加工方法有很多，生产中应根据工件结构形状、螺纹牙型、螺纹的尺寸和精度、工件材料、热处理及生产类型等因素来选择加工方案。常见螺纹的加工方法如表 5-21 所示。

表 5-21　常见螺纹的加工方法

加工方法	中径公差等级	表面粗糙度 *Ra* /μm	加工方法	中径公差等级	表面粗糙度 *Ra* /μm
攻螺纹	6～8	6.3～1.6	搓螺纹	5～8	1.6～0.4
套螺纹	7～8	3.2～1.6	滚压螺纹	4～5	0.8～0.2
车削	4～8	1.6～0.4	磨削	4～6	0.4～0.1
铣刀铣削	6～8	6.3～3.2	研削	4	0.1

5.10.1　车螺纹

车螺纹是螺纹加工的基本方法，使用通用设备，刀具简单，可加工各种形状、尺寸及精度的内外螺纹，适应性广，特别适于加工尺寸较大的螺纹。但是，车螺纹的生产效率低，螺纹的加工质量取决于机床、刀具的精度及工人的技术水平，故适于单件、小批量生产。

当生产批量较大时，常采用螺纹梳刀进行车削螺纹，如图 5-80 所示。梳刀实质上是一种多齿的螺纹车刀，只需一次走刀就能车出全部螺纹，生产效率高。

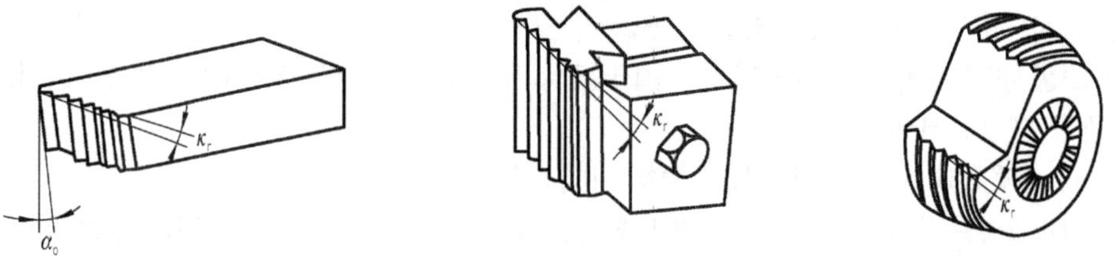

（a）平体螺纹梳刀　（b）棱体螺纹梳刀　（c）圆体螺纹梳刀

图 5-80　螺纹梳刀

5.10.2　铣螺纹

铣螺纹的生产效率比车螺纹的高，在成批和大量生产中应用很广。铣螺纹一般是在专门的螺纹铣床上进行，根据所用铣刀的结构不同，可分为以下两种方法。

1．用盘形螺纹铣刀铣螺纹

如图 5-81 所示，盘形螺纹铣刀铣螺纹加工方法的加工精度较低，一般只适于粗加工尺寸较大的传动螺纹，而精加工须采用车削或磨削。

2．用梳形螺纹铣刀铣螺纹

如图 5-82 所示，进行梳形螺纹铣刀铣螺纹加工时，工件只需转一转或一转多一些即可切出全部螺纹，生产效率较高，但加工精度较低，一般用于加工短而螺距不大的三角形内外螺纹。

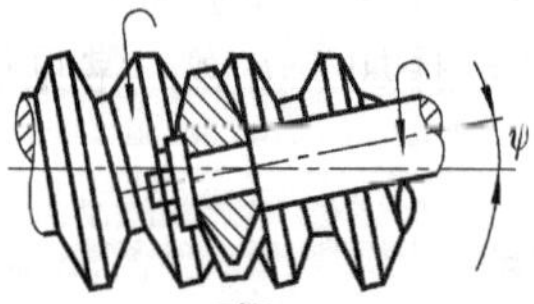

图 5-81　用盘形螺纹铣刀铣螺纹

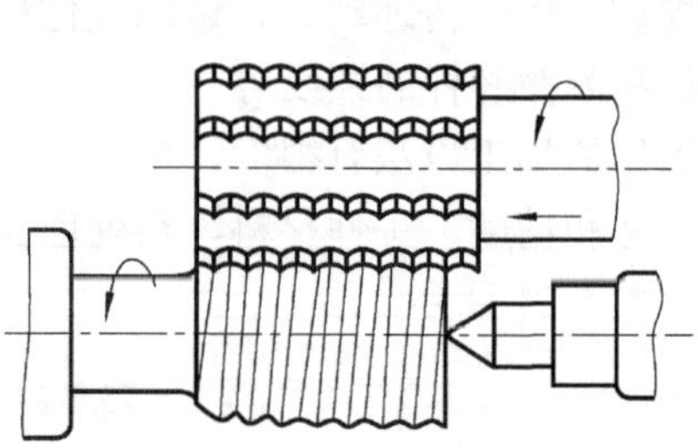
图 5-82　用梳形螺纹铣刀铣螺纹

5.10.3　磨螺纹

螺纹磨削一般在螺纹磨床上进行，常用于淬硬螺纹的精加工，以便修正热处理引起的变形，提高加工精度，如丝锥、螺纹量规、滚丝轮及精密传动螺杆上的螺纹等。螺纹在磨削前，一般应采用车、铣等方法进行粗加工，对小尺寸的螺纹，也可不经粗加工而直接磨出。磨外螺纹时，根据所用的砂轮形状不同，可分为单线砂轮磨螺纹和梳形砂轮磨螺纹，如图 5-83 所示。

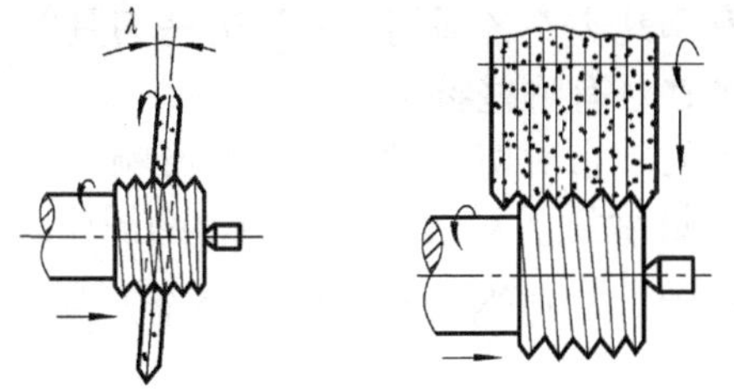

图 5-83　磨削外螺纹

单线砂轮磨螺纹时，砂轮修整较方便，加工精度较高，并且可加工较长和螺距较大的螺纹；梳形砂轮磨螺纹时，修整砂轮较困难，加工精度低于前者，只适于磨削升角较小、长度较短的螺纹。但用梳形砂轮磨削时，工件转 1.3～1.5 转就可完成加工，生产效率比单线砂轮高。

5.10.4　攻螺纹与套螺纹

在单件、小批量生产中，用丝锥手动攻螺纹；批量较大时，用机用丝锥在车床、钻床或攻丝机上攻螺纹。对小尺寸的内螺纹，攻螺纹几乎是唯一有效的加工方法。套螺纹的螺纹直径一般小于 16mm，既可手工套螺纹，也可在机床上进行。攻螺纹与套螺纹如图 5-84 所示。

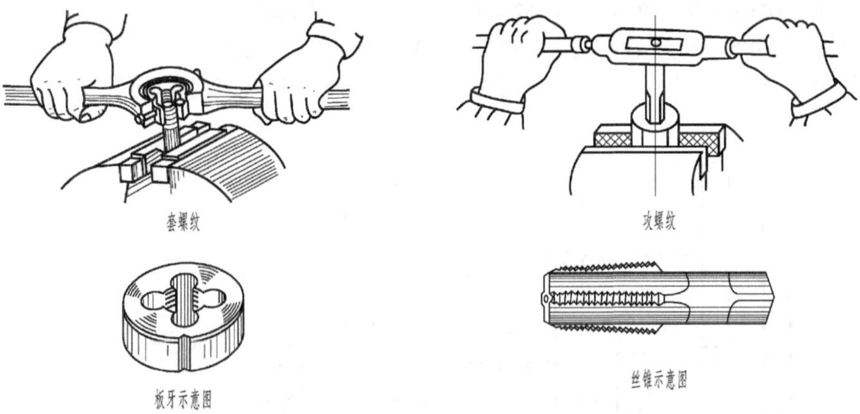

图 5-84　攻螺纹与套螺纹

由于攻螺纹和套螺纹的加工精度低，故广泛用于加工精度不高的普通螺纹。

思考与练习

5-1 切削加工由哪些运动组成？它们各有什么作用？

5-2 切削用量三要素是什么？它们的单位是什么？

5-3 车外圆时，工件加工前直径为 62mm，加工后直径为 56mm，工件转速为 4r/s，刀具每秒沿工件轴向移动 2mm，求 v_c、f、a_p。

5-4 刀具正交平面参考系由哪些平面组成？它们是如何定义的？

5-5 常用刀具的材料有哪几类？各适用于制造哪些刀具？

5-6 切屑类型有哪四类？各有哪些特点？

5-7 切削热是如何产生的？它对切削过程有什么影响？

5-8 试述背吃刀量 a_p、进给量 f 对切削温度的影响规律。

5-9 简述刀具磨损的原因。高速钢刀具、硬质合金刀具在中速、高速时产生磨损的主要原因是什么？

5-10 切削变形、切削力、切削温度、刀具磨损和刀具寿命之间存在什么关系？

5-11 说明前角和后角的大小对切削过程的影响。

5-12 说明刃倾角的作用。

5-13 常用切削液有哪几种？各适用于什么场合？

5-14 按加工性质和所用刀具不同，机床可分为哪几类？

5-15 通用机床的型号包含哪些内容？

5-16 说明下列机床型号的意义：X6132，X5032，C6132，Z3040，T6112，Y3150，C1312，B2010A。

5-17 什么是外联系传动链？什么是内联系传动链？对这两种传动链有什么不同要求？试举例说明。

5-18 根据图 5-85（a）、图 5-85（b）所示传动系统图，完成下列要求。

1）分别列出图 5-85（a）、图 5-85（b）的传动路线表达式。

2）分析图 5-85（a）Ⅲ轴、图 5-85（b）Ⅴ轴的转速级数。

3）分别计算图 5-85（a）Ⅲ轴、图 5-85（b）Ⅴ轴的最高转速和最低转速。

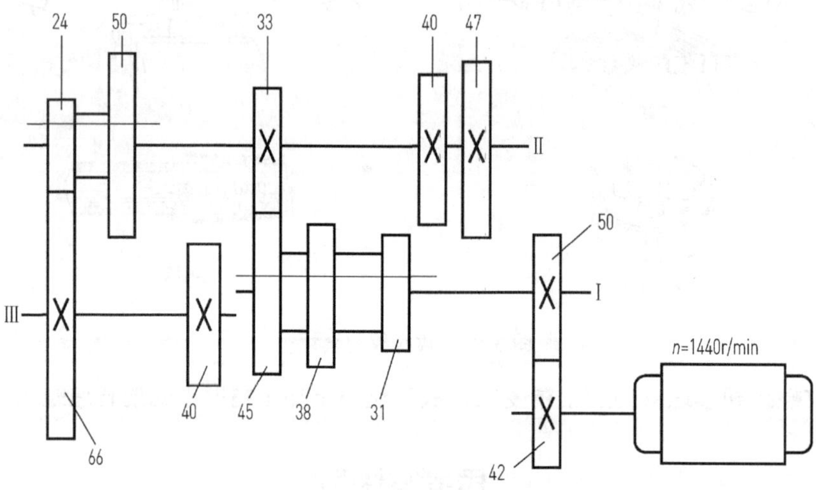

（a）

图 5-85　题 5-18 图

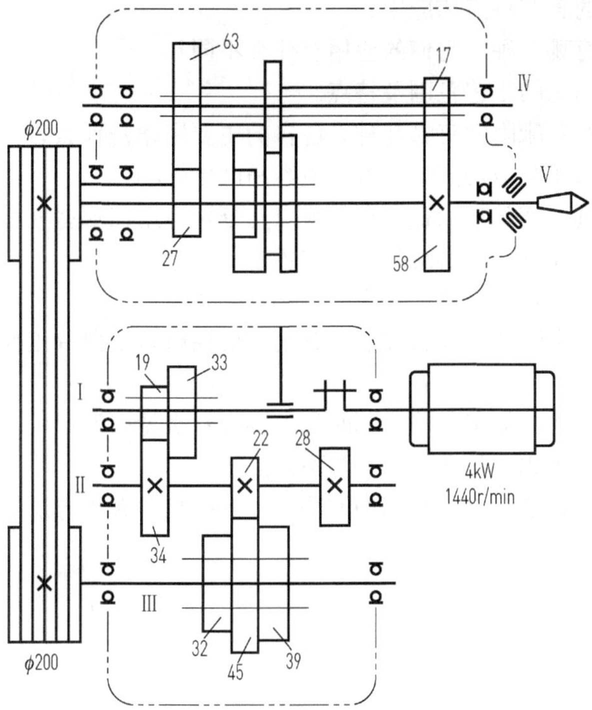

（b）

图 5-85 （续）

5-19 外圆表面常用加工方法有哪些？如何选用？

5-20 砂轮的特征主要取决于哪些因素？如何进行选择？

5-21 外圆磨削有哪几种方式？各有什么特点？各适用于什么场合？

5-22 简述无心外圆磨削的特点及磨削方法。

5-23 简述 M1432A 型万能外圆磨床具备哪些运动？

5-24 万能外圆磨床上磨削锥面有哪几种方法？各适用于什么场合？机床应如何调整？

5-25 内圆表面常用的加工方法有哪些？如何选用？

5-26 标准高速钢麻花钻由哪几部分组成？切削部分包括哪些几何参数？

5-27 标准麻花钻的缺点是什么？

5-28 试分析钻孔、扩孔和铰孔三种孔加工方法的工艺特点，并说明这三种孔加工工艺之间的联系。

5-29 试分析比较外排屑、内排屑和喷吸式深孔钻的工作原理、优缺点和使用范围。

5-30 镗削加工有何特点？常用的镗刀有哪几种类型？其结构和特点如何？

5-31 卧式镗床有哪些成形运动？它能完成哪些加工工作？

5-32 试述拉削的工艺特点和应用。

5-33 有时拉削要将工件端面靠在球面垫上，为什么？

5-34 常用圆孔拉刀的结构由哪几部分组成？各部分起什么作用？

5-35 试述内圆磨削的工艺特点及应用范围。

5-36 试述刨削的工艺特点和应用。

5-37 常用刨床有哪几种？它们的应用有什么不同？

5-38 试述铣削加工的工艺范围及特点。

5-39 常用铣床及铣床附件有哪几种？各自的主要用途是什么？

5-40 铣削为什么比其他切削加工方法更容易产生振动？

5-41 端铣与周铣、逆铣与顺铣各有何特点？分别应用在哪些方面？

5-42 试分析磨平面时，端磨法与周磨法各自的特点。

5-43 平面磨床有哪几种类型？常用的是哪种类型？

5-44 电磁吸盘装夹工件有什么优点？磨削非磁性材料及薄片工件平面时，应该如何装夹工件？

5-45 圆柱齿轮齿形的加工方法有哪两类？各有什么特点？

5-46 插齿和滚齿相比有什么相同点与不同点？

5-47 螺纹的加工方法有哪些？哪种方法生产效率高？哪种方法加工精度高？

6 单元 机械加工工艺规程

◎ 单元导读

制订机械加工工艺规程是机械制造企业工艺技术人员的一项主要工作内容。机械加工工艺规程的制订与生产实际有着密切的联系，它要求工艺规程制订者具有一定的生产实践知识和专业基础知识。本单元主要介绍工艺规程的基本概念、机械加工工艺过程的组成、生产纲领与生产类型、机械加工工艺规程的制订、典型零件机械加工工艺过程等。通过学习，了解各种加工方法的基本概念、工艺特点，掌握机械制造工艺及应用基础、机械加工工艺的制订原则和方法，能够解决制造过程中出现的各种工艺问题。

◎ 能力目标

1. 了解工艺过程与工艺规程的概念和机械加工工艺过程的组成。
2. 理解机械加工工艺规程的制订和零件的结构工艺性。
3. 掌握典型轴类零件加工工艺、套类零件加工工艺及箱体类零件加工工艺。
4. 了解常见机械制造方法的工艺及其设备。
5. 熟练典型零件加工的常规工艺及加工质量的检验技术。
6. 初步具备设计工艺规程和专用夹具的能力及分析和解决机械加工质量问题的能力。
7. 了解智能制造技术在加工工艺中的应用。

◎ 思政目标

1. 培养认真细致、求真务实的工作作风，发扬一丝不苟、精益求精的工匠精神。
2. 培养工程思维，提升工程实践技能。
3. 培养职业素养与团队协作能力，自觉遵守工厂规章制度，践行行业道德规范。

工程案例：摇杆零件工艺规程的编制

1. 工作任务

编制摇杆零件（图 6-1）工艺规程，掌握制图识图、材料分析、常用零件的加工工艺、机械加工工艺规程的基本内容、各种机械加工工艺文件的填写和应用等知识与技能。

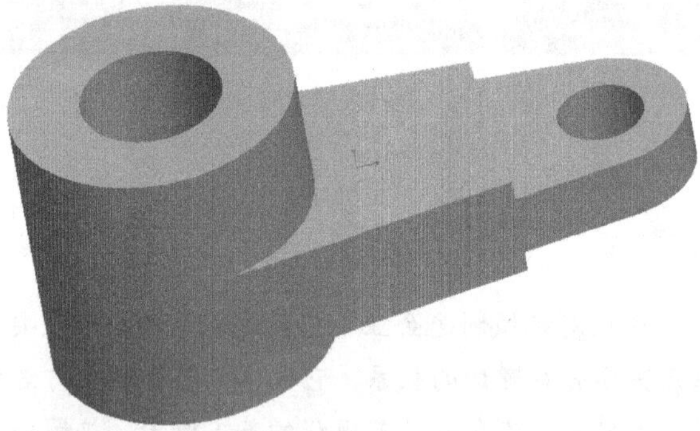

（a）外形图

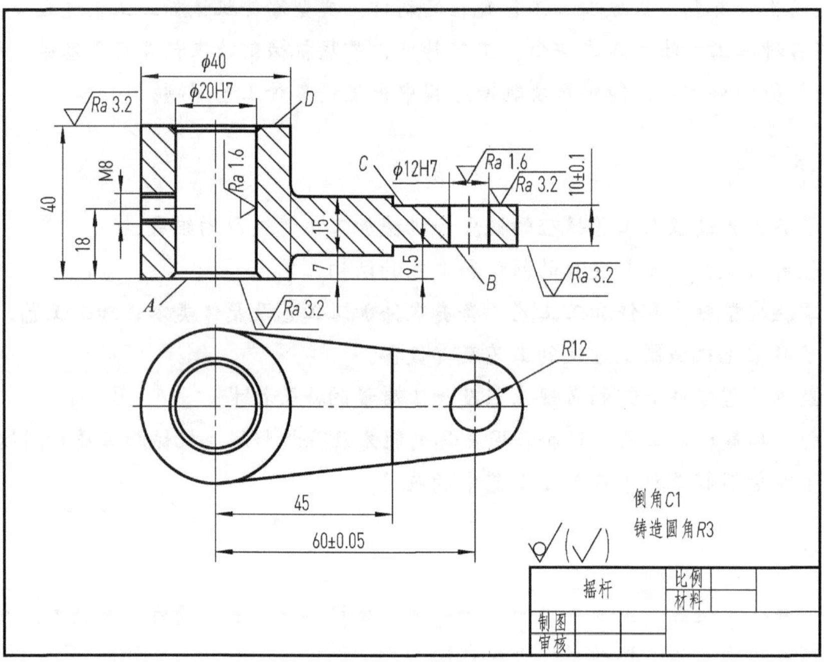

（b）内部结构图样

图 6-1　摇杆零件

2. 任务分析

本摇杆的零件材料为 HT200，毛坯为铸件，生产批量为 5000 件。

本任务首先要确定主要加工面及设计基准，然后确定各主要加工面的加工方法，同时还要考虑加工顺序。根据实际工作需要，本零件全部工序基准与设计基准重合，工序尺寸就是设计尺寸，可根据加工方法直接确定尺寸余量。可确定铣削余量 2.5mm；台阶面厚度为 15mm，轴向尺寸为 45mm，并按分析内容填写工艺规程表格。

6.1 工艺过程与工艺规程

在实际生产中，由于零件的结构形状、几何精度、技术条件和生产数量等要求不同，一个零件往往要经过一定的加工过程才能由图样变为成品零件。因此，机械加工工艺人员必须从工厂现有的生产条件和零件的生产数量出发，根据零件的具体要求，在保证加工质量、提高生产效率和降低生产成本的前提下，对零件上的各加工表面选择适宜的加工方法，合理地安排加工顺序，科学地拟订加工工艺过程，以获得合格的机械零件。

微课：工艺过程与工艺规程（1）

6.1.1　工艺过程与工艺规程概述

1．工艺过程的概念

在生产过程中，与由原材料转变为产品直接相关的过程称为工艺过程。它包括毛坯制造、零件加工、热处理、质量检验和机器装配等。而为保证工艺过程正常进行所需要的刀具、夹具制造，机床调整维修等则属于辅助过程。在工艺过程中，以机械加工方法按一定顺序逐步地改变毛坯形状、尺寸、相对位置和性能等，直至成为合格零件的过程称为机械加工工艺过程。

2．工艺规程的概念

技术人员根据产品数量、设备条件和工人素质等情况，确定采用的工艺过程，并将有关内容编制成工艺文件，这种文件就称为工艺规程。它是在具体的生产条件下，以较合理的工艺过程和操作方法，按规定的形式编制成工艺文件，经审批后用来指导生产的。其内容主要包括零件加工工序内容、切削用量、工时定额及各工序所采用的设备和工艺装备等。

3．工艺规程的作用

工艺规程是机械制造厂主要的技术文件之一，是工厂规章条例的重要组成部分，其具体作用如下。

（1）指导生产的主要技术文件

工艺规程是最合理的工艺过程的表格化，是在工艺理论和实践经验的基础上制订的。工人只有按照工艺规程进行生产，才能保证产品质量和较高的生产效率及较好的经济效果。

（2）组织和管理生产的基本依据

在产品投产前要根据工艺规程进行有关的技术准备和生产准备工作，如原材料的供应安排、通用工装设备的准备、专用工装设备的设计及核算等工作。生产中对工人业务的考核也是以工艺规程为主要依据的。

（3）新建和扩建工厂的基本资料

新建（或扩建）工厂（或车间）时，要根据工艺规程来确定所需要的机床设备的品种、数量、布置、占地面积、辅助部门的安排等。

（4）进行技术交流，开展技术革新的基本资料

典型和标准的工艺规程能缩短生产的准备时间，提高经济效益。先进的工艺规程必须广泛吸取合理化建议，不断交流工作经验，才能适应科学技术的不断发展。工艺规程是开展技术革新和技术交流必不可少的技术语言和基本资料。

4．机械加工工艺规程的格式

将工艺规程的各项内容填入一定格式的卡片，即成为生产准备和施工所依据的工艺文件。经常使用的工艺文件有下列两种。

（1）机械加工工艺过程卡片

机械加工工艺过程卡片是以工序为单位，简要说明零件机械加工过程的一种工艺文件，主要用于单件、小批量生产和中批量生产的零件。该卡片是生产管理方面的工艺文件。机械加工工艺过程卡片的格式如表 6-1 所示。

表 6-1　机械加工工艺过程卡片

<table>
<tr><td colspan="2" rowspan="2">工厂</td><td colspan="7" rowspan="2">机械加工工艺过程卡片</td><td>产品型号</td><td></td><td>零（部）件图号</td><td></td><td colspan="2">共　页</td></tr>
<tr><td>产品名称</td><td></td><td>零（部）件名称</td><td></td><td colspan="2">第　页</td></tr>
<tr><td colspan="2">材料牌号</td><td colspan="2"></td><td colspan="2">毛坯种类</td><td colspan="2"></td><td>毛坯外形尺寸</td><td></td><td>每毛坯件数</td><td>每台件数</td><td></td><td>备注</td><td></td></tr>
<tr><td rowspan="2">工序号</td><td rowspan="2">工序名称</td><td colspan="7" rowspan="2">工序内容</td><td rowspan="2">车间</td><td rowspan="2">工段</td><td rowspan="2">设备</td><td rowspan="2">工艺装备</td><td colspan="2">工时</td></tr>
<tr><td>准备</td><td>单件</td></tr>
<tr><td></td><td></td><td colspan="7"></td><td></td><td></td><td></td><td></td><td></td><td></td></tr>
<tr><td></td><td></td><td></td><td></td><td></td><td></td><td></td><td></td><td></td><td colspan="2">编制（日期）</td><td>审核（日期）</td><td>会签（日期）</td><td></td><td></td></tr>
<tr><td>标记</td><td>处数</td><td>更改文件号</td><td>签字</td><td>日期</td><td>标记</td><td>处数</td><td>更改文件号</td><td>签字</td><td>日期</td><td></td><td></td><td></td><td></td><td></td></tr>
</table>

（2）机械加工工序卡片

机械加工工序卡片是在机械加工工艺过程卡片或机械加工工艺卡片的基础上，按每道工序所编制的一种工艺文件，用来具体指导工人操作。其主要内容包括工序简图、该工序中每个工步的加工内容、工艺参数、操作要求，以及所用的设备和工艺装备等。机械加工工序卡片主要用于大批量生产中所有的零件、中批量生产中复杂产品的关键零件，以及单件、小批量生产中的关键工序。机械加工工序卡片的格式如表 6-2 所示。

表 6-2　机械加工工序卡片

<table>
<tr><td rowspan="2">工厂</td><td rowspan="2" colspan="5">机械加工工序卡片</td><td>产品型号</td><td colspan="2"></td><td>零（部）件图号</td><td></td><td colspan="2">共　页</td></tr>
<tr><td>产品名称</td><td colspan="2"></td><td>零（部）件名称</td><td></td><td colspan="2">第　页</td></tr>
<tr><td>材料牌号</td><td></td><td>毛坯种类</td><td></td><td>毛坯外形尺寸</td><td></td><td>每毛坯件数</td><td></td><td>每台件数</td><td></td><td>备注</td><td></td></tr>
</table>

<table>
<tr><td rowspan="10">（工序简图）</td><td>车间</td><td>工序号</td><td>工序名称</td><td colspan="2">材料牌号</td></tr>
<tr><td></td><td></td><td></td><td colspan="2"></td></tr>
<tr><td>毛坯种类</td><td>毛坯外形尺寸</td><td>每毛坯件数</td><td colspan="2">每台件数</td></tr>
<tr><td></td><td></td><td></td><td colspan="2"></td></tr>
<tr><td>设备名称</td><td>设备型号</td><td>设备编号</td><td colspan="2">同时加工件数</td></tr>
<tr><td></td><td></td><td></td><td colspan="2"></td></tr>
<tr><td colspan="2">夹具编号</td><td>夹具名称</td><td colspan="2">切削液</td></tr>
<tr><td colspan="2" rowspan="3"></td><td rowspan="3"></td><td colspan="2"></td></tr>
<tr><td colspan="2">工序工时</td></tr>
<tr><td>准备</td><td>单件</td></tr>
</table>

<table>
<tr><td rowspan="2">工步号</td><td rowspan="2">工步内容</td><td rowspan="2">工艺装备</td><td rowspan="2">主轴转速/（r/min）</td><td rowspan="2">切削速度/（m/min）</td><td rowspan="2">进给量/（mm/r）</td><td rowspan="2">切削深度/mm</td><td rowspan="2">进给次数</td><td colspan="2">工步工时</td></tr>
<tr><td>机动</td><td>辅助</td></tr>
<tr><td></td><td></td><td></td><td></td><td></td><td></td><td></td><td></td><td></td><td></td></tr>
</table>

<table>
<tr><td></td><td></td><td></td><td></td><td></td><td></td><td></td><td></td><td></td><td></td><td rowspan="2">编制（日期）</td><td rowspan="2">审核（日期）</td><td rowspan="2">会签（日期）</td><td rowspan="2"></td><td rowspan="2"></td></tr>
<tr><td></td><td></td><td></td><td></td><td></td><td></td><td></td><td></td><td></td><td></td></tr>
<tr><td>标记</td><td>处数</td><td>更改文件号</td><td>签字</td><td>日期</td><td>标记</td><td>处数</td><td>更改文件号</td><td>签字</td><td>日期</td><td></td><td></td><td></td><td></td><td></td></tr>
</table>

工艺文件中的工序简图可以清楚直观地表达本工序的有关内容，其绘制方法如下。

1）可按大概的比例缩小（或放大），并尽可能用较少的视图绘出，视图中与本工序无关的次要结构和线条可略去不画。

2）主视图方向尽量与工件在机床上的装夹方向一致。

3）本工序加工表面用粗实线或红色粗实线表示，其他表面用细实线表示。

4）图中应标注本工序加工后应达到的尺寸（即工序尺寸）及其上极限偏差、下极限偏差、加工表面粗糙度、形状公差和位置公差等，有时也用括号注出工件外形尺寸，作为参考。

5）工件的结构、尺寸要与本工序加工后的情况相符，不要将后面工序中才能形成的结构形状在本工序的工序简图中反映出来。

6）图中应使用标准规定的定位、夹紧符号来表示工件的定位及夹紧情况。

6.1.2　机械加工工艺过程的组成

为了便于工艺规程的编制、执行和生产组织管理，需要把工艺过程划分为不同层次的单元。它们是工序、安装、工位、工步和走刀。其中，工序是工艺过程中的基本单元。零件的机械加工工艺过程由若干个工序组成。在一个工序中可能包含一个或几个安装，每一个安装可能包含一个或几个工位，每一个工位可能包含一个或几个工步，每一个工步可能包括一个或几个走刀。

1．工序

一个或一组工人，在一个工作地对同一个或同时对几个工件所连续完成的工艺过程称为工序。判断一系列的加工内容是否属于同一个工序，关键在于这些加工内容是否在同一个工作地对同一个工件连续地被完成。这里的“工作地”是指一台机床、一个钳工台或一个装配地点；这里的“连续”是指对一个具体的工件的加工是连续进行的，中间没有插入另一个工件的加工。例如，在车床上加工一个轴类零件，尽管在加工过程中可能多次掉头装夹工件及变换刀具，但只要没有更换机床，也没有在加工过程中插入另一个工件的加工，则在此车床上对该轴类零件的所有加工内容都属于同一个工序。

加工图 6-2 所示的阶梯轴，当生产批量较小时，其工艺过程及工序的划分如表 6-3 所示；当工件的生产批量较大时，其工艺过程及工序的划分如表 6-4 所示。

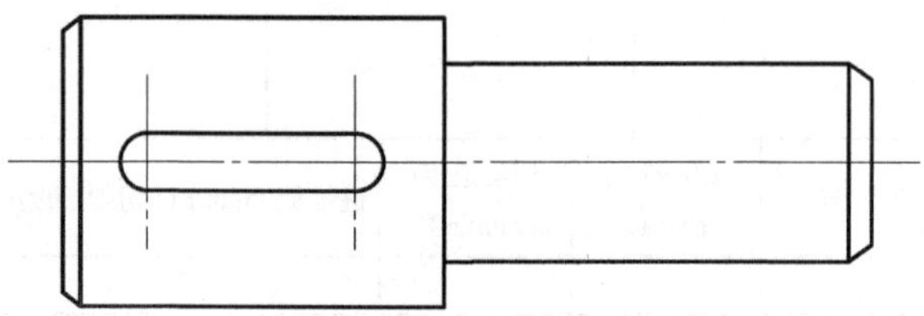

图 6-2　阶梯轴

表 6-3　小批量生产的工艺过程

工序号	工序内容	设备
1	车一端面，钻中心孔；掉头车另一端面，钻中心孔	车床
2	车大端外圆及倒角；车小端外圆及倒角	车床
3	铣键槽；去毛刺	铣床

表 6-4　大批量生产的工艺过程

工序号	工序内容	设备
1	铣端面，钻中心孔	中心孔机床
2	车大端外圆及倒角	车床
3	掉头，车小端外圆及倒角	车床
4	铣键槽	键槽铣床
5	去毛刺	钳工

工序是工艺过程的基本组成部分，也是确定工时定额、配备工人、安排作业计划和进行质量检验等的基本单元。

在零件的加工过程中，有一些工作并不改变零件形状、尺寸和表面质量，但却直接影响工艺过程的完成，如检验、打标记等，这些工作的工序称为辅助工序。

2．安装

在加工前，应先使工件在机床上或夹具中占据正确的位置，这一过程称为定位；工件定位后，将其固定，使其在加工过程中保持定位位置不变的操作称为夹紧；将工件在机床或夹具中每定位、夹紧一次所完成的工序内容称为安装。一道工序中，工件可能被安装一次或多次。表 6-3 中的工序 1 和工序 2 均有两次安装，表 6-4 中的工序 1 和工序 2 只有一次安装。

在加工过程中应尽量减少安装次数，因为在一次安装中加工多个表面，容易保证各表面间的位置精度，而且减少装卸工件的辅助时间，还可以提高生产效率。

3．工位

为了减少安装次数，常采用回转工作台、回转夹具或移位夹具等，使工件在一次安装中，先后处于几个不同的位置进行加工。工件在机床上所占据的每一个位置，称为工位。图 6-3 所示为一利用回转工作台，在一次安装中顺次完成装卸工件、钻孔、扩孔和铰孔四工位加工的实例。采用多工位加工方法，既可以减少安装次数，提高加工精度，减少工人的劳动强度，又可以使各工位的加工与工件的装卸同时进行，提高劳动生产率。

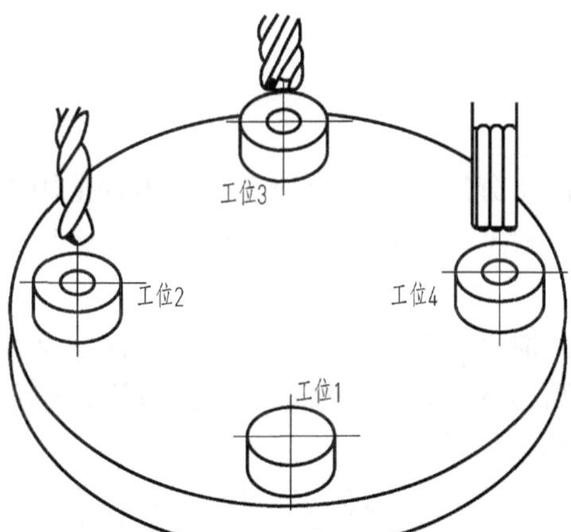

工位 1—装卸工件；工位 2—钻孔；工位 3—扩孔；工位 4—铰孔。

图 6-3　多工位加工示例

4．工步

在一个工序中，当工件的加工表面、切削刀具和切削用量中的转速与进给量均保持不变时所完成的工序内容，称为工步。加工图 6-2 所示的阶梯轴，表 6-3 中的工序 1 和工序 2 均加工四个表面，所以各有四个工步；表 6-4 中的工序 4 只有一个工步。

构成工步的因素：加工表面、刀具和切削用量，它们中的任一因素改变后，一般就变成了另一工步。但是在一次安装中，多个相同的工步通常看成一个工步。如图 6-4 所示，零件上四个 ϕ15mm 孔的钻削加工，可以写成一个工步：钻 4× ϕ15mm 。

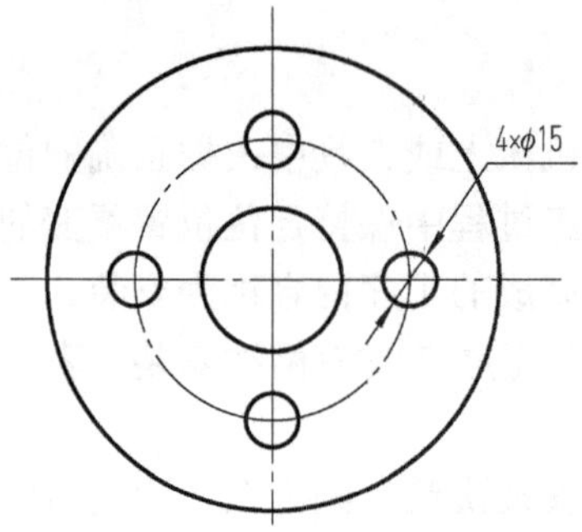

图 6-4　加工四个相同表面的工步

为了提高生产效率，用几把不同的刀具或复合刀具同时加工一个工件上的多个表面，也可以看成是一个工步，称为复合工步。

5．*走刀*

在一个工步内，加工余量需要多次逐步切削，每一次切削即一次走刀。一个工步可以包括一次或几次走刀。

6.1.3　工艺基准

1．*基准及其分类*

基准是机械制造中应用十分广泛的一个概念，是零件上用以确定其他点、线、面位置所依据的那些点、线、面。根据基准功用不同，可分为设计基准和工艺基准。

（1）设计基准

在零件图上用来确定其他点、线、面位置的基准，称为设计基准。在图 6-5 所示的钻套零件中，孔中心线是外圆与内孔径向圆跳动的设计基准，也是轴向圆跳动的设计基准，端面 *A* 是端面 *B*、端面 *C* 的设计基准。

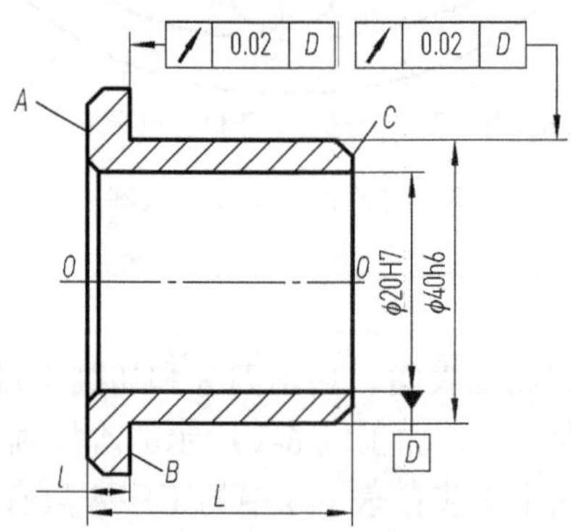

图 6-5　钻套零件

（2）工艺基准

零件在加工和装配过程中所使用的基准称为工艺基准。按用途的不同可将工艺基准分为以下四种。

1）定位基准。加工时工件定位所用的基准称为定位基准。用夹具装夹时，定位基准就是工件上直接与夹具的定位元件相接触的点、线、面。例如，将图 6-5 所示零件套在心轴上磨削 ϕ40h6 外圆表面时，内孔中心线即定位基准。定位基准又可分为粗基准和精基准。粗基准是指没有经过机械加工的定位基准，而经过机械加工的定位基准称为精基准。

2）测量基准。用以检验已加工表面形状、尺寸及位置的基准，称为测量基准。

3）工序基准。在工序简图上用来确定本工序加工表面加工后的尺寸、形状、位置的基准称为工序基准。简言之，它是工序图上的基准。例如，图 6-6 所示为钻套零件的车削加工工序简图，*A* 面是 *B* 面、*C* 面的工序基准。

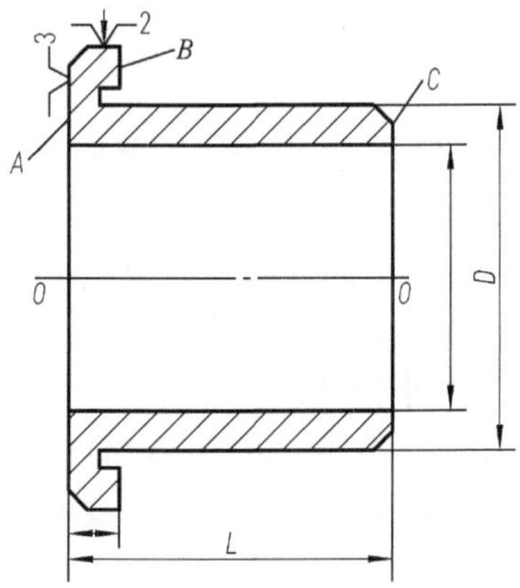

图 6-6　钻套零件的车削加工工序简图

4）装配基准。装配时用以确定零件在部件或成品中位置的基准，称为装配基准。例如，图 6-5 所示钻套零件上的 ϕ40h6 外圆柱面及端面 *B* 就是该钻套零件装在钻床夹具的钻模板上的孔中时的装配基准。

零件上的基准通常是零件表面具体存在的一些点、线、面，但也可以是一些假定的点、线、面，如孔或轴的中心线、槽的对称面等。这些假定的基准，必须由零件上某些相交的具体表面来体现，这样的表面称为基准面。例如，图 6-5 所示钻套零件的内孔中心线并不具体存在，而是由内孔圆柱面来体现的，所以内孔中心线是定位基准，内孔圆柱面是定位基准面。

2. 定位基准的选择

选择定位基准是从保证工件加工精度要求出发的，因此，选择定位基准时应先选择精基准，再选择粗基准。

（1）精基准的选择

选择精基准应考虑如何保证加工精度和装夹可靠方便，一般应遵循以下原则。

1）基准重合原则：应尽可能选择设计基准作为定位基准。这样可以避免基准不重合引起的误差。如果采用图 6-7 所示的调整法加工 *C* 面，则尺寸 *c* 的加工误差 T_c 不仅包含本工序的加工误差 Δj，而且包含基准不重合带来的设计基准与定位基准之间的尺寸误差 T_a；如果采用如图 6-8 所示的方式安装工件，则可消除基准不重合误差。

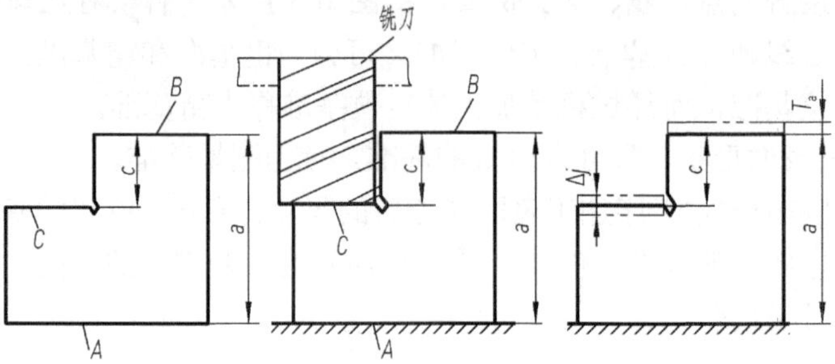

图 6-7　基准不重合误差示例

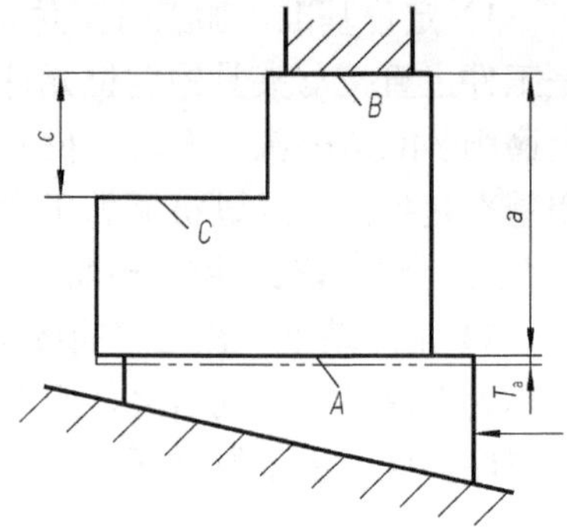

图 6-8　基准重合工件安装示意图

2）基准统一原则：应尽可能采用同一个定位基准加工工件上的各个表面。采用基准统一原则，可以简化工艺规程的制订，减少夹具数量，节约夹具设计和制造费用；同时由于减少了基准的转换，更有利于保证各表面间的相互位置精度。利用两中心孔定位加工轴类零件的各外圆表面，即符合基准统一原则。

3）互为基准原则：对工件上两个相互位置精度要求比较高的表面进行加工时，可以利用两个表面互相作为基准，反复进行加工，以保证位置精度要求。例如，为保证套类零件内、外圆柱面较高的同轴度要求，可先以孔为定位基准加工外圆，再以外圆为定位基准加工内孔，然后反复多次。

4）自为基准原则：当某些加工表面加工精度很高，加工余量小而均匀时，可选择加工表面本身作为定位基准。如图 6-9 所示，在导轨磨床上磨削床身导轨面时，就是以导轨面本身为基准，在磨头上装百分表来找正定位的。应用这种精基准加工工件，只能提高加工表面的尺寸精度、形状精度，不能提高表面间的相互位置精度，位置精度应由先行工序保证。例如，用浮动铰刀铰孔、用拉刀拉孔、用无心磨床磨外圆等，均是自为基准的实例。

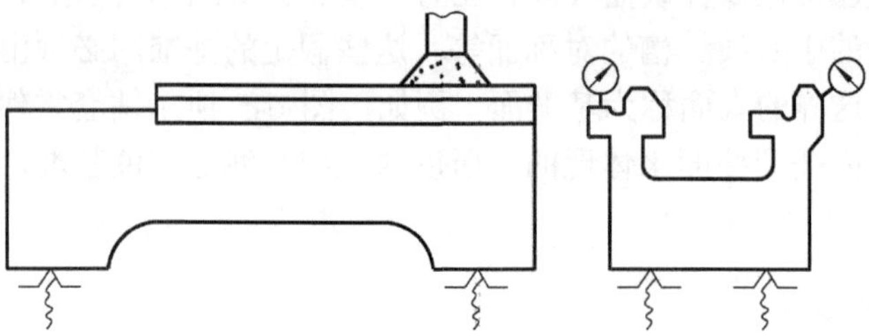

图 6-9　自为基准

5）准确可靠原则：所选基准应保证工件定位准确、安装可靠；夹具设计简单、操作方便。

（2）粗基准的选择

选择粗基准时，主要要求保证各加工面有足够的余量，并尽快获得精基准面。在具体选择时应考虑以下原则。

1）以不加工表面作为粗基准。以不加工表面作为粗基准，可以保证不加工表面与加工表面之间的相互位置关系。例如，图 6-10 所示的毛坯，铸造时孔和外圆 *A* 有偏心，选不加工的外圆 *A* 作为粗基准，可保证孔 *B* 的壁厚均匀。若以需要加工的右端为粗基准，当毛坯右端中心线（*O*—*O*）与内孔中心线不重合时，将会导致内孔壁厚不均匀，如图 6-10 中的虚线所示。因此，当工件上有多个不加工表面时，选择与加工表面之间相互位置精度要求较高的不加工表面作为粗基准。

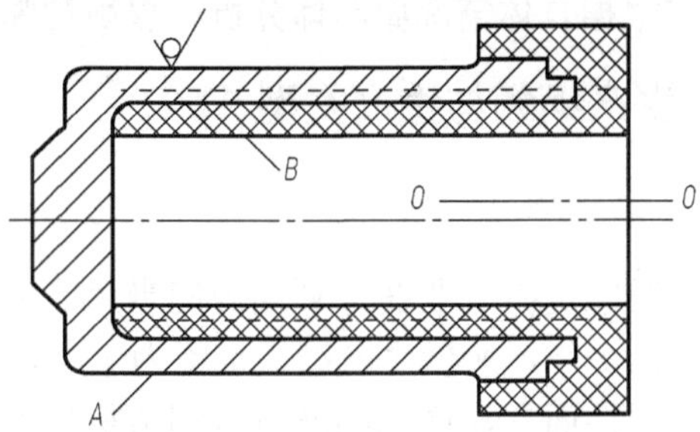

图 6-10　选择不加工表面为粗基准

2）以重要表面、余量较小的表面作为粗基准。以重要表面、余量较小的表面作为粗基准主要考虑加工余量的合理分配。如图 6-11 所示的床身零件，要求导轨面应有较好的耐磨性，以保持其导向精度。由于铸造时的浇铸位置决定了导轨面处的金属组织均匀而致密，在机械加工中，为保留这一组织，应使导轨面上的加工余量尽量小而均匀，应选择导轨面作为粗基准加工床脚，再以床脚作为精基准加工导轨面。

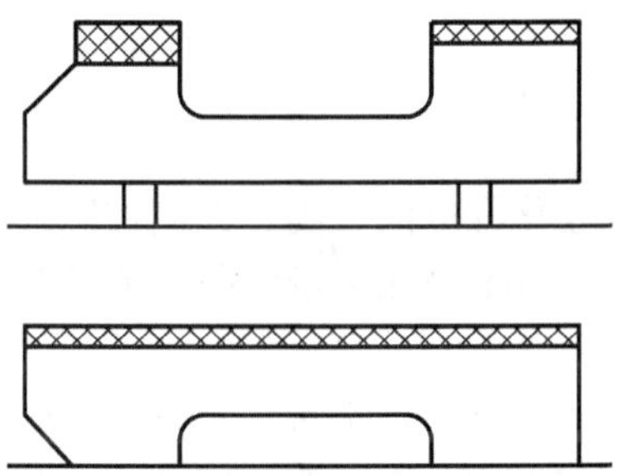

图 6-11　床身零件加工的粗基准选择

3）粗基准应尽量避免重复使用。粗基准在同一尺寸上（即同一自由度方向上）通常只允许使用一次。作为粗基准的毛坯表面一般比较粗糙，若二次使用，则定位误差较大。因此，粗基准应避免重复使用。如图 6-12 所示的心轴，若重复使用毛坯面 *B* 定位去加工面 *A* 和面 *C*，则会使 *A* 和 *C* 表面的轴线产生较大的同轴度误差。

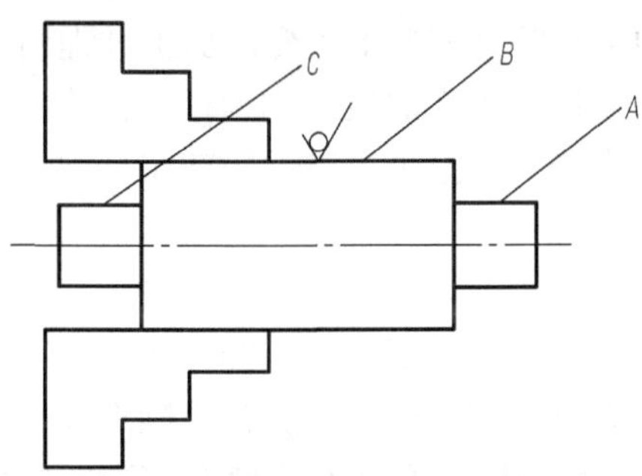

图 6-12　粗基准的重复选择

4）以质量较好的毛坯作为粗基准。应尽量选择没有飞边、浇口或其他缺陷的平整表面作为粗基准，使工件定位稳定、夹紧可靠。

实际上，无论选择精基准还是粗基准，上述原则都不一定能同时满足，有时还是互相矛盾的，因此，在选择时应根据具体情况做具体分析，权衡利弊，保证其主要要求。

6.1.4 生产纲领与生产类型

微课：工艺过程与工艺规程（2）

1. 生产纲领

生产纲领是指企业在计划期内应当生产的产品产量和进度计划。计划期通常为1年，所以生产纲领也称为年产量。

对于零件而言，产品的产量除制造机器所需要的数量外，还要包括一定的备品和废品，因此零件的生产纲领应按下式计算：

$$N = Qn(1 + a\%)(1 + b\%) \tag{6-1}$$

式中：N——零件的年产量，件/a；

Q——产品的年产量，台/a；

n——每台产品中该零件的数量，件/台；

$a\%$——该零件的备品率；

$b\%$——该零件的废品率。

2. 生产类型

生产类型是指企业生产专业化程度的分类。人们按照产品的生产纲领、投入生产的批量，可将生产分为单件生产、批量生产和大量生产三种类型。

（1）单件生产

单个生产不同结构和尺寸的产品，很少重复甚至不重复，这种生产称为单件生产。例如，新产品试制、维修车间的配件制造和重型机械制造等都属此种生产类型。其特点是生产的产品种类较多，而同一产品的产量很小，同一工作地点的加工对象经常改变。

（2）批量生产

一年中分批轮流制造几种不同的产品，每种产品均有一定的数量，工作地点的加工对象周期性地重复，这种生产称为批量生产。例如，一些通用机械厂、某些农业机械厂、陶瓷机械厂、造纸机械厂、烟草机械厂等的生产均属这种生产类型。其特点是产品的种类较少，有一定的生产数量，加工对象周期性地改变，加工过程周期性地重复。

同一产品（或零件）每批投入生产的数量称为批量。根据批量的大小又可分为大批量生产、中批量生产和小批量生产。小批量生产的工艺特征接近单件生产，大批量生产的工艺特征接近大量生产。

（3）大量生产

同一产品的生产数量很大，大多数工作地点经常按一定节奏重复进行某一零件的某一工序的加工，这种生产称为大量生产。例如，自行车制造和一些链条厂、轴承厂等专业化生产均属此种生产类型。其特点是同一产品的产量大，工作地点较少改变，加工过程重复。

根据式（6-1）计算的零件生产纲领，参考表6-5即可确定生产类型。不同生产类型的制造工艺有不同的特征。各种生产类型的工艺特点如表6-6所示。

表 6-5 生产类型与生产纲领的关系

生产类型		生产纲领/（件/a 或台/a）		
		重型（30kg 以上）	中型（4～30kg）	轻型（4kg 以下）
单件生产		5 以下	10 以下	100 以下
批量生产	小批量生产	5～100	10～200	100～500
	中批量生产	100～300	200～500	500～5000
	大批量生产	300～1000	500～5000	5000～50000
大量生产		1000 以上	5000 以上	50000 以上

表 6-6 各种生产类型的工艺特点

工艺特点	单件生产	批量生产	大量生产
毛坯的制造方法	铸件采用木模手工造型，锻件采用自由锻	铸件采用金属模造型，部分锻件采用模锻	铸件广泛采用金属模机器造型，锻件采用模锻
零件互换性	无须互换、互配零件，可成对制造，广泛采用修配法装配	大部分零件有互换性，少数用修配法装配	全部零件有互换性，某些要求精度高的配合，采用分组装配
机床设备及其布置	采用通用机床；按机床类别和规格采用“机群式”排列	部分采用通用机床，部分采用专用机床；按零件加工分“工段”排列	广泛采用生产效率高的专用机床和自动机床；按流水线形式排列
夹具	很少用专用夹具，用划线法和试切法达到设计要求	广泛采用专用夹具，部分用划线法进行加工	广泛采用专用夹具，用调整法达到精度要求
刀具和量具	采用通用刀具和万能量具	较多采用专用刀具和专用量具	广泛采用高生产效率的刀具和量具
对技术工人的要求	需要技术熟练的工人	各工种需要一定熟练程度的技术工人	对机床调整工人技术要求高，对机床操作工人技术要求低
对工艺文件的要求	只有简单的工艺过程卡	有详细的工艺过程卡或工艺卡，零件的关键工序有详细的工序卡	有工艺过程卡、工艺卡和工序卡等详细的工艺文件

6.1.5 机械加工工艺规程制订

1．制订工艺规程的原则

制订工艺规程时，必须遵循以下原则。

1）必须充分利用本企业现有的生产条件。

2）必须可靠地加工出符合图样要求的零件，保证产品质量。

3）保证良好的劳动条件，提高劳动生产率。

4）在保证产品质量的前提下，尽可能降低消耗、降低成本。

5）应尽可能采用国内外先进工艺技术。

由于工艺规程是直接指导生产和操作的技术文件，因此工艺规程还应做到清晰、正确、完整和统一，所用术语、符号、编码、计量单位等都必须符合相关标准。

2．制订工艺规程的主要依据

制订工艺规程时，必须依据如下原始资料。

1）产品的装配图和零件的工作图。

2）产品的生产纲领。

3）本企业现有的生产条件，包括毛坯的生产条件或协作关系、工艺装备和专用设备及其制造能力、工人的技术水平，以及各种工艺资料和标准等。

4）产品验收的质量标准。

5）国内外同类产品的新技术、新工艺及其发展前景等的相关信息。

3. 制订机械加工工艺规程的步骤

制订机械加工工艺规程的步骤如下。

1）分析零件图和产品装配图。

2）选择毛坯。

3）选择定位基准。

4）拟订工艺路线。

5）确定加工余量和工序尺寸。

6）确定切削用量及工时定额。

7）确定各工序的设备、刀夹量具和辅助工具。

8）确定各工序的技术要求及检验方法。

9）填写工艺文件。

6.1.6 工艺规程技术经济分析

制订工艺规程的根本任务是在保证产品质量的前提下，提高劳动生产率和降低成本，即做到高产、优质、低消耗。要达到这一目的，制订工艺规程时，还必须认真地对工艺过程开展技术经济分析，采取提高机械加工生产效率的有效工艺措施。

制订机械加工工艺规程时，通常应提出多种方案，且这些方案应都能满足零件的设计要求，但成本则会有所不同。为了选取最佳方案，需要进行技术经济分析。

1. 生产成本和工艺成本

制造一个零件或一件产品所必需的一切费用的总和，称为该零件或产品的生产成本。生产成本包括与工艺过程有关的费用和与工艺过程无关的费用两类。因此，对不同的工艺方案进行经济分析和评价时，只需分析、评价与工艺过程直接相关的生产费用，即工艺成本。

在进行经济分析时，应首先统计出每一方案的工艺成本，再对各方案的工艺成本进行比较，以其中成本最低、见效最快的为最佳方案。

工艺成本由两部分构成，即可变成本（V）和不变成本（S）。

可变成本（V）是指与生产纲领（N）直接有关，并随生产纲领成正比例变化的费用。它包括工件材料（或毛坯）费用、操作工人工资、机床电费、通用机床的折旧费和维修费、通用工艺装备的折旧费和维修费等。

不变成本（S）是指与生产纲领（N）无直接关系，不随生产纲领的变化而变化的费用。

它包括调整工人的工资、专用机床的折旧费和维修费、专用工艺装备的折旧费和维修费等。

零件加工的全年工艺成本（E）的计算公式为

$$E = VN + S \tag{6-2}$$

式（6-2）为直线方程，其坐标关系如图 6-13 所示，可以看出，E 与 N 呈线性关系，即全年工艺成本与生产纲领成正比，直线的斜率为工件的可变费用，直线的起点为工件的不变费用，当生产纲领产生 ΔN 的变化时，则全年工艺成本的变化为 ΔE。

单件工艺成本 E_d 可由式（6-2）变换得到，即

$$E_d = V + S / N \tag{6-3}$$

单件工艺成本与生产纲领的关系如图 6-14 所示。由图 6-14 可知，E_d 与 N 呈双曲线关系，当 N 增大时，E_d 逐渐减小，极限值接近可变费用。

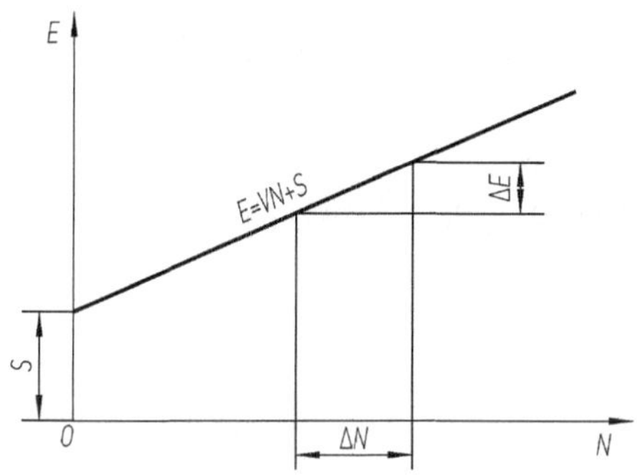

图 6-13　全年工艺成本与生产纲领的关系

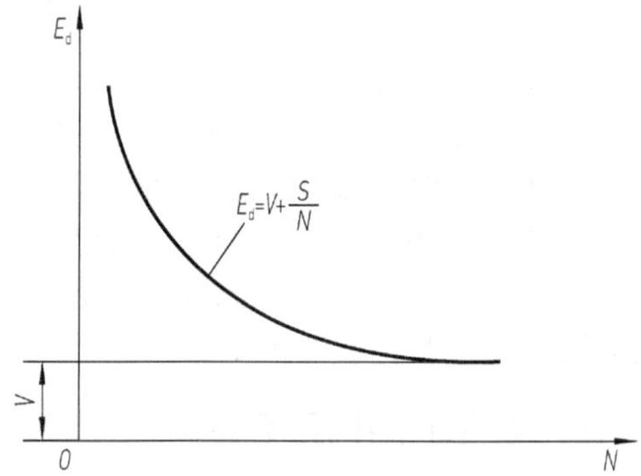

图 6-14　单件工艺成本与生产纲领的关系

2．不同工艺方案的经济性比较

在进行不同工艺方案的经济分析时，常对零件或产品的全年工艺成本进行比较，这是因为全年工艺成本与生产纲领呈线性关系，容易比较。设两种不同方案分别为 I 和 II，它们的全年工艺成本分别为

$$E_1 = V_1 N + S_1 \tag{6-4}$$

$$E_2 = V_2 N + S_2 \tag{6-5}$$

比较两种方案时，往往一种方案的可变费用较大，而另一种方案的不变费用较大。如果某方案的可变费用和不变费用均较大，那么该方案在经济上是不可取的。

在同一坐标图上分别绘出方案 I 和方案 II 全年工艺成本与年产量生产纲领的关系，如图 6-15 所示。由图 6-15 可知，两条直线相交于 $N = N_K$ 处，N_K 称为临界产量，在此年产量时，两种工艺路线的全年工艺成本相等。由 $V_1 N_K + S_1 = V_2 N_K + S_2$ 可得

$$N_K = (S_1 - S_2) / (V_2 - V_1) \tag{6-6}$$

当 $N < N_K$ 时，宜采用方案 II，即年产量小时，宜采用不变费用较少的方案；当 $N > N_K$ 时，则宜采用方案 I，即年产量大时，宜采用可变费用较少的方案。

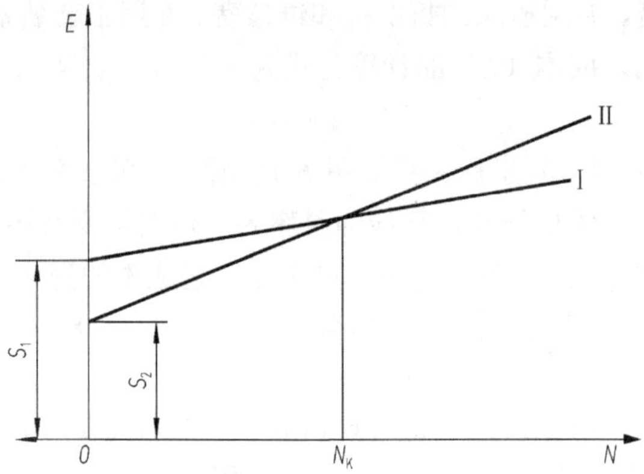

图 6-15　两种方案全年工艺成本的比较

如果在需要比较的工艺方案中基本投资差额较大，还应考虑不同方案的基本投资差额的回收期。投资回收期必须满足以下要求。

1）投资回收期小于采用设备和工艺装备的使用年限。

2）投资回收期小于该产品由于结构性能或市场需求等因素所决定的生产年限。

3）投资回收期小于国家规定的标准回收期，即新设备的回收期应小于 4～6 年，新夹具的回收期应小于 2～3 年。

6.1.7　零件的结构工艺性

制订零件的机械加工工艺过程，首先要对零件进行工艺分析，主要包括零件的技术要求分析和结构工艺性分析两方面。

1．零件的技术要求分析

零件的技术要求分析包括以下几个方面。

1）加工表面的尺寸精度和形状精度。

2）各加工表面之间，以及加工表面和不加工表面之间的相互位置精度。

3）加工表面粗糙度及表面质量方面的其他要求。

4）热处理及其他要求，如动平衡、配适切削等。

要注意分析这些要求在保证使用性能的前提下是否经济合理，在现有条件下能否实现。特别要分析主要表面的技术要求，因为主要表面的加工确定了零件工艺过程的大致轮廓。

2．零件的结构工艺性分析

零件的结构工艺性是指所设计的零件在满足使用要求的前提下制造的可行性和经济性。它包括零件的整个工艺过程的工艺性，如铸造、锻造、冲压、焊接、切削加工等的工艺性，涉及面很广，具有综合性。在不同的生产类型和生产条件下，同一种零件制造的可行性和经济性可能不同。所以，在对零件进行工艺分析时，必须根据具体的生产类型和生产条件，全面、具体、综合地分析。在制订机械加工工艺规程时，主要进行零件的切削加工工艺性分析，它涉及的主要内容如下。

1）工件应便于在机床或夹具上装夹，并尽量减少装夹次数。

2）刀具易于接近加工部位，便于进刀、退刀、越程和测量，以及便于观察切削情况等。

3）尽量减少刀具调整和走刀次数。

4）尽量减少加工面积及空行程，提高生产效率。

5）便于采用标准刀具，尽可能减少刀具种类。

6）尽量减少工件和刀具的受力变形。

7）改善加工条件，便于加工，必要时应便于采用多刀、多件加工。

8）有适宜的定位基准，且定位基准至加工面的标注尺寸应便于测量。表 6-7 是一些常见零件的机械加工结构工艺性示例。

表 6-7 常见零件的机械加工结构工艺性示例

序号	零件结构			
	工艺性不好		工艺性好	
1	车螺纹时，螺纹根部易打刀，且不能清根	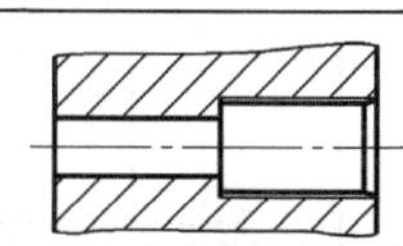	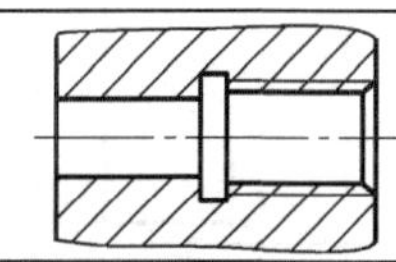	留有退刀槽，可使螺纹清根，避免打刀
2	插键槽的底部无退刀空间，易打刀	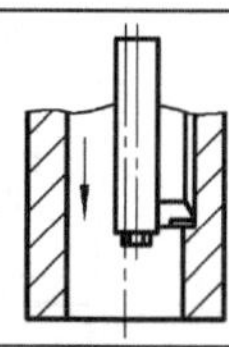	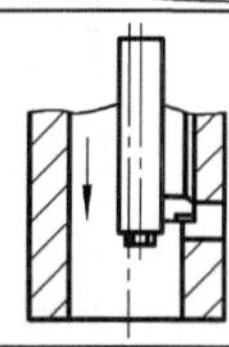	留有退刀空间，可避免打刀
3	键槽底与左孔母线齐平，插键槽时易划伤左孔表面	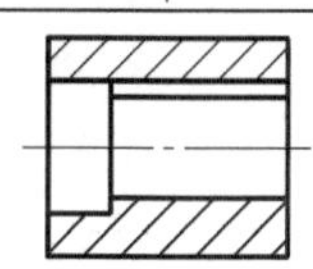	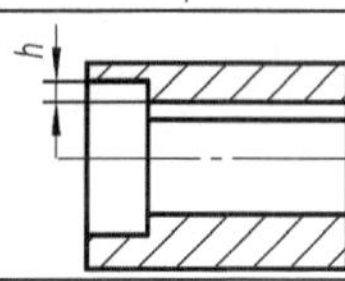	左孔尺寸稍大，可避免划伤左孔表面，操作方便
4	小齿轮无法加工，无插齿退刀槽	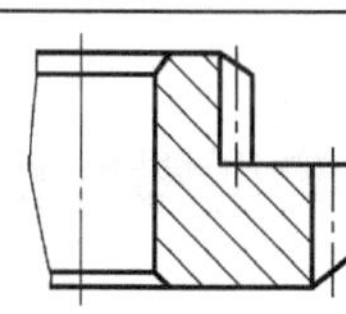	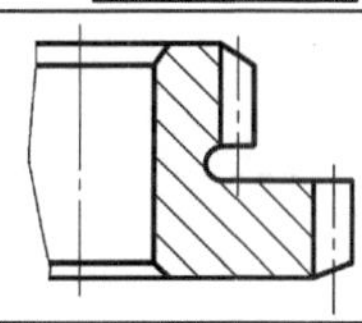	大齿轮可进行滚齿或插齿加工，小齿轮可进行插齿加工
5	三个退刀槽的宽度有三种尺寸，需用三把不同尺寸的刀具加工	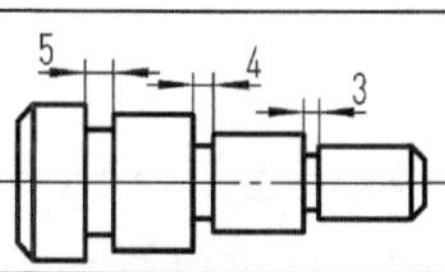	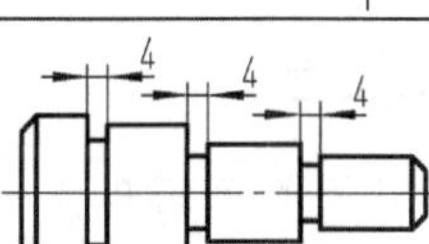	同一个宽度尺寸的退刀槽，使用一把刀具即可加工
6	键槽设置在阶梯轴 90°方向上，需两次装夹加工	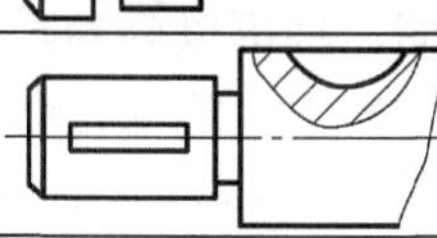	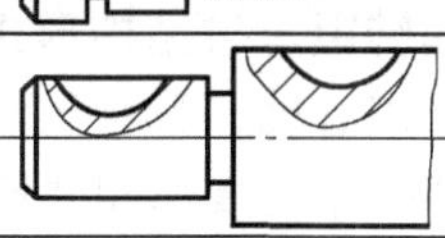	将阶梯轴的两个键槽设计在同一方向上，一次装夹即可对两个键槽加工
7	加工面大，加工时间长，并且零件尺寸越大，平面度误差越大	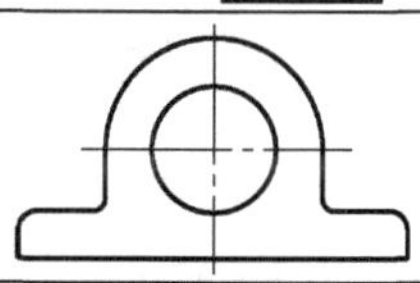	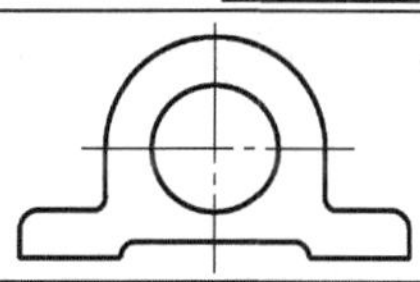	加工面减小，节省工时，减少刀具损耗，并且容易保证平面度要求
8	孔离箱壁太近：①钻头在圆角处易引偏；②箱壁高度尺寸大，需加长钻头方能钻孔		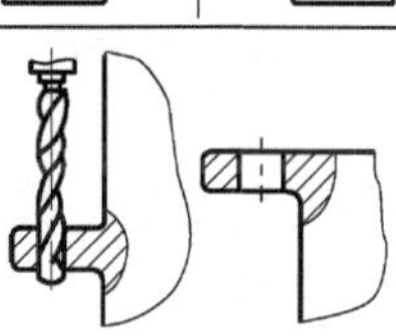	①加长箱耳，不需加长钻头，可钻孔；②只要使用上允许，将箱耳设计在某一端，则不需中长箱耳，即可方便加工

续表

序号	零件结构			
	工艺性不好		工艺性好	
9	斜面钻孔，钻头易引偏	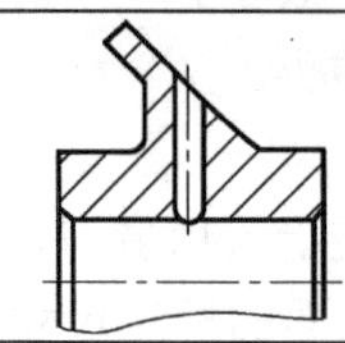	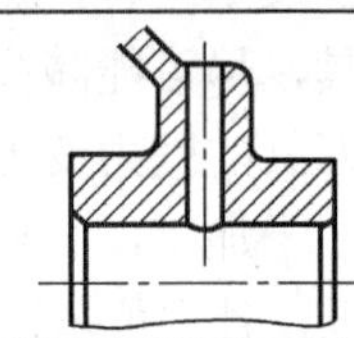	只要结构允许，留出平台可直接钻孔
10	内壁孔出口处有阶梯面，钻孔时易钻偏或钻头折断	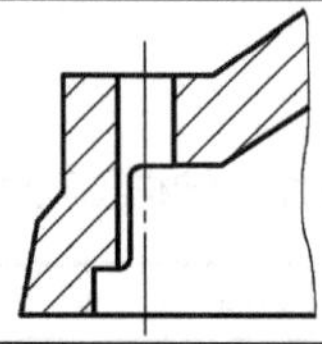	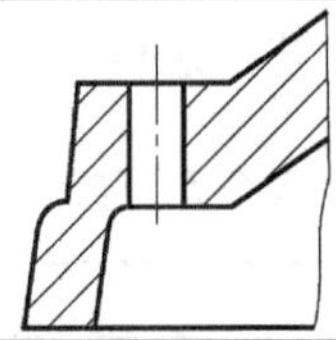	内壁孔出口处平整，钻孔方便，容易保证孔中心位置度
11	钻孔过深，加工时间长，钻头耗损大，并且钻头易偏斜	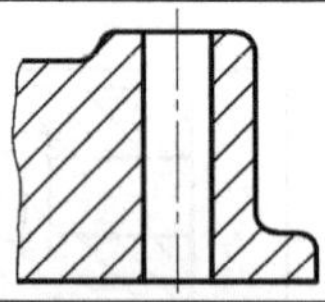	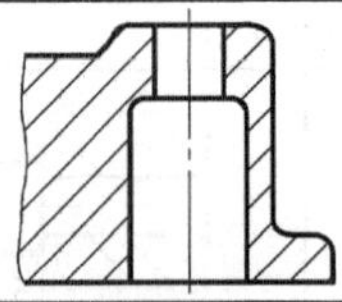	钻孔的一端留空，钻孔时间短，钻头寿命长，不易引偏
12	加工面设计在箱体内，加工时不方便调整刀具，也较难观察	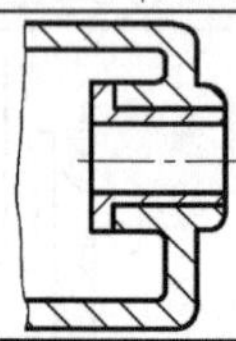	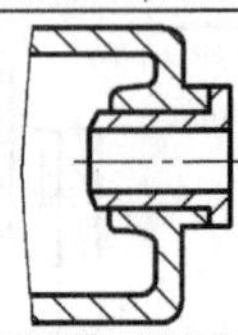	加工面设计在箱体外部，加工方便

6.2 典型零件机械加工工艺过程

6.2.1 轴类零件加工工艺

轴是机械加工中常见的典型零件之一，它在机械中主要用于支承齿轮、带轮、凸轮及连杆等传动件，以传递转矩。按结构形式不同，轴可以分为阶梯轴、锥度心轴、光轴、空心轴、曲轴、凸轮轴、偏心轴、各种丝杠等，其中，阶梯传动轴应用较广，其加工工艺能较全面地反映轴类零件的加工规律和共性。图 6-16 所示为轴的种类示意图。

下面以空心主轴为例讲述轴类零件的加工工艺。图 6-17 所示为车床主轴零件简图。

1. 主轴的主要技术条件

支承轴颈 *A*、*B* 是主轴部件的装配基准，它的制造精度直接影响主轴部件的回转精度，故对它的要求很高。

主轴锥孔安装顶尖和工具锥柄，其中心线必须与支承轴颈的中心线严格同轴，否则会使工件产生圆度和同轴度误差。

主轴前端圆锥面、端面是安装卡盘的定位表面。为保证卡盘的定心精度，主轴前端圆锥面与支承轴颈同轴，端面与主轴的回转中心线垂直。

主轴上的螺纹是固定与调节轴承间隙的。当螺纹中径对支承轴颈歪斜时会引起锁紧螺母的轴向圆跳动，轴承位置发生变动，引起主轴径向圆跳动，因此对螺纹的要求高。

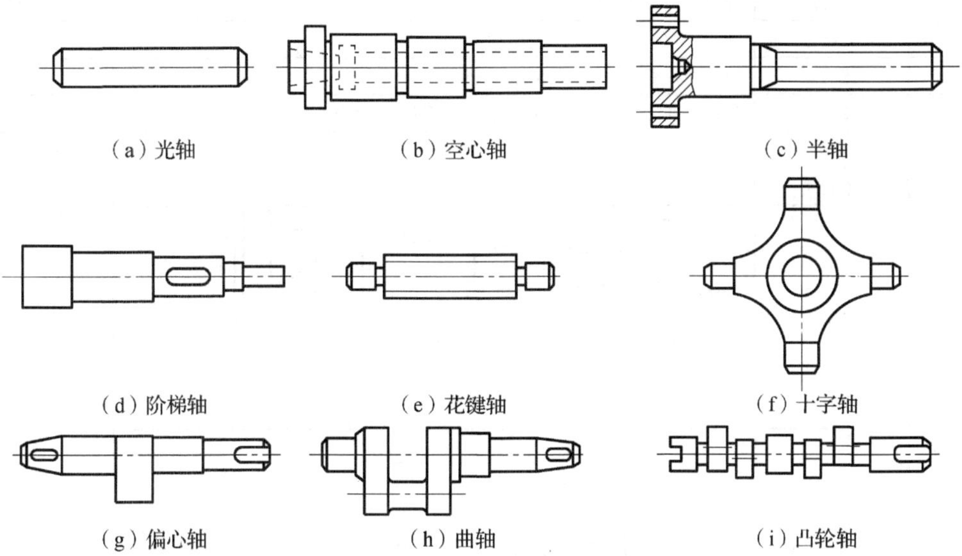

（a）光轴　（b）空心轴　（c）半轴

（d）阶梯轴　（e）花键轴　（f）十字轴

（g）偏心轴　（h）曲轴　（i）凸轮轴

图 6-16　轴的种类示意图

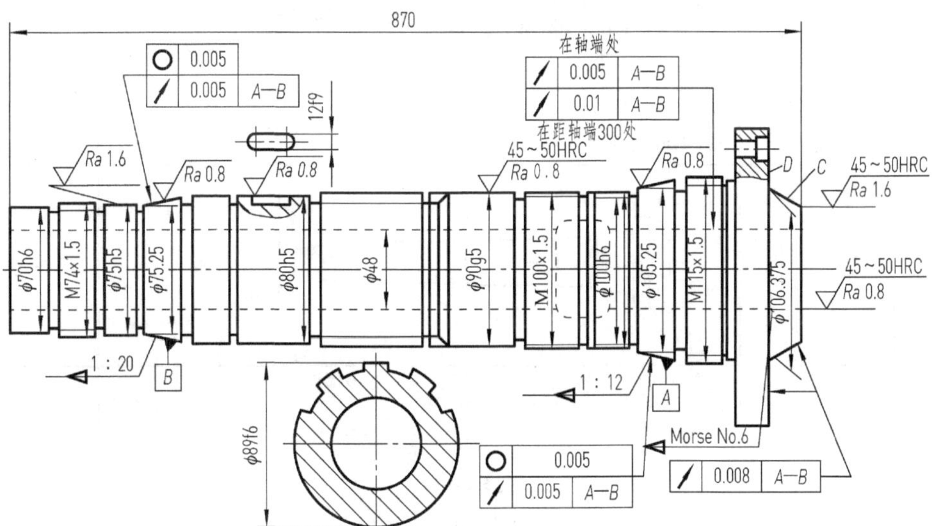

图 6-17　车床主轴零件简图

2. 加工工艺过程

通过对主轴的技术要求和结构特点进行深入分析，根据生产批量、设备条件、工人技术水平等因素，就可以拟订其机械加工工艺过程，如表 6-8 所示。

表 6-8　CA6140 型车床主轴加工工艺过程

工序号	工序名称	工序内容（工序简图或说明）	设备
1	备料		
2	锻造	自由锻，大端用胎模锻	立式精锻机
3	热处理	正火	
4	锯头	锯小端，保持总长（878±1.5）mm	
5	铣钻	同时铣两端面、钻两端中心孔（外圆柱面定位并夹紧）	中心孔机床
6	荒车	车外圆（一夹一顶）	卧式车床
7	热处理	调质	
8	车大端各部	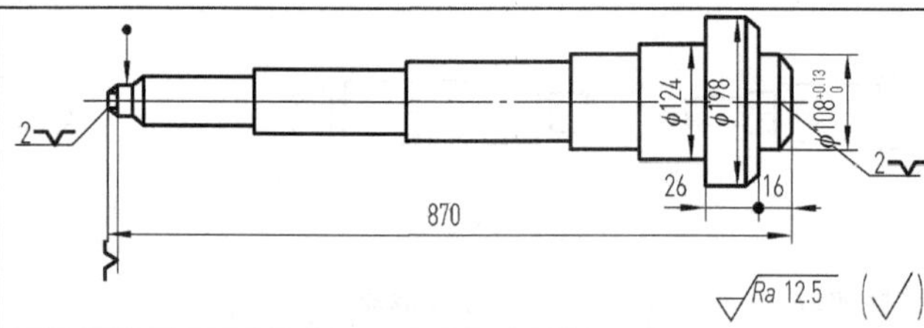	卧式车床
9	仿形车小端各部外圆	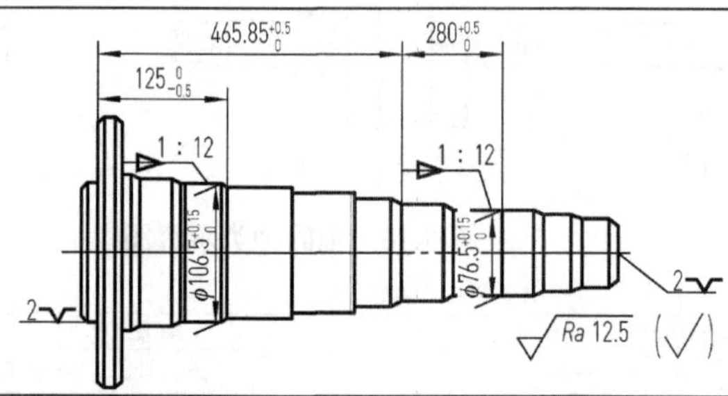	仿形车床
10	钻	在大端钻 φ48mm 导向孔（一夹一托）	卧式车床
11	钻	钻 φ48mm 深孔（一夹一托）	深孔钻床
12	车小端锥孔（工艺用）	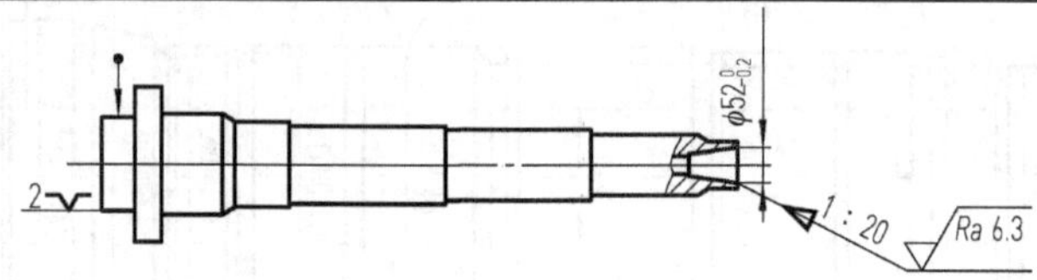 （配1：20锥堵用）	卧式车床
13	车大端锥孔	先车 φ56mm 内槽，再车大端锥孔、外短锥及端面 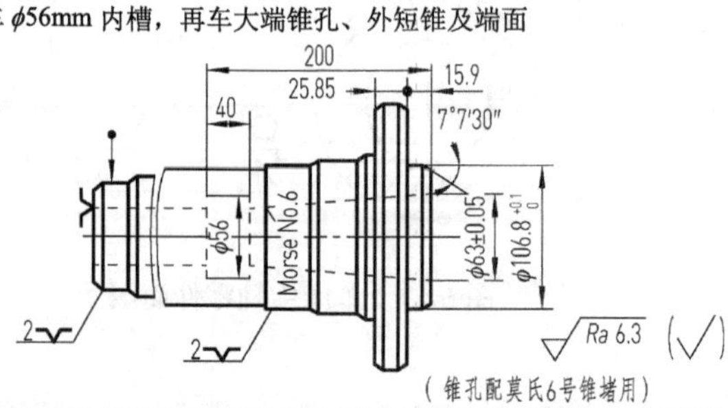 （锥孔配莫氏6号锥堵用）	卧式车床
14	钻	钻大端面各孔（用钻模）	摇臂钻床
15	热处理	局部高频感应淬火 52HRC（90g5、短锥及莫氏 6 号锥孔）	高频淬火设备
16	精车	精车小端各外圆并切槽（两端配锥堵后用两顶尖装夹）	数控车床

续表

工序号	工序名称	工序内容（工序简图或说明）	设备
17	检验	检验	
18	研磨	修研中心孔	卧式车床
19	磨二段外圆	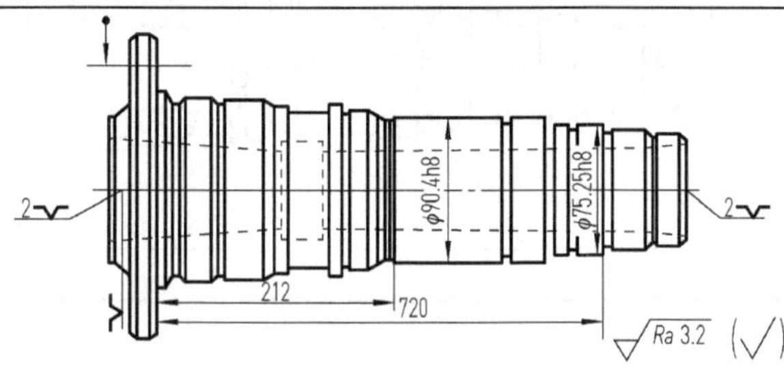	外圆磨床
20	粗磨莫氏 6 号锥孔	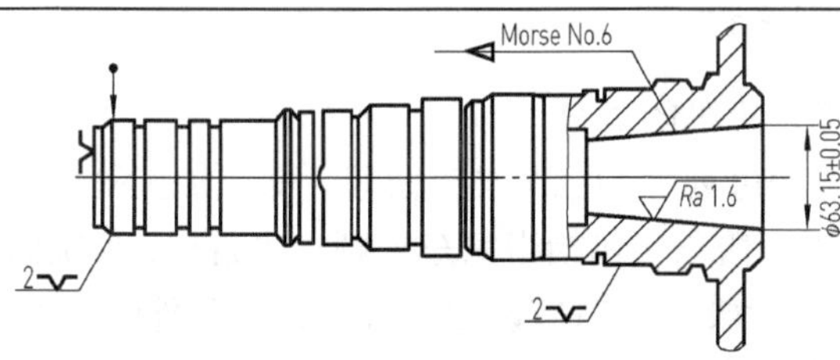（卸去锥堵）	内圆磨床
21	检验	检验	
22	铣	铣花键（两端再配锥堵后用两顶尖装夹）	花键铣床
23	铣键槽	铣 12f9 键槽（专用夹具，以 φ50h5 外圆定位）	立式铣床
24	车	车大端内侧面和三处螺纹（配螺母）（两顶尖装夹）	卧式车床
25	研磨	修研中心孔	卧式车床
26	磨各外圆柱面至尺寸	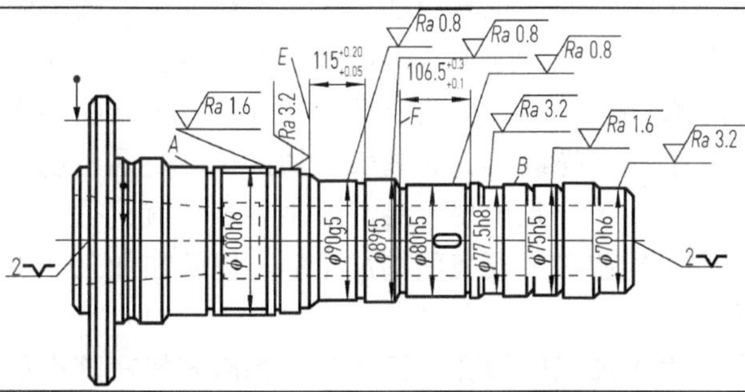	外圆磨床
27	磨三段外圆锥面至尺寸，靠磨大端面 *D*	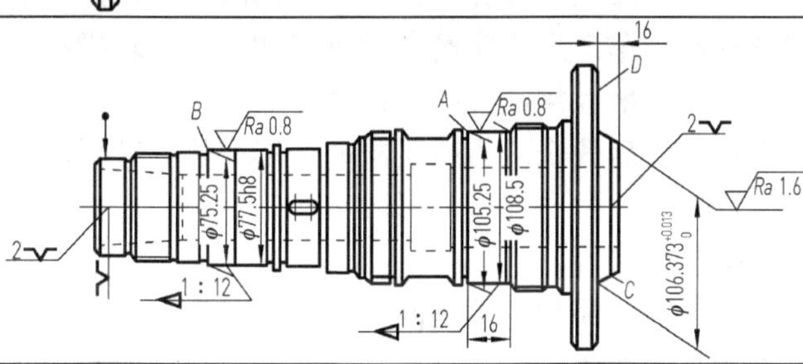	专用磨床

续表

工序号	工序名称	工序内容（工序简图或说明）	设备
28	精磨莫氏 6 号内锥孔	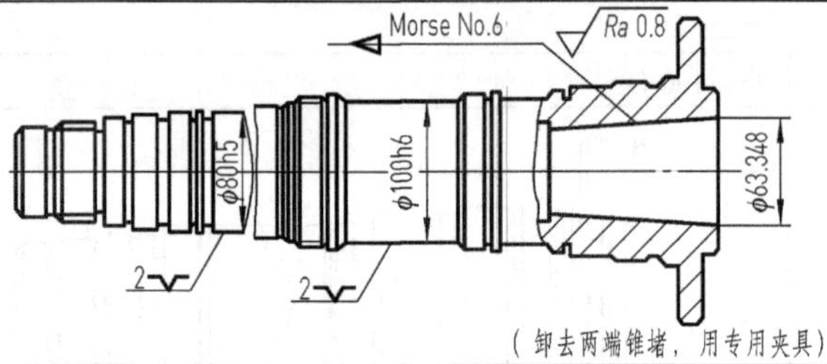	专用磨床
29	检验		

3．加工工艺过程分析

（1）主轴加工工艺阶段的划分

主轴加工工艺过程可划分为三个加工阶段，即粗加工阶段（包括铣端面、加工顶尖孔、粗车外圆等）、半精加工阶段（包括半精车外圆、钻通孔、车锥面与锥孔、钻大头端面各孔、精车外圆等）、精加工阶段（包括精铣键槽，粗、精磨外圆，锥面、锥孔等）。

在机械加工工序中间还需插入必要的热处理工序，这就决定了主轴加工各主要表面总是循着一定的顺序进行，即粗车—调质（预备热处理）—半精车—精车—淬火—回火（最终热处理）—粗磨—精磨。

综上所述，主轴主要表面的加工顺序安排如下：

外圆表面粗加工（以顶尖孔定位）—外圆表面半精加工（以顶尖孔定位）—钻通孔（以半精加工过的外圆表面定位）—锥孔粗加工（以半精加工过的外圆表面定位，加工后配锥堵）—外圆表面精加工（以锥堵顶尖孔定位）—锥孔精加工（以精加工外圆面定位）。

当主要表面加工顺序确定后，就要合理地插入非主要表面加工工序。对主轴来说，非主要表面是指螺孔、键槽、螺纹等。这些表面加工一般不易出现废品，所以尽量安排在后面工序进行，主要表面加工一旦出现废品，非主要表面就无须加工了，因此可以避免浪费工时。但这些表面也不能放在主要表面精加工后，以防在加工非主要表面过程中损伤已精加工过的主要表面。

对需要在淬硬表面上加工的螺孔、键槽等，都应安排在淬火前加工。非淬硬表面上螺孔、键槽等一般在外圆精车之后、精磨之前进行加工。主轴螺纹，因其与主轴支承轴颈之间有一定的同轴度要求，所以螺纹安排在以非淬火—回火为最终热处理工序之后的精加工阶段进行，这样半精加工后残余应力所引起的变形和热处理后的变形不会影响螺纹的加工精度。

（2）定位基准的选择

轴类零件的定位基准，最常用的是两中心孔。因为轴类零件各外圆表面、锥孔、螺纹等表面的设计基准都是轴的中心线，采用两中心孔定位，既符合基准重合原则，又符合基准统一原则。

不能用中心孔或粗加工时，采用轴的外圆表面或外圆表面与中心孔组合作为定位基准。磨、车锥孔时采用主轴的装配基准——前后支承轴颈定位，符合基准重合原则。

由于主轴是带通孔的零件，作为定位基准的中心孔，会因钻出通孔而消失。为了在通孔加工之后还能使用中心孔作为定位基准，常采用带有中心孔的锥堵或锥套心轴。

采用锥堵时应注意：锥堵应具有较高的精度，其中心孔既是锥堵本身制造的定位基准，又是磨削主轴的精基准，因而必须保证锥堵的锥面与中心孔有较高的同轴度。另外，在使用锥堵时，应尽量减少锥堵装夹次数。这是因为工件锥孔与锥堵的锥角不可能完全一样，重新装夹势必引入安装误差，故中、小批量生产时，锥堵安装后一般不中途更换。

综上所述，空心主轴零件定位基准的使用与转换大致采用这样的方式：开始时以外圆作为粗基准铣端面钻中心孔，为粗车外圆准备好定位基准。粗车外圆又为深孔加工准备好定位基准，钻深孔时采用一夹（夹一头外圆）一托（托一头外圆）的装夹方式。之后即加工完成前、后锥孔，以便安装锥堵，为半精加工和精加工外圆准备好定位基准。终磨锥孔之前，必须磨好轴颈表面，以便用支承轴颈定位来磨锥孔，从而保证锥孔的精度。

（3）工序顺序的安排

安排主轴加工工序的顺序时应注意以下几点。

1）基准先行。在安排机械加工工艺时，总是先加工完成定位基准面，即基准先行。主轴加工也总是先安排铣端面钻中心孔，以便为后续工序准备好定位基准。

2）深孔加工的安排。为了使中心孔能够在多道工序中使用，希望深孔加工安排在最后。但是，深孔加工属粗加工，余量大，发热多，变形也大，使得加工精度难以保持，故不能放到最后。一般深孔加工安排在外圆粗车之后，以便有一个较为精确的轴颈作为定位基准用来搭中心架，这样加工出的孔可保证主轴壁厚均匀。

3）先外后内与先大后小。先加工外圆，再以外圆定位加工内孔。例如，上述主轴锥孔安排在轴颈精磨之后再进行精磨。加工阶梯外圆时，先加工直径较大的，后加工直径较小的，这样可避免过早地削弱工件的刚度；加工阶梯深孔时，先加工直径较大的，后加工直径较小的，这样便于使用刚度较大的孔加工工具。

4）次要表面加工的安排。主轴上的花键、键槽、螺纹等次要表面加工，通常均安排在外圆精车或粗磨之后、精磨外圆之前进行。如果精车前就铣出键槽，则精车时会因断续切削而易产生振动，既影响加工质量，又容易损坏刀具，也难控制键槽的深度。这些加工也不能放到主要表面精磨之后，否则会破坏主要表面已获得的精度。

（4）主轴中心通孔的加工

主轴的中心通孔一般是深孔（长度与直径之比大于 5）。深孔比一般孔的加工要困难和复杂得多。针对深孔加工的不利条件，要解决好刀具引导、顺利排屑和充分润滑三个关键问题，一般采取下列措施。

1）采用工件旋转、刀具送进的加工方式，使钻头有自定中心能力，防止孔中心线偏斜。

2）采用特殊结构的刀具——深孔钻，以增加其导向的稳定性和断屑性能。

3）在工件上预先加工出一段精确的导向孔，保证钻头从一开始就不引偏。

4）采用压力输送的切削液，利用压力将切削液送入切削区域；对钻头起冷却润滑作用，并带着切屑排出。

轴类零件加工时退刀槽的作用：为了便于进刀和退刀，应保留有退刀槽或要留有足够的退刀长度。对于台阶轴来说，螺纹刀具不能加工到台阶底部。如果没有退刀槽，装配时就会不到位，产生干涉。有了退刀槽，就解决了装配干涉的问题。

6.2.2 套类零件加工工艺

套筒类零件简称套类零件，是机械中常见的一种零件。它的应用范围很广，如支承旋转轴的各种形式的滑动轴承、夹具上引导刀具的导向套、内燃机气缸套、液压系统中的液压缸及一般用途的套筒，如图 6-18 所示。由于其功用不同，套筒类零件的结构和尺寸有着很大的差别，但其结构上仍有共同点，即零件的主要表面为同轴度要求较高的内、外圆表面；零件壁的厚度较薄且易变形；零件长度一般大于直径；等等。

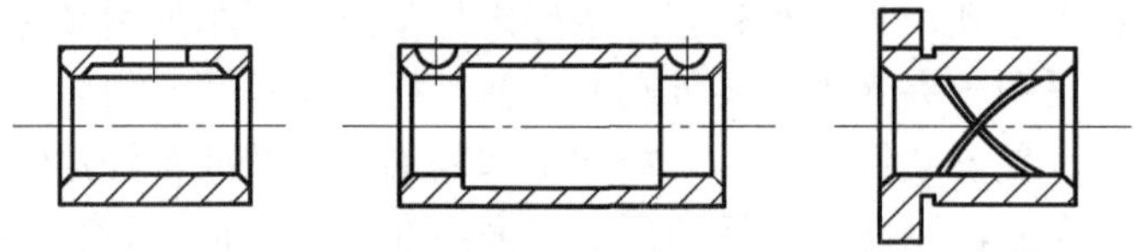

(a) 滑动轴承（形式1） (b) 轴承衬套 (c) 滑动轴承（形式2）

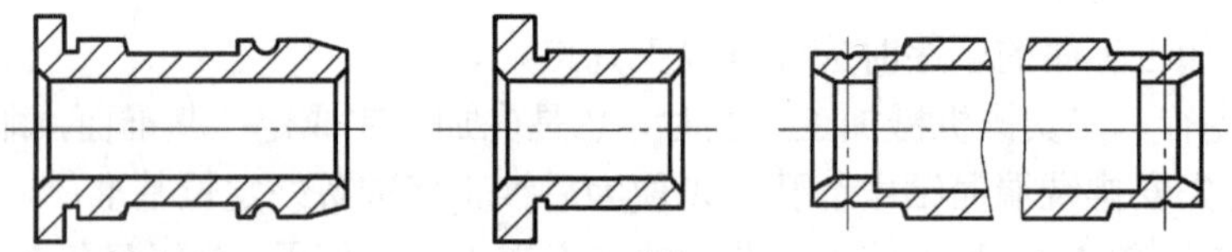

(d) 气缸套 (e) 钻套 (f) 液压缸

图 6-18 套筒类零件

套筒类零件的加工工艺因零件的功用、结构形状、材料和热处理及尺寸大小的不同而异。就其结构形状来划分，大体可以分为短套筒和长套筒两大类。它们在加工中，其装夹方法和加工方法都有很大的差别。

各种套筒类零件虽然结构和尺寸有很大差异，但却具有以下共同特点。

1）外圆直径 D 一般小于其长度 L，通常，长径比（L/D）小于 5。

2）内孔与外圆直径之差较小，即零件壁厚较小，易变形。

3）内、外圆回转表面的同轴度公差很小。

4）结构比较简单。

下面以轴承套为例讲述套筒类零件的加工工艺。

1．轴承套的技术条件和工艺分析

图 6-19 所示的轴承套属于短套筒，材料为锡青铜（每批数量为 200 件）。其主要技术要求：ϕ34js7 外圆对 ϕ22H7 孔的径向圆跳动公差为 0.01mm；左端面对 ϕ22H7 孔轴线的垂直度公差为 0.01mm。轴承套外圆标准公差等级为 IT7，采用精车可以满足要求；内孔标准公差等级也为 IT7，采用铰孔可以满足要求。内孔的加工顺序：钻孔—车孔—铰孔。

由于外圆对内孔的径向圆跳动要求在 0.01mm 内，用软卡爪装夹无法保证。因此精车外圆时应以内孔为定位基准，使轴承套在小锥度心轴上定位，用两顶尖装夹。这样可使加工基准和测量基准一致，容易达到图样要求。

车铰内孔时，应与端面在一次装夹中加工，以保证端面与内孔轴线的垂直度在 0.01mm 以内。

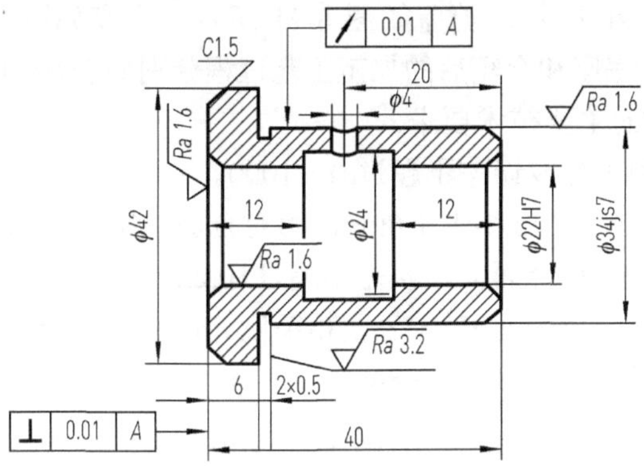

图 6-19　轴承套

2．轴承套的加工工艺

表 6-9 为轴承套的加工工艺过程。粗车外圆时，可采取同时加工五件的方法来提高生产效率。

表 6-9　轴承套的加工工艺过程

工序号	工序名称	工序内容	定位与夹紧
1	备料	棒料，按五件合一加工下料	
2	钻中心孔	车端面，钻中心孔； 掉头车另一端面，钻中心孔	三爪夹外圆
3	粗车	车外圆 ϕ42mm 长度为 6.5mm，车外圆 ϕ34js7 为 ϕ35mm，车空刀槽 2×0.5mm，取总长 40.5mm，车分割槽 ϕ20mm×3mm，两端倒角 C1.5，五件同加工，尺寸均相同	中心孔
4	钻	钻孔 ϕ22H7 至 ϕ22mm 成单件	软爪夹 ϕ42mm 外圆
5	车、铰	车内槽 ϕ24mm×16mm 至尺寸； 铰孔 ϕ22H7mm 至尺寸； 孔两端倒角	软爪夹 ϕ42mm 外圆
6	精车	车 ϕ34Js7(±0.012)mm 至尺寸	ϕ22H7 孔心轴
7	钻	钻径向油孔 ϕ4mm	ϕ34mm 外圆及端面
8	检查		

6.2.3　箱体类零件加工工艺

箱体类零件是机器或部件的基础零件，它将机器或部件中的轴、套、齿轮等有关零件组装成一个整体，使它们之间保持正确的相互位置，并按照一定的传动关系协调地传递运动或动力。因此，箱体类零件的加工质量将直接影响机器或部件的精度、性能和寿命。

常见的箱体类零件有机床主轴箱、机床进给箱、变速箱体、减速箱体、发动机缸体和机座等。根据零件的结构形式不同，箱体可分为整体式箱体和分离式箱体两大类。前者是整体铸造、整体加工，加工较困难，但装配精度高；后者可分别制造，便于加工和装配，但增加了装配工作量。

下面以减速箱为例介绍箱体类零件的加工工艺。为了制造与装配的方便，减速箱常做成可分离的，如图 6-20 所示。箱盖如图 6-21 所示，底座如图 6-22 所示，箱体合装后如图 6-20 所示。箱盖、底座和合箱后的加工工艺过程分别如表 6-10～表 6-12 所示。

下面是分离式箱体的主要技术要求。

1）对合面、底座的平行度误差不超过 0.5/1000。

2）对合面的表面粗糙度 *Ra* 小于 1.6μm，两对合面的接合间隙不超过 0.03mm。

3）轴承支承孔必须在对合面上，误差不超过±0.2mm。

4）轴承支承孔的尺寸公差为 H7，表面粗糙度 *Ra* 小于 1.6μm，圆柱度误差不超过孔径公差的 1/2，孔距精度误差为±0.05～0.08mm。

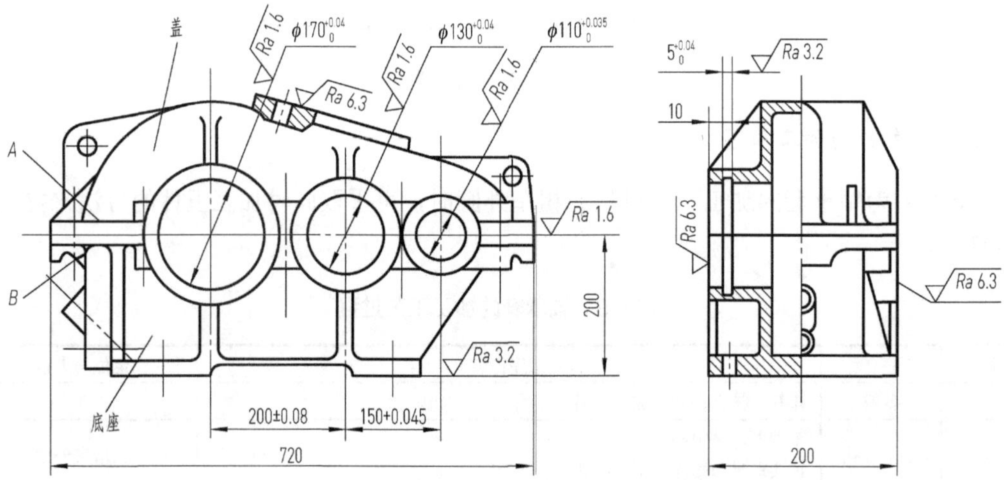

图 6-20　分离式箱体

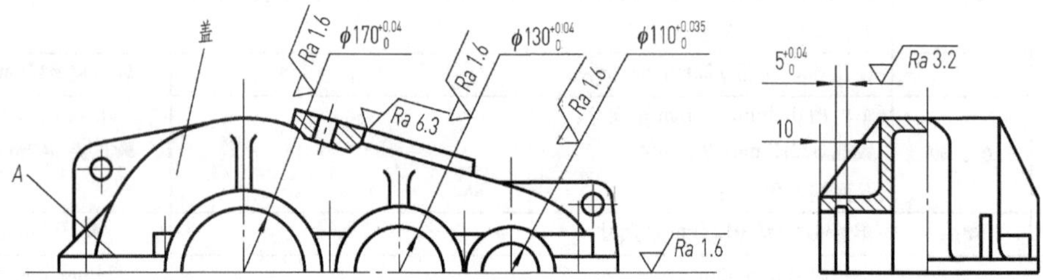

图 6-21　箱盖

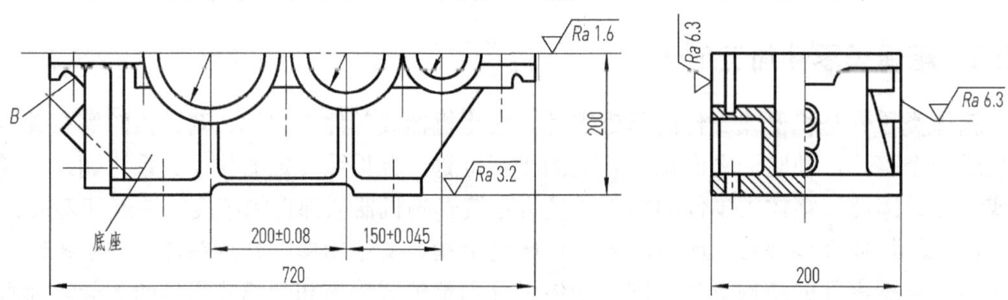

图 6-22　底座

表 6-10 箱盖的加工工艺过程

工序号	工序内容	定位基准
10	铸造	
20	时效	
30	涂底漆	
40	粗刨对合面	凸缘 *B* 面
50	刨底面	对合面
60	钻底面四孔、锪沉孔、铰两个工艺孔	对合面、端面、侧面
70	钻侧面测油孔、放油孔、螺纹底孔、锪沉孔、攻螺纹	底面、二孔
80	磨对合面	底面
90	检验	

表 6-11 底座的加工工艺过程

工序号	工序内容	定位基准
10	铸造	
20	时效	
30	涂底漆	
40	粗刨对合面	凸缘 *B* 面
50	刨底面	对合面
60	钻底面四孔、锪沉孔、铰两个工艺孔	对合面、端面、侧面
70	钻侧面测油孔、放油孔、螺纹底孔、锪沉孔、攻螺纹	底面、二孔
80	磨对合面	底面
90	检验	

表 6-12 箱体合装后的加工工艺过程

工序号	工序内容	定位基准
10	将盖与底座对准合笼夹紧、配钻、铰二定位销孔，打入锥销，根据盖配钻底座结合面的连接孔，锪沉孔	
20	拆开盖与底座，修毛刺，重新装配箱体，打入锥销，拧紧螺栓	
30	铣两端面	底面及两孔
40	粗镗轴承支承孔，割孔内槽	底面及两孔
50	精镗轴承支承孔，割孔内槽	底面及两孔
60	去毛刺、清洗、打标记	
70	检验	

由表 6-10～表 6-12 可见，分离式箱体虽然遵循一般箱体的加工原则，但是由于结构上的可分离性，因而在工艺路线的拟订和定位基准的选择方面均有特殊特点。

1. 加工路线

分离式箱体工艺路线与整体式箱体工艺路线的主要区别：整个加工过程分为两大阶段。第一阶段先对箱盖和底座分别进行加工，主要完成对合面及其他平面、紧固孔和定位孔的加工，为箱体的合装做准备；第二阶段在合装好的箱体上加工孔及其端面。在两个阶段之间安排钳工工序，将箱盖和底座合装成箱体，并用两销定位，使其保持一定的位置关系，以保证轴承孔的加工精度和拆装后的重复精度。

2．定位基准

（1）粗基准的选择

分离式箱体最先加工的是箱盖和底座的对合面。分离式箱体一般不能以轴承孔的毛坯面作为粗基准，而是以凸缘不加工面为粗基准，即箱盖以凸缘 *A* 面为粗基准，底座以凸缘 *B* 面为粗基准。这样可以保证对合面凸缘厚薄均匀，减少箱体合装时对合面的变形。

（2）精基准的选择

分离式箱体的对合面与底面（装配基面）有一定的尺寸精度和相互位置精度要求；轴承孔轴线应在对合面上，与底面也有一定的尺寸精度和相互位置精度要求。为了保证分离式箱体的主要技术要求，加工底座的对合面时，应以底面为精基准，使对合面加工时的定位基准与设计基准重合；箱体合装后加工轴承孔时，仍以底面为主要定位基准，并与底面上的两定位孔组成典型的“一面两孔”定位方式。这样，轴承孔的加工，其定位基准既符合“基准统一”原则，也符合“基准重合”原则，有利于保证轴承孔轴线与对合面的重合度及与装配基面的尺寸精度和平行度。

思考与练习

6-1 什么是工艺过程、工序、安装、工位、工步和走刀？

6-2 在加工过程中可通过哪些方法保证工件的尺寸精度、形状精度及位置精度？

6-3 试简述机械加工工艺规程的制订原则、内容及制订步骤。

6-4 什么是零件结构工艺性？试指出图 6-23 在结构工艺性方面存在的问题，并提出改进意见。

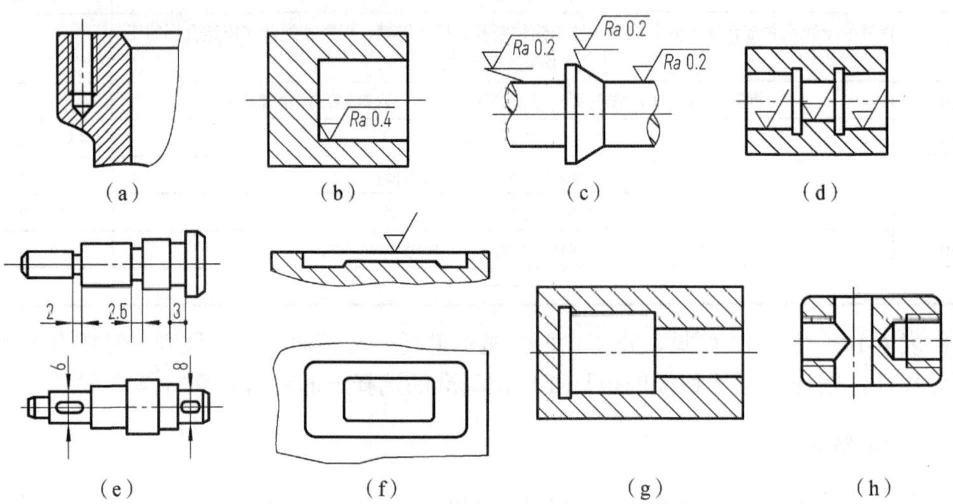

图 6-23　题 6-4 图

6-5 精基准、粗基准的选择原则有哪些？

7 单元 先进制造技术

◎ 单元导读

人们往往用 AMT（advanced manufacturing technology）来概括先进制造技术，即微电子技术、自动化技术、信息技术等给传统制造技术带来的种种变化与新型系统。具体地说，就是指集机械工程技术、微电子技术、自动化技术、信息技术等多种技术为一体所产生的技术、设备和系统的总称。本单元主要介绍先进制造技术的特点、先进制造技术的体系结构及发展趋势、机械制造系统的自动化技术、精密加工与超精密加工等内容。

通过本单元的学习，了解先进制造技术的特点和发展趋势，认识机械制造系统的常用自动化技术，并能对自动化生产线、智能制造单元进行运行管理、维护和调试，具备一定的智能制造生产线集成能力，为以后的工作打下良好的基础。

◎ 能力目标

1. 了解先进制造技术的特点和发展趋势。
2. 认识机械制造系统的常用自动化技术。
3. 理解常见精密加工与超精密加工技术。

◎ 思政目标

1. 培养安全意识、质量意识、环保意识、团队意识。
2. 培养系统思维、设计思维和工程思维。
3. 培养不折不挠、勇于开拓进取的工作精神。
4. 培养创新意识、创新能力、创新习惯。

工程案例：型腔零件的加工

1．工作任务

按照加工工艺规程完成图 7-1 所示型腔零件的加工制作。通过学习，了解先进制造方法、先进制造技术的特点和发展趋势，认识机械制造系统的常用自动化技术。

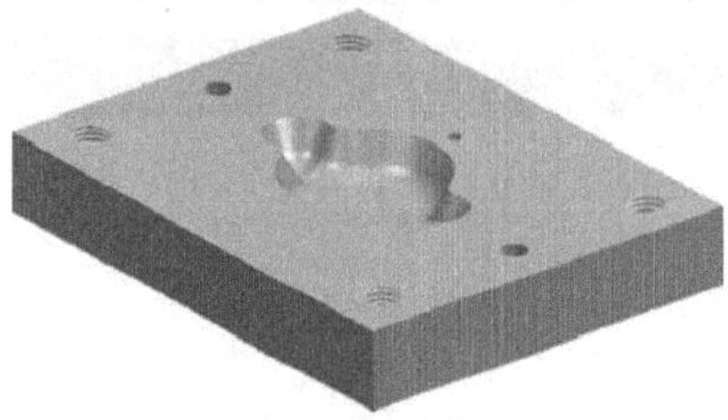

（a）型腔零件的外形

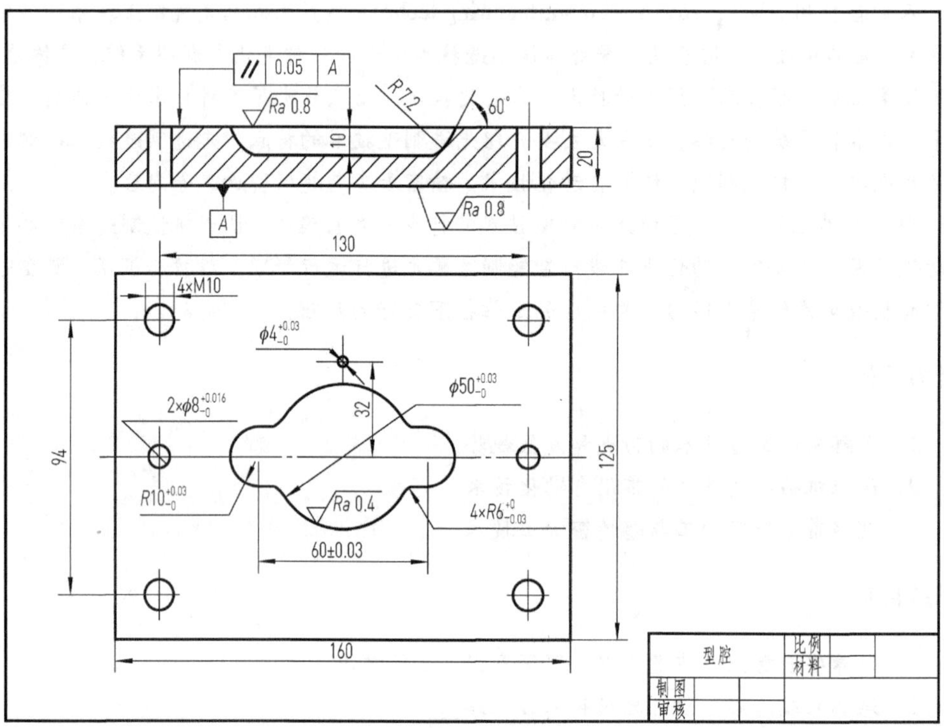

（b）型腔零件的结构

图 7-1　型腔零件图

2．任务分析

该零件为模具型腔，一般为单件、小批量生产，其材料为 CrWMn，为低合金工具钢，热处理 58～62HRC，外形尺寸为 160mm×125mm×20mm，毛坯尺寸为 170mm×145mm×40mm，要加工的部位有上下表面、四周侧面、内腔与六个孔（含螺纹）。要求上下表面的表面粗糙度 *Ra* 为 0.8μm，内腔表面粗糙度 *Ra* 为 0.4μm，公差等级为 IT7，上下表面有平行度要求。

7.1 先进制造技术概述

7.1.1　先进制造技术的特点

随着社会需求个性化、多样化的发展，生产规模沿小批量—大批量—多品种变批量的方向发展，以计算机为代表的高技术和现代化管理技术的引入、渗透与融化，不断地改变着传统制造技术的面貌和内涵，从而形成了先进制造技术。

1. 先进制造技术的内涵

目前对先进制造技术尚没有一个明确的、一致公认的定义，经过近年来对发展先进制造技术方面开展的工作，通过对其特征的分析研究，可以认为：先进制造技术是制造业不断吸收信息技术和现代管理技术的成果，并将其综合应用于产品设计、加工、检测、管理、销售、使用、服务乃至回收的制造全过程，以实现优质、高效、低耗、清洁、灵活生产，提高对动态多变的市场的适应能力和竞争能力的制造技术的总称。

2. 先进制造技术的特点

（1）先进制造技术的实用性

先进制造技术最重要的特点在于，它首先是一项面向工业应用，具有很强实用性的新技术。从先进制造技术的发展过程及应用效果来看，先进制造技术是一项应用于制造业，对制造业和国民经济的发展可以起重大作用的实用技术。先进制造技术的发展往往是针对某一具体的制造业（如汽车制造、电子工业）的需求而发展起来的先进、适用的制造技术，有明确的需求导向的特征；先进制造技术不是以追求技术的高新为目的，而是注重产生最好的实践效果，以提高效益为中心，以提高企业的竞争力和促进国家经济增长为目标。

（2）先进制造技术应用的广泛性

先进制造技术相对传统制造技术在应用范围上的一个很大不同点在于，传统制造技术通常只是指各种将原材料变成成品的加工工艺，而先进制造技术集机械工程技术、自动化技术、系统管理技术、信息技术等多种技术为一体，强调将这些技术综合应用于制造的全过程，覆盖了产品设计、生产准备、加工与装配、销售使用、维修服务甚至回收再生的整个过程。

（3）先进制造技术的动态特征

由于先进制造技术本身是针对一定的应用目标，不断地吸收各种高新技术逐渐形成、不断发展的新技术，因而其内涵不是绝对的和一成不变的。反映在不同的时期，先进制造技术有其自身的特点；反映在不同的国家和地区，先进制造技术有其本身重点发展的目标和内容，发展先进制造技术可以实现这个国家和地区制造业的跨越式发展。

（4）先进制造技术的集成性

传统制造技术的学科、专业单一独立，相互间的界限分明；先进制造技术由于专业和学科间的不断渗透、交叉、融合，界线逐渐淡化甚至消失，技术趋于系统化、集成化，已发展成为集机械、电子、信息、材料和管理技术为一体的新型交叉学科，因此可以称之为“制造工程”。

（5）先进制造技术的系统性

传统制造技术一般只能驾驭生产过程中的物质流和能量流。随着微电子、信息技术的引入，先进制造技术还能驾驭信息生成、采集、传递、反馈、调整的信息流动过程。先进制造技术是可以驾驭生产过程的物质流、能量流和信息流的系统工程。

一项先进制造技术的产生往往要系统地考虑制造的全过程，如并行工程就是集成地、并行地设计产品及其零部件和各种相关过程的一种系统方法。这种方法要求产品开发人员与其他人员一起工作，在设计的开始就考虑产品从概念形成到产品报废处理整个生命周期中的所有因素，包括质量、成本、进度计划和用户要求等。一种先进的制造模式除考虑产品的设计、制造全过程外，还需要更好地考虑整个制造组织。

（6）先进制造技术强调的是实现优质、高效、低耗、清洁、灵活的生产

先进制造技术的核心是优质、高效、低耗、清洁等基础制造技术，它是从传统的制造工艺发展起来的，并与新技术实现了局部或系统集成，其重要的特征是实现优质、高效、低耗、清洁、灵活的生产。这意味着先进制造技术除通常追求的优质、高效外，还要针对21世纪人类面临的有限资源与日益增长的环保压力的挑战，实现可持续发展，要求实现低耗、清洁。此外，先进制造技术也必须面临人类在21世纪消费观念变革的挑战，满足对日益“挑剔”的市场的需求，实现灵活生产。先进制造车间如图7-2所示。

图7-2　先进制造车间

（7）先进制造技术最终目标是要提高市场的适应能力和企业的竞争能力

为确保生产和经济效益持续稳步地提高，提高对动态多变的产品市场的适应能力和企业的竞争能力，先进制造技术比传统制造技术更加重视技术与管理的结合，更加重视制造过程组织和管理体制的优化，从而产生了一系列先进的制造模式。随着世界自由贸易体制

的进一步完善，以及全球交通运输体系和通信网络的建立，制造业将形成全球化与一体化的格局，先进制造技术也必将是全球化的模式。

7.1.2　先进制造技术的体系结构

由于目前对先进制造技术的体系结构认识还未统一，下面给出两种先进制造体系结构以供参考。美国机械科学研究院（Academy of Machinery Science and Technology，AMST）提出的由多层次技术群构成的先进制造技术体系图，强调先进制造技术从基础制造技术、新型制造单元技术到先进制造集成技术的发展过程，即在新兴产业及市场需求的带动之下，在各种高新技术（如能源技术、材料技术、微电子技术和计算机技术及系统工程和管理科学）的推动下先进制造技术的发展过程。美国联邦科学、工程和技术协调委员会（Federal Coordinating Committee on Science，Engineering and Technology，FCCSET）下属的工业和技术委员会先进制造技术工作组提出先进制造技术是由主体技术群、支撑技术群、制造基础设施组成的三位一体的体系结构。这种体系没有从技术学科内涵的角度来描绘先进制造技术，而是着重从比较宏观组成的角度来描绘先进制造技术的组成及各个部分在制造技术发展过程中的作用。

图 7-3 所示为美国机械科学研究院（AMST）提出的先进制造技术体系图。

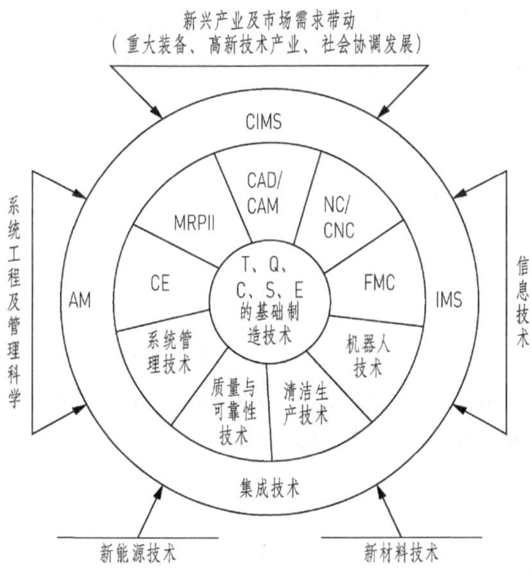

图 7-3　AMST 提出的先进制造技术体系图

由图 7-3 可见，它由多层次技术群构成，并以优质、高效、低耗、清洁、灵活的基础制造技术为核心，主要包括以下三个层次。

1. 现代设计、制造工艺基础技术

现代设计、制造工艺基础技术包括 CAD、CAPP（computer aided process planning，计算机辅助工艺过程设计）、NCP（numerical control programming，数控程序编制）、精密下料、精密塑性成形、精密铸造、精密加工、精密测量、毛坯强韧化、精密热处理、优质高

效连接技术、功能性防护涂层等。

2．制造单元技术

制造单元技术包括制造自动化单元技术、极限加工技术、质量与可靠性技术、系统管理技术、CAD/CAE/CAPP/CAM、清洁生产技术、新材料成形加工技术、激光与高密度能源加工技术、工艺模拟及工艺设计优化技术等。

3．系统集成技术

系统集成技术包括网络与数据库、系统管理技术，以及 FMS（flexible manufacturing system，柔性制造系统）、CIMS（computer integrated manufacturing system，计算机集成制造系统）、IMS（intelligent manufacturing system，智能制造系统）及 VR（virtual reality，虚拟现实）技术等。

以上三个层次都是先进制造技术的组成部分，但其中每一个层次都不等于先进制造技术的全部。

7.1.3 先进制造技术的发展趋势

质量、成本和效率是推动现代机械制造技术发展的三个永恒主题，同时，环保和服务业渐渐成为人们关注的目标。为实现这些目标，现代机械制造技术的总趋势是向全球化、网络化、虚拟化、自动化、绿色化方向发展。

1．全球化

一方面，国际和国内市场上的竞争越来越激烈。例如，在机械制造业中，国内外已有不少企业，甚至是知名度很高的企业，在竞争中纷纷落败，有的倒闭，有的被兼并，不少暂时还在国内市场上占有份额的企业不得不开拓新的市场。另一方面，网络通信技术的快速发展推动着企业向既竞争又合作的方向发展，这种发展进一步激化了国际市场的竞争。这两方面的相互作用，已成为全球化制造业发展的动力。全球化制造的第一个技术基础是网络化，网络通信技术使制造的全球化得以实现。

2．网络化

网络通信技术的迅速发展和普及，给企业的生产和经营活动带来了革命性的变化。产品设计、物料选择、零件制造、市场开拓与产品销售都可以跨领域或跨越国界开展。此外，网络通信技术的快速发展，加速了科技资讯的传播，促进了产品开发的合作和经营管理的交流，推动了企业向着既竞争又合作的方向发展。

3．虚拟化

制造过程中的虚拟技术是指面向产品生产过程的模拟和检验，即检验产品的可加工性、加工办法和工艺的合理性，以优化产品的制造工艺、保证产品品质、缩短生产周期和降低生产成本为目标，开展生产过程计划、组织管理、车间调度、供应链及物流设计的建模和仿真。虚拟化的核心是计算机仿真，通过仿真软件来模拟真实系统，以保证产品设计和产品工艺的合理性，确保产品制造的成功，发现设计、生产中不可避免的缺陷和错误。

4．自动化

自动化是一个动态概念，目前对自动化的研究主要集中在制造系统中的集成技术和系统技术、人机一体化制造系统、制造单元技术、制造过程的计划和调度、柔性制造技术和适应现代化生产模式的制造环境等方面。制造自动化技术的发展趋势是制造全球化、制造网络化、制造虚拟化、制造绿色化。

5．绿色化

绿色制造通过绿色生产过程、绿色设计、绿色材料、绿色设备、绿色工艺、绿色包装、绿色管理等生产出绿色产品，产品使用完再通过绿色处理后加以回收利用。采用绿色制造能最大限度地减少对环境的负面影响，同时使原材料和能源的利用效率达到最高。

7.2 机械制造系统的自动化技术

7.2.1 成组技术

随着传统的单一品种的大批量生产方式在制造中的占比逐步下降，多品种小批量生产不断增加，从而产生了新的生产模式——大批量定制生产（mass customization production，MCP）。成组技术（group technology，GT）可作为一种有效的工具，在小批量生产中获得大批量生产的良好效果。

成组技术是一门生产技术科学和管理科学，研究如何识别和发掘生产过程中有关事物的相似性，并充分利用它，即把相似的问题归类成组，然后寻求解决这一组问题的相对最优方案，以取得所期望的经济效果。

成组技术应用于机械制造领域，就是利用零件的相似性，将其分类成组，并以这些零件组为基础组织生产，以实现多品种、中小批量生产的产品设计、制造工艺和生产管理的合理化。

由上述定义可知，机械制造中成组技术的基本原理是将零件按其相似性分类成组，使同一类零件分散的小批量生产，汇合成较大批量的成组生产（图 7-4），从而使多品种、中小批量生产可以获得接近大批量生产的经济效果。

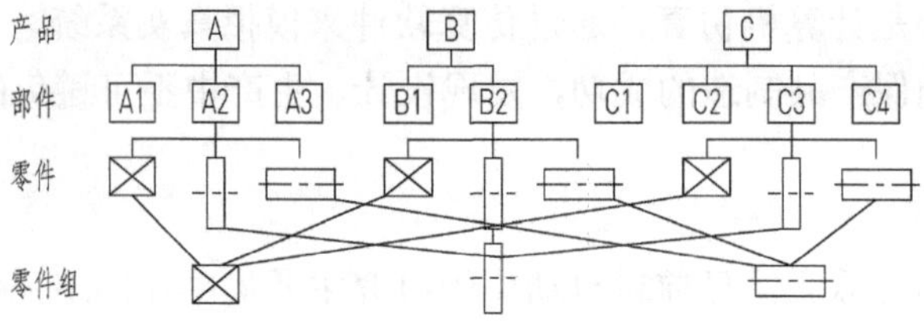

图 7-4　成组技术基本原理

在机械制造中实施成组技术有其客观基础，主要有两方面。

1）机械零件之间存在着相似性。这种相似性主要表现在零件结构特征（零件形状、形状要素及其布置、尺寸、精度等）相似性、零件材料特征（零件材质、毛坯、热处理等）相似性和零件制造工艺（加工方法、加工过程、加工设备等）相似性三个方面。前两者是零件所固有的，因此又称为“一次相似性”，后者取决于前两者，因此又称为“二次相似性”。

2）机械产品中零件出现频率有明显的规律性和稳定性。机械零件按其复杂程度可分为简单件、相似件和复杂件三类，大量调查统计表明这三类零件在机械产品中出现的频率有明显的规律性和稳定性（图 7-5）。机械产品中 5%～10%的零件属于复杂件，如机床中的床身、主轴箱、溜板等。这类零件为数不多，但复杂程度较高，制造难度较大，再现性低。此类零件多为决定机械产品性能的重要零件，故又称为关键件。机械产品中 20%～25% 的零件属于简单件，如螺钉、螺母、销、键等。这类零件的特点是结构简单，再用性高，多数已标准化和已形成大批量生产。机械产品中约 70%的零件属于中等复杂程度的零件，如轴、齿轮、法兰盘、盖板、支座等。这类零件数量较大，彼此之间存在着显著的相似性，故称为相似件。正是由于机械产品中大多数零件是相似件，成组技术才有可能得以实施。

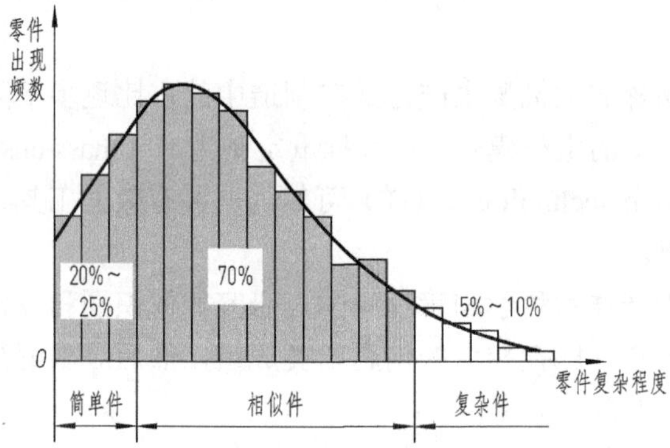

图 7-5　不同复杂程度的零件在机械产品中出现的规律

7.2.2　计算机集成制造

CIMS（计算机集成制造系统）一词于 1974 年由美国 Joseph Harrington 博士提出。20 世纪 80 年代初，美国国家标准局（National Bureau of Standards，NBS）下属的“自动化制造研究实验基地”建立了世界上第一个 CIMS 实验系统。

CIMS 是信息技术和生产技术的综合应用，旨在提高制造型企业的生产效率和响应能力。企业所有功能、信息、组织管理等方面都是集成起来的整体的各个部分。计算机集成制造是一种制造哲理，也是一种思想；CIMS 是计算机集成制造哲理的具体体现。也可以将 CIMS 定义为一个计算机控制的闭环反馈系统，输入的是产品的需求和概念，输出的是合格的产品。

1. CIMS 的体系结构

作为一个系统，CIMS 由若干个相互联系的部分（分系统）组成，通常 CIMS 可划分为五个分系统，如图 7-6 所示。

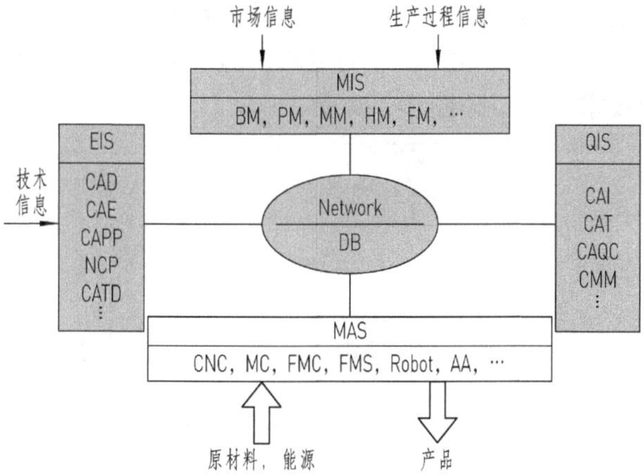

图 7-6　CIMS 结构

（1）工程技术信息分系统（engineering technology information subsystem，EIS 或 TIS）

工程技术信息分系统包括计算机辅助设计（CAD）、计算机辅助工程分析（CAE）、计算机辅助工艺过程设计（CAPP）、计算机辅助工装设计（computer-aided teaching design，CATD）、数控程序编制（NCP）等。

（2）管理信息分系统（management information system，MIS）

管理信息分系统包括经营管理（business management，BM）、生产管理（production management，PM）、物料管理（material management，MM）、人事管理（human resource management，HM）、财务管理（financial management，FM）等。

（3）制造自动化分系统（MAS）

制造自动化分系统包括各种自动化设备和系统，如计算机数控（computer numerical control，CNC）、加工中心（machining centre，MC）、柔性制造单元（flexible manufacturing cell，FMC）、柔性制造系统（FMS）、工业机器人（Robot）、自动装配（automatic assembly，AA）等。

（4）质量信息分析系统（quality information system，QIS）

质量信息分析系统包括计算机辅助检验（computer aided instruction，CAI）、计算机辅助测试（computer-assisted testing，CAT）、计算机辅助质量控制（computer aided quality control，CAQC）、三坐标测量机（coordinate measuring machine，CMM）等。

（5）计算机网络与数据库分系统（computer network and database subsystem，Network & DB）

计算机网络与数据库分系统是一个支持系统，用于将上述几个分系统联系起来，以实现各分系统信息的集成。

由于 CIMS 是一个复杂的大系统，需要将其分成几个层次进行控制。通常可将 CIMS 分为五个层次，分别是工厂级、车间级、单元级、工作站级和设备级。

2．实施 CIMS 的基本步骤

由于 CIMS 是一项庞大的、高投资、高风险的工程，为减小风险，提高成功率，应分阶段进行。通常分为五个阶段：①可行性论证；②系统初步设计；③系统详细设计；④系统实施；⑤系统运行与维护。CIMS 设计的逻辑步骤一般从功能需求分析开始，在此基础上确定实施 CIMS 的技术方案，如图 7-7 所示。

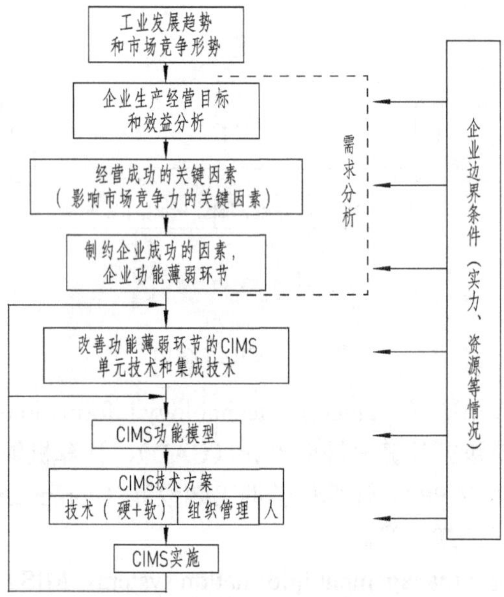

图 7-7　CIMS 系统设计逻辑步骤

7.2.3　并行工程

并行工程（concurrent engineering，CE）与计算机集成制造具有相同的历史背景，都是在激烈的市场竞争中，企业为了求得生存和发展而采取的有效方法。

美国国防部防卫分析研究所（Institute for Defense Analysis，IDA）对并行工程所做的定义如下：并行工程是对产品及其相关过程（包括制造过程和支持过程）进行并行、一体化设计的一种系统化的工作模式。这种工作模式力图使开发者从一开始就考虑产品的整个生命周期（从概念形成到产品报废）中所有的因素，包括质量、成本、进度与用户需求。

并行工程定义中所说的支持过程包括对制造过程的支持（如原材料的获取、中间产品库存、工艺过程设计、生产计划等）和对使用过程的支持（如产品销售、使用维护、售后服务、产品报废后的处理等）。

并行工程的核心是实现产品及其相关过程设计的集成。传统的顺序设计方法与并行设计方法的比较如图 7-8 所示。由图 7-8 可知，并行设计不可能实现完全的并行，而只能是在一定程度上的并行，但这足以使新产品开发时间大大缩短。

（a）顺序设计方法　　（b）并行设计方法

图 7-8 顺序设计方法与并行设计方法的比较

并行工程的基本方法是依赖于产品开发中各学科、各职能部门人员的相互合作、相互信任和共享信息，通过彼此间有效地通信和交流，尽早考虑产品整个生命周期中的各种因素，尽早发现和解决问题，以使各项工作协调一致。

实施并行工程可以获得明显的经济效益。据统计。实施并行工程可以使新产品开发周期缩短 40%～60%，早期生产中工程变更次数减少 50%以上，产品报废及反复工作减少 75%，产品制造成本下降 30%～40%。

图 7-9 所示为支持并行运营的企业矩阵式组织形式。在这种组织形式中，基本的管理单元是项目小组。项目小组由项目经理直接领导，项目经理直接对总经理负责。这种矩阵式组织形式是在吸收了建筑业管理模式的基础上发展起来的，它的特点是管理层次少，管理工作直接、简单、有效。

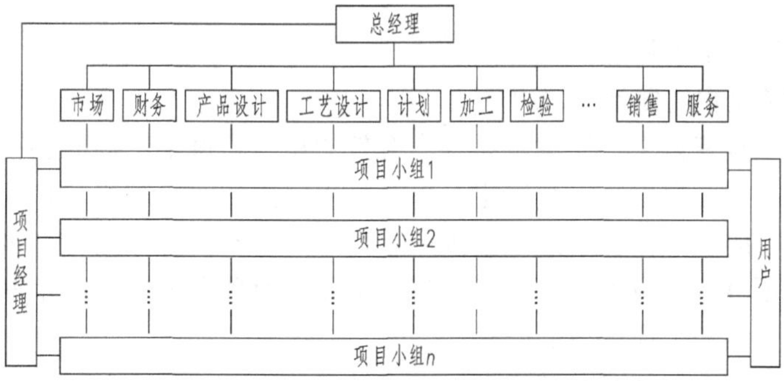

图 7-9 支持并行运营的企业矩阵式组织形式

为使项目小组有效地工作，小组人数一般以 8～12 人为宜。对于复杂的任务可由若干个项目小组联合而成，也可采取“组中有组”的方式，或将任务分解，每一部分由一个小组负责，而每一部分又可再进行细分。

7.2.4 敏捷制造

1. 敏捷制造的含义

敏捷制造是指制造系统在满足低成本和高质量的同时，对变幻莫测的市场需求的快速反应。因此，敏捷制造企业的敏捷能力应反映在以下 6 个方面。

（1）对市场的快速反应能力

判断和预见市场变化并快速地做出反应的能力。

（2）竞争力

企业获得一定生产力、效率和有效参与竞争所需的技能。

（3）柔性

以同样的设备与人员生产不同产品或实现不同目标的能力。

（4）快速

以最短的时间执行任务，如产品开发、制造、借贷等能力。

（5）企业策略上的敏捷性

企业针对竞争规则及手段变化、新竞争对手出现、国家政策法规变化、社会形态变化等做出快速反应的能力。

（6）企业日常运行的敏捷性

企业日常运行的敏捷性可影响企业日常运行的各种变化，如用户对产品规格、配置及售后要求的变化，定货量、供货时间变化，原料供货出现问题及设备出现故障等做出快速反应的能力。

敏捷制造的基本思想是通过把动态灵活的虚拟组织结构、先进的柔性生产技术和高素质的人员进行全方位的集成，从而使企业能够从容应对快速变化和不可预测的市场需求。它是一种提高企业竞争能力的全新制造组织模式。

2. 敏捷制造的特点

敏捷制造有以下基本特点。

（1）敏捷制造是自主制造系统

敏捷制造系统具有自主、简单、易行、有效的特点。每个工件的加工过程、设备利用及人员投入都由本单元自主掌握和决定；以产品为对象的敏捷制造，每个系统只负责一个或若干个同类产品的生产，易于组织小批或单件生产，不同产品的生产可以重叠进行；可将产品较复杂的项目组分成若干单元，使每一单元相对独立地对产品生产负责，单元之间分工明确，协调完成一个项目组的产品。

（2）敏捷制造是虚拟制造系统

敏捷制造系统是一种以适应不同产品为目标构造的虚拟制造系统，它能够随环境变化迅速地动态重构，对市场变化做出快速的反应，实现柔性自动化生产。实现产品目标的主要途径是组建虚拟企业。虚拟企业的主要特点是企业的功能上的不完整、地域上的分散性和组织机构上的非永久性，即功能的虚拟化、组织的虚拟化、地域的虚拟化。

（3）敏捷制造是可重构的制造系统

敏捷制造系统的设计过程不是预先按规定的需求范围建立的过程，而是使制造系统从组织结构上具有可重构性、可重用性和可扩充性。通过对制造系统硬件的重构和扩充，适应新的生产过程，完成预计变化的活动，要求软件可重用，能对新制造活动进行指挥、调度与控制。

7.3 精密加工与超精密加工

7.3.1 精密加工与超精密加工概述

1. 精密加工与超精密加工的范畴

精密加工与超精密加工主要是根据加工精度和表面质量两项指标来划分的。精密加工是指某一历史时期，零件的加工精度和表面质量达到最高程度的加工工艺。超精密加工是指加工精度和表面质量超过当前所用公差标准中最高程度的加工工艺。精密加工与超精密加工的界限不是固定不变的，随着科学技术的进步而逐渐向前推移。当前，零件加工的精密程度可划分为普通加工、精密加工和超精密加工。

（1）普通加工

普通加工是指加工精度为 10μm 左右，尺寸公差等级为 IT5～IT7，表面粗糙度 *Ra* 为 0.2～0.8μm 的加工方法，如车、铣、刨、磨、铰、拉等工艺方法。普通加工适用于汽车制造、拖拉机制造和机床制造。

（2）精密加工

精密加工是指加工精度为 1～0.1μm，尺寸公差等级为 IT3～IT5，表面粗糙度 *Ra* 小于 0.1μm 的加工方法，如金刚石车削、金刚镗、珩磨、研磨、超精加工、砂带磨削和镜面磨削等。它在机械制造业中具有十分重要的地位，常用于精密丝杠、精密齿轮、精密蜗轮、精密导轨和精密轴承等关键零件的加工。

（3）超精密加工

超精密加工是指工件的加工精度高于 0.1μm，表面粗糙度 *Ra* 小于 0.025μm 的加工方法，如金刚石精密切削、超精密磨料加工和原子、分子加工单位的加工等。超精密加工多用于精密元件制造、大规模和超大规模集成电路制造和计量标准元件的制造等。当前，超精密加工的水平已达到纳米级，它是国家制造工业水平的重要标志之一。

2. 加工精度与时间之间的关系

普通加工与精密加工及超精密加工方法一样，随着新技术、新工艺、新设备及新的测试技术和仪器的采用，其加工精度都在不断地提高。加工精度的不断提高，反映了加工工件时材料的分割水平不断由宏观进入微观的发展趋势。随着时间的进展，原来认为是难以达到的加工精度会变得相对容易。因此，普通加工、精密加工和超精密加工只是一个相对概念，其间的界限随着时间的推移不断变化。已有资料显示：普通加工所达到的精度是 1μm（称为微米加工），精密加工所达到的精度是 0.1～0.01μm（称为亚微米加工），而超精密加工所达到的精度是 0.001μm（称为纳米加工）。

3．提高机械加工精度的技术基础

加工精度的提高主要有两种表现形式：一是机械加工精度的不断改进，二是各种非传统（非机械）加工方法的使用。机械加工精度的提高有赖于以下技术的发展。

1）新的机械加工工艺的研究与应用，如现在已创造出单刃金刚石刀具精密、超精密车削及铣削的新工艺，砂带磨削工艺等。

2）新型刀具材料的研制和采用，如应用涂层硬质合金、聚晶立方氮化硼、人造金刚石材料和单晶金刚石刀具等。

3）新型超精密加工机床的使用。该类机床多采用空气轴承，一般具备低速进给机构和微量进刀机构，并具有优越的抗热、抗振特性。

4）新的测量手段和测量方法的应用，如应用光学或电磁计量方法，可在加工过程中对加工精度进行自动监控。以亚微米级加工精度为计量对象的非接触测量系统的研制和应用，是近些年实现自动化精密加工的重大研究课题。

图7-10所示为采用激光高速扫描的尺寸计量系统示意图。它采用平行光管透镜将激光准确地调整到多角形旋转扫描镜上聚焦。通过激光扫描被测工件两端，根据扫描镜旋转角、扫描镜旋转速度、扫描镜和透镜之间的间隔（即透镜焦点距离）等数据计算出被测工件的尺寸。

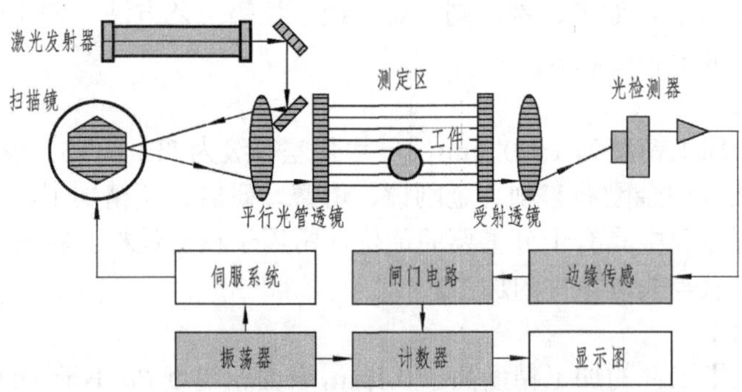

图7-10　采用激光高速扫描的尺寸计量系统示意图

7.3.2　精密与超精密切削加工

1．精密与超精密切削加工工作原理

精密与超精密切削加工的工作原理与普通切削加工一样，都是通过一个或有次序的多个切削刃在被加工表面的切削形成工件形状。不同的是加工所用的刀具不一样，加工使用的机床性能不一样，从而切削用量也不一样。

2．精密与超精密切削加工刀具

在精密加工中，常用的刀具材料是硬质合金和涂层硬质合金、立方氮化硼和人造聚晶金刚石。在超精密切削加工中，最常用的刀具材料是天然或人造单晶金刚石。

金刚石车削主要用于铜、铝及其合金等软金属零件的精密加工。例如，用于车削铝合金磁盘基片，表面粗糙度 *Ra* 可达 0.003μm，平面度可达 0.2μm；金刚石数控车削可加工非球面光学金属反射镜；金刚石镜面铣削可加工多棱体光学金属反射镜；等等。

3．精密与超精密切削加工机床

实现金刚石超精密切削，对机床的要求主要是具有很高的主轴回转精度、导轨运动精度和精细走刀的平稳性，对环境的要求是恒温、净化和防振。

图 7-11 所示为美国 Moore 公司的 Moore 金刚石车床，它采用卧式主轴、空气轴承，有很高的动刚度和静刚度。金刚石刀具装在回转工作台上，加工各种曲面时，刀具始终垂直于加工表面，提高了加工精度和表面质量。表 7-1 给出了当前一种有代表性的金刚石车床的技术参数。

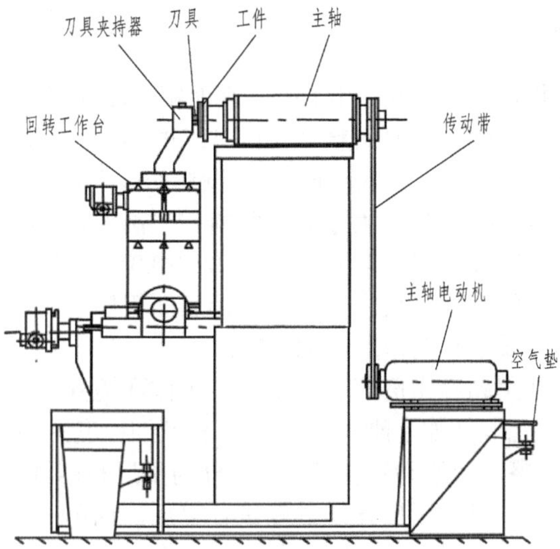

图 7-11　Moore 金刚石车床

表 7-1　当前一种有代表性的金刚石车床的技术参数

最大车削直径/mm	400	主轴轴向圆跳动/μm		<0.1
最大车削长度/mm	100	滑台运动的直线度/（mm/mm）		<0.001/150
最高转速/（r/min）	3000～20000	滑台对主轴的垂直度/（mm/mm）		<0.002/100
最大进给速度/（mm/min）	5000	主轴前静压轴承刚度（ϕ100mm）/（N/μm）	径向	1140
数控系统分辨率/μm	0.1～0.05		轴向	1020
重复精度（±2σ）/mm	<0.0002/100	主轴后静压轴承刚度（ϕ80mm）/（N/μm）		640
主轴径向圆跳动/μm	<0.1	纵、横滑台的静压支承刚度/（N/μm）		720

7.3.3　精密磨料加工

精密磨料加工主要用于黑色金属及玻璃、陶瓷等脆性材料的精密加工和超精密加工。在精密磨料加工中，除常规的研磨、珩磨、超精研磨及抛光外，近年来相继推出了两种新的工艺：塑性磨削和镜面磨削。

1．塑性磨削

塑性磨削主要针对脆性材料，其命名出自该种工艺的切屑形成机理，即磨削脆性材料时，切屑形成与塑性材料相似，切屑通过剪切的形式被磨粒从基体上切除下来。磨削后的表面呈有规则的纹理，没有裂纹形成，也没有脆性剥落时的凹凸不平现象产生。

塑性磨削的机理至今仍不明确，在切屑形成由脆断向塑性剪切转变的理论上存在多种看法。大多数研究者认为，当磨粒的切削深度小到一定程度时，切屑就由脆断转变为塑断，这一切削深度称为临界切削深度，它与工件材料特性和磨粒的几何形状有关。一般来说，临界切削深度在1μm以下，因而也称这种磨削方法为纳米磨削。

对于形成塑性磨削的另一种观点认为，切削深度不是唯一的因素，只有磨削温度才是切屑由脆性向塑性转变的关键。从理论上讲，当磨粒与工件的接触点的温度高到一定程度时，工件材料的局部物理特性才会发生变化，导致切屑形成机理的变化。

2．超精密磨削和镜面磨削

超精密磨削通常是指加工精度高于0.1μm，表面粗糙度 *Ra* 低于0.025μm的磨削方法。超精密磨削技术主要是为了弥补金刚石精密车削技术的不足而发展起来的。因为金刚石刀具在切削钢、铁材料时易于产生“扩散磨损”；在微量切削陶瓷、玻璃等硬脆材料时，剪应力巨大，易于产生较大的机械磨损。故对于这些材料，超精密磨削成为一种理想的加工方法。

镜面磨削一般是指加工表面粗糙度 *Ra* 达到0.02～0.01μm，磨削表面光泽如镜的磨削方法。镜面磨削对加工精度没有明确要求，主要强调表面粗糙度。从精度和表面粗糙度统一的观点理解，镜面磨削应属于超精密磨削的范畴。

超精密磨削除需要使用超精密磨床和严格控制工作环境外，砂轮的选用和修整是十分重要的。通常，采用超硬磨料（如金刚石或CBN）和微细粒度的砂轮，并采用金属结合剂。金刚石或CBN砂轮的修整与一般砂轮修整不同，分为整形和修锐两步进行。①整形可使砂轮获得所要求的几何形状，可采用碳化硅砂轮进行整形，也可以使用金刚石笔进行整形。②修锐是指去除部分结合剂，使磨粒突出结合剂一定的高度，一般为磨粒尺寸的1/3左右。

砂轮修锐方法有很多种，其中日本东京大学理化研究所的Nakagawa教授和Ohmori教授发明的电解在线修锐法（electrolytic on-line trimming method，ELID）效果突出。图7-12为ELID磨削原理示意图。

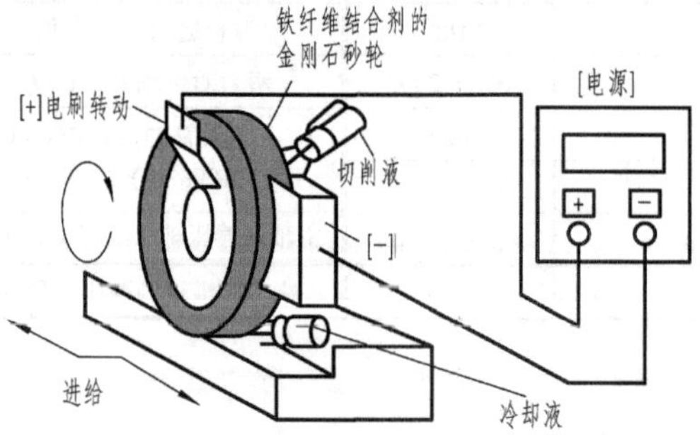

图7-12　ELID磨削原理示意图

在使用ELID磨削时，切削液为一种特殊的电解液。当在电极与砂轮之间接上电压时，砂轮的结合剂发生氧化，氧化层会阻止电解的进一步进行。在切削力的作用下，氧化层脱落，从而露出了新的锋利的磨粒。由于电解修整在整个磨削过程中是连续进行的，所以能保证砂轮在整个磨削过程中保持同一锋利状态。

3．精密砂带抛光

模具是现代制造业使用越来越多的工具，模具型腔表面的加工精度直接影响制造工件的精度。特别是各种塑料模具，模具型腔表面的粗糙度将直接影响工件的外观质量。为进行模具型腔等复杂曲面的超精抛光加工，经常采用精密砂带抛光机进行终加工。用细粒度磨料制成的砂带加工出的表面粗糙度 Ra 可达 0.02μm。目前，砂带的带基用聚氨酯薄膜材料有极高的强度，用静电植砂法制作的砂带，砂粒的等高性和切削性能更好。精密砂带抛光一般采用开式砂带加工方式。与闭合环形砂带高速循环磨削不同，精密砂带抛光所用的砂带由卷带轮低速卷绕，始终有新砂带缓慢进入加工区，砂带经一次性使用即报废。这种开式砂带加工方法保持了加工工况的一致性，从而提高了生产过程中加工表面质量的稳定性。

7.3.4 超精密加工设备

1）利用轨迹可控的刀具（如单晶金刚石刀具、砂轮等）以极高的空间运动精度完成具有光学元部件加工的典型超精密加工设备，如单点金刚石超精密车床、超精密铣床、超精密磨床等。这类设备的主轴及导轨均采用液体静压或空气静压轴承。

2）基于计算机控制光学表面成型技术的超精密加工设备。超精密加工机床主要功能部件有主轴及其驱动装置、导轨及进给驱动装置和微量进给装置。超精密加工必须在超稳定的环境下进行，超稳定环境即恒温、超净和防振。图 7-13 为超精密加工的环境要求。

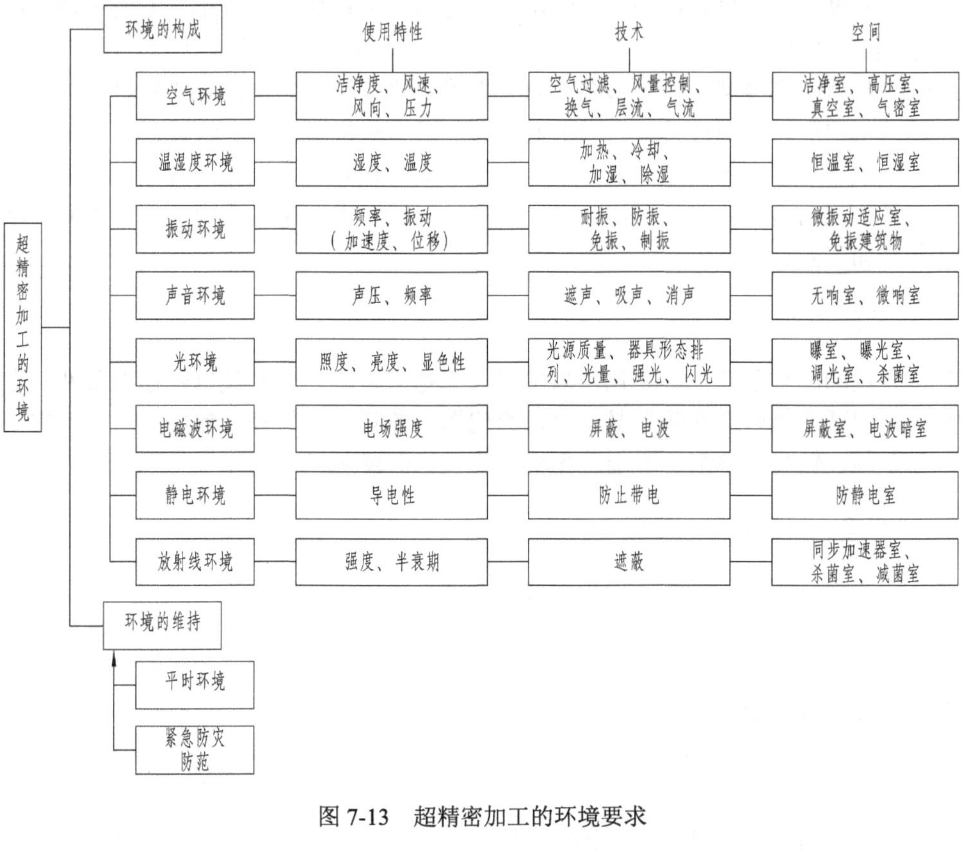

图 7-13 超精密加工的环境要求

3）超精密加工的在线检测及计量测试装置。如图 7-14 所示，这类装置对加工误差进行在线检测、实时建模与动态分析预报，再根据预报数据对误差源进行补偿，从而消除或减少加工误差。

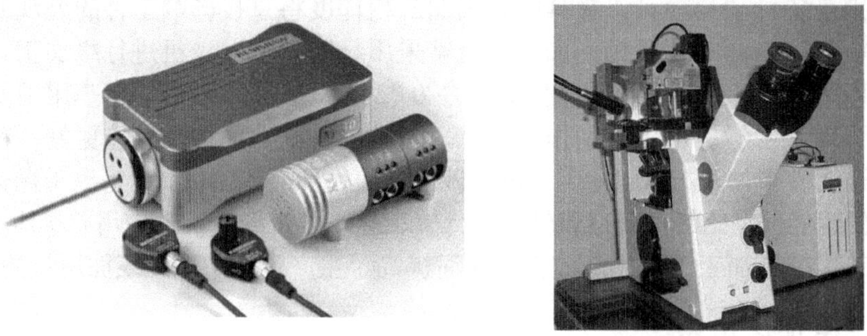

（a）激光干涉仪　　（b）原子力显微镜

图 7-14　超精密加工在线检测及计量测试装置

7.3.5　超精密加工的发展趋势

1．高精度、高效率

高精度与高效率是超精密加工永恒的主题。总的来说，固着磨粒加工不断追求着游离磨粒的加工精度，而游离磨粒加工不断追求的是固着磨粒加工的效率。当前超精密加工技术，如化学机械抛光（chemical mechanical polishing，CMP）、弹性发射加工（elastic emission machining，EEM）等虽能获得极高的表面质量和表面完整性，但均以“牺牲”加工效率为前提。超精密切削、磨削技术虽然加工效率高，但无法获得如 CMP、EEM 的加工精度。探索能兼顾效率与精度的加工方法，成为超精密加工领域研究人员的目标。目前的一些加工方法已经体现出这一趋势。例如，半固着磨粒加工、电解磁力研磨加工、磁流变磨料流加工等复合加工方法的诞生。

2．工艺整合化

当今企业间的竞争趋于白热化，高生产效率越来越成为企业赖以生存的条件。在这样的背景下，出现了“以磨代研”甚至“以磨代抛”的呼声。另外，使用一台设备完成多种加工（如车削、钻削、铣削、磨削、光整）的趋势也越来越明显。

3．大型化、微型化

为加工航空、航天、宇航等领域需要的大型光电子器件（如大型天文望远镜上的反射镜），需要建立大型超精密加工设备。为加工微型电子机械、光电信息等领域需要的微型器件（如微型传感器、微型驱动元件等），需要微型超精密加工设备（但这并不是说加工微小型工件一定需要微小型加工设备）。

4．在线检测

尽管现在超精密加工方法多种多样，但都尚未发展成熟。例如，虽然 CMP 等加工方法已成功应用于工业生产，但其加工机理尚未明确。主要原因之一是超精密加工检测技术还不完善，特别是在线检测技术。从实际生产角度讲，开发加工精度在线测量技术是保证产品质量和提高生产效率的重要手段。

5. 智能化

超精密加工中的工艺过程控制策略与控制方法也是目前的研究热点之一。以智能化设备降低加工结果对人工经验的依赖性一直是制造领域追求的目标。加工设备的智能化程度直接关系到加工的稳定性与加工效率，这一点在超精密加工中体现得更为明显。

6. 绿色化

磨料加工是超精密加工的主要手段。磨料本身的制造、磨料在加工中的消耗、加工中造成的能源及材料的消耗、加工中大量使用的加工液等对环境造成了极大的负担。我国是磨料、磨具产量及消耗的第一大国，大幅提高磨削加工的绿色化程度已成为当务之急。许多国家对半导体生产厂家的废液、废气排量及标准实施严格管制，为此，各国研究人员对 CMP 加工产生的废液、废气回收处理展开了研究。绿色化的超精密加工技术在降低环境负担的同时，也增强了自身的生命力。

7.4 高速与超高速加工技术

7.4.1 超高速加工概述

微课：高速加工技术

超高速加工是一个相对的概念，由于不同的加工方式、不同工件材料有不同的高速加工范围，因而很难就超高速加工的切削速度给出一个确切的定义。概括地说，超高速加工技术是指采用超硬材料的刀具与磨具，能可靠地实现高速运动，极大地提高材料切除率，并保证加工精度和加工质量的现代制造加工技术，其切削速度通常比常规高 10 倍左右。

德国切削物理学家萨洛蒙博士 1931 年进行了超高速模拟实验，根据实验曲线，提出了著名的“萨洛蒙曲线”和高速切削理论，即一定的工件材料对应一个临界切削速度，在该切削速度下其切削温度最高；在常规切削速度范围内，切削温度随着切削速度的增大而提高；在切削速度达到临界切削速度后，随着切削速度的增大，切削温度反而下降。切削速度与切削温度的关系如图 7-15 所示。

不同材料高速切削速度是不一样的。例如，铝合金：1000～7000m/min；灰铸铁：800～3000m/min；铜：900～5000m/min；钢：500～2000m/min；钛：100～1000m/min。

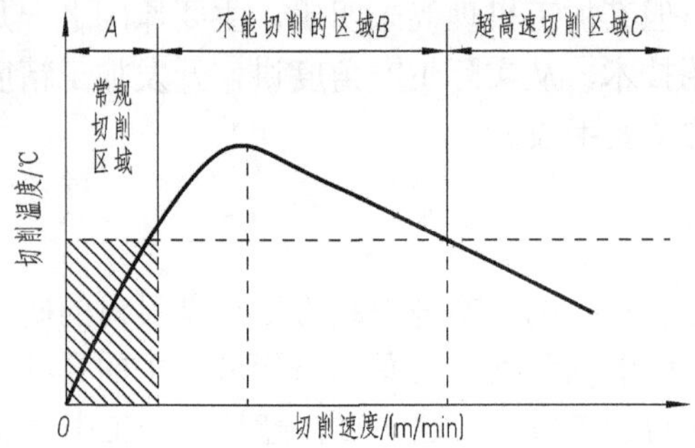

图 7-15　切削速度与切削温度的关系

7.4.2　超高速加工技术的优越性

超高速切削是一种综合性的高新技术，超高速切削技术的推广应用是多项相关技术发展到与之相匹配的程度而产生的综合效应。超高速切削的相关技术如图 7-16 所示。

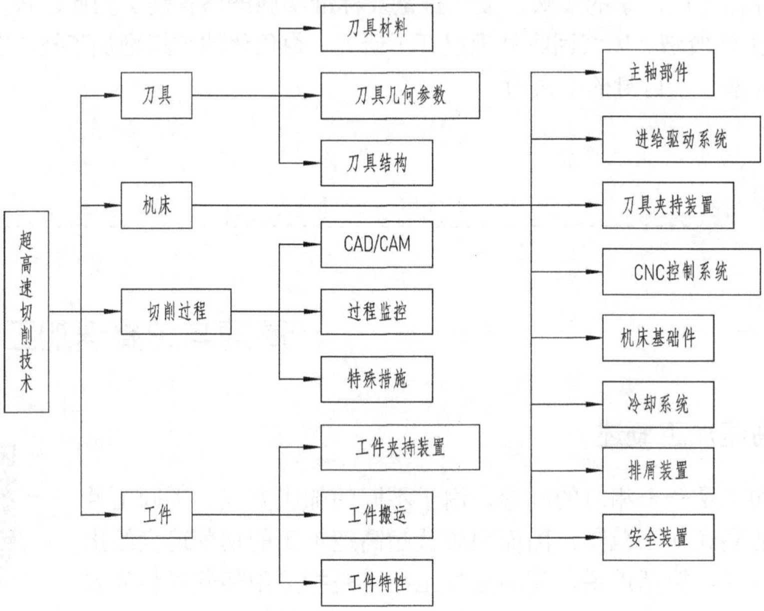

图 7-16　超高速切削的相关技术

与常规切削加工相比，超高速切削加工技术在提高生产效率、减小热变形和切削力、实现高精度加工等方面具有明显优势。

1）加工效率高。超高速切削加工比常规切削加工的切削速度高 5～10 倍，这样，单位时间内材料切除率可提高 3～5 倍，提高了加工效率。

2）切削力小，切削变形小，切屑流出速度加快。高速切削加工的切削力比常规切削加工降低 30%～90%，可高质量地加工出刚性较差的零件（如细长轴、薄壁件）。

3）热变形小。高速切削加工过程极为迅速，温升不超过 3℃，90%切削热被切屑带走，零件不会由于温升导致弯翘或膨胀变形。超高速切削特别适合于加工容易发生热变形的零件。例如，大型的框架件、薄板件、薄壁槽形件。

4）加工精度高，加工质量好。超高速切削加工的切削力和切削热影响小，使刀具和工件的变形小，工件表面的残余应力小，保持了尺寸的精确性。同时，切屑被飞快地切离工件，工件可达到较好的表面质量。

5）工序少。许多零件在常规加工时需要分粗加工、半精加工、精加工工序，有时机加工后还需进行费时、费力的手工研磨，而使用高速切削可使工件加工集中在一道工序中完成。这种粗精加工同时完成的综合加工技术，称为“一次过”技术。“一次过”技术可使机动时间和辅助时间大幅度减少，而且机床结构也大大简化，其零件的数量减少了 25%，有利于设备的维护。

6）良好的技术经济效益。采用超高速切削加工能取得较好的技术经济效益。例如，缩短加工时间，提高加工效率；可加工刚性差的零件；零件加工精度高，表面质量好；提高了刀具寿命和机床利用率等。

应当指出的是，超高速加工的切削速度不仅是一个技术指标，而且是一个经济指标。也就是说，它不仅仅是一个技术上可实现的切削速度，而且必须是一个可由此获得较大经济效益的高切削速度。没有经济效益的高切削速度是没有工程意义的。

7.4.3　超高速加工的发展与应用

自 20 世纪 30 年代德国萨洛蒙博士首次提出高速切削概念以来，经过 50 年代的机理与可行性研究、70 年代的工艺技术研究、80 年代全面系统的高速切削技术研究，到 90 年代后期，商品化高速切削机床大量涌现；21 世纪初，高速加工技术在工业发达国家得到普遍应用，正成为切削加工的主流技术。工业发达国家对超高速加工的研究起步早，水平高。在此项技术中，处于领先地位的国家主要有德国、日本、美国、意大利等。

1. 发展方向

（1）超高速切削、磨削机理研究

对超高速切削和磨削加工过程、各种切削磨削现象、各种被加工材料和各种刀具磨具材料的超高速切削磨削性能及超高速切削磨削的工艺参数优化等进行系统研究。

（2）超高速主轴单元制造技术研究

主轴材料、结构、轴承的研究与开发；主轴系统动态特性及热态性研究；柔性主轴及其轴承的弹性支承技术研究；主轴系统的润滑与冷却技术研究；主轴的多目标优化设计技术、虚拟设计技术研究；主轴换刀技术研究。

（3）超精密微细切削加工领域

在电路板上，有许多 0.5mm 左右的小孔，为了提高小直径钻头的钻刃切削速度，提高效率，目前普遍采用高速切削方式。

2. 应用

（1）航空工业

飞机铝合金零件、薄层腹板件等直接进行高速切削加工，不再用铆钉连接。

（2）汽车制造

高速加工中心将柔性生产线效率提高到组合机床生产线水平。

（3）模具制造

对淬硬钢模具型腔直接加工，省略电加工和手工研磨等工序。

3．高速切削加工关键技术

在超高速加工技术中，超硬材料工具是实现超高速加工的前提和先决条件。超高速切削磨削技术是现代超高速加工的工艺方法，而高速数控机床和加工中心则是实现超高速加工的关键设备。高速切削加工关键技术还有高速主轴、快速进给系统、高性能 CNC、先进机床结构等。

7.4.4 超高速铣削和磨削

1．超高速铣削的技术特点

超高速铣削刀具几何角度：超高速铣削高硬度钢时，刀具的主要失效形式为刀尖破损，设计时应着重考虑提高刀尖的抗冲击强度。

超高速铣削刀具材料：整体硬质合金、涂层硬质合金、陶瓷、硬质合金和立方氮化硼等。

2．超高速磨削技术特点

1）大幅度提高磨削效率，设备使用台数少。
2）磨削力小，磨削温度低，加工表面完整性好。
3）砂轮使用寿命长，有助于实现磨削加工的自动化。
4）实现对难加工材料的磨削加工。

7.5 增材制造技术

7.5.1 增材制造技术概述

微课：增材制造技术

1．增材制造技术的基本概念

增材制造（additive manufacturing，AM）：一种与传统的材料“去除型”加工方法截然相反的，通过增加材料、基于三维 CAD 模型数据，通常采用逐层制造方式，直接制造与相应数学模型完全一致的三维物理实体模型的制造方法。

目前，增材制造技术有广义和狭义之分，如图 7-17 所示。

（1）广义

广义的增材制造技术是指以材料累加为基本特征，以直接制造零件为目标的大范畴技术群。

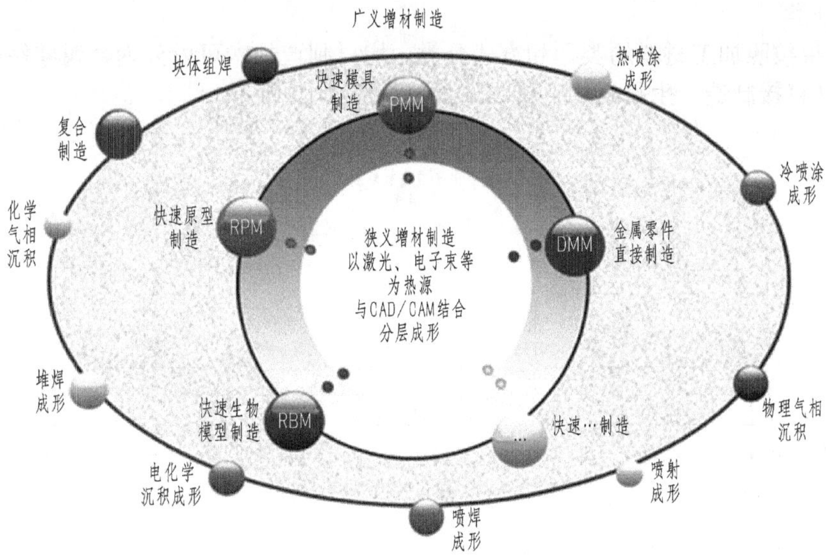

图 7-17　广义和狭义增材制造技术

（2）狭义

狭义的增材制造技术是指不同的能量源与 CAD/CAM 技术结合、分层累加材料的技术体系。

2. 增材制造技术的优点

1）增材制造技术不需要传统的刀具、夹具、模具及多道加工工序。

2）增材制造技术能够满足航空武器等装备研制的低成本、短周期需求。

3）增材制造技术有助于促进设计-生产过程从平面思维向立体思维的转变。

4）增材制造技术能够改造现有的技术形态，促进制造技术提升。

5）增材制造技术特别适合于传统方法无法加工的极端复杂几何结构。

6）增材制造技术非常适合于小批量复杂零件或个性化产品的快速制造。

7）增材制造技术特别适合各种设备的生产与制造。

3. 增材制造技术的原理与分类

（1）原理

首先将三维 CAD 模型模拟切成一系列二维的薄片状平面层，然后利用相关设备分别制造各类薄片层，与此同时将各类薄片层逐层堆积，最终制造出所需的三维零件，如图 7-18 所示。

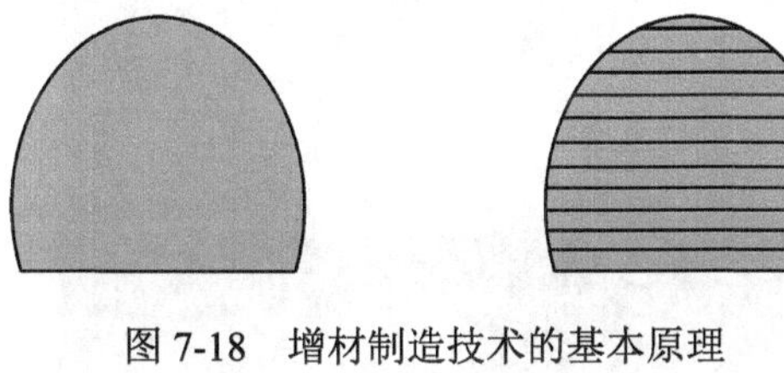

图 7-18　增材制造技术的基本原理

（2）分类

1）如果按照加工材料的类型和方式分类，增材制造技术可以分为金属零件直接制造、非金属零件直接制造、生物结构直接制造等，如图 7-19 所示。

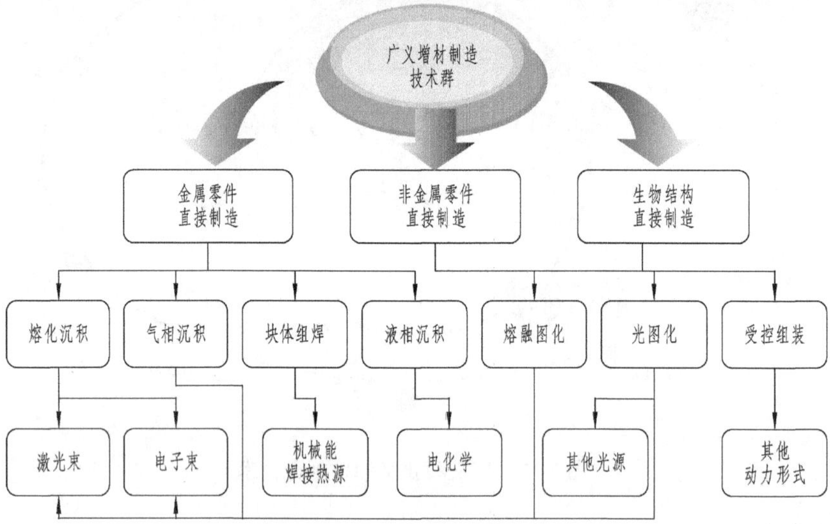

图 7-19　增材制造技术分类

2）增材制造技术按照加工源还可分为激光增材制造和电弧增材制造。

激光增材制造，又称为激光 3D 打印技术，是在计算机辅助下，把三维实体模型切片处理为二维层片，二维层片再离散为一维线条，采用激光熔覆技术进行逐点堆积，最终实现三维实体零件成形的激光制造技术，如图 7-20 所示。通过计算机控制，以高功率或高亮度激光为热源，用激光熔化金属合金粉末或丝材，并跟随激光有规则地在金属材料上游走，逐层堆积直接“生长”，直接制造出任意复杂形状的零件，其实质就是 CAD 软件驱动下的激光三维熔覆过程。

图 7-20　金属零件激光增材制造

同传统制造技术相比，该技术具有柔性化、易于实现智能化、生产周期短、能生产出很高力学性能的零件等特点，已经在航空、国防、交通、能源、冶金、矿采等领域得到了广泛的应用，并展现出良好的前景。

电弧增材制造。采用电弧送丝增材制造方法进行每层环形件焊接，即用送丝装置送焊丝，用焊枪熔化焊丝进行焊接，在由内至外的环形焊道间依次搭接形成一层环形件；然后将焊枪提高一个层厚，重复上述焊接方式再形成另一层环形件，如此往复，最终由若干层环形件叠加形成钛合金结构件。

4．增材制造技术关键

增材制造技术的成熟度还远不能同传统的金属切削、铸造、锻造、焊接、粉末冶金等制造技术相比，还有涉及从科学基础、工程化应用到产业化生产的质量，诸如激光成型专用合金体系、零件的组织与性能控制、应力变形控制、缺陷的检测与控制、先进装备的研发等大量研究工作。

（1）材料单元的控制技术

增材制造的精度取决于材料增加的层厚和增材单元尺寸的精度控制。未来将发展两个关键技术：一是在金属直接制造中控制激光光斑更细小，采用逐点扫描方式使增材单元达到微纳米级，提高制件精度；二是光固化成形技术的平面投影技术，投影控制单元随着液晶技术的发展，分辨率逐步提高，增材单元更小，可实现高精度和高效率制造。这两个关键技术的发展目标是实现增材层厚和增材单元尺寸减小至 1/100～1/10，从现有的 0.1mm 级向 0.01～0.001mm 发展，制造精度达到微纳米级。

（2）设备的再涂层技术

由于再涂层的工艺方法直接决定了零件在累加方向的精度和质量，因此，增材制造的自动化涂层是材料累加的必要工序之一。

目前，分层厚度向 0.01mm 发展，而如何控制更小的层厚及其稳定性是提高制件精度和降低表面粗糙度的关键。

（3）高效制造技术

增材制造正在向大尺寸构件制造技术发展，需要高效、高质量的制造技术支撑。例如，用金属激光直接制造飞机上的 Ti 合金框梁结构件，框梁结构件长度可达 6m，目前制作时间过长，如何实现多激光束同步制造、提高制造效率、保证同步增材组织之间的一致性和制造结合区域质量是需要研究的关键技术。

为实现大尺寸零件的高效制造，需发展增材制造多加工单元的集成技术。例如，对于大尺寸金属零件，采用多激光束（4～6 个激光源）同步加工，成形效率可提高 10 倍。

增材制造与传统切削制造也可以相结合，提高制造效率，发展材料累加制造与材料去除制造复合制造技术方法也是发展的方向和关键技术。

例如，赫克（Hurco）公司已经开发出一种增材制造适配器，与赫克控制软件相结合，可以把一台数控铣床变成 3D 打印机。用户可以在同一台机器上完成打印、制造塑料原型到金属零部件成品的过程，无须反复设置调校，也避免浪费昂贵的金属和原材料制作多个原型。

(4) 复合制造技术

现阶段，增材制造主要是制造单一材料的零件，如单一高分子材料和单一金属材料，目前正在向单一陶瓷材料发展。随着对零件性能要求的提高，复合材料或梯度材料零件成为迫切需要发展的产品。例如，人工关节未来需要 Ti 合金和 CoCrMo 合金的复合，既要保证人工关节具有良好的耐磨界面（CoCrMo 合金可保证），又要与骨组织有良好的生物相容界面（Ti 合金可保证），这就需要制造的人工关节具有复合材料结构。由于增材制造具有微量单元的堆积过程，每个堆积单元可通过不断变化材料实现一个零件中不同材料的复合，从而实现控形和控性的制造。

7.5.2 3D 打印技术

1. 3D 打印技术概述

3D 打印技术是一种以数字模型文件为基础，运用粉末状金属或塑料等可黏结材料，通过逐层打印的方式来构造物体的技术。之所以称“打印机”，是因为它与普通打印机工作原理基本相同，借鉴了打印机的喷墨技术，只不过普通的打印机是在纸上喷一层墨粉，形成二维（2D）文字或图形，而 3D 打印喷出的不是墨粉，而是熔化的树脂、金属或陶瓷等“印材料”。打印机内装有液体或粉末等，与计算机连接后，通过计算机控制把“打印材料”一层层叠加起来，就能“打”出三维的立体实物。

一般情况下，每一层的打印过程分为两步，首先在需要成型的区域喷洒一层特殊胶水，胶水液滴本身很小，且不易扩散；然后喷撒一层均匀的粉末，粉末遇到胶水会迅速固化黏结，而没有胶水的区域仍保持松散状态。

打印耗材由传统的墨水、纸张转变为胶水、粉末，当然胶水和粉末都是经过处理的特殊材料，不仅对固化反应速度有要求，对于模型强度及“打印”分辨率都有直接影响。

除了可以表现出外形曲线上的设计，结构及运动部件也不在话下。如果用来打印机械装配图，齿轮、轴承、拉杆等都可以正常活动，而腔体、沟槽等形态特征位置准确，甚至可以满足装配要求，打印出的实体还可通过打磨、钻孔、电镀等方式进一步加工。同时粉末材料不限于砂型材料，还有弹性伸缩、高性能复合、熔模铸造等其他材料可供选择。

2. 3D 打印的应用

(1) 军事领域

3D 打印技术在军事战略方面拥有巨大的潜能，许多军用产品是高价值、复杂和少量生产或定制的，需要持续更换零件，如无人驾驶飞行器（无人机）、质量较小的装备和盔甲、便携式电源设备、通信设备、地面机器人等，这些部件的生产将最有机会转化为 3D 打印制造方式。

在武器装备研发生产中，工程师可以利用 3D 打印技术根据实际要求进行创意验证和模具制作，对一些特殊、复杂的结构件可以直接打印，同时能有效地实现结构件的轻量化。另外，3D 打印数字化可以缩短新型武器的设计研发周期，大幅节省国防开支，并将从本质上提升武器装备的性能与生产效率。

我国舰载机歼-15 仅用数年的时间就研发成功，关键零部件应用了 3D 打印技术，极大地缩短了研发周期。现在歼-20 和歼-31 在研发过程中已经采用了 3D 打印技术。中国商用飞机有限责任公司和西北工业大学联合攻关，利用 3D 打印技术制造了 C919 大飞机的中央翼缘条。中航工业第一飞机设计研究院与北京航空航天大学强强联合，将全三维数字化设计技术与最新的 3D 打印技术相结合，已经打印出了多个满足强度、刚度和使用功能要求的飞机部件。

飞机 Ti 合金主承力结构件如图 7-21 所示。

（2）航空航天领域

航空航天业希望获得的零部件质量小、强度大、可靠性好等苛刻要求又为大幅提升增材制造技术性能指标提供了很好的客观环境。例如，在航空发动机领域，从购买原材料到最终加工成零部件，如果使用传统制造技术，有的材料利用率仅为 10%～20%，很多贵重金属材料被切成废屑，浪费了原材料、刀具、工时和能源；如果使用增材制造技术，理论上可以实现材料 100%的利用。3D 技术可以加工复杂零部件，且更省材料、时间和能源，因此，在航空航天、大型船舰维护等“高精尖”领域很有优势。

3D 打印的固体火箭发动机点火装置，如图 7-22 所示。

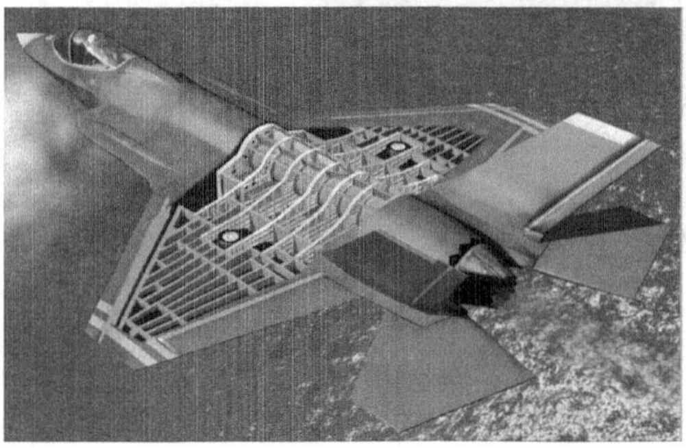

图 7-21　飞机 Ti 合金主承力结构件

图 7-22　固体火箭发动机点火装置

（3）医疗领域

现代医疗行业存在大量的个性化需求，难以进行标准化、批量化生产，而这恰恰是 3D 打印技术的优势所在。3D 打印技术可以根据病人的实时需求，为病人量身定制专属的医疗辅助器械，如术后修复护具、拐杖等；另外还可以辅助医生进行救治，如术前模型、打印高精密的医疗器械等。高精度 3D 打印机可应用于骨科、整复外科、外科等临床手术。例如，可应用在口腔齿科方面，一是牙齿矫正，二是牙齿修复。

（4）教育和娱乐领域

在国家层面，美国等现已将 3D 打印技术摆在国家战略的高度进行规划，拟定国家层面发展规划。在校园层面，一些高等院校及中小学通过开设 3D 打印课程与训练、组成爱好社团、举办大赛等多样方法，提高学生对 3D 打印技术、装备、系统的认知，培育其技能和兴趣。在教育领域，3D 打印技术的应用可能性近几年越发受到关注。基于 3D 打印技术和设备，语文、英语学科可把课文中有代表性的人物、建筑物打印出来；数学学科可把立体几何模型打印出来，帮助学生理解三维空间图形结构；物理学科可把抽象的电力线、磁力线结构图打印出来，把无形抽象的知识有形化；化学学科可打印出三维分子、原子模型，把微观粒子结构实体化。

从学校实践来看，3D 打印教育设备在教学中之所以能够蓬勃发展，一个十分重要的原因是 3D 打印体现出的现代性、综合性、实践性和创新性的教育价值，它可培养学生的创新能力和动手能力，从而更好地适应信息化、数字化时代的发展需要。

（5）电子电器领域

3D 打印技术在电子电器领域中的应用主要包括设计沟通、设计展示、装配测试、功能测试、模具原型等方面。此外，3D 打印技术在快速制造塑料、绝缘材料等方面的应用也日趋成熟，尤其是在微电子产品的制造、电子器件的组件制造等方面取得了令人瞩目的成绩。

将传感器嵌入 3D 打印部件中，可以使设备与设备进行单向和双向通信，这种创建智能设备的方法对于需要远程监控的各种行业具有巨大的潜力。

3D 电路已经被证明可以实现传统印制电路板的类似功能。这种环绕在电子产品轮廓外围的 3D 电路结构，有助于设计产品的最佳造型，不需要再像传统印制电路板那样为了适应产品的外观而在形状和大小上受限。3D 电路如图 7-23 所示。

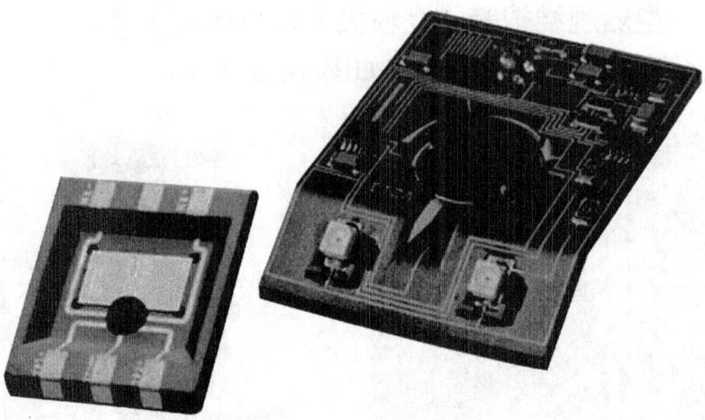

图 7-23　3D 电路

（6）车辆制造领域

3D 打印在交通工具零部件制造中的使用机会较多，尤其适用于生产高端的专业级小型汽车零部件。由于可以免去模具等工装制作成本，缩短开发周期，故 3D 打印技术也非常适合于汽车零部件研发过程中小批量产品的制作。

（7）建筑领域

目前 3D 打印技术已在很多建筑领域运用，如全球第一座 3D 打印建筑——莫比乌斯屋、全球首个 3D 打印商业别墅式酒店——刘易斯大酒店等。经过检测，这些建筑都已达到建筑要求，3D 打印技术在工程上的应用将会逐步取代传统施工工艺，在建筑上可以应用在设计建筑模型及按照模型进行施工等多个方面。

3D 打印技术在建筑领域的应用主要分为两个方面：建筑设计阶段和工程施工阶段。建筑设计阶段主要是制作建筑模型，在这个阶段设计师可以将虚拟模型直接打印为建筑模型；工程施工阶段主要是利用 3D 打印技术建造建筑，通过“油墨”即可快速完成工作。这样可节省能耗，有利于推进城市化进程和城镇化建设。图 7-24 为 3D 打印建筑。

图 7-24　3D 打印建筑

7.6 微细加工技术

7.6.1　微细加工技术概述

微课：微细加工技术

1. 微细加工技术的概念

微细加工技术是指微小尺寸零件的生产加工技术。从广义的角度来讲，微细加工包括各种传统精密加工方法和与传统精密加工方法完全不同的方法，如切削技术、磨料加工技术、电解加工、化学加工、超声波加工、微波加工、等离子体加工、外延生产、激光加工、电子束加工、粒子束加工、光刻加工、电铸加工等。

一般把尺寸在微米至毫米范围内的零件的加工归属为微细加工。由于尺寸微小，相应的尺寸公差和几何公差都很小，通常在 100nm 以内，表面粗糙度更是小于 10nm。因此，微细加工同时具备精密和超精密加工的特征。

从狭义的角度来讲，微细加工主要是指半导体集成电路制造技术，因为微细加工和超微细加工是在半导体集成电路制造技术的基础上发展起来的，特别是在大规模集成电路和计算机技术的基础上，是信息时代、微电子时代、光电子时代的关键技术之一。

微细加工起源于半导体制造工艺，是加工尺度在微米级的加工方式。在微机械研究领域中，微细加工是微米级、亚微米级乃至纳米级微细加工的通称。图 7-25 所示为几种常见的微型机器人。

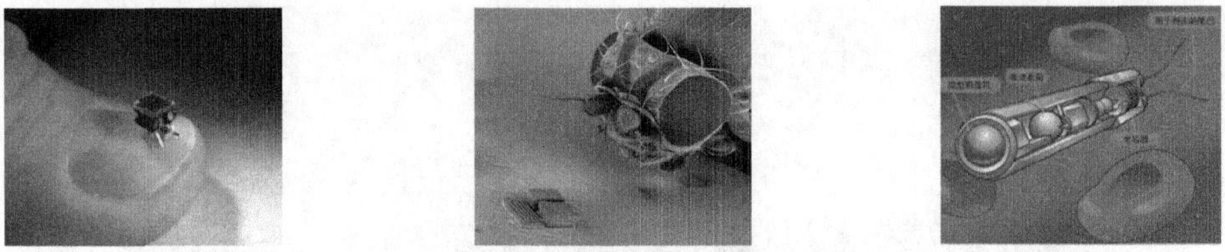

（a）指甲上站立的微型机器人　（b）瑞士微型机器人与果蝇　（c）医疗纳米机器人

图 7-25　几种常见的微型机器人

2．微细加工方法

目前使用的微细加工方法主要有以下几种。

1）采用微型化的定形整体刀具或非定形磨料工具进行机械加工，如车削、钻削、铣削和磨削。由于刀具具有清晰明显的界限，因此可以方便地定义刀具路径，加工出各种三维形状的轮廓。

2）采用电加工或在其基础上的复合加工，如微细电火花加工（micro electrical discharge machining，MEDM）、线放电磨削加工（wire discharge grinding，WEDG）、电化学加工（electrochemical machining，ECM）等。

3）采用光、声等能量法加工，如微细激光束加工（micro laser beam processing，MLBM）、微细超声加工等。

4）采用光化掩膜法加工，如光刻法、LIGA（lithographie galvanoformung abformung，光刻电铸模造）法、X 射线蚀刻和电铸制模成形法等。

5）采用层积增生法加工，如曲面的磁膜镀覆、多层薄膜镀覆（用于 SMA 微型线圈制造）和液滴层积等。

3．微细加工技术的特点

微细加工与一般尺寸加工有许多不同，主要表现在如下几个方面。

（1）精度表示方法不同

一般尺寸加工的精度用其加工误差与加工尺寸的比值来表示，即精度等级。在微细加工时，由于加工尺寸很小，需要用误差尺寸的绝对值来表示加工精度，即用去除一块材料的大小来表示，从而引入了“加工单位”的概念。在微细加工中，加工单位可以小到分子级和原子级。

（2）加工机理不同

在进行微细加工时，由于切屑很小，切削在晶粒内进行，晶粒作为一个个不连续体而被切削，这与一般尺寸加工完全不同。在进行一般尺寸加工时，由于吃刀量较大，晶粒大小可以忽略而作为一个连续体来看待。因而常规的切削理论对微细加工不适用。

以切削加工为例，从工件的角度来讲，微细加工和一般尺寸加工的最大区别是切屑的大小。在进行微细加工时，金属材料一般由微细的晶粒组成，晶粒直径为数微米到数百微米。在进行一般尺寸加工时，吃刀量较大，可以忽略晶粒的大小，而作为一个连续体来看待。因此，一般尺寸加工和微细加工的机理是不同的。

（3）加工特征不同

一般尺寸加工以获得一定的尺寸、形状、位置精度为加工特征。微细加工则以分离或结合分子或原子为特征，并常以能量束加工为基础，采用许多有别于传统机械加工的方法进行加工。

微细加工和超微细加工以分离或结合原子、分子为加工对象，以电子束、技工束、粒子束为加工基础，采用沉积、刻蚀、溅射、蒸镀等手段进行各种处理。

7.6.2 常见的微细加工技术

1. 分子装配技术

分子装配技术也可以称为分子操纵技术或原子操纵技术，它是一种纳米级微细加工技术，也是一种从物质的微观入手并以此为基础构造微结构、制造微机械的方法。分子装配技术是分子电子学的重要组成部分，在生物技术和生命科学中，也具有广阔的应用前景。目前，分子装配技术应用于生命科学中的基因分析、染色体和细胞膜分析、蛋白质和核酸聚合分析、新物种产生等领域。

2. 微细切削加工

微细切削加工的主要方法有微细车削、微细磨削、微细钻孔等，均为微量切削，又可称为极薄切削。

3. 掩膜微细电化学蚀刻加工技术

在有掩膜电解蚀刻中，常用光刻胶在待加工材料上制成特定图案的遮蔽层，未被保护的材料在电解作用下逐渐腐蚀直到所需的深度。目前，微细结构的加工很多都采用化学刻蚀，但由于化学刻蚀的等方向性，很难获得较直的加工侧壁和较大的深宽比，且加工速度也较慢。有掩膜的微细电解加工通过控制电解液的流速和电流密度的分布能很好地克服化学刻蚀存在的缺点。掩膜法的优点是可以使用腐蚀性小的中性盐电解质，对环境污染小，适用面广，刻蚀速度快。

4. 电子束微加工技术

电子束微加工是近年来得到较大发展的一种新兴特种微细加工技术。电子束微加工技术主要用于打孔、窄缝、焊接和大规模集成电路的光刻化学加工，在微细精密加工尤其是在微电子学领域中得到广泛应用。电子束微加工的特点：束径微小、可加工材料范围广、加工效率高、控制性能好、电子束加工温度容易控制、污染小等。

5. 激光微细加工技术

激光作为一种新型光源，它和普通光源的区别在于发光的微观机制不同。普通光源的发光以自发辐射为主，各个发光中心发出的光波无论方向、相位或偏振态是各不相同的。激光的光发射则是以受激辐射为主，各个发光中心发出的光波都具有相同的频率、方向、偏振态和严格的相位关系。由于这种基本差别，激光具有强度或亮度高、单色性好、相干性好和方向性好等突出优点。激光加工的主要特点：加工精度高；加工材料范围广泛；加工性能好；加工快、热影响区小、效率高。

6．硅的体微加工技术

硅的体微加工技术是指利用腐蚀工艺对块状硅进行准三维结构的微加工，以形成所需要的硅微结构，主要包括腐蚀和停止腐蚀两项关键技术。

腐蚀又称蚀刻，是微加工中的重要工艺之一。它是指在需要的地方通过物理或化学的方法对原有材料的去除，主要有干法和湿法两种腐蚀方式。

当腐蚀液对硅的腐蚀在掺杂浓度小于 $1\times1019\text{cm}^{-3}$ 时，基本为常数；当超过该浓度时，腐蚀速率与掺杂硼浓度的四次方成反比，当达到一定的浓度时，腐蚀速率很小，甚至可以认为腐蚀“停止”。

7．微细机械加工工艺

对于工件的平面、内腔、孔或相对较大直径外圆的加工，由于工件尺寸相对较大，有一定的刚度，因此可用切削加工的方法进行加工，包括铣、钻和车三种形式。车或铣多用单晶金刚石车刀或铣刀。对于孔加工，孔的直径决定于钻头的直径。现在用于微细加工的麻花钻的直径可小至50μm，如加工更小直径的孔，可采用自制的扁钻。

8．微细电加工工艺

对于一些刚度小的工件和特别微小的工件，用机械加工的方法很难实现，必须使用电加工、光刻化学加工或生物加工的方法，如线放电磨削（WEDG）和线电化磨削（wire electrochemical grinding，WECG）。图 7-26 所示为采用 WEDG 方法加工微型轴的原理图。在图 7-26 中，用作加工工具的电极丝在导丝器导向槽的夹持下靠近工件，在工件和电极丝之间加有放电介质。加工时，电极丝一面在导向槽中低速滑动（0.1～0.2mm/s），通过脉冲电源使电极丝和工件之间不断放电，去除工件的加工余量。利用数字控制导丝器与工件之间的相对运动，可加工出不同的工件形状。

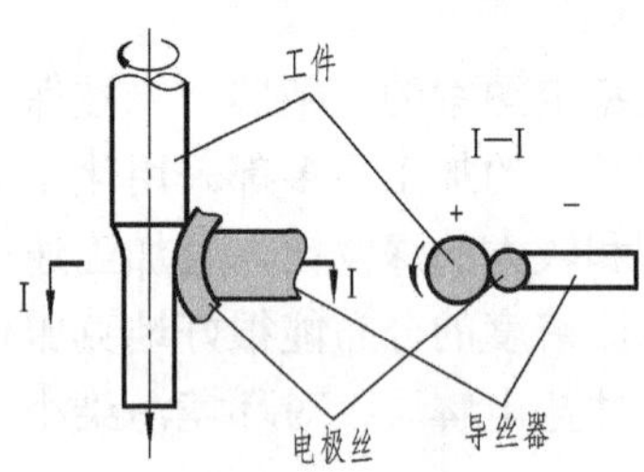

图 7-26　采用 WEDG 方法加工微型轴的原理图

9．光刻加工技术

光刻加工技术是微细加工中广泛使用的一种加工技术，主要用于制作半导体集成电路，其工作过程如图 7-27 所示。

（1）涂胶

涂胶是指把光致抗蚀剂涂敷在已镀有氧化膜的半导体基片上。

（2）曝光

曝光通常有两种方法：①由光源发出的光束，经掩膜在光致抗蚀剂涂层上成像，称为投影曝光；②将光束聚焦形成细小束斑，通过扫描在光致抗蚀剂涂层上绘制图形，称为扫描曝光。常用的光源有电子束、离子束等。

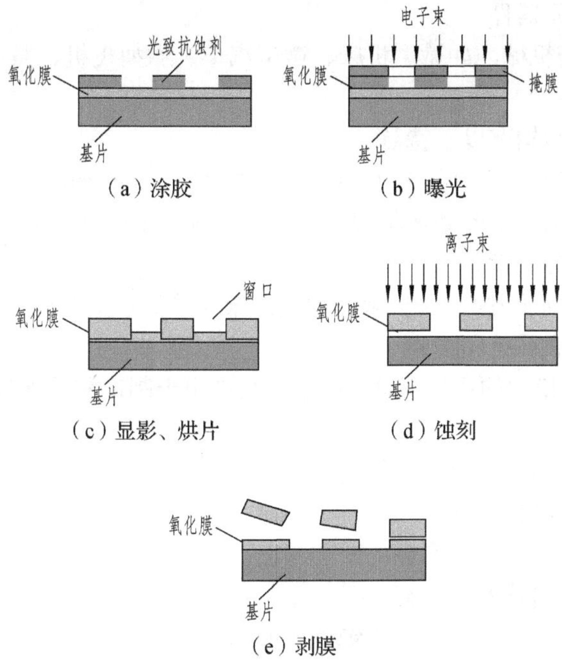

图 7-27　电子束光刻大规模集成电路的加工过程

（3）显影与烘片

曝光后的光致抗蚀剂在一定的溶剂中将曝光图形显示出来，称为显影。显影后进行200～250℃的高温处理，以提高光致抗蚀剂的强度，称为烘片。

（4）刻蚀

利用化学或物理方法，将没有光致抗蚀剂部分的氧化膜除去，称为刻蚀。常用的刻蚀方法有化学刻蚀、离子刻蚀、电解刻蚀等。

（5）剥膜

剥膜是指用剥膜液去除光致抗蚀剂。剥膜后需进行水洗和干燥处理。

7.6.3　微细加工技术的应用、设备及发展趋势

1．微细加工技术的应用

微机械给国民经济、人民生活和国防、军事等带来了深远的影响，被列为 21 世纪关键技术之一。随着微/纳米科学与技术的发展，以形状尺寸微小或操作尺度极小为特征的微机械已成为人们在微观领域认识和改造客观世界的一种高新技术。微机械由于具有能够在狭小空间内进行作业而又不扰乱工作环境和对象的特点，在航空航天、精密仪器、生物医疗等领域有着广阔的应用潜力。

2．微细加工设备

（1）分类

微机械大致分为以下两大类。

1）微机械电子系统（micro electro mechanical system，MEMS），侧重于用集成电路可

兼容技术加工制造的元器件。

2）微缩后的传统机械，如微型机床、微型汽车、微型飞机、微机器人等。

（2）特点

微细加工机床的结构有以下特点。

1）具有微小位移机构。为达到很小的单位去除率（unit removal rate，UR），微细加工机床需要各轴能实现足够小的微量移动，微量移动应可小至几十纳米，电加工的 UR 最小极限取决于脉冲放电的能量。

2）具有高灵敏的伺服进给系统。微细加工机床要求低摩擦的传动系统和导轨支承系统，以及高跟踪精度的伺服系统。

3）能够进行高平稳性的进给运动，以尽量减少由于制造和装配误差引起的各轴的运动误差。

4）具有高的定位精度和重复定位精度。

5）具有低热变形结构设计。

6）刀具可稳固夹持，并具有高的安装精度。

7）具有高的主轴转速及动平衡。

8）具有稳固的床身构件，并可隔绝外界的振动干扰。

9）具有刀具破损检测的监控系统。

图 7-28 为日本 FANUC 公司开发的能进行车、铣、磨和电火花加工的多功能微型超精密加工机床的结构示意图。该机床有 *X*、*Z*、*C*、*B* 四个轴，在 *B* 轴回转工作台上增加 *A* 轴转台后，可实现五轴控制，数控系统的最小设定单位为 1nm。

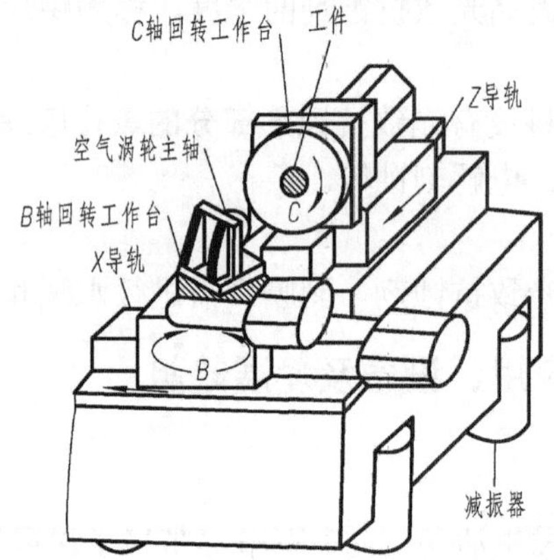

图 7-28　FANUC 开发的微型超精密加工机床的结构示意图

3．微细加工技术的发展趋势

微细加工技术的发展趋势如下。

1）随着 MEMS 应用范围的拓宽，对微细加工材料的要求也趋于多样化，需建立微尺度下的各种材料性能数据库。

2）微结构更趋于复杂化，功能要求越来越高，随着材料和加工工艺的日益发展，从二维到三维、从微米到纳米，运动部件不断增多，其使用功能逐渐扩大。

3）针对微尺度下器件质量和产品的功能性测量与评定，需制定出一系列有关器件的尺寸、形状、表面粗糙度等的计量方法。

4）需研发出更新、更适用于现代科技需求的微细加工技术。

5）基于微型装备、微型工厂及微加工系统，发挥微细加工方法的复合化。

6）能在短期内实现大批量微细加工，降低成本，及时开发出符合需求的微型结构及系统，实现商业化发展。

7.7 虚拟制造技术

7.7.1 虚拟制造技术概述

虚拟制造技术是指利用仿真与虚拟现实技术，在高性能计算机及高速网络的支持下，采用群组协同工作，通过模型来模拟和预测产品功能、性能及可加工性等各方面可能存在的问题，实现产品制造的过程，包括产品的设计、工艺规划、加工制造、性能分析、质量检测等，并进行过程管理和控制。

虚拟制造技术最终提供的是一个强有力的建模与仿真环境，使得产品规划、设计、制造、装配等均可在计算机上实现，且对涉及生产过程的各个方面（从车间加工到企业经营）提供支持。

7.7.2 虚拟制造的分类

虚拟制造技术要求对整个制造过程进行统一建模，一个广义的制造过程不仅包括设计和制造，还包含对企业生产活动的组织与控制。按照与生产各个阶段的关系，目前一般把虚拟制造划分为三类，即以设计为中心的虚拟制造、以生产为中心的虚拟制造和以控制为中心的虚拟制造。

三种虚拟制造的关系如图 7-29 所示。

1. 以设计为中心的虚拟制造

以设计为中心的虚拟制造又称“面向设计的虚拟制造”，它把制造信息引入产品设计的全过程，利用仿真技术优化产品设计，从而在设计阶段可以对所设计的零件甚至整机进行可制造性分析。可制造性分析包括加工过程的工艺分析、铸造过程的热力学分析、运动部件的运动学分析和动力学分析，甚至包括加工时间、加工费用、加工精度等的分析。以设计为中心的虚拟制造一般是在真三维环境下设计产品，模拟装配过程，实现产品的虚拟开发，它主要解决“设计出来的产品是怎样的”问题。

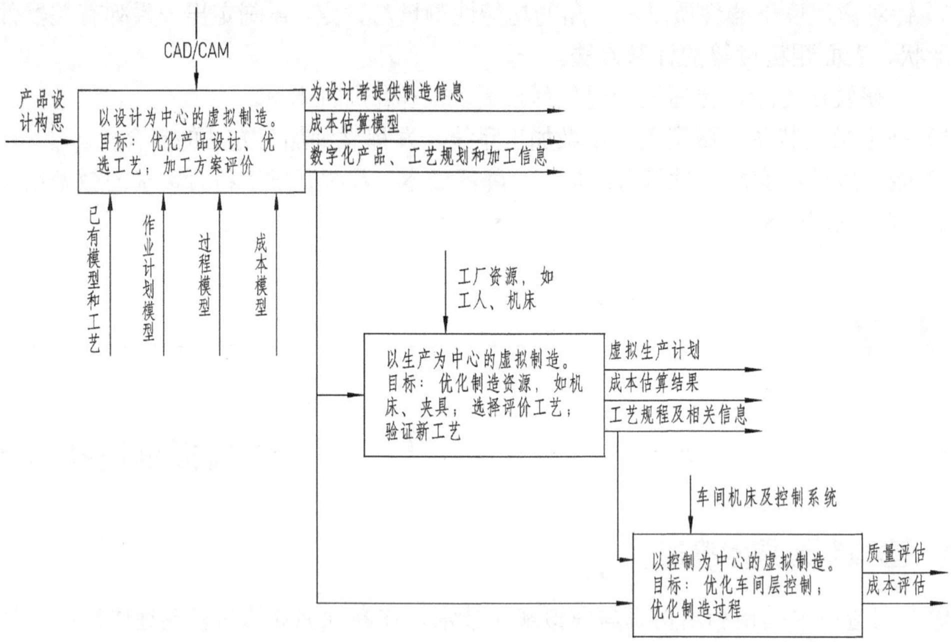

图 7-29　虚拟制造的分类及相互关系

2．以生产为中心的虚拟制造

以生产为中心的虚拟制造又称“面向生产的虚拟制造”，它是在生产过程模型中融入仿真技术，以此来评估和优化生产过程，以便低费用、快速地评价不同的工艺方案、资源需求规划和生产计划等。其主要目标是对产品的“可生产性”进行评价，对制造资源和环境进行优化组合，从而提供更为精确的生产成本信息，对组织生产进行合理化决策，它主要解决“这样组织生产是否合理”的问题。

3．以控制为中心的虚拟制造

以控制为中心的虚拟制造又称“面向控制的虚拟制造”，它将仿真技术加到控制模型和实际生产过程中，实现虚拟制造系统的组织、调度和控制策略的优化，以及人工现实环境下虚拟制造过程中的人机智能交互与协同，达到优化制造过程的目的。其支持技术主要包括基于仿真的实时动态调度（对于离散系统）、基于仿真的最优控制（对于连续制造）等。其具体的实现工具是虚拟仪器，它利用计算机软、硬件的强大功能，将传统的各种控制仪表、检测仪表的功能数字化，并可灵活地进行各种功能的组合。面向控制的虚拟制造偏重于现实制造系统的状态、行为、控制模式和人机界面，它主要解决“应如何去控制”“这样控制是否合理和最优”的问题。

从上述可以看出，三种虚拟制造的侧重点各有不同，如图 7-30 所示。

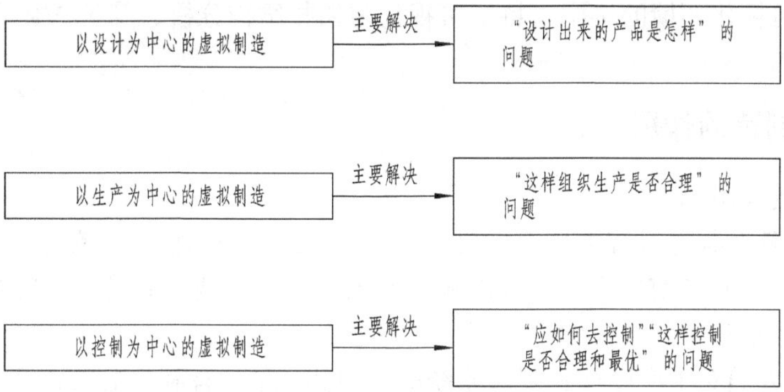

图 7-30　虚拟制造的类型及其特点

7.7.3　虚拟制造的关键技术

虚拟制造的关键技术主要有以下几项。

1．多通道交互技术

多通道交互技术包括虚拟现实设备的软硬件接口驱动技术、真实感渲染的三维图形加速技术、三维定位跟踪设备的定标技术、大面积纹理的可见性快速显示技术、人像分离与多传感信息的融合技术、信息与时间的同步技术等。

2．虚拟环境建模技术

虚拟环境建模技术包括图形图像混合建模技术、多细节层次建模技术、智能化视区裁剪技术、场景预处理技术、基于图像的绘制技术、虚拟声的生成与增强技术等。

3．虚拟产品建模技术

虚拟产品建模技术是指建立产品的虚拟原型或虚拟样机的过程，包括产品建模技术零部件的物理建模方法、基于物理的工程行为特征建模方法、工程对象的单元化划分方法、工程分析的有限元计算方法、工程分析结果的多准则图示方法等。

4．数据转换与处理技术

数据转换与处理技术包括数据文件格式转换技术、产品数据管理技术等。

5．网络环境下知识获取与建库技术

网络环境下知识获取与建库技术包括网络化异构知识与数据信息的统一表达、分布式虚拟仿真节点的协同与自治、虚拟场景的快速漫游绘制与网络传输、基于 VR 的产品设计与制造集成过程链、基于多 Agent（客户端）的虚拟企业信息重组与集成、网络环境下虚拟产品数据与指令的传输与共享等。

6．基于 VR 的计算可视化技术

基于 VR 的计算可视化技术包括多通道技术与可视化技术的映射机理与操纵方法、分布式的计算与可视化环境的协同、特征可视化与拓扑结构分析、基于 VR 的可视化与驾驭计算。

7.7.4 虚拟制造的作用

虚拟制造的作用如下。

1）运用软件对制造系统中的五大要素（人、组织管理、物流、信息流、能量流）进行全面仿真，使之达到了前所未有的高度集成，为先进制造技术的进一步发展提供了更广阔的空间，同时也推动了相关技术的不断发展和进步。

2）可加深人们对生产过程和制造系统的认识和理解，有利于对其进行理论升华，更好地指导实际生产，即对生产过程、制造系统整体进行优化配置，推动生产力的巨大跃升。

3）虚拟制造与现实制造的相互影响和作用，可以全面改进企业的组织管理工作，而且对正确做出决策有不可估量的影响。

4）虚拟制造技术的应用将加快企业人才的培养速度。

7.8 工业机器人技术

7.8.1 工业机器人概述

1. 工业机器人的概念

近年，随着劳动力成本不断上涨，工业领域“机器换人”现象普遍，工业机器人市场与产业也因此逐渐发展起来。机器人是一个在三维空间中具有较多自由度，并能实现诸多拟人动作和功能的机器。

工业机器人是在工业生产中应用的机器人，是一种可重复编程的、多功能的、多自由度的自动控制操作机，如图 7-31 所示。工业机器人技术作为 20 世纪人类伟大的发明之一，自 20 世纪 60 年代初问世以来，经历 60 多年的发展已取得长足的进步。工业机器人在经历了诞生—成长—成熟期后，已成为制造业中必不可少的装备。

图 7-31 工业机器人

在工业机器人问世的最初 10 年，机器人技术的发展较为缓慢，主要停留在大学和研究所的实验室里。比较有代表性的机器人就是 Unimate（尤尼梅特）机器人和 Versatran（沃萨特兰）机器人。

20 世纪 70 年代，随着人工智能、自动控制理论、电子计算机等技术的发展，机器人技术进入了一个新的发展阶段，机器人进入工业生产实用化时代。最具代表性的机器人是美国 Unimation 公司的 PUMA 系列工业机器人和日本山梨大学牧野洋研制的 SCARA 机器人。

2．工业机器人的分类

工业机器人的分类，国际上没有制定统一的标准，通常按照以下方式分类。

（1）按结构坐标特性分类

按结构坐标特性，工业机器人可分为直角坐标机器人、柱面坐标机器人、球面坐标机器人和多关节型机器人。

（2）按控制方式分类

按控制方式，工业机器人可分为非伺服控制机器人和伺服控制机器人两种。

（3）按拓扑结构分类

按拓扑结构，工业机器人可分为并联机器人、串联机器人和混联机器人。

（4）按智能程度分类

按智能程度，工业机器人可分为感知机器人、智能机器人和示教机器人。

（5）按驱动方式分类

按驱动方式，工业机器人可分为电力驱动机器人、气压驱动机器人、液压驱动机器人和新型驱动机器人。

（6）按作业任务分类

按作业任务，工业机器人可分为装配机器人、焊接机器人、喷涂机器人、搬运机器人和码垛机器人等。

3．工业机器人的基本组成

工业机器人是一种可以模拟人的手臂、手腕及其功能的机电一体化装置。从体系结构看，一台通用的工业机器人可分为机器人本体、控制器与控制系统、示教器三大部分。

（1）机器人本体

机器人本体也称操作机。它是用来完成各种作业任务的执行机构，主要由机械臂、驱动与传动装置及传感器三大部分组成，如图 7-32 所示。

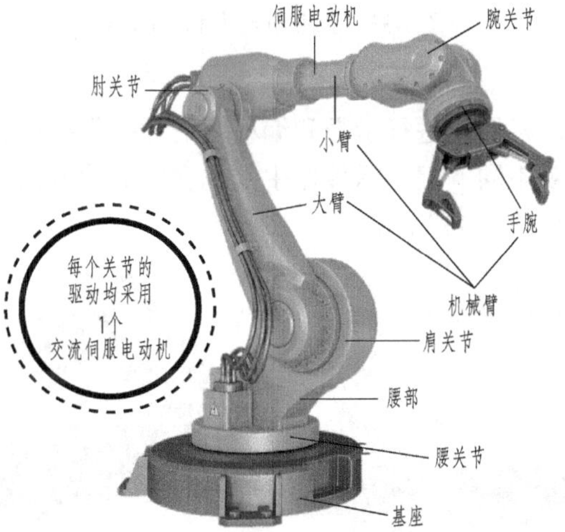

图 7-32　机器人本体的基本结构

1）机械臂。大部分工业机器人为关节型机器人。关节型机器人的机械臂是由关节连在一起的许多机械连杆的集合体。它本质上是一个拟人手臂的空间开链式机构，一端固定在基座上，另一端可自由运动。关节通常是移动关节和旋转关节，移动关节允许连杆做直线移动，旋转关节仅允许连杆之间发生旋转运动。

2）驱动与传动装置。工业机器人在运动时，每个关节的运动都是通过驱动装置和传动机构实现的，驱动装置是向机器人各机械臂提供动力和运动的装置，不同的机器人，驱动采用的动力源不同，驱动系统的传动方式也不同。

工业机器人驱动系统主要有电力式、机械式、液压式、气压式等。

3）传感器。传感器是用来检测作业对象及外界环境的。在工业机器人上安装有各类传感器。这些传感器可以帮助机器人工作，大大改善工业机器人的工作状况和工作质量，使它们能够高效地完成复杂的任务。

（2）控制系统

控制系统是工业机器人的神经中枢或控制中心，由计算机硬件、软件和一些专用电路、控制器、驱动器等构成。控制器主要用来处理工作的全部信息，它根据工程师编写的指令及传感器得到的信息来控制机器人本体完成一定的动作，如图 7-33 所示。

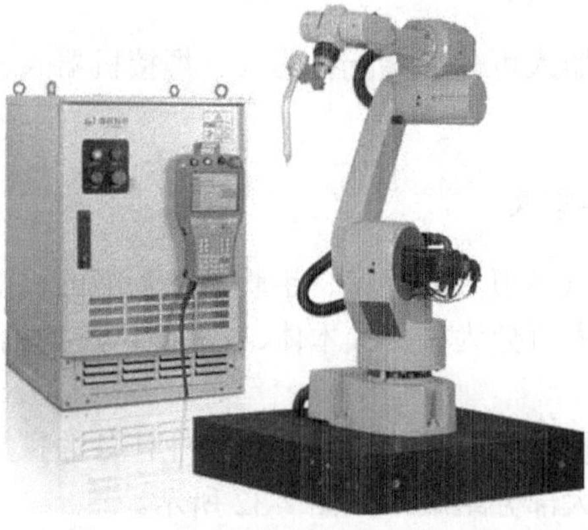

图 7-33　工业机器人和控制器

（3）示教器

示教器上设有用于对机器人进行示教和编程所需的操作按键和按钮。一般情况下，不同厂家设计的示教器外观不同，但是示教器中都包含中央的液晶显示区、功能按键区、急停按钮和出入线端口，如图 7-34 所示。

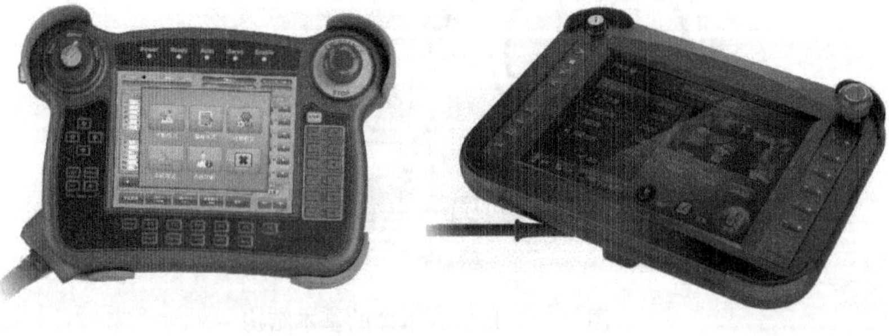

图 7-34　示教器

4. 工业机器人的参数

虽然工业机器人的种类、用途及用户要求都不一样，但是工业机器人的基本组成是一样的，需要研究的参数也是一样的。目前，工业机器人的主要技术参数有自由度、定位精度和重复定位精度、分辨率、工作范围、最大工作速度和承载能力等。

（1）自由度

自由度是指机器人所具有的独立坐标轴运动的数目，不包括末端执行器的开合自由度。一般情况下，机器人的一个自由度对应一个关节，所以自由度与关节的概念是等同的。自由度是表示机器人动作灵活程度的参数，自由度越多，机器人越灵活，但结构也越复杂，控制难度也就越大，所以机器人的自由度要根据其用途设计，一般为 3～6 个。大于 6 个的自由度称为冗余自由度。冗余自由度增加了机器人的灵活性，可方便机器人避开障碍物和改善机器人的动力性能。人类的手臂（大臂、小臂、手腕）共有 7 个自由度，所以工作起来很灵巧，可回避障碍物，并可从不同的方向到达同一目标位置。

（2）定位精度和重复定位精度

精度是一个位置量相对于其参照系的绝对度量，指机器人手部实际到达位置与所需要到达的理想位置之间的差距，机器人的精度取决于机械精度与电气精度。精度包括定位精度和重复定位精度两种精度指标。

1）定位精度。定位精度指机器人末端执行器的实际位置与目标位置之间的偏差。典型的工业机器人定位精度一般为±(0.02～5)mm。

2）重复定位精度。重复定位精度是指机器人重复到达某一目标位置的差异程度。它是衡量一系列误差值的密集程度，即重复度。

（3）分辨率

机器人的分辨率是指每一关节所能实现的最小移动距离或最小转动角度。工业机器人的分辨率分为编程分辨率和控制分辨率两种。

1）编程分辨率。编程分辨率是指控制程序中可以设定的最小距离，又称基准分辨率。例如，当机器人的关节电动机转动 0.1°，机器人关节端点移动直线距离为 0.01mm，其基准分辨率便为 0.01mm。

2）控制分辨率。控制分辨率是系统位置反馈回路所能检测到的最小位移，即与机器人关节电动机同轴安装的编码盘发出单个脉冲时电动机所转过的角度。

精度和分辨率不一定相关。一台设备的运动精度是指命令设定的运动位置与该设备执行命令后能够达到运动位置之间的差距，分辨率则反映实际需要的运动位置与命令所能够设定的位置之间的差距。

（4）工作范围

工作范围也称工作区域，是指机器人手臂末端或手腕中心所能到达的所有点的集合。工作范围的形状和大小是十分重要的，机器人在执行某作业时可能会因为存在手部不能到达的作业死区而不能完成任务。

（5）最大工作速度

最大工作速度，有的厂家指工业机器人主要自由度上的最大的稳定速度，有的厂家指手臂末端最大的合成速度，通常都在技术参数中加以说明。很明显，工作速度越高，工作效率越高。但是，工作速度越高，就要花费更多的时间去升速和降速，或者对工业机器人的最大加速度或最大减速度的要求更高。

（6）承载能力

承载能力是指机器人在工作范围内的任何位置上所能承受的最大质量。承载能力不仅决定于负载的质量，而且还与机器人运行的速度和加速度的大小及方向有关。为了安全，这里的承载能力是指高速运行时的承载能力。通常，承载能力不仅指负载，而且还包括机器人末端操作器的质量。

7.8.2 工业机器人的发展趋势

随着科学技术的发展，未来工业机器人技术的发展趋势主要表现在以下几个方面。

1. 工业机器人的智能化

工业机器人的智能化指机器人具有感觉、知觉等，即有很强的检测功能和判断功能。为此，必须开发类似人类感觉器官的传感器，如触觉传感器、视觉传感器、测距传感器等。对“聪明”的工业机器人，首先是提高产品的质量，其次才是大大降低成本。

2. 工业机器人的协作控制

工业机器人是与人共同工作的，人与机器人之间的通信系统也需要更加高效和直观。工业机器人不仅有机器人与人的集成、多机器人的集成，还有机器人与生产线、周边设备及生产管理系统的集成和协调，因此，研究工业机器人的协作控制还有大量的理论和实践工作要做。

3. 标准化和模块化

工业机器人功能部件的标准化与模块化是提高机器人的运动精度、运动速度、降低成本和提高可靠性的重要途径。模块化主要指机械模块、信息检测模块、控制模块等。

7.9 绿色制造

7.9.1 绿色制造概述

1. 绿色制造的概念

绿色制造又称环境意识制造或面向环境的制造，是一个系统地考虑环境影响和资源效率的现代制造模式。绿色制造的目标是使得产品从设计、制造、包装、运输、使用到报废处理的整个生命周期中，对环境的负面影响最小，资源利用率最高，并使企业经济效益和社会效益协调优化。

2. 绿色制造的意义

1）绿色制造技术属现代制造科学技术前沿，开展绿色制造技术的研究和应用工作，将有力地推动制造科学的发展。

2）绿色制造是实现可持续发展的必然需求，具有重要的社会效益和生态效益。

3）国际环境管理标准的提出，推动了绿色制造技术的广泛应用。实施绿色制造已是大势所趋。

4）绿色制造为制造企业取得显著的经济效益带来了新的机遇。

5）实施绿色制造战略将为我国企业突破国际绿色贸易壁垒提供有力支撑。

3. 绿色制造的内涵和特征

（1）绿色制造的内涵

1）绿色制造涉及制造技术、环境影响和资源利用等多个学科领域的理论、技术和方法，具有多学科交叉、技术集成的特点，是广义的现代制造模式。

2）绿色制造考虑两个过程：产品的生命周期过程和物流转化过程。通过绿色制造要实现两个目标：减少污染物排放，保护环境；实现资源优化。

3）绿色制造技术综合考虑了产品在整个生命周期过程中对环境造成的影响和损害，内容广泛，包括绿色设计、清洁生产、绿色再制造等现代设计和制造技术。

（2）绿色制造的特征

绿色制造是一种充分考虑资源、环境的现代制造模式。它与传统的制造模式具有本质的不同，主要表现为以下几个方面。

1）绿色制造要求在整个产品生命周期过程中，实现减少环境污染、资源优化的目标。产品生命周期模型如图 7-35 所示。

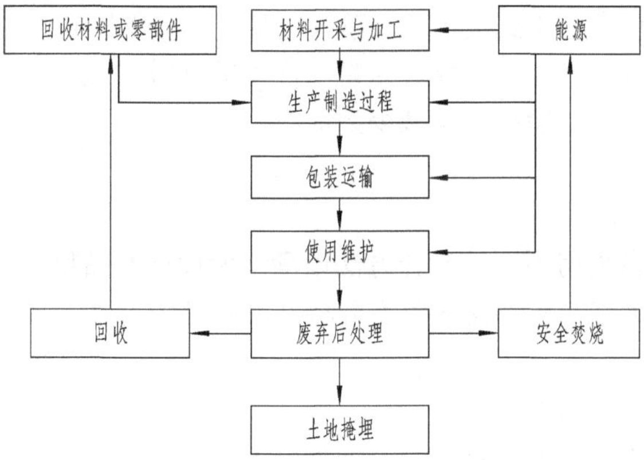

图 7-35　产品生命周期模型图

2）绿色制造是以提高企业经济效益、社会效益和生态效益为目标，强调以人为本，集成各种先进技术和现代管理技术，实现企业经济效益、社会效益和生态效益的协调与优化。

3）绿色制造致力于制造资源、制造模式、制造工艺、制造组织等方面的创新，鼓励采用新的技术方法、使用新的材料资源用于制造过程。

4）绿色制造模式具有社会性。

4. 绿色制造的结构体系

绿色制造核心内容是产品制造过程中，使用绿色材料和清洁能源，通过绿色设计，生产绿色产品，最终建立具有可持续性的产品生产和消费模式。绿色制造主要由绿色设计、清洁生产和绿色再制造三部分组成。绿色制造的结构体系如图 7-36 所示。

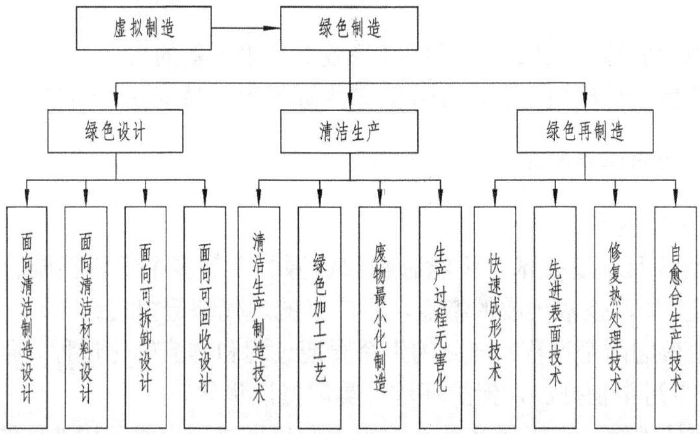

图 7-36　绿色制造的结构体系

7.9.2　绿色设计

1. 绿色设计的概念

绿色设计也称为面向环境的设计，是系统地考虑环境影响并集成到产品最初设计过程中的技术和方法。其核心是从整个产品系统的角度考虑，在整个产品的生命周期内从原材料的提取、制造、运输、使用到废弃各个阶段对环境产生的影响。

绿色设计要求在满足产品的功能、质量和成本的同时，优化各有关设计因素，使产品在整个生命周期过程中对环境的影响减少到最小。

2. 绿色设计策略

绿色设计策略是指采用不同的设计方法以满足所设计产品特定环境特性要求的技术方法。不同的绿色设计策略，从不同的角度分析产品的环境特性，提出减少对环境影响的技术方法。

（1）选择低环境影响材料

这种策略主要侧重于材料的选择及表面处理方式的选择，目的是选择对环境影响最小的材料。例如，选择清洁材料、可再生材料、低含能材料、回收的材料、可回收材料。

（2）减少材料使用量

该策略的目的是采用最小的产品体积，以便产品在运输和使用过程中占用最小的空间。

（3）优化产品生产技术

该策略的目的是在生产过程中，采用绿色制造技术，减少加工步骤，最少量地使用辅助材料，减少能源消耗量，降低原材料的损失，减少生产过程中废物的产生。

（4）优化销售系统

该策略的目的是保证产品以最有效的方式从工厂传输到零售商直到最终用户。这包括产品的包装、产品运输的方式及产品供应系统。

1）减少包装材料，使用清洁和可重复使用的包装材料。

2）采用最能效的运输方式。海运环境的影响较空运小；大批量运输比小批量运输更具有能效。

3）建立最有能效的产品供应系统，也可有效地减少对环境的影响。

（5）减少使用中对环境的影响

这一策略就是要减少用户在使用产品过程中对环境产生的影响。

1）降低能量消耗。

2）使用清洁能源，如风能、太阳能。

3）在满足产品功能的条件下，尽可能减少消耗品的使用。

4）设计使用最清洁的消耗品，并保证在其使用过程中不产生潜在的、有害的废物。

5）避免产品和消耗品的误用，设置产品理想工作状态，减少能源和其他消耗品的浪费。

（6）优化产品寿命

该策略的目的是延长产品的使用寿命，包括产品的技术寿命和美学寿命，以及它们之间的平衡。

1）增强产品的可靠性和耐用性。

2）使产品易于维护和维修，可以保证产品及时地被清洁、维护和修理。

3）采用模块化产品结构，便于产品的升级和更新换代，以及维护和修理。

4）采用先进的设计，可保证产品在一定的时间内不落后，保持产品技术寿命和美学寿命的平衡。

5）使产品具有良好的宜人性。

（7）优化产品回收处理系统

该策略的目的是在产品使用寿命结束后，重复使用具有使用价值的产品及元件，确保使用后的产品采取适当、安全的回收和处理方法。对不可能回收或重复使用的产品，最好的选择是焚烧。对有毒、有害废物要做单独的焚烧处理。

3．绿色设计的基本步骤和方法

绿色设计过程可分为以下三个步骤。

（1）产品选择和产品基本特性分析

1）产品的选择。产品的选择主要由市场需求决定。同时还要考虑潜在的环境影响和技术可行性。

2）产品基本特性分析。产品选定以后，应进行产品基本特性分析，并提交分析报告。分析报告应包括以下内容。

① 产品市场情况。

② 市场上同类产品分析。

③ 企业的资源和能力。

④ 产品的适应性。

⑤ 产品信息。

⑥ 产品生命周期流程图。

（2）产品的环境影响分析

根据对所选择产品的环境特性及动力的分析，建立优先发展方向，选择最合适的绿色设计策略用于产品的设计。

1）生命周期评价。生命周期评价是对产品整个生命周期，从获取原材料、生产、使用直至最终处置的环境因素及其潜在影响的研究，包括以下四个步骤。

① 目的和范围的确定。说明生命周期评价的目的，确定研究的范围。

② 清单分析。量化和评价所研究的产品在整个生命周期内各个阶段，资源和能量使用以及环境释放的过程。

③ 生命周期影响评价。将清单数据通过分类、特征化和加权，进一步与环境影响联系起来，让非专业的环境决策者更容易理解。

④ 解释。根据规定的目的和范围，综合考虑清单分析和影响评价，从而形成结论并提出建议。

生命周期评价方法如图 7-37 所示。

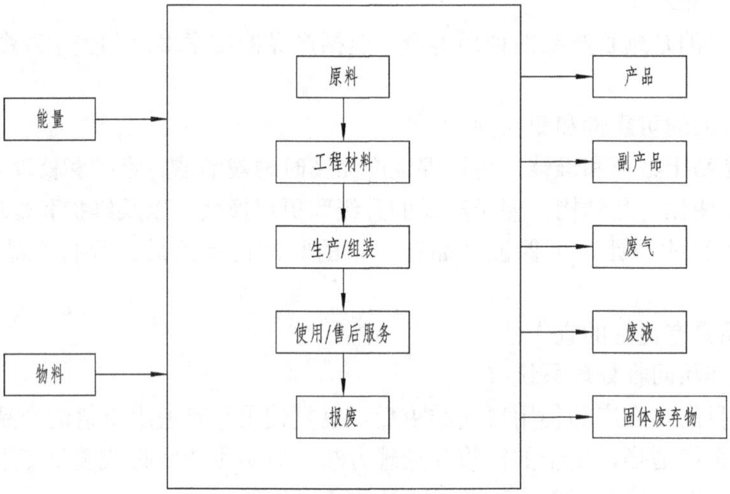

图 7-37　生命周期评价方法

2）简化生命周期评价过程。在实际应用中，一般采用简化的生命周期评价，目的是获得产品在生命周期过程中主要的环境影响因素，确定影响因素次序，为设计过程提供参考和建议。

简化生命周期评价步骤如下。

① 建立产品生命周期流程图。

② 进行有限的产品清单分析。主要对产品的输入数据（材料、资源、能量）和产品的输出数据（废物及扩散）进行清单分析。

③ 应用生命周期评价分析工具软件进行环境影响分析，确定影响因素的重要性次序。

3）绿色设计工作小组。绿色设计过程需要建立一个指导绿色设计的工作小组。这个工作小组应包括生产技术人员、材料专家、市场销售人员、设计人员、环境问题专家、管理者或者决策者等。

（3）绿色产品的实现

1）将产品的环境影响因素按优先级分类，确定绿色设计策略。不同的设计策略有时是相互促进的，有时是相互矛盾的。

2）在决定采用某些设计策略之前，检查不同设计策略之间是否有矛盾之处。综合考虑和优化各相关环境目标，确定最佳解决方案。

3）通过综合分析研究，写出所设计产品的设计大纲，进行产品的详细设计、开发和原型制造。

7.9.3　清洁生产

1．清洁生产的内涵

清洁生产就是在现有的技术和经济条件下，用清洁的能源和原材料、清洁工艺及无污染或少污染的生产方式，以及科学而严格的管理措施生产清洁的产品。清洁生产是一种综合预防的环境保护策略，并持续地应用于生产过程、产品和产品服务的过程中，以减少对人类和环境的影响及伤害。对生产过程而言，清洁生产的目的就是在生产过程中节约原材料、水资源和能源，消除毒害材料的使用，减少毒害物质排放和废弃物的产生；对产品而言，清洁生产的目标在于减少产品在整个生命周期过程中，对生态环境和人类健康与安全的影响；对产品服务而言，清洁生产是指在产品设计和服务中综合考虑环境影响因素，实现绿色设计；从可持续发展的角度讲，清洁生产既可满足人们的需要，又可合理使用自然资源和能源，并保护环境的实用生产方法和有效措施。

清洁生产包含两个过程控制：产品生产过程控制和产品整个生命周期过程控制。对生产过程而言，清洁生产包括节约原材料和能源，淘汰有毒有害的原材料，并在全部排放物和废弃物离开生产过程以前，尽最大可能减少它们的排放量和毒性。对产品而言，清洁生产要减少产品在整个生命周期过程中，从原料的提取、产品使用到产品的最终处置，对人类和自然环境的影响。

清洁生产要实现如下两个目标。

1）合理利用自然资源，减缓资源的耗竭。通过资源的综合利用，短缺资源的代用，二次能源的利用，以及节能、降耗、节水，合理利用自然资源，减缓资源的耗竭。

2）减少工业废弃物和污染物的产生和排放，促进工业产品的生产、消耗过程与环境相容，降低工业活动对人类和环境的风险，使工业发展与环境相协调。

2．清洁生产的实现方法

（1）实现清洁生产的基本途径

1）改进产品设计，调整产品结构，选择绿色原材料，生产原料闭路循环，资源综合利用。不采用对环境有害的原料，不生产对环境有害的产品。

2）改革生产工艺和设备，开发全新工艺流程，最大限度地提高生产效率，减少污染排放。

3）加强生产管理，发展环保技术，减少和杜绝生产中的跑、冒、滴、漏。

4）进行产品的生命周期评价或清洁生产审计，提出清洁生产方案并进行可行性分析。建立企业环境管理体系，为企业持续进行清洁生产提供组织和管理保障。

（2）绿色制造工艺

绿色制造工艺是清洁生产的重要组成部分，是实现绿色制造的重要环节。绿色制造工艺是指在产品加工过程中，采用的既能提高经济效益，又能减少环境影响的工艺技术。

绿色制造工艺要从技术入手，尽量研究和采用物料和能源消耗少、废弃物少、对环境污染小的工艺方案和工艺路线。绿色制造工艺开发策略如图 7-38 所示。

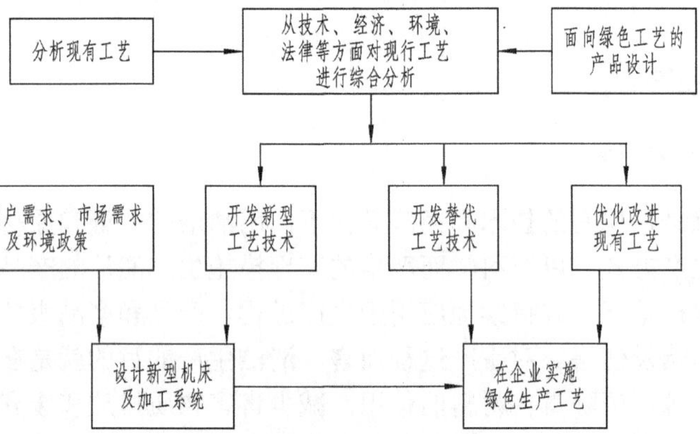

图 7-38　绿色制造工艺开发策略

3. 绿色包装

产品包装是产品生产过程的最后环节。绿色包装技术是从环境保护的角度，优化产品包装方案，使得资源消耗和废弃物产生达到最少。绿色包装可以分为包装材料、包装结构、包装废弃物回收处理三个方面内容。产品绿色包装的基本原则如下。

1）减量化：减少包装材料的使用量。

2）重新使用：包装材料的再利用。

3）循环再生：包装材料的回收和循环使用。

4）可降解：应尽量选择易于降解的材料，如纸、可回收材料等。

4. 清洁生产优点

清洁生产对企业和社会来说，是一种符合可持续发展观的双赢战略。实施清洁生产的优点如下。

1）减少资源消耗和环境污染，保护生态环境、自然资源和人们的健康。

2）改善产品质量，降低生产成本，提高企业利润，增强产品竞争力，使企业进入良性循环。

3）改善企业职工的劳动条件和工作环境，提高职工劳动积极性和生产效率。

4）有利于企业树立良好的社会公众形象。

思考与练习

7-1 现代制造技术有哪些特点？发展趋势如何？
7-2 先进制造技术的体系结构有哪几个部分？
7-3 简述成组技术的概念及应用。
7-4 简述 CIMS（计算机集成制造系统）及其实施步骤。
7-5 传统的顺序设计方法与并行设计方法有什么区别？
7-6 制造企业的敏捷能力主要反映在哪几个方面？
7-7 如何实现超精密磨削和镜面磨削加工精度？
7-8 超精密加工技术分为哪几类？
7-9 在目前的技术条件下，精密加工和超精密加工是如何划分的？
7-10 试说明超精密切削、超精密磨削加工的特点和各自的适应场合。
7-11 超精密加工时对机床设备和环境有什么要求？
7-12 LIGA 技术加工工艺及主要应用对象有哪些？
7-13 微机械加工中的关键技术是什么？
7-14 什么是虚拟制造技术？它分为哪几类？
7-15 虚拟制造技术有什么特点？
7-16 虚拟制造技术的关键技术有哪些？
7-17 什么是工业机器人？它分为哪几类？
7-18 工业机器人的基本组成有哪些？工业机器人的主要参数有哪些？
7-19 工业机器人的发展趋势是什么？
7-20 机器人主要应用在哪些领域？
7-21 什么是绿色制造？发展绿色制造有什么意义？
7-22 绿色制造的内涵有哪些？
7-23 什么是绿色设计？绿色设计的策略有哪些？
7-24 绿色设计的步骤有哪些？
7-25 清洁生产的内涵是什么？如何实现清洁生产？
7-26 什么是绿色包装？绿色包装的原则有哪些？

参 考 文 献

丁江民，2020．机械制造技术基础习题集[M]．北京：机械工业出版社．
杜素梅，2022．机械制造基础[M]．北京：机械工业出版社．
焦巍，陈启渊，2020．机械制造技术[M]．北京：清华大学出版社．
黎震，谢燕琴，2021．机械制造基础[M]．北京：高等教育出版社．
李爱菊，2019．工程材料与机械制造基础[M]．北京：高等教育出版社．
卢秉恒，2018．机械制造技术基础[M]．4版．北京：机械工业出版社．
乔世民，2014．机械制造基础[M]．北京：高等教育出版社．
王俊昌，王荣声，2019．工程材料及机械制造基础Ⅱ（热加工工艺基础）[M]．北京：机械工业出版社．
王先逵，2019．机械制造工艺学[M]．4版．北京：机械工业出版社．
吴文，2020．机械制造基础实训教程[M]．北京：机械工业出版社．
徐向纮，赵延波，2018．机械制造技术实训[M]．北京：清华大学出版社．
尹成湖，李保章，杜金萍，2022．机械制造技术基础课程设计[M]．北京：高等教育出版社．
张世昌，张冠伟，2022．机械制造技术基础[M]．北京：高等教育出版社．